Kartographie

II

Thematische Karten, Atlanten, kartenverwandte Darstellungen, Kartenredaktion und Kartentechnik, rechnergestützte Kartenherstellung, Kartenauswertung, Kartengeschichte

von

Günter Hake

dritte, neubearbeitete Auflage

Mit 120 Abbildungen und 11 Anlagen

1985

Walter de Gruyter · Berlin · New York

SAMMLUNG GÖSCHEN 2166

Dr.-Ing. *Günter Hake*
o. Professor für Kartographie an der
Universität Hannover

Die Gesamtdarstellung umfaßt folgende Bände:

Band I: Allgemeines, Erfassung der Informationen, Kartennetzentwürfe, Merkmale und Mittel kartographischer Gestaltung, topographische Karten

Band II: Thematische Karten, Atlanten, kartenverwandte Darstellungen, Kartenredaktion und Kartentechnik, rechnergestützte Kartenherstellung, Kartenauswertung, Überblick zur Geschichte der Kartographie

CIP-Kurztitelaufnahme der Deutschen Bibliothek

Hake, Günter:
Kartographie / von Günter Hake. – Berlin ; New York : de Gruyter
Literaturangaben
2. Thematische Karten, Atlanten, kartenverwandte Darstellungen, Kartenredaktion und Kartentechnik, rechnergestützte Kartenherstellung, Kartenauswertung, Kartengeschichte. – 3., neubearb. Aufl. – 1985.
(Sammlung Göschen : 2166)
ISBN 3-11-010286-2

Vorbemerkung

Verfasser der 1. bis 3. Auflage (1962–1968) des Bandes „Kartographie" war Prof. Dr. *Viktor Heißler*. Nach seinem Tode 1966 bearbeitete Prof. Dr. *Günter Hake* die 4. Auflage als „Kartographie I" neu und schuf durch stoffliche Erweiterung einen zusätzlichen Band „Kartographie II" (1970). In jeweils neuer Bearbeitung erschienen 1975 die 5. und 1982 die 6. Auflage des Bandes I, ferner 1976 die 2. Auflage des Bandes II. Nunmehr liegt nach entsprechender Bearbeitung die 3. Auflage des Bandes II vor.

Die Göschen-Bände „Kartographie I und II" sind nach der stofflichen Entwicklung, nach Form und Schwierigkeitsgrad so angelegt, daß sie sich möglichst vielseitig verwenden lassen. In erster Linie dienen sie als einführende und begleitende Fachliteratur für Hochschulstudenten der Fachrichtungen Vermessungswesen, Kartographie und Geographie, aber auch der übrigen geowissenschaftlichen Bereiche und der raumbezogenen Planung. Daneben eignen sie sich zum Selbststudium und zur beruflichen Fortbildung für alle diejenigen, die mit der kartographischen Wiedergabe räumlicher Bezüge zu tun haben. Schließlich vermitteln und erleichtern sie den Einstieg in das weiterführende und vertiefende Fachstudium.

Die Anlagen zu diesem Band wurden freundlicherweise von folgenden Stellen zur Verfügung gestellt:

Anlagen 1, 4:	Kartographisches Institut Bertelsmann, Gütersloh
Anlagen 2, 3, 5, 11:	Georg Westermann, Braunschweig
Anlage 6:	Deutsches Hydrographisches Institut, Hamburg
Anlage 7, 9:	Institut für Angewandte Geodäsie, Frankfurt am Main
Anlage 8:	Stadtvermessungsamt Hannover

Anlage 10: Baubehörde Hamburg – Vermessungsamt

Verfasser und Verlag danken diesen Stellen für ihre großzügige Unterstützung, durch die sie den vorliegenden Göschen-Band „Kartographie II“ in wertvollster Weise bereichert haben. Dank gilt auch den Firmen, die in entgegenkommender Weise Bilder von Geräten geliefert haben. Ein besonderer Dank gebührt den Herren Heidorn und Pavel vom Institut für Kartographie der Universität Hannover für Zeichnung und Reproduktion der meisten Abbildungen.

Inhalt des Bandes II

Inhalt des Bandes I (6. Aufl. von 1982)

1 Thematische Karten

1.1 Begriffe und Aufgaben

Entsprechend der in Bd. I, 1.5.6 vorgenommenen Zweiteilung aller Karten in topographische und thematische Karten gilt als *thematische Karte* jede „Karte, in der Erscheinungen und Sachverhalte zur Erkenntnis ihrer selbst dargestellt sind. Der Kartengrund dient zur allgemeinen Orientierung und/oder zur Einbettung des Themas“ (*Internat. Kartograph. Vereinigung* 1973).

Streng genommen ist auch die Topographie ein „Thema“ wie jedes andere. Daß dennoch die topographischen Karten (Bd. I, 5) eine gesonderte Stellung einnehmen, ergibt sich einerseits aus ihrer Basisfunktion für den Kartengrund thematischer Karten, andererseits aus der historischen Entwicklung und der organisatorischen Struktur der Kartenpraxis (siehe Bd. I, 1.6). Hinzu kommt, daß die Vorstellung der *Erscheinungen* einer Landschaft außer durch *topographische* Karten auch mit Bildern zu gewinnen ist. Dagegen ist die Information über abstrakte, raumbezogene *Sachverhalte* am wirksamsten oder überhaupt erst möglich mit Hilfe der *thematischen* Karten. Darin liegt ihre besondere Bedeutung.

Eine scharfe Trennung zwischen den beiden Kartengruppen ist in der Praxis nicht immer möglich. Insbesondere sind viele Karten für Tourismus und Freizeit (Bd. I, 5.7.3), Verkehrskarten (1.7.2.6) und Flurkarten des Liegenschaftskatasters (1.7.2.2) als Übergangsformen anzusehen. Andererseits genügt schon eine einzige thematische Darstellung in einer vollständigen topographischen Karte, um aus ihr eine thematische Karte zu machen.

Die thematische Kartographie ist als *Methodenlehre* noch ziemlich neu im Lehrgebäude der Kartographie. Dagegen liegen die ersten *praktischen* Anwendungen geschichtlich schon weit zurück (z. B. im Besitznachweis, Bergbau, Verkehrswesen und militärischen Bereich). Die große Entfaltung der Themakarten setzte vor allem im 19. Jahrhundert mit Darstellungen aus den Erdwissenschaften ein, und heute gibt es kaum eine raumbezogene Disziplin, die sich nicht der thematischen Karte bedient. Gegenwärtig sind bis zu 85% aller herausgegebenen Karten solche mit thematischen Darstellungen (*Ormeling* 1978).

Auch der Begriff „Thematische Karte" ist neueren Datums. Während früher Bezeichnungen wie „angewandte Karte", „Sonderkarte", „Spezialkarte" oder „wissenschaftliche Karte" üblich waren, hat er sich seit etwa 1950 bis heute weitgehend – auch international – durchgesetzt. Im einzelnen ist die Terminologie aber noch nicht ganz einheitlich; das wird verständlich, wenn man bedenkt, aus welchen unterschiedlichen Fachrichtungen sich die thematischen Karten jeweils entwickelt haben. Daher nehmen die Bemühungen um eine einheitliche Begriffsbestimmung und eine fundierte Methodenlehre im Schrifttum einen breiten Raum ein.

Eine zunehmende Rolle spielt die Gruppe der *Medienkarten* (*Kurzzeitkarten*), die in Presse und Fernsehen Schnellinformationen über Naturereignisse sowie über das politische, militärische, wirtschaftliche und kulturelle Geschehen in Teilen der Welt liefern. Diese meist kurzlebigen und stark generalisierten Darstellungen – am Bildschirm nur für Sekunden sichtbar – haben Übersichtscharakter und wirken mitunter schematisch oder gar skizzenhaft. Ihre Gestaltung richtet sich im übrigen stark nach den technischen Wiedergabemöglichkeiten der Medien.

Die *Aufgaben* der thematischen Karte stimmen unter Berücksichtigung der im Einzelfalle thematisch bedingten Einschränkungen mit den in Bd. I, 5.1 zusammengestellten Aufgaben der topographischen Karte überein. Sie dienen daher ebenfalls der Bildung und Information, der Orientierung (bis zur Navigation bei Verkehrskarten), der Verwaltung und Planung (als Datensammlung und Entscheidungshilfe für Maßnahmen verschiedener Art), der wissenschaftlichen Interpretation in vielen Wissenszweigen sowie als Quelle für den Entwurf neuer Themakarten. Dabei macht die weiter vorn gegebene Definition der thematischen Karte deutlich, daß sie mehr sein kann als nur ein Darstellungsmittel, das Objekte in ihrer räumlichen, rein geometrischen Bezogenheit wiedergibt: Sie vermittelt auch Erkenntnisse über die dahinter stehenden Strukturen, Kausalitäten und Funktionen, und soweit diese Erkenntnisse auch

Entscheidungen bewirken (z. B. in der Raumplanung), ist sie zugleich ein Arbeitsmittel. Wird schließlich die Karte bewußt und unter Variation ihrer Entwurfsgestaltung zur Erkenntnissuche eingesetzt, so erhält sie damit den Rang eines echten Forschungsmittels (vgl. Kap. 6).

Während die *topographischen* Karten in Geometrie und Erscheinungsbild vorwiegend nur vom Maßstab abhängen, lassen sich im Vergleich dazu die *thematischen* Karten etwa wie folgt kennzeichnen:

- Sie weisen selbst bei gleichen Maßstäben entsprechend den verschiedenen thematischen Aussagen eine sehr große Vielfalt graphischer Gestaltungen auf.
- Sie besitzen je nach Thema einen unterschiedlichen Grad geometrischer Exaktheit, der mitunter sogar bis zur bloßen Raumtreue reduziert ist.
- Sie führen schließlich in den Fällen großer Gestaltungsspielräume innerhalb eines Themas zu günstigeren Voraussetzungen für die Anwendung der Computertechnik und bestimmter moderner graphischer Techniken.

In der Entwurfspraxis ist das erstmalige Zusammentragen thematischer Daten auf einer Kartengrundlage häufig die Aufgabe des zuständigen Fachmanns, und sie vollzieht sich mehr nach sachbezogenen Grundsätzen als nach kartographischen Regeln. Die so entstandene *Arbeits-* oder *Materialaufbereitungskarte* dient dem Kartographen als Vorlage zum eigentlichen kartographischen Entwurf: Der Kartograph „übersetzt" gewissermaßen die bereits geometrisch geordnete fachliche Aussage ins Graphische.

Insgesamt geht es dabei vorwiegend um die Entwicklung einer systematischen, aussagekräftigen und vielseitigen Kartengraphik, die sich in zunehmendem Maße auch auf alle anderen Bereiche der Kartographie auswirkt; auch die allgemeinen Ausführungen zur Kartengraphik in Bd. I, 4.2 belegen dies. Besonders bei komplexer und vielschichtiger Thematik und ihrer adäquaten Wiedergabe spielen die Entwurfsgestaltung und das Wechselspiel zwischen Fachautor und Kartenmacher sowie zwischen Graphik und Technik eine zentrale Rolle: Erst mit der sorgfältigen Abstimmung aller graphischen Einzelheiten aufeinander bis hin zur exakten Fertigungsplanung sind die Ausdrucksmöglichkeiten und die Lesbarkeit sowie eine wirtschaftliche Verwirklichung gewährleistet.

Große Gestaltungsspielräume können aber auch die Lesbarkeit und vor allem den Vergleich thematischer Karten erschweren; dies wirft die Frage nach einer möglichen Normung der graphischen Strukturen auf. Für Flurkarten und viele Planungskarten bestehen bereits Normierungen, zum Teil in Gestalt von DIN-Blättern, die vielfach sogar rechtsverbindlich vorgeschrieben sind. Die Darstellungen in Wetterkarten und geologischen Karten beruhen weitgehend auf international vereinbarten Zeichenschlüsseln. Zwar ist eine universelle Standardisierung nicht praktikabel, doch werden heute auf vielen Gebieten themenspezifische Vereinheitlichungen (z. B. bei Wirtschaftskarten) ernsthaft diskutiert. *Arnberger 1974* bejaht grundsätzlich solche Bemühungen, hält sie aber solange für verfrüht, solange nicht auf wissenschaftlichem Wege die jeweils optimale Struktur in bezug auf die visuelle Auffassung der Kartenzeichen gefunden ist.

Bei den nachfolgenden Erörterungen zur thematischen Karte ist folgendes zu beachten: Allgemeine Ausführungen zur Karte – Begriffe, Eigenschaften, Gruppierungen – finden sich bereits in Bd. I, 1.5. Über Herkunft und Erfassung der Informationen zur Kartenherstellung, d. h. zu den verschiedenen Quellen, siehe Bd. I, 2. Die *allgemeinen* Merkmale und Mittel kartographischer Gestaltung behandelt Bd. I, 4. Damit kann sich das hier begonnene Kapitel 1 auf die *speziellen* Merkmale und Beispiele beim Entwurf thematischer Karten beschränken.

Schrifttum zur thematischen Kartographie findet sich in Hand- und Lehrbüchern (*Arnberger* 1966, 1977, *Witt* 1970, *Imhof* 1972), in zahlreichen Sammelbänden (*Akademie für Raumforschung und Landesplanung* 1969, 1971, 1973, 1977, *Bosse* 1962, 1967, 1970a, 1970b, 1979, *Österreichische Geographische Gesellschaft* 1970, *Schweizerische Gesellschaft für Kartographie* 1978, 1984, *Leibbrand* 1984 *und Institut für Kartographie* ... 1984), in Fachwörterbüchern (*Institut für Angewandte Geodäsie* 1971, *Internationale Kartographische Vereinigung* 1973), in Fachlexika (*Witt* 1979, *Ogrissek* 1983) und in Fachaufsätzen (z. B. *Pöhlmann* (in *Bosse* 1979), *Kretschmer* 1978, *Witt* 1982, *Arnberger* 1983, *Kelnhofer* 1984). Über Hand- und Lehrbücher in anderen Sprachen sowie einige Übersetzungen in die deutsche Sprache siehe Literaturverzeichnis. Umfangreiche neuere internationale Literatur ist enthalten in den jährlich erscheinenden Bänden der „Bibliographia Cartographica“.

1.2 Gruppierung thematischer Karten

In stärkerem Maße als bei topographischen Karten gibt es bei den thematischen Karten eine Reihe von Gruppierungsmöglichkeiten:

1. Gruppierung nach Maßstabsbereichen

Diese zunächst naheliegende Gliederung – bei den topographischen Karten vorherrschend (Bd. I, 5.2) – erweist sich hier als nur bedingt geeignet. Es lassen sich nämlich nur bestimmte Themen (z. B. Geologie, Seeverkehr) nach allen Maßstabsbereichen gliedern, während andere Themen überhaupt nur in einem einzigen Maßstabsbereich auftreten (z. B. Grundbesitz im großen, Landesplanung im mittleren und Weltstatistik im kleinen Maßstab).

2. Gruppierung nach Themengebieten (Kartenarten)

Eine solche Gliederung ist einfach und übersichtlich. In systematischer Hinsicht hat sie allerdings vorwiegend exemplarische, dagegen kaum didaktische Bedeutung; sie wird in 1.7 mit zahlreichen Beispielen behandelt.

3. Gruppierung nach Umfang und Verarbeitungsgrad der Thematik

Hierbei ergeben sich folgende Fälle:

– *Analytische Karten* sind monothematisch, d. h. sie stellen ein einziges Thema in seiner sachlichen Aufgliederung dar. Das ist bei den meisten Themakarten der Fall, z. B. bei vielen Einzelthemen aus dem Naturbereich sowie bei Bestandsdarstellungen zur Planung.
– *Komplexe Karten* (*komplexanalytische Karten*) sind polythematisch, d. h. sie behandeln mehrere Themen, die meist in

sachlichem Zusammenhang stehen, jedoch einzeln erkennbar dargestellt sind. Sie sind daher eigentlich nur Zusammenfassungen mehrerer analytischer Karten (z. B. Heimatkarten mit historischen, siedlungs-, verkehrs- und wirtschaftsgeographischen Angaben).

– *Synthetische Karten* ergeben sich als Darstellungen eines Gesamtbildes über das Zusammenwirken mehrerer Themen durch Überarbeitung analytischer Karten, evtl. bis zur Typenbildung (z. B. Karten der Landwirtschaftstypen, in denen betriebliche, bodenkundliche und klimatische Merkmale enthalten sind). Über die Frage, ob solche Aussagen überhaupt kartographisch möglich sind, siehe *Otremba* 1971 und *Zach* 1974.

4. Gruppierung nach der Entstehung

Während sich die topographischen Karten nach ihrer Entstehung relativ leicht in Grund- und Folgekarten (Bd. I, 1.5.6) einteilen lassen, ist eine entsprechende Zweiteilung bei den thematischen Karten teilweise schwieriger.

Zu den *Grundkarten* kann man ohne Vorbehalt alle Karten rechnen, die unmittelbare Beobachtungen und Messungen (also originär erfaßte thematische Informationen im Sinne von Bd. I, 2.3) wiedergeben und daher weitgehend objektiv sind. Das trifft zu bei vielen qualitativen Karten großen Maßstabs (z. B. Fundorte, Bodenarten) und bei zahlreichen quantitativen Karten mit absoluten Angaben (z. B. Daten von Wetterstationen). *Meynen* 1972 bezeichnet solche Karten als *thematische Primärkarten*; *Pillewizer* 1964 spricht von *thematischen Aufnahmekarten.*

Nicht problemlos sind dagegen die Fälle, in denen die Ausgangsdaten noch einen relativ großen Spielraum in der Geometrie der Darstellung offenlassen, z. B. bei Wetterkarten, bei denen die Interpolation von Isolinien im Anhalt an wenige Meßwerte einem stark subjektiven Einfluß des Bearbeiters unterliegt. Sind dabei die Stationsdaten nicht mehr erkennbar, so ist das Merkmal der Grundkarte schon stark eingeschränkt, da die Isolinien bereits als abgeleitete Größe gelten müssen.

Der Begriff „Grundkarte“ wird im Bereich der Themakarten auch nicht immer einheitlich benutzt; man versteht darunter auch mitunter den topographischen Kartengrund (1.4) zum thematischen Karteninhalt.

Die *Folgekarten* lassen sich am besten durch den Begriff der *abgeleiteten Karten* (nach *Meynen* 1972 auch *thematische Sekundärkarten*) kennzeichnen. In dieser Gruppe stammen die thematischen Informationen nicht aus einer unmittelbaren, also originären Erfassung, sondern aus anderen Quellen (Bd. I, 2.4). Für ihre Verarbeitung gelten daher die Grundsätze und Methoden der Generalisierung (Bd. I, 4.4.3 und 4.4.4). Während jedoch bei topographischen Karten alle Objekte in einer gegenseitig gut ausgewogenen Weise zu generalisieren sind, kommt es hier gerade auf eine das Thema betonende Vorgehensweise an. Dabei sind zwei Fälle zu unterscheiden:

– Handelt es sich bei den Quellen um Statistiken, Fachliteratur, Archivalien, Informationssysteme usw., so sind die Informationen meist noch einer besonderen, vielfach nicht ganz unproblematischen Aufbereitung (z. B. durch Bildung von Dichte- oder Mittelwerten, Wertgruppen, Bezugsflächen) zu unterziehen. Damit liegt eine *Objektgeneralisierung* im Sinne von Bd. I, 4.4.2 vor.
– Handelt es sich bei den Quellen um Karten, so ergibt sich die *Folgekarte* durch eine typische *kartographische Generalisierung* nach Bd. I, 4.4.2. Dabei ist der Entwurf einer abgeleiteten *analytischen* Karte (siehe Nr. 3) meist relativ einfach: Da sich am Thema nichts ändert und die Vorlage gewöhnlich einen größeren Maßstab aufweist, ist der Generalisierungsprozeß vorwiegend *maßstabsbedingt* (z. B. bei geologischen Karten und Fundkarten). Dagegen ist der Entwurf einer *synthetischen* Karte, oft auch schon einer *komplexen* Karte, häufig wesentlich schwieriger. Hier wird das Thema umgestaltet, finden Typisierungen, Zusammenfassungen usw. statt, und diese Generalisierung ist daher vorwiegend *themabedingt*. Als Ausgangskarten dienen mehrere analytische Karten; eine Maßstabsänderung ist dabei möglich, aber nicht notwendig.

5. Gruppierung nach dem graphischen Gefüge (Kartentypen)

Entsprechend den Erscheinungsformen der kartographischen Gestaltungsmittel ergibt sich eine *methodenorientierte* Betrachtungsweise, wie sie bereits in Bd. I, 4.3 beschrieben wird. So kann man unterscheiden nach Punktkarten, Isolinienkarten, Arealkarten, Signaturenkarten, Diagrammkarten usw. Diese und weitere Kartenbegriffe erscheinen auch in den Ausführungen zum Karteninhalt (1.3) an den zugehörigen Stellen. Eine solche Einteilung geht gewissermaßen vom graphischen Gestaltungsmittel aus und fragt nach den Objekten mit ihren Merkmalen, die mit ihm bearbeitet werden können.

6. Gruppierung nach Merkmalen der Objekte

Entsprechend den in Bd. I, 4.1 beschriebenen Objektmerkmalen kann man neben den Arten des Raumbezugs (*Diskreta* oder *Kontinua*) wie folgt unterscheiden:

Nach dem substantiellen Merkmal:

- *Qualitative Karten* geben nur die Objektqualität zu erkennen und beantworten damit die Frage „Was ist wo?“. Beispiele dafür sind geologische und politische Karten sowie Standort- und Fundkarten.
- *Quantitative Karten* bringen daneben auch Größen, Mengen, Werte usw. des Objekts zum Ausdruck und beantworten damit die Frage „Wieviel ist wo?“. Die Angaben können absolut (z. B. Einwohnerzahlen) oder relativ (z. B. Bevölkerungsdichte) sein (Näheres siehe Bd. I, 4.1.3). Soweit die quantitativen Daten statistischer Herkunft sind, spricht man auch von statistischen Karten oder Statistik in Karten- oder Raumlage.

Nach dem zeitlichen Verhalten:

- *Statische Karten* sind das Ergebnis der Bestandsaufnahme zu einem bestimmten Zeitpunkt; man spricht vielfach auch von Bestands- oder Zustandskarten. Zu dieser Gruppe gehören die meisten thematischen Karten.

– *Dynamische Karten* geben die räumlichen Veränderungen von Objekten wieder. Dabei kann es sich entweder um Gesamtveränderungen der Objekte handeln (z. B. Transporte, Vogelflüge) oder um raumzeitliche Entwicklungen von Objektabgrenzungen (z. B. Erweiterung bebauter Flächen als Stadtentwicklung).

Diese Gruppierung entspricht einer *objektorientierten* (*problemorientierten*) Betrachtungsweise. Sie geht im Gegensatz zur Einteilung nach Nr. 5 vom Objektmerkmal aus und fragt sozusagen nach den Werkzeugen – den Gestaltungsmitteln –, die zu seiner Bearbeitung geeignet sind. Wegen der Vorzüge dieser Gruppierung – besonders in didaktischer Hinsicht – liegt sie den Betrachtungen zum Karteninhalt in 1.3 zugrunde. Als *Gestaltungsmittel* kommen nach Bd. I, 4.2.1.2 die graphischen Elemente „Punkte, Linien, Flächen" sowie die zusammengesetzten Zeichen „Signaturen, Diagramme, Halbtöne, Schriften" in Betracht. Sie lassen sich ganz oder teilweise der *graphischen Variation* nach „Größe, Form, Füllung, Tonwert, Orientierung, Farbe" unterziehen.

1.3 Karteninhalt – Thematische Darstellung

Der Karteninhalt befindet sich im *Kartenfeld* (Bd. I, 1.5.3). Er besteht nach seinem sachlichen Aufbau aus der eigentlichen thematischen Darstellung (1.3) und dem topographischen Kartengrund (1.4). Beide Teile schließen jeweils auch die zugehörige Schrift ein.

Die weitere systematische Einteilung der *thematischen Darstellung* orientiert sich an den in Bd. I, 4.1.2 bis 4.1.4 beschriebenen Objektmerkmalen: Zunächst werden in den Abschnitten 1.3.1 bis 1.3.4 solche diskreten und kontinuierlichen Objekte behandelt, die als statisch anzusehen sind; dabei ist es zweckmäßig, die Diskreta entsprechend ihrem maßstabsbedingten Erscheinungsbild noch in solche lokaler, linearer und flächenhafter Art zu gliedern. Der Abschnitt 1.3.5 befaßt sich dagegen mit diskreten und kontinuierlichen Objekten, die als dynamisch gelten. Im Abschnitt 1.3.6 geht es um die *gemeinsame* Darstellung von Objekten verschiedenartiger Merkmalsgruppen. Schließlich beschreibt der Abschnitt 1.3.7 die von einigen anderen Autoren verwendeten Gliederungen.

Bei der *Schrift* handelt es sich wie bei den topographischen Karten um Namen, Erläuterungen und Zahlen, hier jedoch jeweils mit starker Fachbezogenheit. Bei den Namen sind die *Eigennamen* vielfach historisch-umgangssprachlich entstanden (z. B. alte Orte, Namen von Völkern); die *Gattungsnamen* ergeben sich dagegen überwiegend aus der Fachsprache (z. B. geologische Strukturen, Klimatypen, soziologische Klassifizierungen). Namen und Erläuterungen erscheinen mitunter auch als Abkürzungen (z. B. Bodenarten, Luftfahrtzonen, Art der baulichen Nutzung), die teilweise verbindlich festgelegt sind. Weitere Einzelheiten zum Gestaltungsmittel Schrift finden sich in den einzelnen Abschnitten. Allgemeines zur Kartenschrift siehe Bd. I, 4.3.7.

1.3.1 Lokale Diskreta

Hierzu gehören alle diskreten Objekte, deren Ausdehnung im Kartenmaßstab in jeder Richtung so gering ist, daß sie eine Grundrißdarstellung nicht mehr erlaubt. Solche lokalen, d. h. quasi-punktförmigen Objekte erscheinen daher höchstens lagetreu; sie unterscheiden sich in ihrer Qualität und/oder Quantität. Ferner sind sie in diesem Abschnitt als statisch, also quasi unveränderlich anzusehen.

Ob ein Objekt als lokal einzustufen ist, hängt also sowohl von seiner absoluten Größe als auch vom Kartenmaßstab ab: Eine Fabrik läßt sich in sehr großem Maßstab noch in ihrem Grundriß, also flächenhaft darstellen; mit kleiner werdendem Maßstab wird daraus eine lokale Signatur.

1.3.1.1 Qualitative lokale Diskreta

Solche Darstellungen sind neben denen der qualitativen flächenhaften Diskreta (1.3.3.1) der wichtigste Fall der sog. qualitativen Karten (1.2 Nr. 6). Als Gestaltungsmittel kommen alle Arten lokaler Signaturen (Ortslagekartenzeichen) als sog.

Gattungs- oder *Objektsignaturen* in Betracht (Abb. 1 und 2 sowie Bd. I, Abb. 102). Dabei wird die Objektlage meist durch die Signaturenmitte, die Objektqualität durch graphische Variation nach Form oder Farbe der Signatur angegeben. Solche *Positionskarten (Ortslagekarten, Signaturenkarten)* können infolge der Variationsmöglichkeiten und der geringen Größe der Kartenzeichen auch eine größere Anzahl lokaler Themen wiedergeben (als komplexe Karten nach 1.2 Nr. 3).

Abb. 1. Beispiele bildhafter Signaturen für Wirtschaftskarten

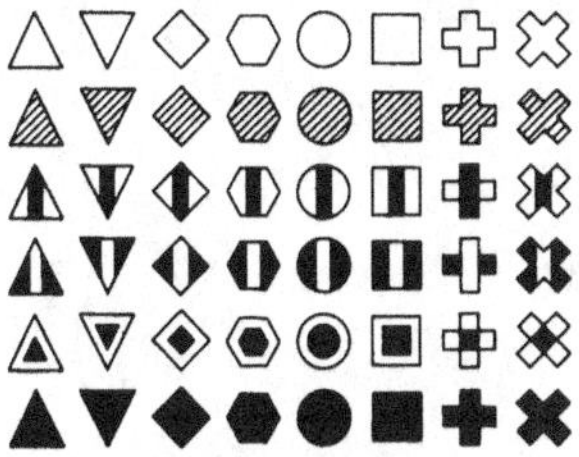

Abb. 2. Beispiele geometrischer Signaturen unter Variation in Form und Füllung (Einige Grundformen erscheinen auch verschieden orientiert)

Positionskarten geben als *Standortkarten* über die Lage von Industrien, Behörden, Schulen, Wetterstationen, historischen Stätten usw. Auskunft, während sie als *Fundkarten* den Nachweis von Fundstätten urgeschichtlicher Gräber, Geräte, Siedlungen usw. enthalten. Da sie keine quantitativen Angaben (z. B. Personenzahl, Produktionsmenge) liefern, kann ihr Aussagegehalt, z. B. bei der Darstellung von Berufsgruppen oder Industrien in Atlanten mitunter gering sein, evtl. sogar zu falschen Bedeutungsvorstellungen führen.

Bei der qualitativen Differenzierung sind die graphischen Variablen (Bd. I, 4.2.1.3) so anzuwenden, daß sich eine deutliche Unterscheidung zwischen den Objektklassen ergibt, evtl. sogar in Verbindung mit einer auf das Objekt hinweisenden, einprägsamen Assoziation. Am wirkungsvollsten ist im allgemeinen die Variation nach der Farbe; sie erfordert jedoch einen Mehrfarbendruck. Bei einfarbiger Darstellung mit Hilfe geometrischer Signaturen erhöht sich die Unterscheidbarkeit, wenn mindestens zwei Arten der Variation stattfinden – vor allem bei dichter Gemengelage. Soweit die Thematik das zuläßt, ist dabei die Variations-Verknüpfung von Form und Füllung am wirksamsten; dazu sind jedoch untereinander die graphischen Gewichte der Signaturen zu beachten (Abb. 3a). Die Verknüpfung von Füllung mit Orientierung (Richtung) wirkt weniger differenzierend (Abb. 3c); die Verknüpfung von Form und Orientierung erscheint wie eine reine Formvariation (Abb. 3b; vgl. auch Abb. 2).

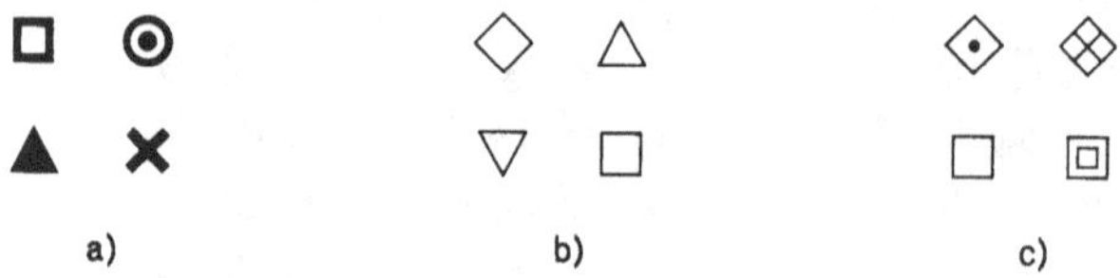

Abb. 3. Verknüpfung zweier graphischer Variationen und ihre Unterscheidbarkeit
a) Form und Füllung,
b) Form und Richtung,
c) Füllung und Richtung

Bestimmte Strukturen der Objektqualitäten (vgl. Bd. I, Abb. 109) lassen sich am besten mit geometrischen Signaturen darstellen, wenn dabei deren Gestaltung eine entsprechende graphische Logik aufweist. Dazu gibt es folgende Fälle:

- Die *Kombination* gleichwertiger Qualitäten (z. B. die Verknüpfung der Merkmale Acker *und* Grünland) kommt zum Ausdruck, wenn die Signaturen der einzelnen Qualitäten ineinander gestellt werden (Abb. 4a).
- Die *hierarchische Stufung* von Qualitäten als begriffliche Untergliederung oder (umgekehrt) Zusammenfassung in einem System von Ober-, Mittel- und Unterbegriffen läßt sich verdeutlichen durch graphische Merkmale (z. B. in der Form), die jeweils alle Signaturen einer Gruppe besitzen (Abb. 4b).

– Die geordnete *Folge* durch sachliche Wertung (z. B. als Bedeutungsskala für Verkehrsknoten) oder als zeitliche Folge von Zuständen (z. B. geplant – im Bau – fertig) läßt sich durch eine entsprechende Folge in der Entwicklung und Gewichtung einer Signatur ausdrücken (Abb. 4c).

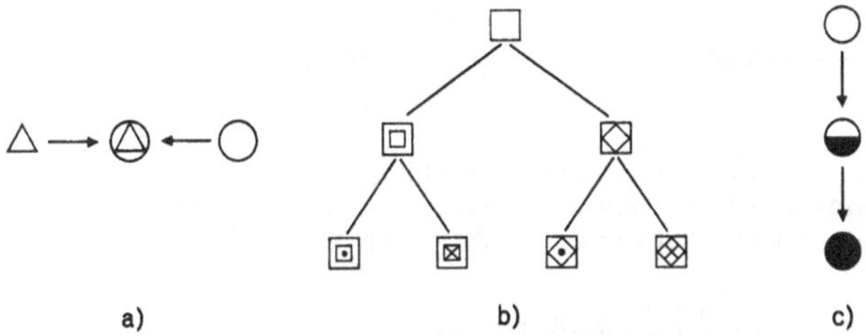

Abb. 4. Graphische Logik von Signaturen zur Wiedergabe von Strukturen der Objektqualitäten
a) Kombination,
b) hierarchische Stufung,
c) geordnete Folge

Das Darstellen lokaler Qualitäten, die als *Objekttypen* anzusehen sind, erfordert vorab die Aufbereitung der Ausgangsdaten zum Zwecke der Typenbildung. Diese ergibt sich aus den unterschiedlichen Anteilen oder Gewichten der Merkmale, die zur Beschreibung eines Typus dienen. Lassen sich die Anteile durch Zahlenwerte ausdrücken, so trägt man z. B. diese in Streuungsdiagramme ein und grenzt danach die verschiedenen Typen gegeneinander ab. Ein Beispiel dafür ist das Dreiecksdiagramm zum Gebrauch bei drei Relativwerten, deren Summe 100% beträgt. So ergibt sich für die Bevölkerung eines Ortes

– der *Typ der Beschäftigungsstruktur* aus den Anteilen von Landwirtschaft, Industrie und Dienstleistung,
– der *Typ der Altersstruktur* aus den Anteilen von drei Altersgruppen.

Die Einzelfälle werden nach ihren Zahlenwerten kartiert (Abb. 5a); entsprechend der Verteilung aller Fälle in der Dreiecksfläche lassen sich dann die Typen abgrenzen (Abb. 5b).

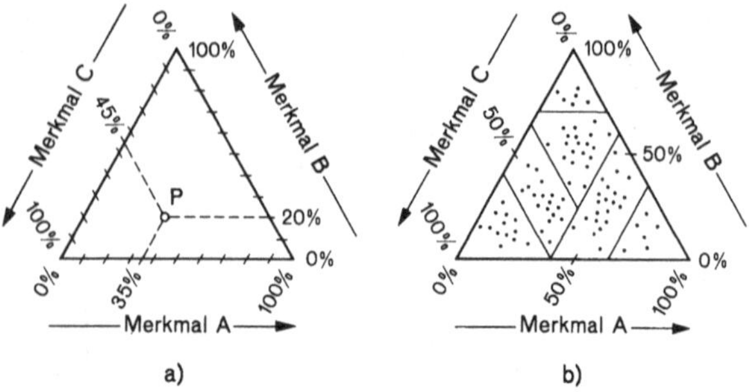

Abb. 5. Dreiecksdiagramm zur Typenbildung aus drei Merkmalen
a) Einzelkartierung P mit A = 35%, B = 20%, C = 45%;
b) Bildung von 6 Typen aus der Verteilung aller Fälle

1.3.1.2 Quantitative lokale Diskreta

Hier enthält die thematische Aussage für die lokalen Objekte auch noch Angaben über Größe, Menge, Wert usw. Es handelt sich dabei meist um *absolute* Zahlenwerte im Gegensatz zu den relativen Darstellungen, die bei flächenbezogenen Quantitäten (1.3.3.2) vorherrschen.

Als Gestaltungsmittel dienen lokale Signaturen (Nr. 1), Punkte (Nr. 2) und lokale Diagramme (Nr. 3). Da die Variation der Gestaltungsmittel in erster Linie zur quantitativen Aussage herangezogen wird, ist eine so umfangreiche Wiedergabe verschiedener Qualitäten wie in 1.3.1.1 nicht möglich. Der Themenkreis einer Karte ist damit stärker eingeschränkt.

1. Darstellung durch lokale Signaturen

Die quantitative Angabe läßt sich gestuft, stetig oder mittels Werteinheiten vornehmen.

a) Gestufte Darstellung

Sie ergibt sich durch Wechsel in Größe, Füllung, Form oder Farbe der Signatur (Abb. 6); dies setzt eine Gruppenbildung der Werte voraus. Dabei kommen in der Regel größere Werte auch durch größere „Signaturgewichte“ oder „Farbgewichte“ zum Ausdruck. Die Anzahl der Gruppen muß jedoch beschränkt bleiben, da sonst die Vielfalt der Signaturgestalten, zu denen auch bildhafte Kartenzeichen gehören können, unübersichtlich wird. Ferner kommt es darauf an, die Gruppen so abzugrenzen, daß sie jeweils typische Bereiche kennzeichnen (z. B. Klein-, Mittel- und Großbetriebe). Näheres zur Gruppenbildung siehe 1.3.3.2.

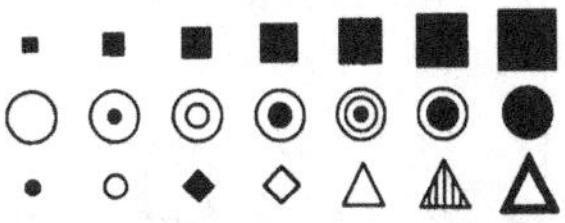

Abb. 6. Beispiele gestufter Signaturen

b) Stetige Darstellung

Sie beruht auf einer kontinuierlichen Veränderung der Signaturengröße in Abhängigkeit von der Objektquantität. Da die Signatur meßbar sein muß, kommen vorwiegend *geometrische Zeichen* in Betracht (Abb. 2 und Anlage 5). Dabei ist es oft schwierig, die passende Art des *Größenmaßstabs* für die Signaturdarstellung zu finden.

Für einen visuellen Vergleich der Signaturen wären eindimensionale Veränderungen der Figuren am besten geeignet. Das läßt sich praktisch nur mit stabförmigen Signaturen durchführen (Abb. 7a), die jedoch

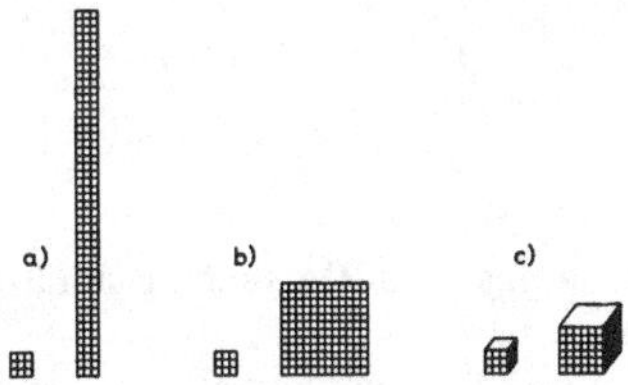

Abb. 7. Zwei Mengen im Verhältnis 1 : 16. Darstellung durch
a) stabförmige (lineare),
b) quadratische (flächenhafte),
c) würfelartige (quasi-räumliche) Signaturen

bei großen Unterschieden zwischen kleinstem und größtem Einzelwert stark differieren, sich oft erheblich von der Kartenlage des Objekts entfernen und damit auch leicht mit anderen Signaturen zusammenstoßen können. Eine bessere Lösung sind daher solche Formen, bei denen die Zahlenwerte proportional der Fläche bzw. dem scheinbaren Volumen der Signatur sind (Abb. 7b, c). Sie erfordern aber einen besonderen Signaturenmaßstab (Abb. 8, 9), der sich meist im Kartenrande befindet.

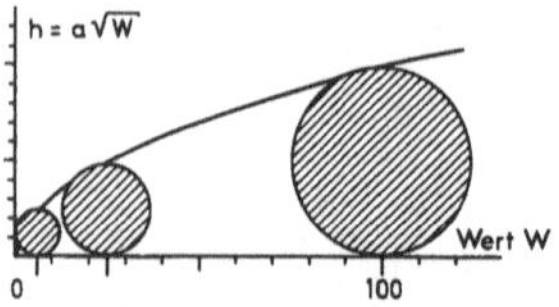

Abb. 8. Größenmaßstab für Kreissignaturen

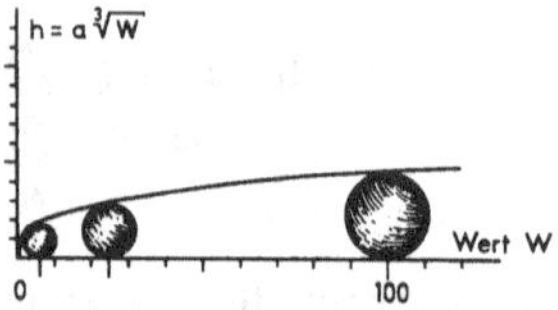

Abb. 9. Größenmaßstab für „Kugel"-Signaturen

Die Werte verhalten sich in beiden Fällen wie 1 : 4 : 16.

Bildhafte Figuren führen in eindimensionaler Veränderung zu falschen Vergleichen; sie sind daher unter Erhaltung der Ähnlichkeit stets flächen- oder raumproportional zu verändern (Abb. 10).

Treten zwischen den Einzelwerten sehr große Differenzen auf, so basieren die Größenmaßstäbe mitunter auf *logarithmischen Skalen*. In solchen Fällen ist die Differenz zweier Figurenhöhen nicht mehr kennzeichnend für den Wertunterschied wie bei linearen Maßstäben, sondern ein Ausdruck für das Wertverhältnis.

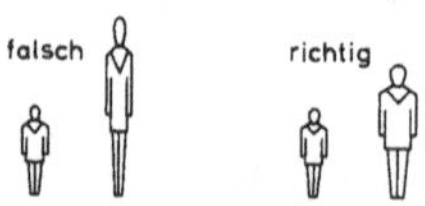

Abb. 10. Zwei Mengen im Verhältnis 1 : 2. Darstellung durch flächig gedachte bildhafte Signaturen

Die Wahl eines geeigneten Signaturenmaßstabes hängt von zwei gegenläufigen Bedingungen ab: Einerseits soll er so groß sein, daß er die visuelle Wahrnehmung der Größenunterschiede gewährleistet, andererseits soll er so klein bleiben, daß die Ausdehnung der Signatur die Lesbarkeit nicht beeinträchtigt. Zwar können sich größere Signaturen bis zu einem gewissen Maße gegenseitig durchdringen, wobei die kleineren auf den größeren Darstellungen zu liegen scheinen, doch ist die Grenze der Lesbarkeit dann erreicht, wenn die einzelne Signatur nicht mehr spontan erkennbar ist, wenn Mehrfachüberlappungen sich häufen oder wenn kein Platz mehr für weitere Kartendarstellungen bleibt. Abb. 11 liefert hierzu drei Beispiele. Bei rechnergestützter Arbeitsweise (Kap. 5) kann man den optimalen Größenmaßstab am Bildschirm oder Plotter aus Entwurfsvarianten herausfinden.

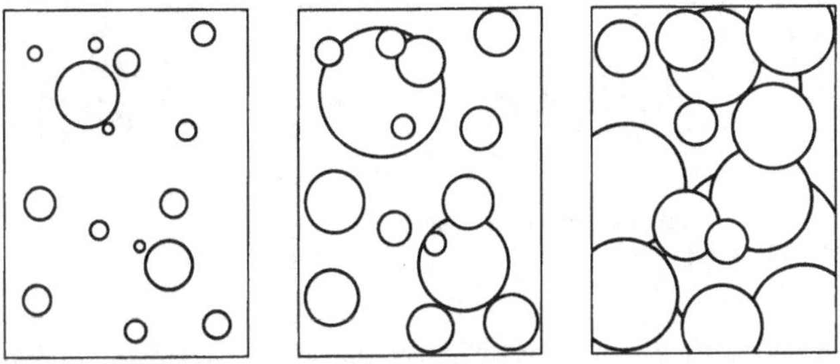

a) b) c)

Abb. 11. Wahl des Signaturenmaßstabs: a) zu klein, b) richtig, c) zu groß.

Trotz Verwendung nichtlinearer Größenmaßstäbe ist die quantitative Aussage mittels stetig veränderter Signaturen mitunter spürbar eingeschränkt. Das ist vor allem der Fall, wenn sich die Signaturen in Ballungsgebieten oder bei komplexen Karten häufen. Ein einfacher Ausweg aus dieser Schwierigkeit kann darin bestehen, daß die Quantität lediglich durch Beischreiben des Zahlenwertes neben die konstant kleine Signatur zum Ausdruck kommt; diese Lösung ist jedoch unbefriedigend, da sie keinen unmittelbaren visuellen Überblick vermittelt. Andere Lösungen sind differenziertere Darstellungen in Nebenkarten oder stärkere Generalisierungen, schließlich der Übergang zu Werteinheitssignaturen.

c) Darstellung durch Werteinheitssignaturen

Bei diesem Verfahren stellt jede Signatur eine konstante Werteinheit (*Kartenzeichenwerteinheit*) dar. Die quantitative Angabeergibt sich damit als Summe gleich großer und geometrisch streng geordneter Zeichen. Durch den damit verbundenen großen Bedarf an Kartenfläche geht jedoch die Lagetreue der Darstellung verloren. Das Verfahren ist aber andererseits übersichtlich, eindrucksvoll und läßt schnelle und sichere Vergleiche zu.

a) b)

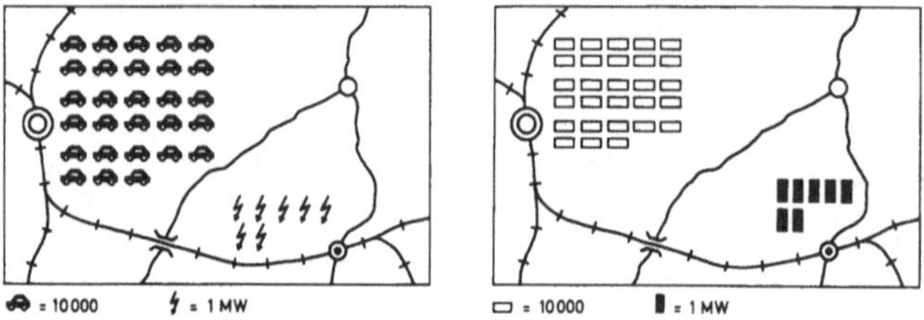

Abb. 12. Werteinheitssignaturen durch
a) bildhafte Figuren
b) geometrische Zeichen

Die etwa 1930 in Wien für Ausstellungen entwickelte Methode (*Kretschmer* 1982) hat sich später in der Themakartographie als *Wiener Methode der Bildstatistik*, *Zählrahmenmethode* oder *Darstellung nach Abzählgruppen* ausgebreitet (Abb. 12). Unter ähnlichen Darstellungsweisen verwendet die *Kleingeldmethode* im Gegensatz zur Zählrahmen-

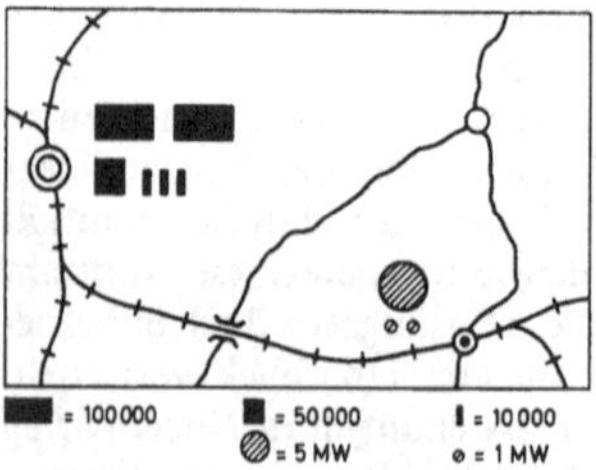

Abb. 13. „Kleingeldmethode“

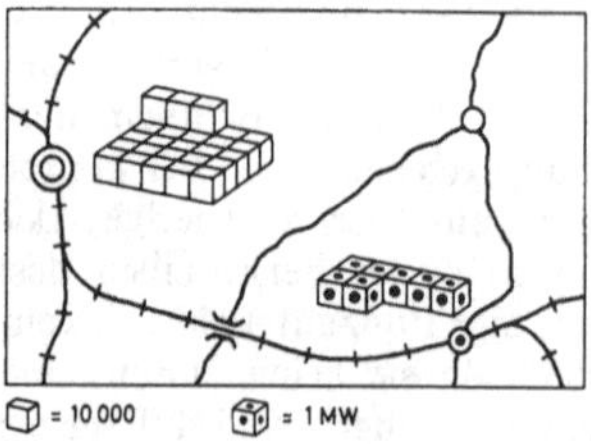

Abb. 14. „Baukastenmethode“

methode Werteinheiten unterschiedlicher Größenordnung; sie kann damit vor allem große Zahlenwerte noch auf relativ kleiner Fläche zum Ausdruck bringen, doch gehen dabei Anschaulichkeit und visueller Vergleich teilweise verloren (Abb.13). Die *Block- oder Quadermethode* – auch *Baukastenmethode* genannt – setzt kleine Werteinheitskörper (z. B. Würfel) zu einem größeren auszählbaren Gebilde zusammen (Abb. 14).

2. Darstellung durch Punkte (Punktmethode)

Häufen sich die einzelnen Objekte derart, daß sie durch *Signaturen* nicht mehr darstellbar sind (z. B. bei der Wiedergabe von Handwerksbetrieben in einer Stadt), so verwendet man *Punkte* als Gestaltungsmittel, da sie den geringsten Flächenbedarf haben. Solange jeweils ein Punkt ein Objekt repräsentiert, entspricht dies der Darstellung qualitativer lokaler Diskreta in Gestalt einer Standortkarte (1.3.1.1). Ist aber dieses Prinzip der Darstellung jedes *einzelnen* Objektes infolge sehr großer Objektdichte nicht mehr zu verwirklichen, so wird der Punkt zur Werteinheit, die einen bestimmten Mengenwert (z. B. 10 Personen oder eine bestimmte Anzahl von Haustieren, Maschinen, Produkten usw.) repräsentiert. Damit ist der Übergang von der allgemeinen Signaturenmethode zu einer ganz spezifischen *Punktmethode* vollzogen.

Der besondere Vorzug dieser Darstellungsweise besteht darin, daß sie typische Verteilungen der Objekte (Objektstreuungen) deutlich erkennbar macht (Anlage 8). Man bezeichnet daher solche Punktkarten auch als *Punktstreuungs-* oder *Objektstreuungskarten.* Durch Auszählen der Punkte und Multiplikation mit dem Mengenwert erhält man die Objektanzahl.

Der Nachteil der Punktmethode besteht darin, daß Objekte verschiedener Qualität nur durch kräftigen Farbwechsel oder durch Übergang zu kleinen Formsignaturen erkennbar zu machen sind. Die Punktstreuungskarten behandeln daher vorwiegend immer nur ein Thema, sind also analytische Karten.

Je kleiner der Mengenwert des Punktes ist, desto differenzierter ist die Wiedergabe (Abb. 15a). Die Festlegung dieses Wertes richtet sich nach den Darstellungsmöglichkeiten in Gebieten größter Objektdichte. Ergibt sich dabei ein relativ großer Punktwert, so kann in Gebieten geringerer Dichte die Darstellung dadurch untypisch werden, daß der Punkt einen größeren Bereich repräsentieren muß und daher dort die Objektstreuung nicht mehr ausreichend zu erkennen ist (Abb. 15b). Ein Ausweg ist möglich, wenn man – ähnlich wie bei der Kleingeldmethode (Abb. 12) – nur in den Ballungsgebieten den Punktwert vereinzelt höher setzt und dies durch eine besondere Signatur zum Ausdruck bringt (Abb. 15c).

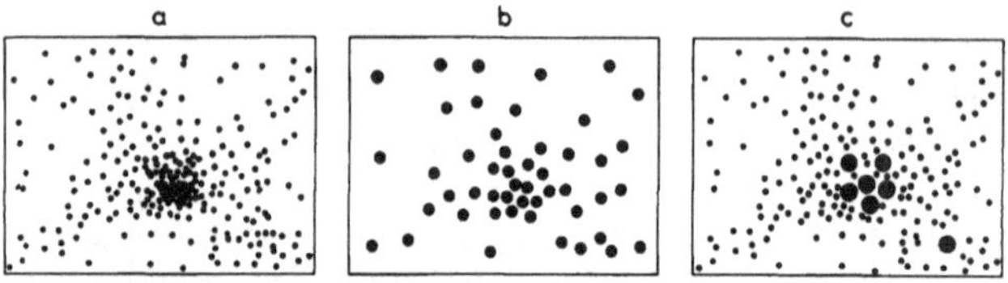

Abb. 15. Punktmethode zur Darstellung einer Objektstreuung
a) mit einheitlichem Mengenwert (1 Punkt ≙ 10)
b) mit einheitlichem Mengenwert (1 Punkt ≙ 50)
c) mit gestuften Mengenwerten (1 Punkt ≙ 100 bzw. 10)

3. Darstellung durch lokale Diagramme

Ist die quantitative Angabe für ein Objekt noch sachlich aufzugliedern oder in zeitlicher Entwicklung darzustellen, so benutzt man Diagramme (z. B. bei Bevölkerungsgliederung

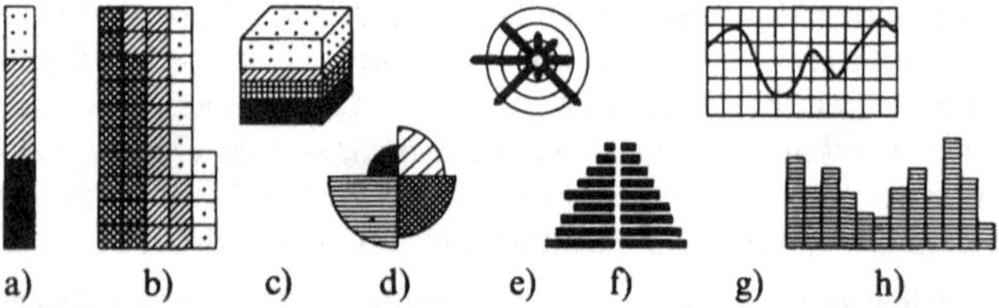

Abb. 16. Beispiele von Diagrammfiguren
a) Stab- oder Säulen-, b) Flächen- (hier Baukasten-), c) Körper- (hier Quaderdiagramm) (alle für sachliche Gliederungen),
d) Quadrantendiagramm (für Gegenüberstellungen),
e) Winddiagramm (prozentuale Häufigkeit der Windrichtungen),
f) Stabdiagramm als Bevölkerungspyramide (absolute und relative Gliederung nach Alter und Geschlecht),
g) Kurvendiagramm (für zeitliche Gliederungen),
h) Stabdiagramm als Histogramm (für Häufigkeitsverteilungen)

nach Berufen oder Wachstum der Einwohnerzahl). Abb. 16 gibt einige Beispiele von Diagrammen. Die Quantitäten sind in diesen Fällen meist Absolutangaben (*Diagrammkarte*).

Infolge ihrer Größe und Gestalt lassen sich solche Diagramme nicht mehr so lagerichtig anordnen wie die Signaturen. Vielfach ist daher der Bezugspunkt durch eine besondere Ortssignatur gekennzeichnet und das Diagramm daneben gestellt. Mit dem Kreissektorendiagramm (Abb. 27a) ist jedoch eine zentrische Anordnung exakt möglich, ein Grund für die häufige Verwendung dieser Diagrammfigur.

In ihrer äußeren Gestaltung entsprechen die lokalen Diagramme – auch *Ortslagediagramme* oder *Positionsdiagramme* genannt – den Kartodiagrammen (1.3.3.2), unterscheiden sich von diesen aber durch die räumliche Bezogenheit: die einen mit eindeutigem lokalen Bezug, die anderen dagegen Summenwerte für eine bestimmte Fläche.

Für die Darstellung der *multiplikativen Verknüpfung* von Zahlenwerten gibt es vor allem folgende Möglichkeiten:

- *Rechteckdiagramme* bringen durch ihre Fläche das Produkt zweier Werte zum Ausdruck. Ist z. B. a = Anzahl der Urlauber, b = durchschnittliche Übernachtung je Urlauber, dann ist a · b = Gesamtzahl der Übernachtungen (Abb. 17a).
- *Quaderdiagramme* stellen durch ihren Rauminhalt das Produkt dreier Werte dar. Ist z. B. a = Anzahl der Arbeitspersonen, b = Anzahl der Arbeitsstunden, c = Produktionsleistung je Person und Stunde, dann ist a · b · c = Gesamtproduktion (Abb. 17b).

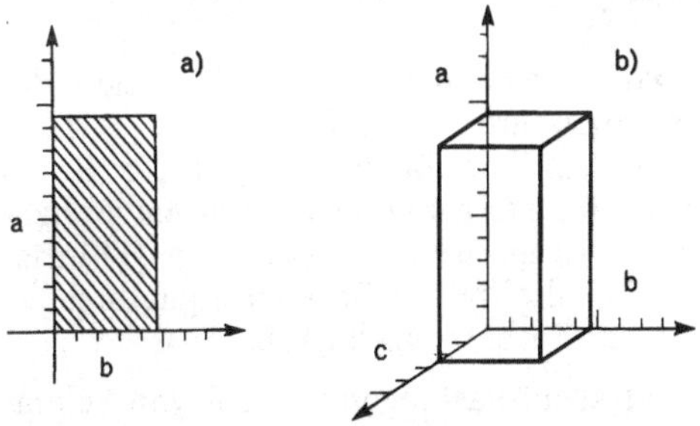

Abb. 17. Multiplikative Verknüpfung quantitativer Daten als a) Rechteckdiagramm, b) Quaderdiagramm

1.3.2 Lineare Diskreta

Hierbei handelt es sich um diskrete Objekte, die – auf den jeweiligen Kartenmaßstab bezogen – von linienhafter bis bandförmiger Ausdehnung sind (z. B. Verkehrsweg, Versorgungsleitung, urgeschichtlicher Wall). Die Wiedergabe erstreckt sich in erster Linie auf die Qualität des Objekts, in Einzelfällen auf zusätzliche quantitative Angaben. Das geometrische Lagemerkmal reicht von der Grundrißtreue und -ähnlichkeit bei der Darstellung mit Begrenzungslinien bis zur Lagetreue bei der Wiedergabe durch fiktive Mittellinien.
Für die Angabe von Lage, Qualität und Quantität lassen sich die Gestaltungsmittel wie folgt einsetzen (siehe auch Abb. 18 und Anlage 9):

1. Zur Lageangabe eignen sich Linien und lineare Signaturen.

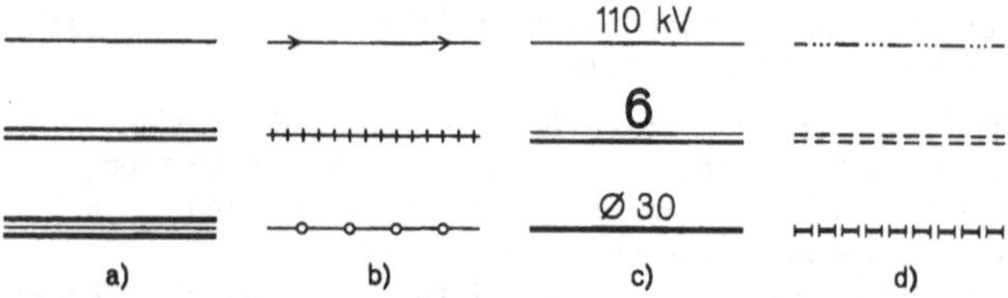

Abb. 18. Darstellung linienhafter Objekte:
a) Reine Linien,
b) Linien mit linearen Signaturen,
c) Linien mit Schrift,
d) reine lineare Signaturen.

2. Die Qualitätsangabe ergibt sich aus der Variation der Linien und linearen Signaturen nach Farbe (z. B. Straßen rot, Eisenbahnen schwarz) und Breite (= Größe, z. B. als Verkehrsbedeutung). Sie folgt ferner bei den Linien aus zusätzlichen Gestaltungsmitteln wie lineare Signaturen (Abb. 18b) oder Schriften (Abb. 18c); bei den reinen linearen Signaturen ist auch die Variation in der Form möglich (Abb. 18d).

3. Quantitäten (z. B. Straßenbelastung in to, Tiefe von Leitungen) kommen durch Breitenänderungen, Ziffernsignaturen oder Schrift zum Ausdruck.

Abb. 19 gibt einen Ausschnitt aus einem Nivellementsnetz wieder, wobei durch Variation der linearen Signaturen und der Breite nach den drei Ordnungen unterschieden wird.

Lineare Diskreta sind zum großen Teil Träger räumlicher Veränderungen. Ihre Darstellung steht daher in enger Verbindung mit der der räumlichen Veränderung in 1.3.5.

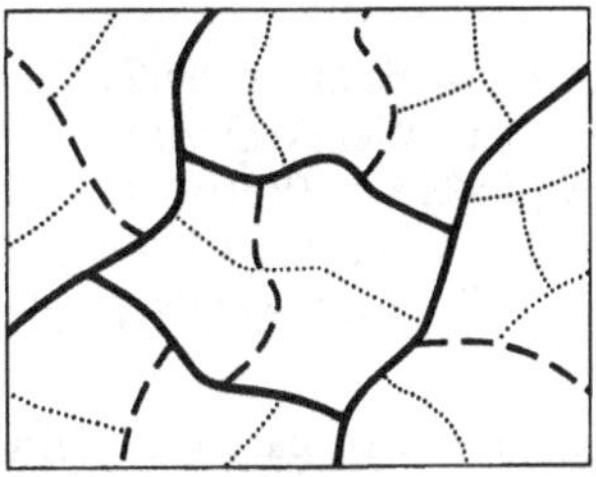

Abb. 19. Ausschnitt aus einer Übersicht zum Nivellementsnetz 1.–3. Ordnung

1.3.3 Flächenhafte Diskreta

In diese Gruppe gehören alle diskreten Objekte, die in der Karte flächenhaft ausgedehnt sind und damit eine grundrißtreue bzw. -ähnliche Darstellung gestatten. Eine Gliederung solcher Diskreta mit Beispielen gibt Bd. I, Abb. 90. Die dargestellten Objekte unterscheiden sich in ihrer Qualität und/oder Quantität. Sie sind ferner in diesem Abschnitt als statisch, also sozusagen unveränderlich anzusehen. Im Gegensatz zu der möglichen Mehrfach-Thematik bei den lokalen Diskreta (1.3.1) ist hier wegen der Flächenfüllung die Darstellung meist auf ein einziges flächenhaftes Thema beschränkt, kann jedoch weitere lokale und lineare Themen aufnehmen.

Die Einstufung eines diskreten Objekts als flächenhaft hängt nicht nur von seiner absoluten Größe, sondern auch vom Kartenmaßstab ab: Eine Siedlungsfläche erscheint in einer großmaßstäbigen Karte flächenhaft, in einer kleinmaßstäbigen Karte dagegen lokal (z. B. als Kreissignatur).

1.3.3.1 Qualitative flächenhafte Diskreta

Kartographische Darstellungen solcher Objekte sind neben denen der qualitativen lokalen Diskreta (1.3.1.1) der wichtigste Fall der qualitativen Karten (1.2 Nr. 6). Man bezeichnet sie im vorliegenden Fall vielfach als *Arealkarten* , nach ihrem Erscheinungsbild auch als *Mosaikkarten* (*Gattungsmosaike*,siehe auch Bd. I, Abb. 100a). Dabei kann man zwei Fälle unterscheiden:

1. Die Objekte treten sozusagen jeweils ausschließlich auf, d.h. es liegt ein *absolutes* Vorkommen solcher *Objektflächen* vor: Wo Granit ist, kann kein Kalkstein auftreten. Die Objekte sind konkrete Gegenstände (z. B. geologische Strukturen) oder abstrakte Sachverhalte (z. B. Rechtsgebiete; vgl. Bd. I, Abb. 90).

2. Die Objekte treten strenggenommen gar nicht selbst auf, sondern die Flächen, über die sie sich verbreiten (Verbreitungskarte), und meist läßt sich der einzelne Träger einer bestimmten Qualität (z. B. Tierart, Konfession) gar nicht eindeutig fixieren. Bei diesem *relativen* Vorkommen werden die *Verbreitungsflächen* aber erst ab einem bestimmten Intensitätsgrad registriert: So läßt sich die Verbreitung der Malaien in Asien nach gewissen Regeln stets darstellen; ihr relativ geringes Auftreten in Europa wird dagegen unberücksichtigt bleiben. Ein Sonderfall liegt vor, wenn eine größere Anzahl lagemäßig fester, meist kleiner Objekte (z. B. archäologische Fundstätten) durch entsprechende lokale Signaturen zwar darstellbar wäre, aber durch eine Flächenwiedergabe zum Ausdruck kommt (Abb. 20). Man spricht hierbei von *Pseudo-Arealen.*

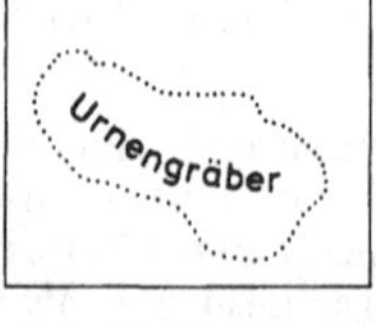

Abb. 20. Pseudo-Areal

Bei der Wiedergabe flächenhafter *Typen* kann es sich sowohl um Objektflächen (z. B. beim Bodentyp) als auch um Verbreitungsflächen (z. B. bei der Beschäftigungsstruktur in Landkreisen) handeln. Die vorangehende Typenbildung aus den einzelnen Merkmalen entspricht dem bei den lokalen Typen (1.3.1.1) beschriebenen Verfahren.

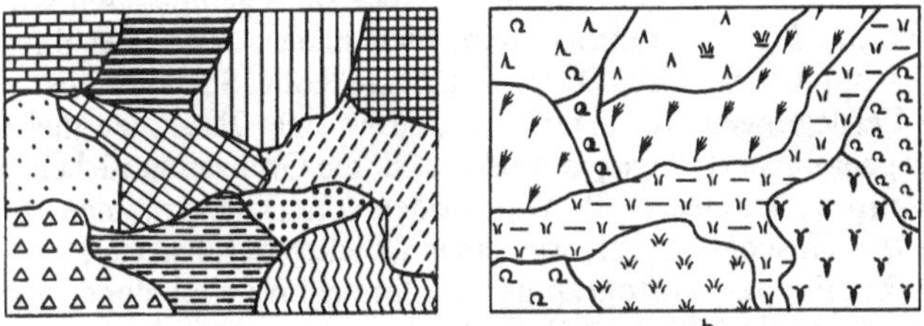

Abb. 21. Darstellung flächenhafter Objekte durch Flächensignaturen: a) geometrisch-rasterförmig, b) bildhaft (Vegetationssignaturen)

Als Gestaltungsmittel kommen in Betracht:

1. Linien bzw. lineare Signaturen zur Abgrenzung der Objekte. Bei einer solchen Wiedergabe kann die Abgrenzung als grundrißtreu bzw. grundrißähnlich gelten.

2. Flächen (Vollflächen), flächenhafte Signaturen (Eigenschaftssignaturen, Abb. 21 und Anlagen 1, 3, 4) oder Schriften, jeweils mit ihren graphischen Variationen, zur Angabe der Qualität. Bei Verwendung von Flächen ist auch ein Verzicht auf besondere Abgrenzungslinien möglich, da die Flächenkontur bereits selbst die Abgrenzung darstellt (Abb. 100a in Bd. I).

3. Ziffernsignaturen oder Schriften für evtl. zusätzliche quantitative Angaben (z. B. Ertragswertzahlen bei Bodengütekarten).

Flächen mit ihrer Farbvariation (*Flächenfarben*) wirken sehr anschaulich und lassen sich am leichtesten mit weiteren Darstellungen belasten, erfordern aber andererseits einen höheren kartentechnischen Aufwand. Beispiele dafür sind geologische Karten, Bodenkarten, Geschichtskarten, politische Karten und Planungskarten in verschiedenen Maßstäben. *Flächensignaturen* (Flächenkartenzeichen) eignen sich nicht nur für eine mehrfarbige, sondern auch für einfarbige Wiedergabe, wo diese aus wirtschaftlichen oder anderen Gründen erforderlich ist (z. B.

bei Karten in Verbindung mit Texten in Büchern und Zeitschriften). Sie lassen sich ferner – wie auch die *Schriften* – mit Flächenfarben kombinieren, wenn sich – wie bei komplexen Karten – Flächen verschiedener Merkmalsgruppen überlagern. Abb. 70 zeigt weitere Beispiele von Flächensignaturen (Strukturraster).

Die Abgrenzung flächenhafter Diskreta kann geometrisch von unterschiedlicher Exaktheit sein; dies spielt sowohl bei ihrer Erfassung wie bei ihrer Darstellung eine Rolle. So sind künstliche Festlegungen wie Eigentumsgrenzen oder Baulinien meist sehr genau fixiert; dagegen weisen z. B. die Grenzen natürlicher Bodenbedeckungen (z. B. Wald) oder von Dialekträumen oft größere Unschärfen auf, was einer Objektgeneralisierung entspricht. Für die kartographische Darstellung sind dabei vor allem folgende Fälle von Bedeutung:

1. Die Objekte durchdringen sich in gewissen Bereichen gegenseitig (z. B. Volksgruppen, Sprachgebiete). Solche Gebiete gemischter Qualitäten werden dargestellt (Abb. 22) a) durch Verzahnen (siehe auch Anlage 4) oder b) Überlappen der Gestaltungsmittel oder c) durch besondere Abgrenzung des Mischgebietes.

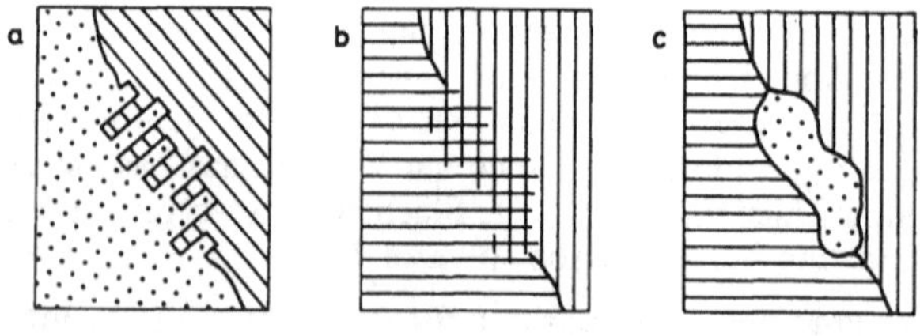

Abb. 22. Gegenseitiges Durchdringen von Objekten. Darstellung durch a) Verzahnung, b) Überlappung, c) besondere Abgrenzung des Mischgebietes

Solche Darstellungen liefern für die Mischgebiete allerdings keine Angaben über das Maß der quantitativen Mischung. Für quantitative Differenzierungen verwendet man daher Farbton- bzw. Helligkeitsvariationen oder Signaturen, mit denen der jeweils überwiegende Anteil zwischen 50% und 100% in weitere Gruppen aufgegliedert wird. Auch kann man Größensignaturen oder Diagramme anwenden, oder man geht zur Punktmethode über (siehe 1.3.1.2).

2. Für die Objekte läßt sich überhaupt nur eine ungefähre Lage angeben (z. B. vorherrschende Nutzungsart, historischer Herrschaftsbereich). Da die Angabe einer Grenzlinie dabei zu falschen Vorstellungen führen kann, benutzt man verlaufende Flächenfarben oder nicht abgegrenzte Flächensignaturen bzw. Schriften (Abb. 23). Damit ließe sich z. B. in Entwicklungsplänen der Eindruck „parzellenscharfer" Festlegung vermeiden.

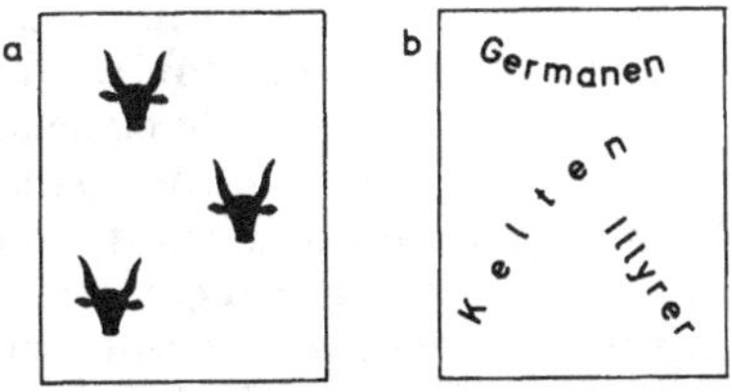

Abb. 23. Nicht exakt abgrenzbare Objektverteilung. Darstellung durch a) bildhafte Flächensignaturen, b) Schrift

In der raumbezogenen Forschung mittels Karten kann es vorkommen, daß für ein flächenhaftes Objekt die Abgrenzung erst noch zu finden ist. Ein solches Objekt ergibt sich z. B. als Landschaftstyp aus dem Zusammenspiel mehrerer Merkmale, z. B. solcher über Relief, Klima, Agrarverfassung, Konfession, Sprachbereich usw. Trägt man die Abgrenzungen dieser Merkmale aus den einzelnen Karten zusammen, so erhält man im Zuge einer solchen sog. *Grenzgürtelmethode* eine mehr oder weniger exakte Abgrenzung eines derartigen Landschaftstyps (*Witt* 1979).

Die *Generalisierung* flächenhafter Darstellungen richtet sich nach Inhalt und Zweck des Themas. Für den Fall stark verästelter oder in kleine Einheiten aufgelöster Flächen beschreibt *Arnberger* 1966, 1977 vier Methoden: 1. die *selektive Methode* scheidet alle Flächen aus, die auf der Karte eine bestimmte Mindestgröße nicht erreichen. 2. Bei der *individuellen Methode* kommt es auf die Erhaltung des Formtypus (z. B. bandförmige Grünanlagen längs der Gewässer) an, wobei auch kleinere mit größeren Flächen verschmolzen werden können. 3. Durch *einseitige Betonung* bleiben nur große, aber die Flächenverteilung gut kennzeichnende Flächen erhalten. 4. Die *Wahrung der Flächenverhältnisse* ist am aufwendigsten; sie wird daher nur dort in Betracht kommen, wo die richtigen Flächengrößen ein entscheidendes Merkmal bei der thematischen Darstellung sind.

1.3.3.2 Quantitative flächenhafte Diskreta (Flächenbezogene Quantitäten)

Karten solcher Objekte sind quantitative Karten (1.2 Nr. 6); sie entstehen aus der Zuordnung (Relation) von Quantitäten zu bestimmten Bezugsflächen (Gebietseinheiten). Da die Zahlenwerte sich innerhalb der Bezugsflächen nicht eindeutig und exakt fixieren lassen, ist ihre kartographische Darstellung lediglich raumtreu. Daher kann auch der Inhalt des topographischen Kartengrundes neben der notwendigen Wiedergabe der Bezugsflächen meist auf wenige weitere Angaben beschränkt bleiben (z. B. wichtigste Orte, Verkehrswege und Gewässer).

Die Quantitäten können ungegliedert oder gegliedert auftreten, und zwar als absolute Zahlen (meist Summenwerte wie Produktionsmengen, Einwohnerzahlen) oder als relative Größen (meist Mittelwerte wie Pro-Kopf-Verbrauch, Bevölkerungsdichte; vgl. Übersicht in Bd. I, 4.1.3). Sie sind in diesem Abschnitt als statisch anzusehen, da raumzeitliche Veränderungen in 1.3.5 behandelt werden.

1. Ungegliederte flächenbezogene Quantitäten

Karten dieses Merkmals stellen einen bestimmten Sachverhalt durch einen einzigen Zahlenwert je Bezugsfläche dar. Sie werden vielfach auch als *Kartogramme* bezeichnet.

Ist der Zahlenwert eine *absolute* Größe, so kommen als Gestaltungsmittel vorwiegend lokale Signaturen in Betracht (*Gebietssignaturenkarte, Signaturenkartogramm*). Diese sind entweder geometrische Zeichen (Abb. 24a), bildhafte Figuren (Abb. 24b) – beide meist in stetiger Darstellung mit Hilfe eines

Größenmaßstabs – oder Werteinheitssignaturen (Abb. 24c). Darstellungen durch gestufte Signaturen (wie in Abb. 6) oder durch verschiedene Flächenfüllungen (wie in Abb. 25) sind bei Absolutwerten selten und auch meist ungeeignet.

Einzelheiten zur Systematik und Graphik von Größensignaturen siehe bei den lokalen Quantitäten (1.3.1.2). Trotz aller Gemeinsamkeiten im äußeren Erscheinungsbild gibt es jedoch folgenden Unterschied: Beim Signaturenkartogramm ist die Signatur meist kleiner als die Bezugsfläche; beim lokalen Objekt ist die Signatur größer als dieses. Ferner ist die Kartogrammsignatur innerhalb der Bezugsfläche verschiebbar, während für die lokale Quantität eine exakte und damit feste Lage vorgegeben ist.

Ist der Zahlenwert eine *relative* Größe, so treten als Gestaltungsmittel Vollflächen oder Flächensignaturen auf. Solche Darstellungen gelten als *Flächendichtekarten*, *Flächenstufenkarten*, *Choroplethenkarten* oder *Flächenkartogramme*. Dabei herrscht die gestufte Darstellung vor, d. h. die aus den Einzelwerten gebildeten Gruppen unterscheiden sich durch graphische Variation von Farbtönen oder -helligkeiten bei den Vollflächen bzw. auch von rasterartigen Stufen (Abb. 25) bei den Flächensignaturen. Relativdarstellungen durch lokale Signaturen sind selten.

a) b) c)

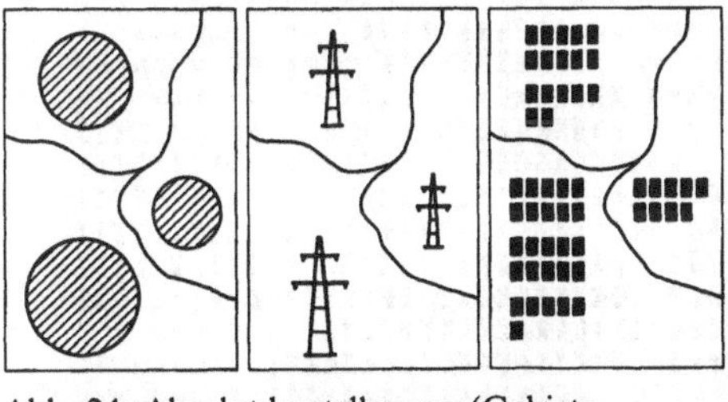

Abb. 24. Absolutdarstellungen (Gebietssignaturenkarten; Signaturenkartogramme)
a) geometrisch (hier Kreissignaturen)
b) bildhaft (hier Figurensignaturen)
c) Werteinheitssignaturen (Zählrahmen)

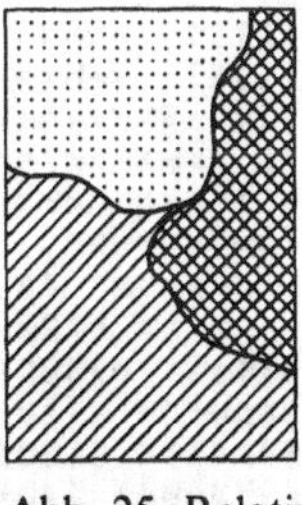

Abb. 25. Relativdarstellung (Flächendichtekarte; Flächenkartogramm)

Die gestufte Darstellung von Helligkeiten durch Tonwerte von Vollflächen ist auch aus kartentechnischen Gründen notwendig, da zur Verwirklichung meist nur Kopierraster bestimmter Tonwerte zur Verfügung stehen (4.2.6.5). Der Wahl der Tonwertabstände zur bestmöglichen Unterscheidung der Gruppen liegen wahrnehmungspsychologische Überlegungen zugrunde (*Morgenstern* 1974). Mit den Mitteln der Computertechnik ist zwar auch eine stetige Variation der Flächenhelligkeiten und damit die unmittelbare Wiedergabe des Einzelwertes möglich (*Peterson* 1979); ein spürbarer Gewinn ergibt sich aber nur dann, wenn die Helligkeit z. B. durch Variation in der meßbaren Weite von Linienrastern entsteht, die durch Schraffur mittels Zeichenautomat erzeugt wird. Ist keine Meßbarkeit gegeben, so ist kein Vorteil zu erwarten, da bei Dichtekarten der Einfluß des sog. Simultankontrastes die visuelle Zuordnung des Helligkeitswertes zur richtigen Gruppe bzw. zum richtigen Einzelwert erschweren kann (*Schoppmeyer* 1978).

Flächendichtekarten lassen sich auch mit Druckern (5.5.2.6) der Computertechnik erzeugen. Durch Druck ausgewählter Zeichen – zum Teil auch übereinandergedruckt – lassen sich Helligkeitswerte simulieren. Das Grundraster aus Zeilen und Spalten gestattet den Aufbau beliebiger Bezugsflächen. Solche *Printerkarten* (Abb. 26) sind als rasche Informationsmittel und Entscheidungshilfen gedacht.

Abb. 26 Ausschnitt aus einer Zeilendruckerkarte

Anspruchsvollere Darstellungen entstehen durch nachfolgendes Verkleinern, weil dadurch die groben Strukturen und graphischen Unsauberkeiten reduziert werden. Darüber hinaus sind mehrfarbige Wiedergaben möglich, wenn die Ausgabe am Printer bereits nach Farben getrennt wird (*Lichtner/Hoffmeister* 1979).

Die Darstellung entspricht äußerlich der von Mosaikkarten (1.3.3.1), unterscheidet sich jedoch dadurch von diesen, daß sie nur quantitative Angaben liefert, während dort Qualitäten zum Ausdruck kommen.

Relative Angaben allein sind mitunter unbefriedigend, solange der Sachverhalt nicht in Verbindung mit der Absolutangabe deutlich wird. So können prozentuale Daten über die Konfessionszugehörigkeiten im Stadt/Land-Verhältnis zu unrichtigen absoluten Vorstellungen führen, wenn nicht auch die Einwohnerzahlen selbst erkennbar gemacht werden. Dies ist durch kombinierte Darstellung möglich, z. B. durch Größensignatur *und* Flächentonwert (also Abb. 24a und 25 zusammen) oder wenn in Abb. 24a die Signaturenfüllung dem Dichtetonwert entspricht.

2. Gegliederte flächenbezogene Qualitäten

Karten dieses Merkmals gliedern den für eine Bezugsfläche gültigen Zahlenwert eines bestimmten Sachverhalts entweder sachlich nach Einzelmerkmalen auf (z. B. Gruppierung des Fremdenverkehrs nach Herkunftsländern) oder stellen ihn in zeitlicher Entwicklung dar (z. B. Anzahl der Übernachtungen in verschiedenen Jahren). Solche Darstellungen gelten als *Kartodiagramme*, *Gebietsdiagrammkarten* oder – im Gegensatz zu den Ortslagediagrammen (1.3.1.2) – als *Flächendiagramme* und sind demnach „Diagrammstatistik in Kartenlage“.

Die dargestellten Zahlenwerte sind überwiegend absolute Angaben. Als Gestaltungsmittel eignen sich in erster Linie Diagramme, daneben aber auch Werteinheitssignaturen (Abb. 27). Abb. 16 gibt weitere Beispiele für Diagramme.

Einen Sonderfall bilden die *Streifendiagramme (Streifenkartogramme, statistische Mosaiken*, Abb. 28), bei denen die einzelnen parallelen Streifen jeweils eine bestimmte Qualität (z. B. Art der landwirtschaftlichen Nutzung) repräsentieren. Die Streifenbreite ist ein Maß für den relativen Anteil der einzelnen Qualität an der gesamten Bezugsfläche. Aus diesem Anteil und der Bezugsflächengröße läßt sich damit auch

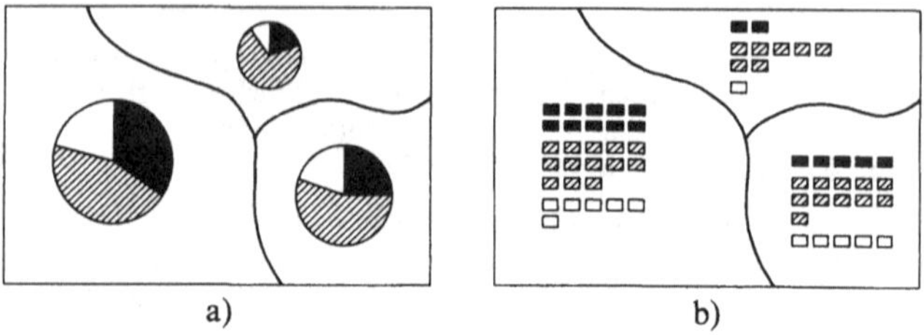

Abb. 27. Gegliederte flächenbezogene Quantitäten (Kartodiagramme)
a) Kreissektorenkartodiagramme
b) Werteinheitssignaturen

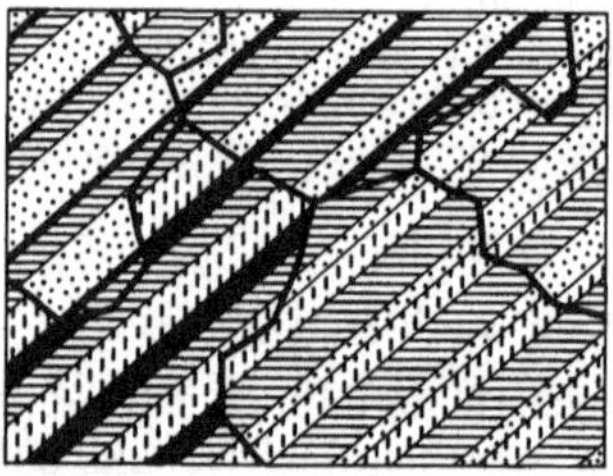

Abb. 28. Streifendiagramm

der Absolutbetrag der Fläche der einzelnen Qualität ermitteln. Der Streifenmaßstab darf nicht zu groß sein, d.h. die Streifen müssen sich ausreichend wiederholen, da sonst bei sehr unregelmäßigen und ausgebuchteten Flächen der visuelle Eindruck der einzelnen Streifenflächen zu fehlerhaften Annahmen führen kann.

3. Aufbereitungsprobleme bei flächenbezogenen Quantitäten

Der Vorteil solcher, meist statistischer Karten im Vergleich zu tabellarischen Darstellungen oder textlichen Erläuterungen ist offenkundig: Man erkennt sofort die räumlichen Verteilungsmuster, Schwerpunkte, Ballungsbereiche, Differenzierungen, Tendenzen usw. Da jedoch der kartographische Gestaltungsspielraum hierbei sehr groß ist, kommt es für eine zutreffende und wirkungsvolle Darstellung solcher Sachverhalte auf eine sorgfältige Aufbereitung des Datenmaterials an.

In den meisten Fällen liegen die Daten bereits vor, sind aber primär für nichtkartographische Zwecke erfaßt worden (z. B. Einwohnerdaten, Verkehrszählungen, Wahlergebnisse; siehe Bd. I, 2.4). Ihre kartographische Aufbereitung erfordert neben mehr oder weniger generalisierenden Eingriffen in das Zahlenwerk vor allem zwei wichtige Entscheidungen: Die *Wahl der Bezugsfläche* und – besonders bei Relativdarstellungen – die *Bildung von Wertegruppen.*

a) Wahl der Bezugsfläche

Nach der Art der Abgrenzung kann man zwischen geographischen, administrativen und geometrischen Bezugsflächen unterscheiden. Die Abb. 29 liefert dafür weitere Merkmale sowie Beispiele, die nach kleiner werdendem Maßstab geordnet sind. Dabei ist zu beachten, daß geographische und administra-

Art der Gebietsgliederung	Merkmal der Abgrenzung	Beispiele (nach kleiner werdendem Maßstab geordnet)
Geographisch	Natürliche Grenze	Reliefgliederung - Bodenbedeckung - Bebaubare Fläche - Wassereinzugsgebiet - Naturraum
	Künstliche Grenze	Baublock - Bodennutzung - Wegeblock - Gleiche Siedlungsstruktur - Wirtschaftsraum
Administrativ	Öffentliche Rechte	Zählbezirk - Stimmbezirk - Ortsteil - Gemeinde - Zweckverband - Landkreis - Bezirk - Bundesland
	Private Rechte	Grundstück (Flurstück) - Wirtschaftseinheit - Arbeitsbezirk - Organisationsbezirk
Geometrisch	koordinatenabhängig	Quadratgitter im System der Landesvermessung - seltener Netzmaschen nach geograph. Koordinaten
	koordinatenunabhängig	Willkürlich dem Einzelfall angepaßtes Netz aus Quadraten, Rechtecken, Sechsecken oder Dreiecken

Abb. 29. Kartographische Bezugsflächen. Merkmale und Beispiele

tive Bereiche auf der örtlichen Situation beruhen und nach dieser kartographisch wiedergegeben werden, während umgekehrt die geometrischen Bezugsflächen zunächst in der Karte entstehen und dann in die Örtlichkeit übertragen werden.

Geographische Bezugsflächen sind Bereiche mit möglichst einheitlichem Merkmal (z. B. Ortskern, Ortsrand, Agrarfläche, unbebaubare Fläche usw. bei Darstellung der Bevölkerungsdichte, Abb. 30c), die in sachgerechter Beziehung zu den statistischen Daten stehen. So wären Daten der Bevölkerungsstruktur ausschließlich auf bebaubare Flächen, Daten der Agrarstruktur auf landwirtschaftliche Flächen zu beziehen. Man gewinnt solche Bezugsflächen, indem man z. B. auf einer Punktstreuungskarte (1.3.1.2 Nr. 2) die Bereiche gleicher Dichte abgrenzt. Das entspricht übrigens dem Eintragen von Wertgrenzlinien (Pseudo-Isolinien) im Fall der Abb. 38. Der Vorteil dieser Methode liegt darin, daß sich eine den örtlichen Verhältnissen besser entsprechende Wiedergabe ergibt. Nachteilig ist dagegen, daß die Daten wesentlich aufwendiger zu ermitteln sind und daß die Vergleichbarkeit zwischen den Ergebnissen verschiedener Erhebungszeitpunkte erschwert wird, wenn sich inzwischen die Abgrenzung der Bereiche verändert.

Das Arbeiten mit *administrativen* Bezugsflächen wird häufig auch als *statistische Methode* bezeichnet, da es sich gewöhnlich

a) b) c)

Abb. 30. Darstellung der Bevölkerungsdichte
a) Topographie und Grenzen
b) Administrative Methode
c) Geographische Methode

um die Flächen handelt, auf die sich vor allem die amtlichen Statistiken beziehen (z. B. Gemeinde, Kreis, Schulbezirk, Kirchenbezirk, Landwirtschaftsbezirk). Damit ergibt sich als besonderer Vorteil die unmittelbare und leichte Auswertbarkeit der Daten und – von den Fällen der Gebietsreform abgesehen – eine sofortige Vergleichbarkeit zwischen den Ergebnissen zu verschiedenen Erhebungszeitpunkten. Der wesentliche Nachteil liegt darin, daß lokale Abweichungen (z. B. starke Ballungen bei der Bevölkerungsdichte) und topographische Besonderheiten (z. B. unbebaubare Wasserflächen und Hochgebirgspartien) unberücksichtigt bleiben und damit ein auf die gesamte Fläche bezogener statistischer Mittelwert entsteht, der die örtliche Situation nicht zutreffend repräsentiert (vgl. Abb. 30b).

Geometrische Bezugsflächen entstehen aus der schematischen Festlegung durch ein regelmäßiges Netz. Abb. 31 gibt eine

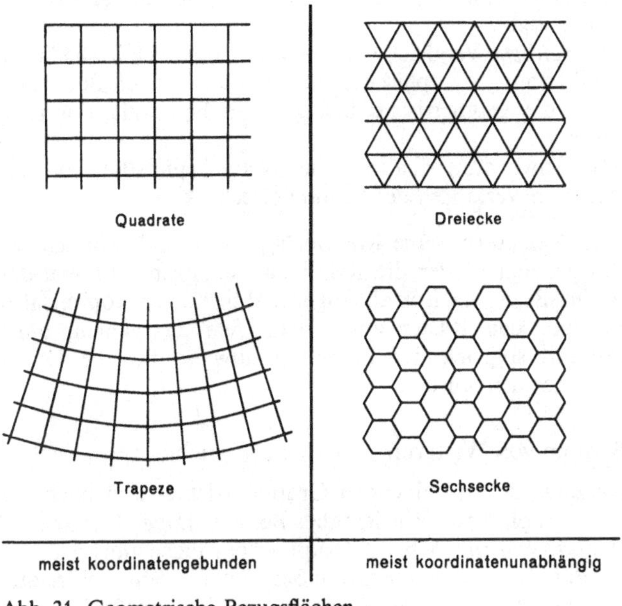

Abb. 31. Geometrische Bezugsflächen

Übersicht über mögliche Netzformen. Für eine allgemeine und übergebietliche Festlegung kommen nur koordinatengebundene Netze in Betracht. Dabei erweist sich vor allem die *Quadratgittermethode* in Anlehnung an das Koordinatensystem der Landesvermessung als besonders vorteilhaft. Dies ist in allen amtlichen topographischen Karten (Bd. I, 5.6) enthalten und läßt sich mit einer für die meisten Fälle ausreichenden Genauigkeit in die Örtlichkeit übertragen oder auf eine andere Kartenfläche beziehen. Die feinste Maschenweite dürfte für lokale Erhebungen etwa bei 0,1 km liegen. Die Quadratgittermethode, die man auch als Verfahren der *Rasterflächen* bezeichnet, kommt bereits ansatzweise in Planung und Statistik zum Zuge, so daß eines Tages auch das geometrische Verfahren eine statistische Methode sein könnte. Dafür sprechen die folgenden Gründe:

- Der *räumliche* Vergleich wird durch gleich große Flächen begünstigt.
- Der *zeitliche* Vergleich wird möglich, weil auch im Falle der Änderung geographischer und administrativer Bezugsflächen die geometrische Bezugsfläche beibehalten werden kann.
- Die Anwendung quadratischer Netze begünstigt den Einsatz von Verfahren der Computertechnik.

Da die Netzlinien keine Merkmalsgrenzen sind, können bei relativ grobem Raster die Relativdarstellungen sehr von der Lage der Bezugsflächen abhängen (Abb. 32). Es kommt also darauf an, den Raster ausreichend fein zu wählen, ohne daß damit sogleich der Erhebungsaufwand für die Daten unwirtschaftlich würde.

b) Bildung von Wertgruppen (-klassen, -stufen)

Die Anzahl der zu bildenden Gruppen richtet sich nach der Art der graphischen Wiedergabe. Bei *einfarbiger* Darstellung wird man sich mit 6 bis 8 Gruppen begnügen müssen, weil sonst das Unterscheidungsvermögen, vor allem bei relativ kleinen Bezugsflächen, zwischen den benachbarten Stufen nicht

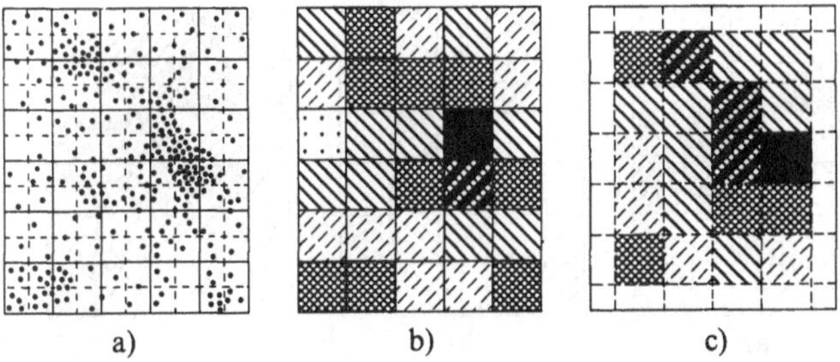

Abb. 32. Einfluß der Lage geometrischer Bezugsflächen auf eine Relativdarstellung
a) Ableitung der Relativwerte aus einer Punktstreuungskarte durch Überlagerung mit zwei Netzen:
b) Flächendichtekarte mit Netz 1
c) Flächendichtekarte mit Netz 2

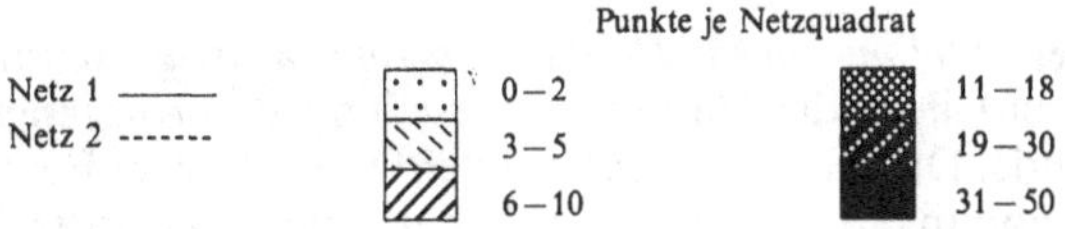

mehr ausreichend gewährleistet ist. Bei mehrfarbigen Darstellungen, d. h. bei der Kombination von Farbton- und Farbhelligkeitsvariation, ist auch die Bildung von etwa 10 bis 12 Gruppen möglich.

Für die Bildung der Wertstufen aus den flächenbezogenen Ausgangsdaten sind die folgenden Methoden üblich:

α) Die *Stufung nach Sinngruppen* gibt die räumlichen Verhältnisse am besten wieder, wenn zwischen den zu bildenden Gruppen eindeutige und ausgeprägte Merkmalsunterschiede bestehen (Abb. 33a).

So wird man bei einer Bevölkerungsdichtekarte von Europa die Wertstufen so abgrenzen, daß die typischen Ballungsräume, ihre Randzonen und die Agrarbereiche ausreichend differenziert erscheinen, während für die dünn besiedelten Gebiete eine einzige Gruppe (0–20 Einw./km²) genügt. Umgekehrt wäre für die relativ bevölkerungsarmen Bereiche Australiens eine weitere Unterteilung zweckmäßig.

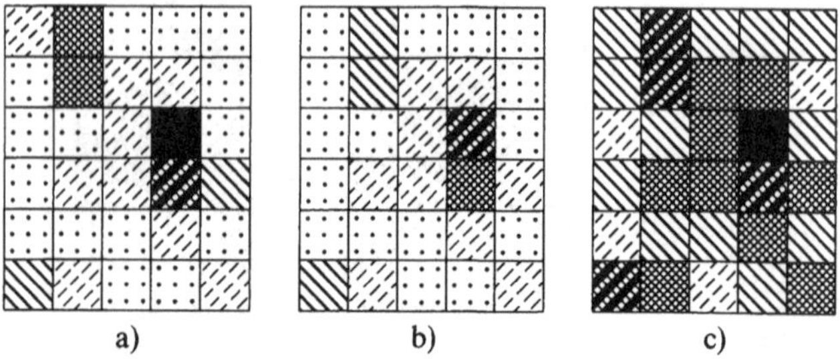

Abb. 33. Einfluß der Gruppenbildung auf eine Relativdarstellung. Relativwerte und Raster aus Abb. 32 mit Netz 1

a) Sinngruppen: 0–6; 7–12, 13–17, 18–22, 23–29, 30–40
b) Arithmetrische Reihe: 0–7; 8–14, 15–21, 22–28, 29–35, 36–42
c) Geometrische Reihe: 0–1; 2– 3, 4– 7, 8–15, 16–31, 32–63

β) Der *Stufung nach Häufigkeitsgruppen* (sog. natürlichen Gruppen) liegt die Häufigkeitsverteilung der Ausgangsdaten zugrunde. Diese beruht meist auf der Darstellung in Form eines Histogramms (Abb. 34). Die in diesem Diagramm auftretenden Minima ergeben die Grenzwerte (Schwellenwerte) zwischen den Wertgruppen. Bei diesem Verfahren ist jedoch zu prüfen, ob die Verteilung nicht zu stark von Zufälligkeiten abhängt und ob demzufolge durch die Gruppenbildung räumliche Zusammenhänge nicht zerrissen werden.

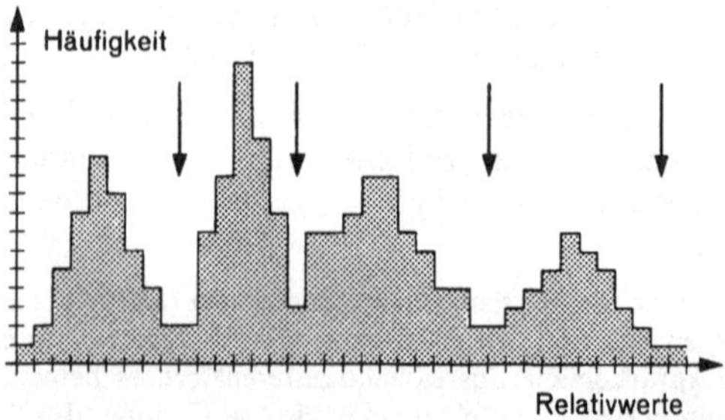

Abb. 34. Häufigkeitsdiagramm (Histogramm) von Relativwerten zur Festlegung von Wertgruppen. Die Pfeile markieren die Schwellenwerte.

γ) Die *Stufung nach mathematischen Regeln* bietet sich an, wenn kein Anlaß besteht, die Schwellenwerte nach Sachmerkmalen (wie in α) oder nach der Häufigkeitsverteilung (wie in β) festzulegen. Sie schafft eine leichtere quantitative Vergleichbarkeit der Gruppen.

Die folgenden Ansätze sind am bekanntesten:

- Die *arithmetische (äquidistante) Reihe* geht von einer konstanten Intervallbreite aller Wertgruppen aus, z. B. bei einer Teilung der Prozentskala in 10 Gruppen, die jeweils 10% umfassen. Ein anderes Beispiel gibt Abb. 33b. Das Verfahren ist vorteilhaft, wenn der Vergleich von Wertstufen vor allem ihren Differenzen gilt.
- Die *geometrische Reihe* beruht auf einem konstanten Zahlenverhältnis zwischen den Mittel- oder Grenzwerten benachbarter Gruppen, z. B. der Reihe 2, 4, 8, 16, 32 in Abb. 33c. Das Zahlenverhältnis kann auch kleiner als 1 sein, z. B. in der Reihe 100, 50, 25, 12, 6, 3 ... (Faktor 0,5). Die Methode ist günstig, wenn der Vergleich von Wertstufen vor allem ihren Verhältnissen gilt.
- Das Prinzip der *Quantilen* sorgt dafür, daß alle Wertgruppen in einer gleich großen Anzahl von Bezugsflächen auftreten: Bei 7 Wertgruppen (Septilen) und 91 Bezugsflächen wären also die Grenzwerte so festzulegen, daß jede Gruppe in 13 Bezugsflächen erscheint. Das Verfahren bietet die größtmögliche graphische Differenzierung.

Das Schrifttum zur Bildung von Wertgruppen ist sehr umfangreich, z. B. *Kishimoto* 1972, *Wonka* 1979 mit weiteren Literaturangaben dort. Nach ihrem Wesen ist diese Methodik eine quantitative Generalisierung von Relativdaten durch Klassifizieren (Bd. I, 4.4.3.2). Die Abweichung, die damit gegen den Einzelwert entsteht, ist jedoch meist nicht gravierend, da der Einzelwert ohnehin bereits ein statistischer Mittelwert ist, für den es in keinem Teil der Bezugsfläche eine reale Entsprechung zu geben braucht. Ein rechnergestütztes Verfahren, bei dem die Abweichungen „Einzelwert gegen Klassenmitte" minimiert werden, beschreibt *Menke* 1981.

1.3.4 Kontinua

Solche Objekte sind räumlich oder flächenhaft unbegrenzt; sie gehören vorwiegend dem Naturbereich an. Eine Gliederung der

Kontinua mit Beispielen gibt Bd. I, Abb. 91. Ein Kontinuum als *Wertefeld* wird durch die Lage von Zahlenwerten beschrieben, die sich von Ort zu Ort stetig ändern. Die Wiedergabe solcher Daten führt zu einer grundrißtreuen bzw. -ähnlichen oder lagetreuen Darstellung. Die Kontinua sind in diesem Abschnitt als statisch, d. h. als quasi unveränderlich anzusehen. Da sie das gesamte Kartenfeld graphisch in Anspruch nehmen, ist in der Regel nur die Wiedergabe eines einzigen Kontinuums möglich, bei geschickter Kartengraphik ausnahmsweise auch zweier Kontinua (Abb. 36).

Die Einordnung von Objekten in die beiden Gruppen der Diskreta und Kontinua ist nicht immer eindeutig. So betrachtet man z. B. einen Binnensee als Diskretum, wenn es sich um eine geomorphologische Darstellung im Zusammenhang mit anderen Objekten handelt, dagegen als Kontinuum, wenn eine Wiedergabe hydrographischer Daten des Sees allein stattfindet.

Als Gestaltungsmittel eignen sich (Abb. 35)

1. Punkte bzw. lokale Signaturen zur Lageangabe der durch Beobachtung oder Registrierung ermittelten Daten (z. B. Wetterstation, Grundwasserpegel),

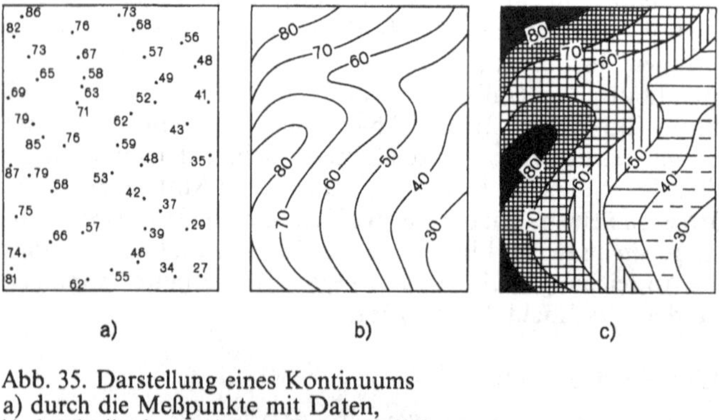

a) b) c)

Abb. 35. Darstellung eines Kontinuums
a) durch die Meßpunkte mit Daten,
b) durch die daraus interpolierten Isolinien,
c) durch Isolinien mit Flächenfüllung dazwischen

2. Schriften (Zahlen), seltener Diagramme zur Angabe der Daten selbst (z. B. Lufttemperatur, Wasserstand),
3. Linien bzw. lineare Signaturen, die als sog. Isolinien nach den ermittelten Daten konstruiert werden,
4. Flächenfarben bzw. Flächensignaturen, die zur besseren Veranschaulichung die Fläche zwischen benachbarten Isolinien ausfüllen.

Isolinien, auch *Isarithmen* genannt, sind Linien, die benachbarte Punkte gleicher Werte miteinander verbinden (Abb. 35b). Sie sind das wichtigste und häufigste Mittel der Kontinuumsdarstellung; man spricht daher auch von *Isolinien-*

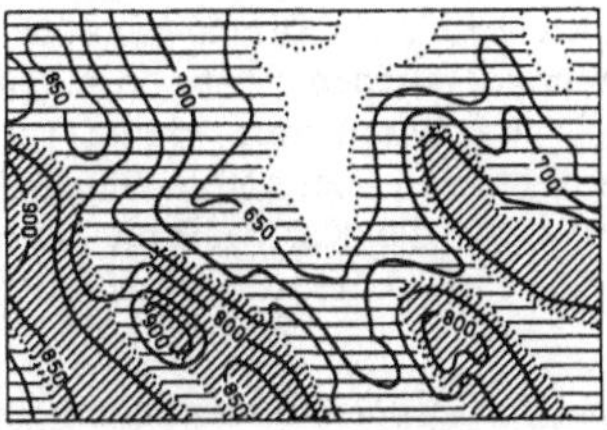

Abb. 36. Linien gleichen mittleren Jahresniederschlages (Isohyeten) in mm. Die punktierten Höhenlinien (Isohypsen) und die gerasterten Höhenstufen verdeutlichen die Abhängigkeit vom Geländerelief

karten. In der Praxis stellen sie runde Zahlenwerte (z. B. volle Temperaturgrade) dar. Der Intervallwert (die Wertstufe) zwischen benachbarten Isolinien richtet sich nach dem Kartenmaßstab und nach der Genauigkeit der Ausgangsdaten; zu groß gewählte Intervallwerte und damit oft sehr große Horizontalabstände der Isolinien mindern den Aussagewert, zu kleine belasten den Karteninhalt stark. Ein konstanter Intervallwert entspricht den Äquidistanzen der Höhenlinien (Bd. I, 5.3.2.4). Solche äquidistanten Systeme geben die beste Übersicht über die Werteverteilung im Kontinuum, lassen sich aber mitunter nur schwer realisieren, z. B. beim Auftreten großer Anomalien.

Die Konstruktion der Isolinien beruht auf einer Interpolation zwischen den Meßpunkten (6.3.6). Während aber in der Topographie die

Höhenlinien (Isohypsen) im Anhalt an ein relativ dichtes Punktfeld weitgehend linear interpoliert werden (Bd. I, 2.2.2.5) und lediglich die Formrichtigkeit zu beachten ist, liegen bei der Konstruktion anderer Isolinien die Punkte häufig ziemlich weit auseinander, und man hat andere Gegebenheiten wesentlich stärker zu berücksichtigen. So hat z. B. der Verlauf der Linien gleichen Niederschlages (Isohyeten) sich in starkem Maße dem Geländerelief anzupassen (Abb. 36).

Die ersten Isolinien wurden vor rund 300 Jahren als Tiefenlinien (Isobathen) in Gewässern und als Linien gleicher erdmagnetischer Deklination (Isogonen) benutzt. *A. v. Humboldt* förderte diese Darstellungsweise besonders im Bereich der Klimatologie. So stellen z. B. dar: Isobaren gleichen Druck, Isallobaren gleiche Luftdruckänderung je Zeiteinheit, Isoamplituden gleiche Schwankungen einer Größe, Isobasen gleiche tektonische Hebung, Isogammen gleiche Anomalie der Schwerkraft, Hydroisohypsen gleiche Grundwasserspiegelhöhe, Isokatabasen gleiche tektonische Senkung, Isoklinen gleiche erdmagnetische Inklination und Isothermen gleiche Temperatur. Heute verwendet man in den verschiedenen Wissenschaften über 150 Isolinien-Begriffe; *Gulley/Sinnhuber* 1961 haben die für die Kartographie wichtigsten Isolinien zusammengestellt. Die Geschichte der Isarithmenkarten beschreibt *Horn* 1959.

Durch die Anwendung von *Flächenfarben oder Flächensignaturen* (meist Rastern) zwischen den Isolinien entsteht zwar ein stufenförmiger Eindruck, der dem Stetigkeitsprinzip jedes echten Kontinuums widerspricht, doch kann man durch geschickte Wahl der Farbtöne oder der Rasterstufen die Werteverteilung im Kontinuum (Maxima, Minima, starke und schwache Gefälle) unmittelbar und anschaulich erkennbar machen (vgl. die farbigen Höhenschichten in Bd. I, 5.3.2.7). So werden z. B. in Niederschlagskarten die bläulich-kühlen Farbtöne bzw. die dunklen Rasterstufen den Bereichen mit hohen Niederschlägen zugeordnet (Anlage 2). Mehr als 8 bis 10 Stufen sollte man dabei vermeiden. Der Vorteil solcher Darstellungsweise wird allerdings oft erkauft durch notwendige Einschränkungen im übrigen Karteninhalt.

Neben den Kontinua aus dem Naturbereich gibt es noch eine Reihe fiktiver, rein *geometrischer Kontinua*. Zu diesen zählt z. B. die Darstellung durch Isodistanzen (Äquidistanzen) als Orte gleicher räumlicher Entfernung von einem Punkt bzw. von einer Linie; diese sind im Falle geradliniger Verbindung konzentrische Kreise bzw. parallele Linien, bei Bindung an Verkehrswege dagegen unregelmäßige, vom Verlauf dieser Wege abhängige Linien. Ferner gehört dazu die Darstellung durch Isochronen zur topographischen Anzeige aller Orte, die von einem Ausgangspunkt nach einer bestimmten Reisezeit erreicht werden können (Abb. 37). Geometrische Kontinua sind z. B. auch die Übersichten, die durch Isodeformaten (Äquideformaten) die Linien gleicher Verzerrungen in Kartennetzentwürfen (Bd. I, 3.1.4) anzeigen.

Abb. 37. Linien gleicher Reisezeit (Isochronen) in Minuten vom bzw. zum Ortszentrum (Fahr- und Gehzeit). Die Konstruktion ergibt sich aus konzentrischen Kreisen um die Haltestellen öffentlicher Verkehrsmittel mit Berücksichtigung topographischer Besonderheiten. Flächenfüllung durch Raster.

Pseudo-Isolinien – im angloamerikanischen Sprachgebrauch auch als isopleths bezeichnet – liegen vor, wenn Linien gleicher Werte für Objekte konstruiert werden, die selbst keine Kontinua sind (z. B. Grundstückspreise, Bevölkerungsdichte). Solche Darstellungen lassen zwar gewisse Strukturen und Verteilungen erkennen, eine Auswertung durch Interpolation würde jedoch meist zu falschen Ergebnissen führen, da sich die Werte oft sprunghaft ändern können. Die Pseudo-Isolinien besitzen damit nur die Eigenschaft von *Wertgrenzlinien*, die sich – im Gegensatz zu den echten Isolinien – auch berühren können. Bei der Konstruktion geht man meist von Punktstreuungskarten (1.3.1.2 Nr. 2) aus (Abb. 38).

Die *Generalisierung* von Isolinien besteht in der Auswahl durch Übergang zu einem größeren Intervallwert und einer Vereinfachung der Linienführung, bei der aber die typischen

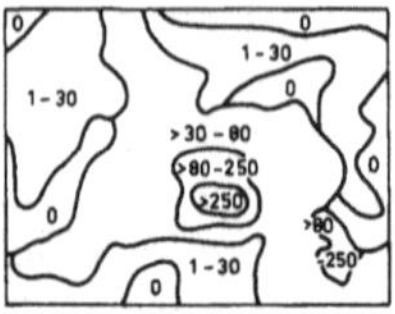

Abb. 38. Pseudo-Isolinien als Grenzlinien für bestimmte Dichtewerte, z. B. Bevölkerungsdichte. Konstruktion nach der Punktkarte in Abb. 15a.

Aussagen (z. B. Anomalien, Verläufe in Abhängigkeit vom Geländerelief, Verkehrsnetz usw.) erhalten bleiben oder gar betont werden.

1.3.5 Räumliche Veränderungen

Während in den vorangegangenen Abschnitten 1.3.1 bis 1.3.4 die Objekte stets als statisch gelten, kommt es nunmehr gerade auf die kartographische Wiedergabe ihrer *dynamischen* Komponente an. Diese bewirkt im zeitlichen Verhalten eine Veränderung

- im Raumbezug, d. h. in der Geometrie und/oder
- in der Substanz, d. h. in der Qualität und/oder Quantität.

Die Objekte der dynamischen Karten (1.2 Nr. 6) können Diskreta oder Kontinua, ihre räumlichen Veränderungen kurz- oder langfristig sein.

Zur Methodik dynamischer Karten siehe u. a. *Bär* 1976. Die Wiedergabe dynamischer Vorgänge in Form von *Filmkarten* (*animated maps*) steckt noch in den Anfängen. Über einen Versuch mit computergenerierten Filmen berichtet *Rase* 1974.

1.3.5.1 Veränderungen diskreter Objekte

1. Bewegungen des gesamten Objekts

Bei diesen meist *kurzfristigen* Veränderungen wird nicht das Objekt selbst, sondern nur der Weg seiner Veränderung dargestellt. Beispiele dafür sind Vogelflüge, Berufspendler, militärische Operationen, Transporte auf dem Land-, Wasser- und

Luftwege. Ist der Weg topographisch fixierbar (z. B. Straße, Gewässer), so ergibt sich eine lagetreue Wiedergabe (siehe Anlage 9); in anderen Fällen (z. B. bei Karten zum Geldverkehr) entsteht nur eine raumtreue Darstellung.

Als Gestaltungsmittel kommen in Betracht:

1. Zur Lageangabe die Gestaltungsmittel, die für lineare Diskreta als den Trägern solcher Veränderungen (z. B. Schienenwege, Hochspannungsleitungen) üblich sind (siehe 1.3.2), zur Angabe der Bewegungsrichtung im Grundriß lineare, meist pfeilartige Signaturen (*Bewegungslinien*, *Vektoren*, Abb. 39);

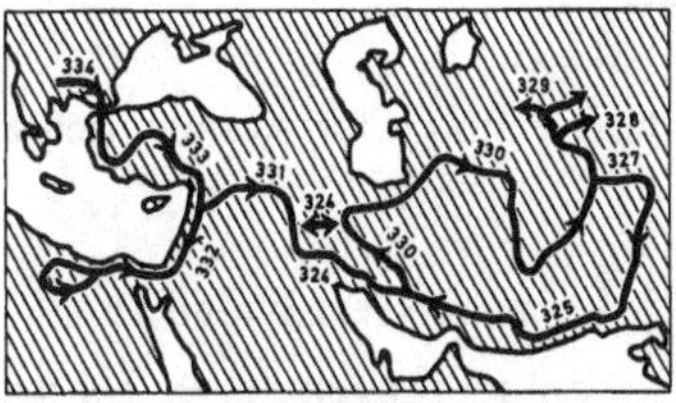

Abb. 39. Der Zug Alexanders des Großen 334-324 v. Zw. Rein qualitative Darstellung mit zeitlicher Fixierung

2. zur Angabe der Qualität (z. B. Art des Transportgutes, Alter und Geschlecht der Pendler) Signaturen, Schriften oder Farben mit ihren Variationen;

3. zur Angabe der Quantität (z. B. Transportmengen, Zahl der Pendler) lineare Signaturen in gestufter Darstellung (z. B.

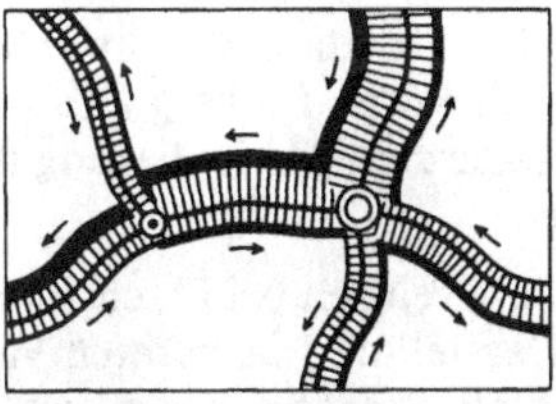

Abb. 40. Straßenbelastung in einem bestimmten Zeitabschnitt, getrennt nach Richtungen, Personen- und Lastkraftwagen. Quantitative Darstellung durch variable Bandbreite

analog Abb. 6a) oder in stetiger Darstellung (Bandsignatur variabler Breite mit besonderem Breitenmaßstab, Abb. 40).

Schematische, d. h. nur raumtreue Darstellungen von Objektbewegungen treten häufig bei statistischen Daten auf, für die der Transportweg uninteressant oder nicht fixierbar ist (z. B. Ein- und Ausfuhr). Da solche Objekte meist zu Bezugsflächen gehören (z. B. politische Bereiche), spricht man in Anlehnung an 1.3.3.2 oft auch von *Bandkartogrammen* (Abb. 41).

Abb. 41. Bandkartogramm durch Pfeilsignatur: Ausfuhr nach verschiedenen Staaten

2. Veränderungen des Objekts nach Gestalt und Inhalt

Diese meist *langfristigen* Veränderungen (z. B. Entwicklung von Siedlungen, Landnutzungen, politischen Bereichen) führen zum Typ der *genetischen Karte*. Dabei läßt sich die Veränderung von Flächenabgrenzungen (z. B. Ortsumrisse) grundrißtreu oder -ähnlich, die Entwicklung linearer Netze (z. B. Verkehrsnetze) lagetreu darstellen.

Als Gestaltungsmittel eignen sich:

1. Zur Lageangabe die Gestaltungsmittel, die dafür bei den linearen (1.3.2) bzw. flächenhaften (1.3.3) Diskreta üblich sind;

2. zur Angabe der Qualität die Variation der linearen und flächenhaften Darstellungen nach Form, Füllung (Abb. 4) und Farbe, wobei zur Qualität auch die zeitliche Datierung und die Angabe eines Trends gehören;

3. zur Angabe der Quantität, die vereinzelt bei Flächenobjekten auftritt (z. B. Zunahme), eine Darstellung, die in ihren Variationen auf die Wiedergabe der Qualitäten abgestimmt ist.

Nicht exakt fixierbare Flächenausdehnungen (z. B. bei der Erweiterung historischer Einflußbereiche oder bei generellen Planungsentwürfen)

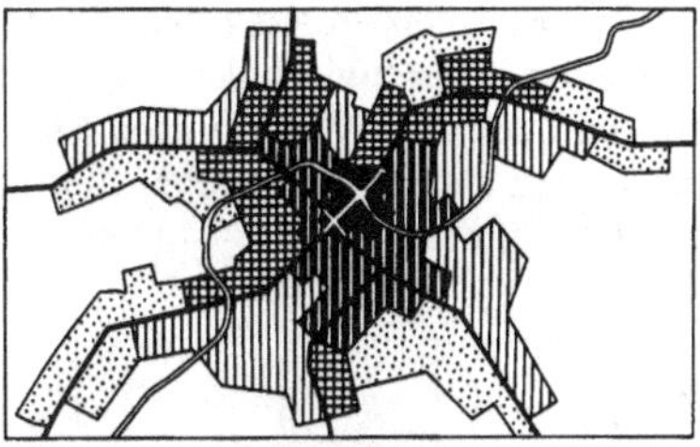

Abb. 42. Genetische Karte.
Entwicklung bebauter Flächen einer Stadt:
Die Rasterflächen kennzeichnen Zeitintervalle nach dem Prinzip je älter, desto dunkler.

lassen sich durch verlaufende Farben oder Scharungen bzw. Bündelungen von Pfeilen darstellen. Objektveränderungen, die sich nur auf den Inhalt beziehen, gibt es in Verbindung mit der Darstellung lokaler oder flächenhafter Diskreta: So läßt sich z. B. in einer Flächendichtekarte die Bevölkerungsdichte durch Variation der Helligkeit, ihre zeitliche Entwicklung (Zu- oder Abnahme) durch Variation des Farbtons (z. B. Rot und Blau) wiedergeben.

1.3.5.2 Veränderungen kontinuierlicher Objekte

Hierbei handelt es sich meist um Veränderungen der Form oder des inneren Gefüges. Als *kurzfristig* gelten dabei z. B. Strömungen in Gewässern oder in der Atmosphäre, als *langfristig* die tektonischen Hebungen bzw. Senkungen, Änderungen im Magnetfeld der Erde usw.

Als Gestaltungsmittel dienen (vgl. 1.3.4)

1. Punkte bzw. lokale Signaturen zur Lageangabe der Punkte, an denen die Veränderungen gemessen werden (z. B. Schreibpegel),
2. Schriften (Zahlen) oder Diagramme zur Angabe der am Punkt ermittelten Daten (z. B. Luftdruckdifferenz, Pegeldiagramm),
3. pfeilartige Signaturen, die entweder rein qualitativ nur Richtungstendenzen angeben (z. B. bei Wetterfronten) oder

durch maßstäbliche Länge auch quantitative Daten ausdrücken (z. B. Strömungsgeschwindigkeiten, Abb. 43), schließlich Isolinien, die nach den Meßpunkten konstruiert werden (z. B. Isallothermen als Linien gleicher Temperaturschwankung in einer bestimmten Zeit).

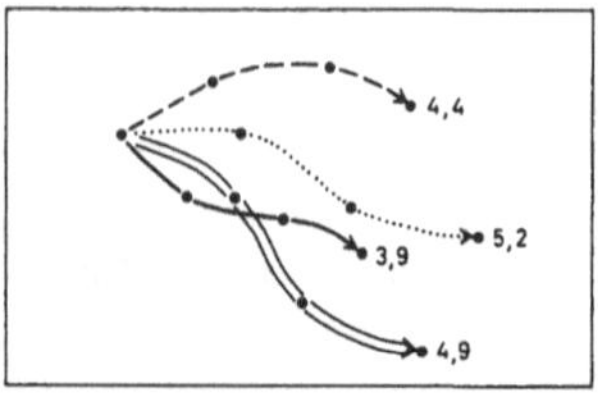

Abb. 43. Räumliche Veränderungen im Kontinuum: Strömungen in einem Binnensee. Die Pfeilsignatur kennzeichnet durch ihre Form die jeweilige Meßtiefe, durch ihren Verlauf Richtung und Ausmaß der Strömung in einem Zeitabschnitt. Punkte = Meßstellen, Zahlen = mittl. Geschwindigkeit in cm/s

1.3.6 Gemeinsame Darstellung von Objekten verschiedenartiger Merkmalsgruppen

Nicht jede Karte beschränkt sich auf die Wiedergabe von Objekten gleicher Merkmalsart wie z. B. nur lokale Diskreta. Wenn – wie in komplexen und synthetischen Karten häufig – Themen mit Objekten unterschiedlicher Merkmalsgruppen gemeinsam darzustellen sind, hat der Entwurf solcher Karten die graphischen Möglichkeiten besonders sorgfältig aufeinander abzustimmen.

Eine typische Kombination ist das Zusammentreffen flächenhafter, linearer und lokaler Diskreta, dazu evtl. auch noch räumlicher Veränderungen. Dabei halten die Flächenfarben noch eine relativ hohe Belastung durch weitere Gestaltungsmittel aus, ohne gleich an Ausdruckskraft und Lesbarkeit spürbar zu verlieren. Flächensignaturen, die den Flächenfarben überlagert werden, sollten sich aber in ihrer Wirkung so zurückhalten, daß die weiteren linearen und lokalen Signaturen sich in Größe und Farbe noch deutlich herausheben können.

So ergibt sich z. B. für *Wirtschaftskarten* (1.7.2.5) häufig die folgende Gestaltung: 1. Flächenhafte Diskreta wie Acker, Grünland, Wald durch Flächenfarben, die einzelne land- bzw. forstwirtschaftliche Differenzierung dieser Flächen wie Getreide, Hackfrüchte, Buche, Kiefer usw. durch Flächensignaturen, 2. lokale Diskreta wie Industrieanlagen, Bohrtürme, Kraftwerke usw. durch lokale Signaturen, 3. lineare Diskreta, häufig als Träger räumlicher Veränderungen wie Hochspannungsleitungen, Pipelines, Ferngasleitungen usw. durch lineare Signaturen.

Beispiele für die graphischen Maßnahmen bei sog. mehrschichtigem Bildaufbau beschreibt *Spiess* (in *Schweizerische Gesellschaft für Kartographie* 1978).

1.3.7 Andere Gliederungen zur thematischen Darstellung

Die in diesem Buch vorgestellte Einteilung der thematischen Darstellung (1.3.1 bis 1.3.5) ist nicht die einzige Möglichkeit einer systematischen Gliederung. Daher werden nachfolgend noch einige andere Verfahren kurz vorgestellt. Die damit verbundenen Hinweise auf die Textstellen dieses Buches (in Klammern) verweisen auf die Äquivalente und ermöglichen damit Vergleiche.

Zunächst ist festzuhalten, daß das hier gewählte Vorgehen von den Objektmerkmalen ausgeht, also einer *objektorientierten* Betrachtungsweise entspricht (1.2 Nr. 6). In gleicher Weise geht *Witt* 1970 vor, wobei er folgende Einteilung wählt:

1. Qualitative Karten (1.3.1.1, 1.3.2, 1.3.3.1, 1.3.5.1 tlw.),
2. Quantitative Karten
   a) Isolinienkarten (1.3.4, 1.3.5.2),
   b) Absolute Karten (1.3.1.2, 1.3.5.1 tlw.),
   c) Relative Karten (1.3.3.2, 1.3.5.1 tlw.).

Geht man dagegen von den Erscheinungsbildern der kartographischen Gestaltungsmittel aus (Kartentypen), so ergibt sich eine *methodenorientierte* Betrachtungsweise (1.2 Nr. 5). Ihr entspricht weitgehend die folgende Übersicht über Gefüge thematischer Karten von *Imhof* 1972 (abgesehen von den objektbezogenen Bezeichnungen bei A4 und A5):

A. Gefüge vorwiegend grundrißlich gestalteter oder grundrißlich bezogener Vorkommnisse, im einzelnen
   1. lokale Gattungssignaturen (1.3.1.1),
   2. Netze linearer Elemente (1.3.2),
   3. Gattungsmosaiken (1.3.3.1),
   4. Kontinua (1.3.4),
   5. Darstellungen von Bewegungen und Kräften (1.3.5);

B. Gefüge zur Darstellung statistischer Werte, sogenannte statistische Karten, im einzelnen
   6. Wertpunkte und Wertsignaturen (1.3.1.2),
   7. Dichtemosaiken (1.3.3.2),
   8. andere statistische Mosaiken (1.3.3.2),
   9. Orts- und Gebietsdiagramme (1.3.1.2, 1.3.3.2),
   10. Banddiagramme (1.3.5.1).

Meynen 1972 beschreibt durch Texte, Tabellen und Kartenausschnitte 27 verschiedene Strukturformen und Grundtypen der thematischen Karte. Dazu legt er Begriffe fest, die jeweils auf die typische Struktur hinweisen und mit dem Wort „Karte" enden, z. B. Grundrißkarte, Ortssignaturkarte, Vektorkarte als Kartentyp. Eine Zuordnung zu den Objektgruppen dieses Buches ist leicht vorzunehmen; sie ist zum Teil auch mehrfach möglich. So kann z. B. die Positionskarte als Belegkarte sowohl bei den lokalen Diskreta als auch bei den Kontinua auftreten. Auch *Imhof* 1972 zeigt die Verbindung zwischen seiner Einteilung und der von *Meynen* 1972 auf.

In Zusammenhang mit den Veröffentlichungen von *Preobraženskij* 1956, *Sališčev* 1967, *Schweißthal* 1967 und eigenen Arbeiten stellt *Pillewizer* (in *Bader* 1974) die folgenden zehn Hauptmethoden der graphischen Gestaltung vor:
1. Signaturenmethode (1.3.1.1),
2. Methode der lokalisierten Diagramme (1.3.1.2),
3. Methode der Objektlinien und -bänder (1.3.2),
4. Flächenmethode (1.3.3.1),
5. Methode der Flächenhaupt- oder Mittelwerte (1.3.3.2),
6. Isolinienmethode (1.3.4),
7. Methode der Vektoren und Bewegungslinien (1.3.5),

8. Punktmethode (1.3.1.2),
9. Methode des Kartodiagramms (1.3.3.2),
10. Methode des Flächenkartogramms (1.3.3.2).

Hierbei findet auch ein Vergleich mit den Strukturformen und Grundtypen nach *Meynen* 1972 statt.

Bei den von *Pillewizer* verwendeten Bezeichnungen ist zu beachten, daß z. B. der Terminus „Signaturenmethode" nicht ausschließt, daß auch in anderen Methoden Signaturen als Gestaltungsmittel benutzt werden. Ferner gilt als Kartogramm nur die Wiedergabe von Relativwerten, während alle Absolutdarstellungen – auch die nicht aufgegliederten – Kartodiagramme sind.

Schließlich führt *Arnberger* 1966, 1977 alle kartographischen Gestaltungsmöglichkeiten auf die folgenden vier Grundprinzipien zurück:

1. Das Lageprinzip (topographisches Prinzip) läßt alle Gestaltungsmittel zu, die eine grundriß- bzw. lagetreue Darstellung ermöglichen. Dies setzt zugleich eine geeignete topographische Kartengrundlage voraus. Die Aussage ist vorwiegend qualitativ.
2. Das Diagrammprinzip dient der quantitativen Aussage mit Hilfe von Diagrammen, aber auch mit Flächenfarben und Signaturen.
3. Das bildstatistische Prinzip beruht auf dem Gebrauch von Werteinheitssignaturen, die absolute quantitative Daten darstellen.
4. Das bildhafte Prinzip führt zu einer rein qualitativen, stark vereinfachten Aussage mit bildhaften Signaturen als Individualbilder (z. B. Aufrißbilder bedeutender Bauwerke) oder Typenbilder (z. B. zum Veranschaulichen von Flächennutzungen).

1.4 Karteninhalt – Topographischer Kartengrund

Der topographische Kartengrund, auch als *Basiskarte* oder *Grundlagenkarte* der thematischen Darstellung bezeichnet, liefert die topographischen Angaben, die erforderlich sind

- als geometrisches Gerüst für die Festlegung der einzelnen thematischen Angaben und
- zum sachlichen Verständnis des Themas.

Im engeren Sinne gilt als *Grundlagenkarte* die Karte, aus der der topographische Kartengrund abgeleitet wird.

Nach Entstehung und Inhalt kann man zwischen vier Fällen unterscheiden:

1. Der Kartengrund ist eine *unveränderte* topographische Karte, z. B. der Auflagedruck einer amtlichen Karte. Die thematische Darstellung wird lediglich eingezeichnet oder eingedruckt.

Dieses einfache Verfahren ist nur anwendbar bei punktförmigen oder linienhaften Darstellungen geringen Umfangs, z. B. bei Standortkarten (Verwaltungssitze, Jugendherbergen, bestimmte Industrien), Fundkarten (Hügelgräber), Wanderkarten (Wanderwege, Aussichtspunkte) und Verbreitungskarten, in denen nur die Grenzlinien, nicht die Flächenfarben der Objekte erscheinen (Beispiel: Bodenkarte 1 : 5000 auf der Grundlage der Bodenschätzung als grüner Aufdruck zur Deutschen Grundkarte 1 : 5000).

Die unveränderte topographische Karte ist daneben oft auch die Kartengrundlage in der Entwurfsphase der thematischen Karte. In den dabei entstehenden *Arbeits-* oder *Materialaufbereitungskarten* lassen sich dadurch die thematischen Daten bestmöglich fixieren. Als Grundlage für viele Themen aus den Geowissenschaften eignet sich besonders gut die *orohydrographische* Ausgabe amtlicher topographischer Karten (Bd. I, 5.6.1), die lediglich das Gewässernetz und das Gländerelief (durch Höhenlinien und Schummerung) wiedergibt.

2. Der Kartengrund entsteht durch einfaches *reproduktionstechnisches Umwandeln* der topographischen Karte, die dann in matten Farben oder als einfarbiger Schwarz- bzw. Graudruck erscheint. Dabei sind auch Maßstabsänderungen – in erster Linie Vergrößerungen – möglich. Bei mehrfarbigen topographischen Karten kann man auch auf den Druck einer oder mehrerer Farbfolien verzichten, wenn ihr Inhalt für das Thema unbedeutend ist und stören würde (z. B. Höhenlinien oder Flächenfarbe für Wald bei sprach- oder volkskundlichen Darstellungen).

Solche Grundlagen findet man bei geologischen, boden- und vegetationskundlichen Karten, bei denen dann das Thema selbst durch kräftige Farbflächen zum Ausdruck kommt.

3. Der Kartengrund entsteht als *neuer Entwurf* speziell für die thematische Darstellung. Dieser Fall ist für viele Themakarten die beste, aber auch die aufwendigste Lösung. Dabei zwingt das Thema häufig dazu, den Inhalt dieser Grundlage stärker zu generalisieren, als dies bei maßstabsgleichen topographischen Karten der Fall ist. Neben dem einfachen Fortlassen bestimmter Objekte tritt oft eine deutliche Schematisierung in der Linienführung von Verkehrswegen und Grenzen ein.

4. Der Kartengrund entsteht als entzerrte Darstellung von *Luftbildern*, in kleinen Maßstäben auch von *Satellitenbildern*. Dabei läßt sich die Bildwiedergabe noch in ihren Helligkeits- und Farbtonwerten verändern sowie mit kartographischen Gestaltungsmitteln ergänzen. Schließlich kann man aus einer solchen Bildkarte mit Hilfe einer Interpretation (Bd. I, 2.3.2) wieder eine Strichkarte im Sinne von Fall 3 ableiten.

Allgemein gilt für den topographischen Kartengrund, daß seine Darstellung zwar ausreichend lesbar sein muß, aber als quasi „Hintergrundinformation" gegenüber der thematischen Darstellung graphisch zurückzutreten hat.

Eine Übersicht über die Probleme und Wirksamkeiten des Kartengrundes gibt *Spiess* 1971. Dabei unterscheidet er vor allem zwei Haupttypen von sog. Basiskarten: Detailreiche Basiskarten mit einem dichten Netz von Bezugspunkten und -linien und vereinfachte Basiskarten mit relativ wenigen, aber möglichst charakteristischen Elementen. Mit Grundlagenkarten der naturräumlichen Rayonierung befaßt sich *Sandner* 1981.

Sind zahlreiche thematische Daten in der Karte zu fixieren (Signaturen, Flächen, Linien, Punkte), kommt man nicht ohne umfangreichen Karteninhalt aus. Nach *Louis* 1960 soll die *Dichte* topographischer Bezugselemente mindestens etwa 4–8 mm, in Karten kleiner Maßstäbe 3–6 mm betragen.

Arnberger 1966 hat den *Umfang* und die Kombinationsmöglichkeiten topographischer Elemente für verschiedene Themen eingehend untersucht. Er kommt dabei zu dem Ergebnis, daß für eine überwiegende

Anzahl von Themen die Kartengrundlage die wichtigsten Siedlungen, die Verkehrswege, Gewässer und Geländeformen enthalten sollte.

Hake gibt (in *Akademie für Raumforschung* 1971) eine allgemeine Übersicht zum Bedarf an topographischen Angaben in thematischen Karten aller Gruppen von Themengebieten. *Satzinger* 1975 beschreibt die Rolle, die amtliche kleinmaßstäbige Karten bei der Ableitung thematischer Karten spielen.

Bei flächenbezogenen Quantitäten (1.3.3.2) beschränkt sich der Kartengrund meist auf die Wiedergabe der Bezugsflächen mit ganz wenigen zusätzlichen Angaben (z. B. Städte, Flüsse). Das Minimum an Grundlageninhalt dürfte bei den Wetterkarten erreicht sein, die in der Stufe der Arbeitskarten oder Entwürfe nicht viel mehr als die Umrisse der Kontinente enthalten, ferner bei der Wiedergabe physikalischer Kontinua (z. B. Schwerefeld, Geoid).

Für *thematische Atlanten* und vergleichbare Kartenwerke (z. B. Regionalatlanten, Planungsgrundlagenatlanten), die stets für dasselbe Gebiet bestimmte Themenkreise darstellen, ist es – schon aus wirtschaftlichen Gründen – nicht möglich, jede einzelne Karte mit einem speziellen Kartengrund zu versehen. Daher sind die Kartengrundlagen auf wenige Grundtypen zurückzuführen, die zugleich für zahlreiche Themen verwendbar sind. Zu den häufigsten Grundtypen gehören hierbei 1. eine *Situationskarte* mit den wichtigsten Siedlungen, Verkehrswegen und Gewässern für Darstellungen von Diskreta und Kontinua einschl. räumlicher Veränderungen und 2. eine *Verwaltungs-*

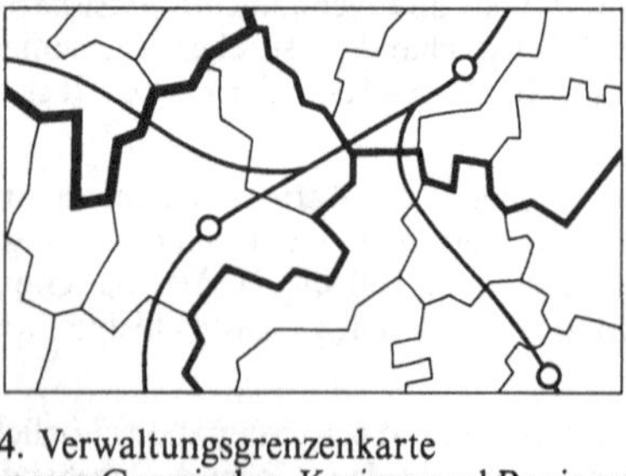

Abb. 44. Verwaltungsgrenzenkarte
Grenzen von Gemeinden, Kreisen und Regierungsbezirken mit Darstellung des Eisenbahnnetzes und der Sitze der Kreisverwaltungen

grenzenkarte (Abb. 44) zur Wiedergabe flächenbezogener Quantitäten.

In bezug auf die Schrift des topographischen Kartengrundes gilt sinngemäß das, was bei den topographischen Karten über die Schrift gesagt wurde (Bd. I, 5.3.3). Der im Vergleich zu einer maßstabsgleichen topographischen Karte oft höhere Generalisierungsgrad der thematischen Karte zwingt auch zu einer sparsameren Verwendung der Schrift, insbesondere bei Angabe der Namen. Ist die thematische Darstellung sehr umfangreich oder soll sie durch Schrift möglichst wenig beeinträchtigt werden, so setzt man mitunter nur die Anfangsbuchstaben von Ortsnamen neben die Ortssignatur.

1.5 Kartennetz und Kartenrandangaben

1.5.1 Kartennetz und Suchnetz

Wie bei den topographischen Karten ist auch bei den thematischen Karten das Kartennetz das geometrische Gerüst für den Karteninhalt. Es gelten daher auch hier allgemein die Ausführungen über die Darstellung des Kartennetzes in Bd. I, 5.4.1.

Andererseits gibt es jedoch eine Reihe thematischer Darstellungen, in denen der unmittelbare Bezug zwischen der Wiedergabe des Themas und dem Kartennetz entbehrlich oder gar nicht möglich ist, weil die Darstellung nicht mehr lagetreu ist, wie dies z. B. bei den flächenbezogenen Quantitäten (1.3.3.2) zutrifft. In solchen und ähnlichen Fällen wird meist auf eine Wiedergabe des Kartennetzes verzichtet, da es tatsächlich nur auf eine gegenseitige, also relative räumliche Beziehung der thematischen Darstellungen ankommt, nicht aber auf die absolute Fixierung im System von Koordinaten. Der indirekte Bezug zum Kartennetz bleibt jedoch dadurch erhalten, daß die kartographische Vorlage, aus der der topographische Kartengrund (1.4) abgeleitet wurde, in der Regel mit einem Kartennetz versehen ist.

Unabhängig davon, ob das Kartennetz dargestellt ist oder nicht, spielt die Wahl des Netzentwurfes eine große Rolle, vor allem bei Karten kleiner Maßstäbe. Hierbei hängt es in erster Linie vom Thema und der damit verbundenen Art der Kartenauswertung ab, welche Abbildungseigenschaften das Kartennetz aufzuweisen hat. Dabei ist die Wahl zu treffen zwischen partiell längentreuen, flächentreuen, konformen und vermittelnden Abbildungen. Hierzu und zu weiteren allgemeinen Ausführungen über Kartennetzentwürfe siehe Bd. I, 3.

Kretschmer (in *Österreichische Geographische Gesellschaft* 1970) gibt einen Überblick zur Wahl der Netzentwürfe in der thematischen Kartographie. Sind kleine Teile der Erdoberfläche darzustellen, so wird meist auf die Netzentwürfe der vorhandenen topographischen Karten zurückgegriffen, z. B. bei amtlichen Kartenwerken auf die Landeskoordinatensysteme und bei der Internationalen Weltkarte auf das Netz geographischer Koordinaten. Sind große Teile der Erdoberfläche darzustellen, so empfiehlt sie für Karten mit Verbreitungsflächen (1.3.3.1) besonders die flächentreuen Entwürfe, unter denen die Azimutalabbildung nach Lambert und die konische Abbildung nach Albers den Vorzug verdienen. Für Karten der Navigation und der Meteorologie kommen dagegen konforme Netze in Gestalt der stereographischen Abbildung, der Mercatorprojektion oder der konischen Abbildung in Betracht. Bei der Darstellung der gesamten Erde genießen die flächentreuen Planisphären mit Pollinie und der Entwurf von Winkel neben einigen Sonderformen gewisse Vorzüge.

Suchnetze treten nur bei relativ wenigen Arten von Themakarten auf. Als Meldenetze, meist als Meldegitter (z. B. in Karten für verschiedene Arten des Katastrophenschutzes) sind sie meist identisch mit dem Kartennetz. Als Suchnetze im engeren Sinne zum Aufsuchen von Orten, historischen Stätten usw. (z. B. in Straßenkarten oder Atlaskarten) gehen sie entweder auf das Kartennetz unter Verwendung zusätzlicher Buchstaben und/oder Zahlen zurück, oder sie befinden sich als eigenes Netz auf einer Deckfolie (gitter- oder sternförmig), die in loser Form mitunter auch für alle oder viele Karten eines Atlasses verwendbar ist.

1.5.2 Angaben in Kartenrand und Kartenrahmen

Der Kartenrand, die außerhalb des Kartenrahmens gelegene Fläche, enthält alle Hinweise und Darstellungen, die zum Verständnis und zur Auswertung des Karteninhalts nötig sind. Zu diesen Angaben zählt man meist auch diejenigen des Kartenrahmens. Ist die Karte eine Inselkarte, so verteilen sich die Angaben auf die außerhalb des inselartigen Kartenfeldes gelegenen Flächen.

Zu den wichtigsten Angaben gehören wie bei den topographischen Karten die Kartenbenennung (1.6.2), der Kartenmaßstab, der Herausgeber und der Zeitpunkt der Kartenherstellung bzw. der Erfassung der thematischen Daten. Bei Karten, für die vom Thema her der Kartenmaßstab relativ unwesentlich ist (z. B. bestimmte Punktstreuungskarten), wird häufig auf eine Maßstabsangabe in digitaler Form verzichtet und nur ein graphischer Längenmaßstab (Maßstabsbalken) dargestellt. Eine bedeutende Rolle spielt die *Zeichenerklärung (Legende)*, die mitunter sehr viel Platz beansprucht.

Es sind vor allem die komplexen und synthetischen Karten mit vielen Flächenfarben und Signaturen (z. B. geomorphologische und vegetationskundliche Karten), die viel Fläche für die Legende benötigen, da oft auch die Sachverhalte selbst nicht immer mit wenigen Worten zu erläutern sind. Dagegen kommen z. B. Punktstreuungskarten meist mit wenigen Angaben aus. Bei umfangreichen Zeichenerklärungen ist auf eine gute sachlogische Gliederung zu achten, die durch Variation in den Schriftgrößen noch unterstützt werden kann.

Zur Zeichenerklärung gehören bei quantitativen stetigen Darstellungen auch die *Größenmaßstäbe* der Signaturen bzw. Diagramme. Ferner können *Nebenkarten* auftreten, die verwandte Themengebiete darstellen (z. B. Geologie bei geomorphologischen Karten) bzw. die thematische Darstellung als Ausschnittvergrößerung für Teilbereiche verdeutlichen. Durch *Profile* (z. B. bei Boden- und Baugrundkarten), *Diagramme* (z. B. Pegelkurven) und *textliche Beschreibungen* (z. B. von Klimazonen) lassen sich weitere Erklärungen geben.

Häufig enthalten die Themakarten auch noch den Copyright-Vermerk, die Angaben des Kartennetzentwurfes, die Namen des Kartenautors, des Entwurfskartographen, der kartographischen Anstalt und der Druckerei, wenn die einzelnen Teilarbeiten bei verschiedenen Stellen abgewickelt wurden. Von besonderer Bedeutung sind auch noch Angaben über das Quellenmaterial (siehe Bd. I, 2.3–2.5).

1.6 Äußere Kartengestaltung

1.6.1 Abgrenzung des Kartenfeldes, Kartenrahmen

Die *Größe* des Kartenfeldes hängt vom Ausmaß des darzustellenden Gebietes und vom gewählten Kartenmaßstab ab. Der Maßstab wiederum richtet sich stark nach der Darstellbarkeit der thematischen Angaben. Dabei sind in stärkerem Maße als bei topographischen Karten auch unkonventionelle Maßstäbe im Gebrauch (z. B. 1 : 600 000, 1 : 800 000, 1 : 1 600 000). Dies ergibt sich zum Teil aus äußeren Bedingungen wie Buch- und Atlasformaten und ist vertretbar, da kartometrische Vorgänge mit Hilfe der Maßstabszahl nicht in dem Maße stattfinden wie bei topographischen Karten. Die Einzelblätter eines thematischen Kartenwerkes (z. B. geologische Karten) oder eines thematischen Atlasses (z. B. Klimaatlas) weisen meist ein einheitliches Format auf. Eine einzelne thematische Karte ist dagegen von solchen Bindungen frei und kann daher das Gebiet in einer günstigen, von Zerschneidungen möglichst freien Abgrenzung darstellen.

Nach der *Art* der Abgrenzung sind die meisten thematischen Karten wie die topographischen Karten Rahmenkarten mit Nordorientierung. Bei bestimmten Themen (z. B. Wirtschaftskarten) kann es jedoch schwierig oder gar unmöglich sein, für das gesamte Kartenfeld die erforderlichen Daten zu erfassen (z. B. über Staatsgrenzen hinaus). In solchen Fällen erscheint zwar die thematische Darstellung inselartig, doch sollte der topographische Kartengrund stets als Rahmenkarte gestaltet sein, zumal damit auch dem Verständnis der thematischen Zusammenhänge wesentlich gedient ist.

Ist der topographische Kartengrund eine unveränderte oder nur reproduktionstechnisch umgewandelte topographische Karte (1.4 Fall

1 und 2), so bleiben meist auch Format und Blattschnitt erhalten. Beispiele dafür sind Baugrundkarten (aus Stadtkarten), Bodenkarten (aus topographischen Grundkarten 1 : 5000) und geologische Karten (aus topographischen Karten 1 : 25 000). In den übrigen Fällen ist die Kartenschnittlinie, die das Kartenfeld nach außen abgrenzt, in ihrem Verlauf häufig unabhängig vom Kartennetz, vor allem, wenn dieses für das Thema keine große Rolle spielt. Die Nordorientierung wird aber in den meisten Fällen beibehalten.

1.6.2 Kartenbenennung

Die Kartenbenennung, der sog. *Kartentitel*, besteht

– in einer kurzen und ins Auge fallenden Angabe des Themas, z. B. „Mittlere jährliche Sonnenscheindauer" und
– in einem Hinweis auf das vom Thema erfaßte Gebiet.

Handelt es sich um ein Thema, das sich nur mit größerem Wortaufwand beschreiben läßt, so kann es günstig sein, zunächst eine Kurzform in größerer Schrift zu wählen und dann die genaue Themenbeschreibung als Untertitel in einem kleineren Schriftgrad zu bringen.

Bei Kartenwerken tritt zum Kartentitel noch die Benennung des Einzelblattes, die wie bei den topographischen Karten (Bd. I, 5.5.2) auf einer bestimmten Systematik beruht. Sie kann mit dieser identisch sein, wenn die Blätter des topographischen Kartenwerkes als Kartengrund dienen.

1.6.3 Gestaltung von Kartenrahmen und Kartenrand

Der Kartenrahmen spielt bei thematischen Karten (mit Ausnahme bestimmter Verkehrskarten, Himmelskarten und Übersichten) nicht die entscheidende Rolle wie bei topographischen Karten, da Koordinaten und Anschlußhinweise im allgemeinen von geringerem Interesse sind. Mitunter besteht der Kartenrahmen nur aus der Kartenschnittlinie (Kartenfeldrandlinie) allein. Andererseits ist über die genaue Plazierung des Rahmens in bezug auf das Papierformat sehr sorgfältig zu disponieren, damit die erforderlichen Kartenrandangaben in der Randfläche untergebracht und übersichtlich angeordnet werden können.

Bei Rahmenkarten führen die meist rechteckigen Rahmen zu ebenfalls rechteckigen Teilflächen des Kartenrandes. Diese lassen sich bei größerem Ausmaß noch durch Anordnung des Textes in Kolumnen übersichtlich gliedern. Bei der Verteilung der Randangaben ist zugleich auf eine harmonische Verteilung der graphischen Akzente und damit auf einen ästhetischen Gesamteindruck der Karte zu achten. Bei Inselkarten und Gesamtdarstellungen der Erde in Form von Planisphären usw. ist in besonderem Maße für eine geregelte Verteilung der Randangaben auf der relativ großen Freifläche zu sorgen. *Imhof* 1972 gibt Beispiele für gute und schlechte Lösungen der Randgestaltung.

1.7 Kartengruppierung nach Themengebieten

Die nachfolgenden Ausführungen stellen einen Überblick über die zahlreichen Fachgebiete dar, indem sie für die Karten der genannten Themenbereiche die wichtigsten Angaben über Inhalt, Gestaltung, Maßstab und Grundlage liefern. Die Anlagen 1–11 zeigen dazu einige Beispiele in Form von Kartenausschnitten; weitere Beispiele zu bestimmten Gestaltungsmöglichkeiten sind aus den Abbildungen zu 1.3 ersichtlich.

Eine Gruppierung thematischer Karten nach den einzelnen Themengebieten schließt nicht aus, daß 1. solche Karten im Einzelfalle auch im Grenzbereich zwischen zwei Fachgebieten liegen können (z. B. Wasserwirtschaftskarten zwischen Hydrographie und Wirtschaft) und daß es 2. auch komplexe und synthetische Karten gibt, die zugleich Themen aus verschiedenen Themengebieten behandeln.

Eine umfassende und systematische Zusammenstellung verschiedener thematischer Karten für das Gebiet eines Staates oder einer größeren Region läßt sich als Ergebnis einer *thematischen Landesaufnahme* (Bd. I, 2.3) auffassen.

Gedanken über die künftigen Möglichkeiten einer thematisch-kartographischen Landesaufnahme durch den Einsatz der Automation äußert *Witt* (in *Bader* 1974). Als Beispiel aus der geographischen Forschung zur thematischen Landesaufnahme kann das „Afrika-Kartenwerk" –

Schwerpunktprogramm der Deutschen Forschungsgemeinschaft – gelten, bei dem für den Bereich von 4 Blättern 1 : 1 000 000 verschiedener typischer Großlandschaften in Afrika jeweils eine Kartenserie mit 16 bzw. 14 verschiedene Themakarten entstanden ist (*Mensching* 1969).

Rein äußerlich werden Themakarten der verschiedensten Fachgebiete oft für eine bestimmte Region zum Zwecke der Landeskunde, Planung usw. als Kartensammlung oder -werke, vielfach in Atlasform, zusammengestellt (z. B. Regionalatlas, Planungsatlas, siehe 2.4). Für jeweils ein einziges Themengebiet gibt es auch zahlreiche Fachatlanten (2.7).

In manchen Themengebieten – vor allem beim Vorliegen thematischer Kartenwerke – werden auch besondere *Übersichtskarten* geführt, die der Übersicht zum Arbeitsstand, zur Verwaltung und zur Bestellung dienen. Darüber hinaus gibt es Übersichtskarten, die Auskunft geben über vorhandene Informationsquellen (z. B. Nachweis von Bildflügen, geodätischen Festpunkten, topographischen Kartenwerken). Die Benutzung von Informationsquellen ist vielfach aus einer *Nebenkarte* zur eigentlichen Themakarte ersichtlich.

Soweit nachfolgend einzelne Karten, Kartenwerke oder Atlanten erwähnt werden, handelt es sich meist um wichtige oder typische Beispiele. Bei der Fülle der vorhandenen thematischen Karten ist eine vollständige Aufzählung jedoch nicht möglich. Weitere Karten sowie weitergehende Angaben lassen sich aber den Kartenverzeichnissen der Hersteller sowie den entsprechenden Veröffentlichungen von Verlagen, öffentlichen Büchereien, Buchhändlern usw. entnehmen (siehe auch Bd. I, 1.7).

1.7.1 Naturbereich

In diesem Bereich treten sowohl diskrete wie kontinuierliche Objekte auf, die meist statischer, teilweise aber auch dynamischer Natur sind. Damit ergeben sich sowohl qualitative wie quantitative Angaben. Mittlere und kleine Maßstäbe herrschen vor. Der topographische Kartengrund ist bei einigen Themengebieten reichhaltig (z. B. in der mittelmaßstäbigen geologischen Karte), in anderen dagegen von geringem Inhalt (z. B. in Wetterkarten).

Über geowissenschaftliche Karten und Kartenwerke der Erde berichtet *Stegena* 1979. Mit der Rolle der geowissenschaftlichen Kartographie in der Umweltforschung und bei der Darstellung des Naturraumpotentials befassen sich *Lüttig* 1977, 1978 und *Barsch/Richter* 1983. Neue Kommunikationswege in den Geowissenschaften mit Hilfe der Computertechnik beschreibt *Vinken* 1980.

Thematische Karten anderer Weltkörper (thematische Gestirnskarten) sind „geo"-wissenschaftlichen Inhalts, meist geophysikalische oder geologische Karten. Über topographische Gestirnskarten siehe Bd. I, 5.9. Die klassischen *astronomischen Karten (Himmelskarten, Sternkarten)* sind Übersichtskarten über den Sternenhimmel (1.7.1.9).

1.7.1.1 Geophysik

Sie ist eine der ältesten Anwendungsgebiete der Themakartographie. Da es sich meist um die Wiedergabe kontinuierlicher Objekte handelt, überwiegt die Darstellung durch Isolinien, die sich durch Interpolation zwischen den gemessenen Werten ergeben. Die Datenerfassung erstreckt sich demnach auf die Bestimmung der Stationspunkte nach Lage und Höhe sowie auf die eigentliche geophysikalische Messung mit Spezialgeräten wie Gravimeter, Magnetometer usw. In bestimmten Fällen können Lage und Höhe der Meßpunkte auch geeigneten topographischen Karten entnommen werden. Die Karten sind daher quantitativ-analytisch und vorwiegend in mittleren und kleinen Maßstäben gehalten; ihre Kartengrundlage ist meist von spärlichem topographischen Inhalt. Die Kartennetzentwürfe sind durchweg winkeltreu, um den Verlauf der Isolinien sachgemäß auswerten zu können.

Isogonenkarten geben die Werte erdmagnetischer Deklination, *Isoklinenkarten* die der Inklination wieder. In *Isogammenkarten* kommen die Werte der Abweichung vom Normalwert der Erdschwere zum Ausdruck. Durch *Isoseismen* bzw. *Isoseisten* wird die Häufigkeit bzw. Stärke von Erdbeben dargestellt. Daneben gibt es Karten über Geoidundulationen, isostatische Anomalien usw. Möglichkeiten zur kartographischen Darstellung des Schwerefeldes beschreibt *Soltau* 1970.

1.7.1.2 Geologie

Geologische Karten sind überwiegend qualitative Karten, und zwar typische Beispiele für die Wiedergabe flächenhafter

Objekte durch Flächenfarben und Signaturen. Die thematische Erfassung *(geologische Kartierung)* bedient sich als Grundlage der topographischen Karten 1 : 25000 und größer oder geeigneter Luftbilder, in welchen die örtlich ermittelten oder durch Bildinterpretation gefundenen Grenzlinien, Bohrpunkte usw. eingetragen werden. Im einzelnen bezieht sich die Erfassung auf die an der Erdoberfläche anstehenden Gesteinsformationen (Stratigraphie), ihre Struktur und sonstige Beschaffenheit sowie auf oberflächige Lockerdecken, auf Wasserführung, Bohrungen usw. Der vorwiegend analytische oder komplexe Karteninhalt wird u. U. noch durch Profildarstellungen ergänzt. In mittleren Maßstäben dient als Kartengrundlage meist die vollständige topographische Karte, oft einfarbig, teilweise im Graudruck; in kleineren Maßstäben ist dagegen der topographische Inhalt knapper. Die Flächen sind meist in kräftigen Farben gehalten, deren Wahl sich vor allem bei kleinmaßstäbigen Karten nach einer internationalen Norm richtet. Eine allgemeine Einführung zur geologischen Karte gibt *Vossmerbäumer* 1983.

Amtliche geologische Karten werden in der Bundesrepublik Deutschland herausgegeben von den geologischen Landesämtern und der Bundesanstalt für Geowissenschaften und Rohstoffe. Die Geologischen Landesämter stellen vor allem her:

- *Geologische Karte 1 : 25 000 (GK 25)* auf der Grundlage und im Blattschnitt der *TK 25* (siehe Bd. I, 5.6.1.2). Das Kartenwerk liegt noch nicht geschlossen vor.
- *Geologische Karte von Mitteleuropa 1 : 2 Mio.*

Die Bundesanstalt für Geowissenschaften und Rohstoffe gibt unter anderem heraus:

- *Geologische Übersichtskarte 1 : 200 000 (GÜK 200)* auf der Grundlage und im Blattschnitt der *TÜK 200* (siehe Bd. I, 5.6.1.5). Das Kartenwerk (42 Blätter) liegt noch nicht geschlossen vor.
- *Geologische Übersichtskarte der Bundesrepublik Deutschland 1 : 1 Mio.*

sowie im Rahmen internationaler Aufgaben und Vereinbarungen, zum Teil unter Mitwirkung der UNESCO

- *Internationale Hydrogeologische Karte von Europa 1 : 1,5 Mio.* (30 Bl.),
- *Internationale Geologische Karte von Europa 1 : 1,5 Mio.* (49 Bl.),

- *Internationale Quartärkarte von Europa 1 : 2,5 Mio.* (14 Blätter),
- *Internat. Karte d. Eisenerzlagerstätten v. Europa 1 : 2,5 Mio.* (16 Bl.),
- *Internationale Geologische Karte von Europa 1 : 5 Mio.* (2 Bl.).

Einzelheiten zur Geschichte und Gegenwart der amtlichen geologischen Kartographie beschreiben *Schamp* 1961, *Walther/Hoppe* (in *Bosse* 1970 b), *Meine* (in *Bader* 1974) und *Lüttig* (in *Leibbrand* 1984). Über geologische Karten des Erdmondes berichtet *Harbour* 1969.

Über geologische Karten in Österreich siehe *Binder u. a.* (in *Inst. f. Kartographie d. Österr. Akad. d. Wiss. ...* 1984), in der Schweiz siehe *Fischer* (in *Schweiz. Ges. f. Kartographie* 1984).

Durch Beschränkung, Umgestaltung oder Ergänzung des thematischen Inhalts lassen sich zahlreiche Sonderformen geologischer Karten entwickeln. So geben *tektonische Karten* z. B. die Höhenlage der Grenzfläche zwischen zwei Systemen über ein größeres Gebiet zu erkennen oder sie stellen durch Isobasen die tektonische Hebung von Oberflächen dar. Für ingenieurgeologische Zwecke sind vor allem *petrographische Karten* von Bedeutung, die nähere Auskunft über die Gesteinseigenschaften geben, ferner *Lagerstättenkarten* mit genauer Bezeichnung mineralischer oder organogener Abbaustoffe, *hydrogeologische Karten*, die die geologischen Sachverhalte nach ihrer Beziehung zum Grundwasser (1.7.1.5) gliedern, schließlich auch *Baugrundkarten*, die vor allem in städtischen Bereichen eine wichtige Rolle spielen und in großen Maßstäben eingehende Angaben über den Baugrund in verschiedenen Tiefen unter der Oberfläche sowie über die Grundwasserverhältnisse enthalten (siehe z. B. *Stumpp* 1968 und *Podschadli* 1971). Zu den Signaturen der meist in großen Maßstäben gehaltenen *Höhlenkarten* der Höhlenforschung (Speläologie) gibt *Fink* 1966 eine Übersicht. Weitere Kartenarten in Verbindung mit rezenten Bewegungen der Erdkruste nennt *Lorenz* 1983, zum Vulkanismus siehe Anlage 11.

1.7.1.3 Bodenkunde (Pedologie)

Bodenkarten stellen vorwiegend flächenhafte Diskreta dar und sind insoweit qualitative Karten. Sie können analytisch oder synthetisch sein und treten in allen Maßstabsbereichen auf. In großen und mittleren Maßstäben kommen als Kartengrundlagen meist topographische Karten, in kleinen Maßstäben gewöhnlich Neuzeichnungen geringen Inhalts in Betracht. Die Karten großer Maßstäbe entstehen als Grundkarten durch

Entnahme von Bodenprofilen und örtliche Eintragung von Grenzlinien in Karten oder Luftbilder.

Bodenartenkarten geben in analytischer Weise die stoffliche Zusammensetzung des Bodens (z. B. Ton-, Lehm-, Sand-, Moorboden) wieder, während *Bodentypenkarten* in einer mehr synthetischen Weise die Entstehung des Bodens in Abhängigkeit vom Ausgangsgestein, vom Klima und vom Wasser kennzeichnen. Die *Bodenkarte der Bundesrepublik Deutschland 1 : 1000000* (1963) ist inhaltlich so gestaltet, daß sowohl die Merkmale der Bodenart als auch des Bodentyps und des Ausgangsgesteins erkennbar sind. *Bodengütekarten* und *Bodenschätzungskarten* enthalten zusätzliche quantitative Angaben in Form von Verhältniszahlen, die ein Maß sind für die Ertragfähigkeit des Bodens bei landwirtschaftlicher Nutzung.

Als amtliche bodenkundliche Kartenwerke geben die Geologischen Landesämter *Bodenkarten 1 : 25000* bzw. *1 : 50000* heraus. Daneben erscheinen zahlreiche Einzelkarten in den Maßstäben 1 : 2000 bis 1 : 800000. Einige Bundesländer geben auch die *Bodenkarte 1 : 5000 auf der Grundlage der Bodenschätzung* heraus. Die thematischen Angaben werden hierbei in die Deutsche Grundkarte 1 : 5000 grün eingedruckt und durch Profile und Beschreibungen näher erläutert.

Darstellungsprobleme und -möglichkeiten bei Bodenkarten beschreiben *Hollstein* 1963, *Haase* 1971, *Hummel* (in *Leibbrand* 1984) und *Krabichler* (in *Inst. f. Kartographie* ... 1984).

1.7.1.4 Geomorphologie

Geomorphologische Karten kommen in allen Maßstabsbereichen vor. In überwiegend qualitativer Weise stellen sie den Formenschatz der Erdoberfläche nach Erscheinung und Entstehung dar. Der Mannigfaltigkeit flächiger, linearer und punktförmiger Diskreta (z. B. Schotterflächen, Geländekanten, Dolinen) entspricht ein umfangreicher Zeichenschlüssel, der mit Flächenfarben und verschiedensten Signaturen arbeitet. Kartengrundlage und zugleich Aufnahmeunterlage ist bei großen Maßstäben eine topographische Karte, die vor allem eine formrichtige Höhendarstellung enthalten muß. Bei Karten kleinerer Maßstäbe lassen Umfang und Detailreichtum der thematischen Darstellung kaum noch Platz für einen größeren Inhalt der Kartengrundlage.

Komplexe Karten stellen die geomorphologischen Sachverhalte in ihrer Gesamtheit dar, evtl. mit kartographischer Betonung einiger Fakten. Mehr analytischer Natur sind dagegen die Spezialkarten, die sich auf die Wiedergabe bestimmter Sachverhalte beschränken. So beschreiben *morphographische* Karten den gegenwärtigen Formenzustand, während *morphogenetische* Karten Entstehung und Entwicklung der Formen zum Ausdruck bringen. In *morphometrischen* Karten treten quantitative Angaben, z. B. über Hangneigungen, Reliefenergie auf.

Die Datenerfassung durch Feld- und Labormethoden beschreibt *Leser* 1977. Ein Handbuch der Detailkartierung stammt von *Demek u. a.* 1976. Zu Inhalt, Form und System solcher Karten äußern sich *Gellert* 1968 und *Leser* 1972. Das Forschungsprojekt zu *Geomorphologischen Karten 1 : 25 000 (GMK 25)* erläutert *Leser* 1976. In Verbindung mit den Topographisch-Geomorphologischen Kartenproben 1 : 25 000 (Bd. I, 5.3.2.1) erarbeitete *Neugebauer* 1970 eine *Geomorphologische Übersichtskarte des westlichen Mitteleuropas 1 : 1 000 000.*

1.7.1.5 Hydrographie, Ozeanographie, Limnologie, Glaziologie

In diesen Fachgebieten wird das ober- bzw. unterirdische Wasser teils als Diskretum, teils als Kontinuum angesehen. Die fast immer analytischen oder komplexen Karten verschiedenster Maßstäbe enthalten qualitative und quantitative Daten. Zur Kartengestaltung kommen vorwiegend Linien, Flächenfarben und Signaturen in Betracht. Die Kartengrundlage ist entweder mit der topographischen Karte gleichen oder ähnlichen Maßstabes identisch, oder sie wird aus dieser abgeleitet und dient dann – z. B. bei Atlanten oder größeren Sammlungen für ein Gebiet – als einheitliche Arbeitskarte bzw. endgültige Grundlage.

Hydrographische Karten (Gewässerkarten im engeren Sinne) stellen in qualitativer Weise Gewässernetze, Wasserscheiden, Überschwemmungsgebiete, Pegelstellen, Wasserbauwerke usw. und in quantitativer Weise Wasserstände, Gewässerdichte, Abflußmengen u. dgl. dar. Durch Zufügen weiterer, mehr wirtschaftlicher Daten wie Be- und Entwässerungsgebiete, Wasserentnahmestellen, Abwässereinleitungen usw. werden daraus *Wasserwirtschaftskarten* (1.7.2.5). *Grundwasserkarten* enthalten Angaben über Grundwasservorkommen, Quellen usw. Dabei sind Hydroisobathen (Flurabstandsgleichen) die Linien gleicher Tiefe des Grundwasserspiegels unter der Erdoberfläche und Hydroisohypsen

(Grundwasserhöhengleichen) die Linien gleicher Höhe über einer Bezugsfläche (z. B. Normal-Null). Das Normblatt DIN 19 710 „Gewässerkundliche Zeichen" enthält eine Zusammenstellung von Zeichen für Begriffe und Gegenstände der Gewässerkunde. Eine Bibliographie hydrologischer Karten von Deutschland hat *Henning* 1969 bearbeitet. Über die computergestützte Herstellung hydrogeographischer Karten berichtet *Stüve* 1983. Über Karten der Wasserwirtschaft siehe *v. Heymann/Hulser* (in *Leibbrand* 1984).

In *Karten der Meere und Binnenseen* werden ozeanographische bzw. limnologische Daten dargestellt, z. B. durch Isobathen die Tiefenverhältnisse (Bathymetrische Karten, siehe auch Seekarten in 1.7.2.6), durch Isobathythermen die Temperaturverhältnisse, durch Isohalinen der Salzgehalt, durch Isoplankten der Planktongehalt usw., ferner durch Bewegungssignaturen die Wanderung von Eisbergen, die Wasserströmungen an und unter der Oberfläche usw. Einen internationalen Bericht über Karten der Ozeane gibt *Kerr* 1980. Grundlagenkarten der ozeanischen Kartographie beschreibt *Ermel* (in *Bosse* 1979).

Wattkarten bilden eine Zwischenstufe zwischen Meereskarten und Landkarten; sie geben in Gezeitenbereichen die Topographie der Flächen wieder, die bei Niedrigwasser regelmäßig trockenfallen (Näheres siehe Bd. I, 5.7.2).

Räumliche Veränderungen zeigen sich außer in den Wattkarten in besonderem Maße auch in den *Gletscherkarten*. Diese machen die Gletscherbewegungen durch Bewegungssignaturen (Stromlinien) oder durch Vergleich mit Karten früherer Aufnahmen deutlich; dazu können weitere glaziologische Daten treten (siehe auch Bd. I, 5.7.2).

1.7.1.6 Meteorologie, Klimatologie

Karten dieser Fachgebiete sind meist analytische quantitative Karten, in denen Kontinua in mittleren oder kleinen Maßstäben dargestellt werden. Die Isoliniendarstellung herrscht vor; daneben werden durch Signaturen die Stationspunkte, Wetterfronten, Niederschlagsgebiete usw. sowie durch lokale Diagramme die Windverhältnisse, täglichen Schwankungen usw. gekennzeichnet. Der Inhalt der topographischen Kartengrundlage ist von unterschiedlichem Umfang. Die Wahl der Maßstäbe, der Kartennetze und der Darstellungsmittel beruht teilweise auf internationalen Vereinbarungen bzw. Empfehlungen. Da die

Lage der Wetterstationen auf See und an Land sowie der Wettersonden und -satelliten bekannt oder bestimmbar ist, besteht die thematische Aufnahme aus der Erfassung der Wetterdaten mit heute meist automatisch registrierenden Geräten und der Meldung dieser Daten über Funk oder Leitungen an zentrale Stellen.

Wetterkarten stellen in synoptischer Weise den gegenwärtigen Wetterzustand dar. Es handelt sich um kleinmaßstäbige Karten in konformer Abbildung, deren topographische Kartengrundlage nur wenige Angaben (größere Höhenstufen, Gewässer und Orte) enthält. Die Arbeitskarten, die als Vorstufen dazu entstehen, weisen meist nur die Küstenlinien in unterbrochener, oft nur angedeuteter Manier auf. Der Zwang zur raschen Verarbeitung umfangreicher Daten, die periodische – z. B. tägliche – Neuzeichnung sowie die relativ einfache Kartengraphik sind günstige Voraussetzungen für die heute weitgehend automatische Kartierung. Aus den amtlichen Wetterkarten werden die Fernseh- und Zeitungswetterkarten abgeleitet. Sonderformen der Wetterkarte sind die *Vorhersagekarte*, die Isobaren und Fronten enthält, die *Höhenkarte* mit Isohypsen (Höhenlinien) für einen bestimmten Wert des Luftdrucks sowie für den Seewetterdienst die *Seegangskarte* mit Linien gleicher Wellenhöhe und die *Eiskarte* mit verschiedenen Signaturen für Treibeis, Packeis, Eisberge usw. Zur Automatisierung siehe 5.6.3.3.

Klimakarten geben für einen bestimmten Zeitabschnitt (z. B. Monat, Jahr) die Mittelwerte des atmosphärischen Zustandes oder die auftretenden Schwankungen an (Anlage 2). So ergeben sich Linien gleicher Temperatur (Isothermen), gleicher Temperaturschwankung (Isallothermen), gleichen Luftdrucks (Isobaren), gleicher Luftdruckschwankung (Isallobaren), gleichen Niederschlags (Isohyeten), gleicher Windstärke (Isanemonen) usw. Die in mittleren und kleinen Maßstäben gehaltenen Karten sollen möglichst flächentreu sein. Das Verständnis der klimatischen Verhältnisse setzt eine topographische Kartengrundlage voraus, in der mindestens das Geländerelief ausreichend dargestellt ist. Zu den Klimakarten kann man auch die *phänologischen Karten* zählen, in denen durch Isolinien (Isophanen) der zeitliche Eintritt einer Wachstumsphase für eine bestimmte Pflanze (z. B. Apfelblüte) dargestellt wird. *Bioklimatische Karten* gliedern das Klima nach seinen Wirkungen auf Lebewesen, vor allem auf Menschen.

Eine Einführung in die Wetterkarte gibt *Hess* 1972. Die Entstehung analytischer und synthetischer Klimakarten beschreibt *Vent-Schmidt* 1983. Eine kartographische Darstellung der Freiluftklimate zur Berücksichtigung bei Handelsgütern gibt *DIN 50 019*. Über *Klimaatlanten* siehe 2.7. Über Wetter- und Klimakarten siehe auch *Kalb u. a.* (in *Leibbrand* 1984).

1.7.1.7 Pflanzen- und Tiergeographie

Hier handelt es sich vorwiegend um Verbreitungskarten (1.3.3.1), die in qualitativer und meist analytischer Weise das Vorkommen einzelner Arten oder von Gesellschaften darstellen. In großmaßstäbigen Karten ist zwar vereinzelt noch eine Wiedergabe durch lokale Signaturen möglich (z. B. Standorte seltener Baumarten), im übrigen herrscht aber die flächige Darstellung durch Farben oder Signaturen vor. Die Kartengrundlage sollte zum Verständnis des Themas wenigstens das Gewässernetz und Geländerelief enthalten; bei einfarbigen Darstellungen ist das jedoch nicht immer leicht zu verwirklichen. Der Zeichenschlüssel ist mitunter sehr umfangreich.

Vegetationskarten entstehen als Grundkarten meist durch pflanzensoziologische Kartierung, vielfach mit Hilfe von Luftbildern. Über Ziele, Methoden und Organisation der Kartierung der Flora Mitteleuropas gibt *Haeupler* 1970 einen Überblick. Die Generalisierung zu kleineren Maßstäben hin ist nicht ohne Probleme; darüber macht *Schmithüsen* 1963 nähere Ausführungen. Neben Darstellungen der tatsächlichen Vegetation gibt es auch solche der möglichen Vegetation; hierzu gehören z. B. die Blätter der *Karte der potentiellen natürlichen Vegetation der Bundesrepublik Deutschland 1 : 200 000*. Von *Tuexen/Straub* 1966 stammt eine Bibliographie der Vegetationskarten bis etwa zum Jahre 1965. Die zusätzliche Darstellung wirtschaftlicher Daten leitet z. B. zu Forstwirtschaftskarten (1.7.2.5) über. Weitere Literatur siehe *Schmithüsen* 1968 und *Küchler* 1977.

Tiergeographische Karten gibt es fast nur in kleineren Maßstäben. Da im Gegensatz zu den Pflanzen rasche räumliche Veränderungen auftreten können, werden nicht nur die Vorkommen, sondern auch die Bewegungen (Vogelflüge, Heuschreckenschwärme, Fischströme) nachgewiesen (z. B. durch Bewegungssignaturen). Allgemeines Schrifttum siehe *Aario/Illies* 1970.

1.7.1.8 Ökologie, Umweltschutz

Karten zu diesen Themen stellen die verschiedensten Objektmerkmale in vorwiegend großen und mittleren Maßstäben dar. Dabei ist der topographische Kartengrund zum Verständnis der Sachverhalte meist relativ ausführlich. Die Daten stammen aus örtlichen Erhebungen, Laboruntersuchungen, Luftbildern und Fernerkundungen. Neben reinen Bestandsdarstellungen erscheinen auch Karten über Tendenzen, geplante Eingriffe usw. Damit ergibt sich eine meist weitgehende Verknüpfung mit anderen Themengebieten aus 1.7.1 und 1.7.2.

Ökologische Karten stellen die Wechselwirkungen zwischen den Lebewesen untereinander sowie zwischen ihnen und den Standortfaktoren wie Boden, Klima usw. dar. Die Daten über solche Ökosysteme sind notwendige Voraussetzungen für die Maßnahmen des Umweltschutzes. Neben den Zustandskarten spielen die Eignungskarten – vor allem für die raumbezogene Planung – eine zunehmende Rolle.

Im Rahmen des Umweltschutzes geben *Karten der Umweltschäden* zunächst Auskünfte über negative Einflüsse auf den Lebensraum wie Verunreinigungen der Luft, des Bodens und des Wassers (z. B. Gewässergütekarten), ferner Lärm, Gestank, Strahlung, Abfälle usw. *Karten der Umweltgestaltung* beziehen sich sowohl auf Erhaltung und Pflege einer gesunden Natur (z. B. Naturschutz-Karten) als auch auf Maßnahmen zur Vermeidung weiterer Schäden.

Leser 1973 beschreibt Karten in Landschaftsökologie und Umweltschutz, *Sandner u.a.* 1981 erörtern geoökologische Karten in der Landschaftsplanung, *Pape* 1977 gibt Hinweise auf Karten über Luftverschmutzung und Umweltbelastung. Über Karten von Naturparks siehe *Kost* 1970 und *Aurada* 1983, über Landschaftskarten bei *Leibbrand* 1977. Über Luftverschmutzungskarten siehe auch bei *Kalb u. a.* (in*Leibbrand* 1984), über Karten des Natur- und Landschaftsschutzes *Schönnamsgruber* (in *Leibbrand* 1984).

1.7.1.9 Astronomie

Himmelskarten (Sternkarten) sind Übersichtskarten. Sie vermitteln auf der Grundlage verschiedenartiger Netzentwürfe einen Überblick über den Sternenhimmel oder Teile davon (z. B. bei den drehbaren Sternkarten). Das Kartennetz wird aus den Linien von Rektaszension und Deklination gebildet.

Die einzelnen Fixsterne, Sternhaufen, Nebel usw. werden durch Punkte oder Signaturen in ihrer Lage gekennzeichnet und durch Angabe der Bezeichnung identifiziert. Eine oft anzutreffende gestufte Signaturendarstellung gliedert dabei die Sterne nach den Größenklassen der scheinbaren Helligkeit.

Thematische Karten der Gestirne – in erster Linie des Erdmondes und der benachbarten Planeten – sind meist geologischer oder geophysikalischer Art. Raumfahrtkarten dienen dazu, die Bewegungen von Raumfahrzeugen zu veranschaulichen oder Orientierungshilfen zu geben. Als Sammelbegriff für alle Karten dieses Themenbereichs spricht man auch von *Weltraumkarten* (*Meine* in *Bosse* 1979).

Zeitzonenkarten stellen die Datumsgrenze (180° westl. bzw. östl. Greenwich) und die Zeitzonen der Erde dar; diese bilden in weitgehender Anlehnung an die Meridiane einen Streifen von jeweils 15° Längenunterschied (≙ 1 Stunde). Dabei sind Kartennetze mit geradlinig verlaufenden Meridianen vorteilhaft, z. B. zylindrische Abbildungen in normaler Lage.

1.7.2 Bereich menschlichen Wirkens

Die Objekte dieses Bereiches sind Diskreta, die in statischer oder dynamischer Weise dargestellt werden. Die Darstellungen können dabei qualitativ wie quantitativ, analytisch bis synthetisch sein. Alle Maßstabsbereiche sind vertreten, und die Kartengrundlagen reichen vom vollständigen Inhalt topographischer Karten bei einigen Verkehrsdarstellungen bis zur einfachen Verwaltungsgrenzenkarte bei der Wiedergabe statistischer Daten.

1.7.2.1 Bevölkerung und Kultur

Zu den wichtigsten Informationen über die Bevölkerung gehören Angaben über ihre Verteilung und Dichte. Die *Verteilung* läßt sich am besten durch Punktstreuungskarten, die *Dichte* (Einwohner je km^2) durch relative Dichtekarten (Flächenkartogramme) veranschaulichen. Da diese Angaben als Sachinformationen heute im allgemeinen nicht mehr ausreichen, sind noch weitere Daten erforderlich, z. B. solche über die Sozial-

und Erwerbsstruktur sowie über die Mobilität. Auch ist z. B. eine Differenzierung nach Tag-, Nacht- und Freizeitbevölkerung vorzunehmen.

Für die Herstellung von Karten dieses Themenkreises aus den Daten der amtlichen Statistik ist die Computertechnik besonders gut geeignet. Probleme ergeben sich jedoch aus den Erfordernissen des Datenschutzes und aus den Veränderungen politischer Bereiche (z. B. Bildung von Großgemeinden). Diese Umstände können Detailangaben, Aussagen zu Tendenzen, historische Vergleiche usw. erschweren oder verhindern.

Eine zusammenfassende Darstellung zur Bevölkerungskartographie gibt *Witt* 1971. Zur Darstellung der Bevölkerungsveränderung äußert sich *Arnberger* (in *Akademie für Raumforschung* 1971). *Arnberger* 1973 hat ferner die vorwiegend deutschsprachige Literatur zur Methodik bei Bevölkerungskarten zusammengestellt. Karten zur Struktur und Entwicklung siehe *Zach* (in *Leibbrand* 1984).

Da *Punktstreuungskarten* (1.3.1.2) durch Auszählen der Punkte auch absolute Daten liefern können, bezeichnet man sie auch mitunter als *absolute Bevölkerungsdichtekarten.* Sie bereiten in großen Maßstäben (Anlage 8) keine Probleme, erfordern in kleineren Maßstäben aber u. U. für Ballungsgebiete den Übergang zu lokalen, nach den Einwohnerzahlen variablen Signaturen. Ein Beispiel dafür ist die „Karte der Bevölkerungsverteilung in der Bundesrepublik Deutschland 1 : 1 000 000" nach dem Muster der von *William-Olsson* 1963 beschriebenen Bevölkerungsweltkarte 1 : 1 000 000.

Die *relativen Bevölkerungsdichtekarten* lassen sich aus Punktdarstellungen ableiten (Abb. 15), entstehen aber bis zu mittleren Maßstäben meist auf der Grundlage der statistischen Bezirke (Verwaltungseinheiten) oder der naturräumlichen Einheiten (Abb. 30). Die dabei auftretenden Probleme der Dichtestufen und Bezugsflächen sind in 1.3.3.2 näher behandelt. Im allgemeinen sollte eine Kombination von absoluter und relativer Darstellung angestrebt werden, wobei durch Typenbildung auch bestimmte Strukturen zum Ausdruck kommen können.

Karten der *Säuglingssterblichkeit, Geburtenüberschüsse* usw. geben relative Daten wieder, während Darstellungen über die *Bevölkerungsentwicklung* , die *Aufgliederung nach Berufen,* den *Altersaufbau, ausländische Arbeitnehmer* usw. sowohl relativ wie absolut sein können. Das Problem der *Berufspendler* und der *Stadt- und Landflucht* läßt sich in statischer Weise relativ wie absolut durch Wiedergabe verschiedener Zeitpunkte, aber auch in dynamischer Weise mit zusätzlichen Angaben zum Verkehrsnetz, zur Wirtschaftsstruktur usw. darstellen. Rein dynamische Karten sind solche über *Völkerwanderungen, Vertreibungen* usw., die sich vor allem bandförmiger Signaturen bedienen und sowohl rein qualitativ als auch quantitativ-absolut sein können (analog zu den Darstellungen der Abb. 39 und 40).

Sprachenkarten, Völkerkarten, Rassenkarten, Konfessionskarten und *volkskundliche Karten* sind typische Karten relativen Vorkommens (1.3.3.1), in denen Flächenfarben und -signaturen vorherrschen. Da diese Karten rein qualitativer Art sind, bleiben sie nur so lange unproblematisch, solange der jeweilige Sachverhalt in einem Gebiet ausschließlich oder ganz überwiegend anzutreffen ist. Daß daher in Mischgebieten (Abb. 22) auf eine wissenschaftlich einwandfreie Darstellung besonderer Wert zu legen ist, dürfte einleuchten, wenn man bedenkt, welche politischen Konsequenzen nicht selten aus solchen Karten gezogen werden. Solche und andere Darstellungsprobleme werden von *Krallert* 1961 und *Kretschmer* 1963 behandelt. Über die genannten Sachgebiete liegen zahlreiche Fachatlanten (2.7) vor.

Medizinische Karten, die Auftreten und Ausbreitung von Epidemien anzeigen, enthalten auch meist so viele verkehrsbezogene, topographische, klimatologische und vegetationskundliche Daten, daß sich mit diesen die Verbreitung, besondere Gefährdung und örtliche Abgrenzung erklären läßt. Daneben kann man z.B. durch Linien gleichen Zeiteintritts (Isodaten) die räumliche und zeitliche Entfaltung von Krankheiten darstellen, ein Verfahren, das vor allem der Vorbeugung wichtige Hinweise liefert. Eine umfangreiche Sammlung medizinischer Karten enthält der 1952 von *E. Rodenwaldt* herausgegebene Welt-Seuchen-Atlas, dessen kartographische Betrachtung *Carlberg* 1955 vornimmt. Den Entwurf von geomedizinischen Karten beschreiben *Jusatz/Hecklau* 1978.

Anthropologische Karten dienen dem Nachweis der Verbreitung bestimmter körperlicher und geistiger Merkmale des Menschen (z. B. Schädelindex, Intelligenzgrad).

Karten kultureller Einrichtungen und Bildungsstätten (Schulen, Museen, Theater) sind meist typische Standortkarten, in denen durch bildhafte oder abstrakte lokale Signaturen die einzelnen Objekte zum Ausdruck kommen. Bei der Angabe von Schulen wird häufig auch das Einzugsgebiet sichtbar gemacht, evtl. in komplexer Weise in Verbindung mit Themen aus dem Bereich des Verkehrs.

1.7.2.2 Staat, Verwaltung, Recht

Karten, bei denen es vor allem auf die Darstellung von Staatsgebieten, Bündnisbereichen, Einflußsphären usw. ankommt, bezeichnet man als *politische Karten*, solche, die die Bereiche von Ländern, Provinzen, Bezirken, Kreisen, Gemeinden und bestimmter Gebietskörperschaften (z. B. Wasserverbände) sowie die Zuständigkeit von Gerichten und Behörden (z. B. Forstämter, Flurbereinigungsämter) aufzeigen, als *Verwaltungskarten*.

Als Gestaltungsmittel dienen Flächenfarben, längs der Grenzen oft lineare Signaturen und Farbsäume, bei einfarbigen Karten auch Flächensignaturen. Die Kartengrundlage beschränkt sich auf die wichtigste Topographie (Orte, Verkehrs- und Gewässernetz); Verwaltungssitze werden durch lokale Signaturen oder Unterstreichungen hervorgehoben.

Verwaltungsgrenzenkarten stellen die Abgrenzung von Gemeinden, Kreisen usw. mit oder ohne Topographie dar. Neben der unmittelbaren Übersicht dienen sie auch als Kartengrundlagen oder Arbeitskarten für viele thematische Darstellungen, vor allem solche statistischer Art (1.3.3.2 und Abb. 44).

Aus dem Bereich der aktuellen politischen Ereignisse sind es vor allem die *Wahlen*, aus denen die Ergebnisse und Beteiligungen durch Signaturen oder Diagramme unter Bezug auf Wahlkreise und Wahlbezirke dargestellt werden.

Für den Bereich der Bundesrepublik Deutschland und der einzelnen Bundesländer gibt es zahlreiche Verwaltungskarten, Kreisgrenzen- und Gemeindegrenzenkarten, meist als Einzelblätter, daneben aber auch in Atlasform (2.7) mit weiteren Erläuterungen über Entwicklung, Kompetenzen und Funktionen von Behörden usw. Ein Beispiel für Karten des Katstrophenschutzes ist die Waldbrandeinsatzkarte.

Karten der Anwendung bestimmter Rechtsnormen sind typische Beispiele für flächenhafte absolute Vorkommen (1.3.3.1). Hierbei werden die Flächen durch Flächenfarben oder -signaturen gefüllt oder durch Farbsäume, Bandschraffuren oder lineare Signaturen abgegrenzt.

Dem Nachweis von Eigentumsrechten am Grund und Boden dienen die *Flurkarten (Katasterkarten, Liegenschaftskarten)*, die in Österreich unter der Bezeichnung *Katastralmappen*, in der Schweiz als *Grundbuchpläne* geführt werden. Sie wurden im Bereich der Bundesrepublik Deutschland vor über 100 Jahren als Grundlagen für die Erhebung der *Grundsteuer* in Maßstäben 1:500 bis 1:5000 hergestellt (Grundsteuerkataster). Seit 1897 sind sie auch das amtliche Verzeichnis der Grundstücke für das *Grundbuch* und tragen seit 1934 die Ergebnisse der *Bodenschätzung*. Die Karten enthalten Angaben über Grenzabmarkungen und Grenzlinien, über den Gebäudebestand sowie über die Nutzungsarten und die Nummern der Flurstücke; die getrennt geführte *Schätzungsfolie* enthält für die landwirtschaftlichen Flächen die Merkmale der Bodenschätzung. Zusammen mit den Katasterbüchern bilden die Karten das sog. *Liegenschaftskataster* und werden bei den Kataster-(Vermessungs-)ämtern geführt. Die Karten dienen heute auch als Unterlagen der Ortsplanung und technischer Projekte sowie zur Herstellung der Deutschen Grundkarte 1:5000 (Bd. I, 5.6.1.1).

Wegen der rechtlichen Bedeutung ihres Inhalts sind Herstellung und Fortführung an strenge Formvorschriften (z. B. Abmarkungsprotokolle, Fehlergrenzen bei Längenmessungen und Flächenberechnungen) gebunden. Die Zeichenvorschriften der Bundesländer orientieren sich weitgehend an den Normblättern über Strichbreiten (Mikro-Norm DIN 15), Schriftart (ISO-Norm DIN 6776) und Zeichen für Vermessungsrisse, großmaßstäbige Karten und Pläne (DIN 18 702).

Infolge der großen Unterschiede in Entstehung, Form und Inhalt der Flurkarten ist ihre Eingruppierung im System der Karten nicht immer eindeutig möglich. In Süddeutschland entstanden sie auf einheitlicher Netzgrundlage im Rahmenformat und mit umfangreichen topographischen Darstellungen; sie konnten zugleich durch zusätzliche Geländeaufnahme zu topographischen Grundkarten (*Höhenflurkarten*) ausgestaltet werden. In Norddeutschland, vor allem im ehemaligen Preußen, wurden sie für einen beschränkten Zweck als Inselkarten (= Flur) mit verschiedenen Maßstäben, Kartennetzen und meist spärlichem topographischen Inhalt geschaffen und besitzen daher mehr das Kennzeichen einer thematischen Karte.

Die Nachteile der uneinheitlichen und vielfach auch ungenauen Inselkarten sind schon frühzeitig erkannt worden. Die intensiv betriebene

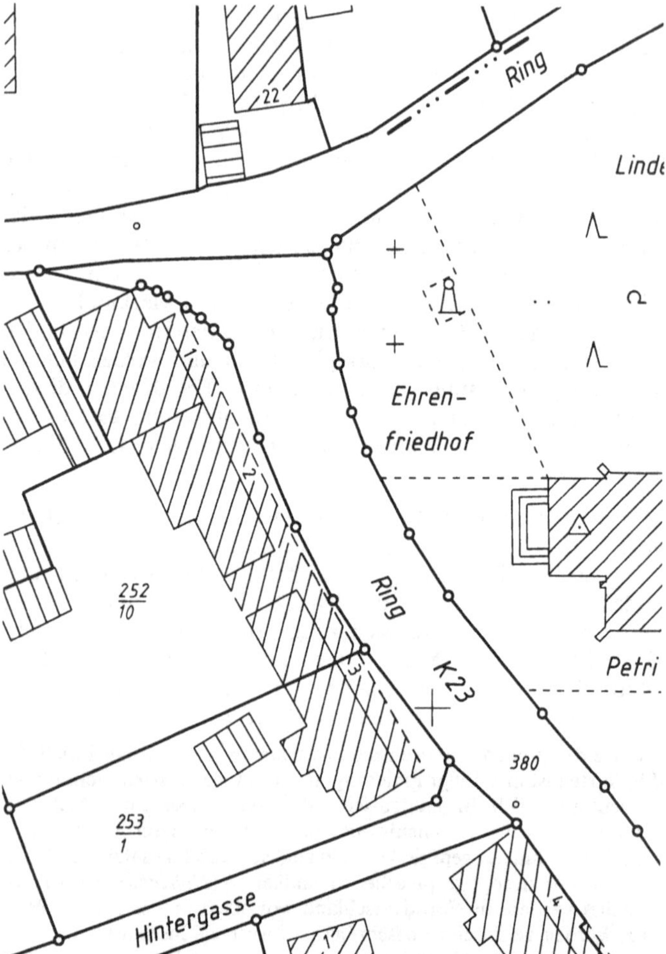

Abb. 45. Ausschnitt aus einer Rahmen-Flurkarte 1 : 1000 (Kartengrundlage: Musterkarte zur Zeichenvorschrift für das Flurkartenwerk und für Risse. Vervielfältigt mit Erlaubnis des Nieders. Landesverwaltungsamtes – Landesvermessung – B 3-23050 N/11. 07. 1983)

sog. *Neueinrichtung des Flurkartenwerks* besteht daher in der Herstellung geometrisch einwandfreier und topographisch vollständiger Rahmen-Flurkarten 1:500, 1:1000 oder 1:2000 im System der Gauß-Krüger-Koordinaten (letztere siehe Bd. I, 3.7.3.2). Einen Ausschnitt aus einer Karte 1:1000 zeigt Abb. 45. Von *Kriegel/Herzfeld* 1973/1983 stammt eine eingehendere Katasterkunde. Den Stand des Liegenschaftsnachweises in der DDR beschreibt *Bergmann* 1978.

Zur Herstellung, Fortführung und Erneuerung von Flurkarten äußern sich *Gerigk* 1977, *Haag* 1980 und *Lamping* (in *Leibbrand* 1984). Dabei wird die Computertechnik bereits in erheblichem Umfang eingesetzt; über die dabei angestrebte automatisierte Liegenschaftskarte (ALK) berichtet *Mittelstraß* 1981. Daneben ist der Buchnachweis bereits weitgehend automatisiert (automatisiertes Liegenschaftsbuch); die damit verbundene Entwicklung zur Grundstücksdatenbank erörtert *Herzfeld* 1982. Über den weitergehenden Aufbau eines umfassenden Landinformationssystems (LIS, siehe auch Bd. I, 2.4.6) gibt es einen internationalen Kommissionsbericht (*Ahrens* 1982). Näheres zur rechnergestützten Kartenherstellung siehe 5.6.3.4. Über die *Grundbuchpläne* in der Schweiz siehe Aufsätze in *Schweiz. Ges. f. Kartographie* 1984.

1.7.2.3 Geschichte, Archäologie, Heimatkunde

Der Begriff der *historischen Karten* ist nicht ganz eindeutig. Manche verstehen darunter alle Karten aus früherer Zeit; eine in diesem Sinne bezeichnete Bibliographie geben *Franz/Jäger* 1980. Weitere Einzelheiten zur Kartenhistorie enthält Kapitel 7. Hier sind jedoch nur Karten mit geschichtlichem Thema, also *Geschichtskarten*, gemeint. Solche Karten können statisch oder dynamisch sein; im ersten Falle geben sie den Zustand eines geschichtlichen Zeitpunktes wieder, im zweiten Falle zeigen sie Entwicklungen auf (z. B. Besiedlungen, Grenzänderungen). Die dynamischen Darstellungen sind häufig komplexer Natur: Besiedlungen werden erst richtig verständlich durch Angabe von Landnutzungen, Handelswegen usw., Grenzänderungen durch militärische Operationen oder koloniale Eroberungen. Die statischen Karten ähneln den politischen Karten; in den dynamischen Karten treten Bewegungssignaturen (Anlage 3) und Farbverläufe (zur Kennzeichnung variabler Grenzen) auf. Methoden und Signaturen bei Geschichtskarten beschreiben *Kretschmer* 1968 und *Hinkel* 1974. Über *Geschichtsatlanten* siehe 2.7.

Geopolitische Karten stellen die Kraftfelder und Tendenzen politischer Machtentfaltung dar. Neben Flächenfarben treten dabei Bewegungssignaturen für Entwicklungen, Bündnisse usw. und lokale Signaturen für Brennpunkte des Geschehens, Machtzentren usw. auf.

Archäologische Karten sind der Typfall der Fundkarte. Ausgrabungsstätten, Hügelgräber usw. werden durch lokale Signaturen oder Pseudo-Areale dargestellt. Auf der Grundlage topographischer Karten oder spezieller Aufnahmen erscheinen daneben die Einzelheiten von Wallanlagen, Fluchtburgen usw. in möglichst lagerichtiger Wiedergabe.

Heimatkarten verknüpfen topographische Angaben mit solchen über bedeutende historische, wirtschaftliche und kulturelle Sachverhalte und Ereignisse. Es sind durchweg rein qualitative Darstellungen, die mitunter in sehr bildhaften Signaturen die Einzelobjekte anschaulich wiedergeben. In großen und mittleren Maßstäben dienen sie zugleich als Stadt-, Wander- oder Orientierungskarte.

1.7.2.4 Siedlungen

Siedlungsgeographische Karten geben in *statischer* Weise Auskunft über Siedlungs- und Flurformen (z. B. Haufendorf, Weiler, Gewannflur), über Siedlungsstrukturen (Kern- und Randgebiete, Art der Bebauung usw.) sowie über Siedlungsfunktionen (Verwaltung, Industrie, Verkehr, zentrale Einrichtungen, Grünflächen usw.); in *dynamischer* Weise liefern sie Angaben über die Entwicklung eines Ortes, und zwar entweder 1. in Kartenfolgen gleichen Maßstabs oder 2. durch andersfarbigen Eindruck eines neueren Karteninhalts in eine ältere Karte oder 3. durch farbliche bzw. signaturenhafte Abstufung nach Zeitpunkten auf einer Karte des neuesten Zustandes.

Solche Darstellungen widmen sich ganz überwiegend den städtischen Bereichen, so daß man meist von *thematischen Stadtkarten* sprechen kann. Als Kartengrundlagen dienen gewöhnlich neuere oder ältere Karten großen oder mittleren Maßstabs (Stadtkarten, Flurkarten, topographische Karten), aus denen bereits ein Teil der thematischen Daten (z. B. Grundrißtypen, Dichte der Bebauung) zu gewinnen ist. Weitere Angaben (z. B. über Baustil, Baualter, Gebäudehöhe) lassen sich durch örtliche Aufnahme, aus Luftbildern oder mit Hilfe alter

Unterlagen ermitteln. Weitere Einzelheiten siehe z. B. bei *Stams* 1967, *Schriever* (in *Bosse* 1970), *Bosse* 1976, *Pape* 1979 sowie *Gintzel/Pfadenhauer* und *Gorki/Pape* (alle in *Leibbrand* 1984).

Den heute zahlreichen Planungen in Siedlungsräumen müssen umfangreiche Bestandsaufnahmen aus vielen Fachbereichen vorausgehen. Dazu gehören auch *Grundbesitzkarten*, die auf der Basis von Kataster und Grundbuch die Besitz- bzw. Eigentumsverhältnisse mit Hilfe von Flurstücksnummern, Schlüsselzahlen oder Flächenfarben veranschaulichen. *Richtwertkarten* liefern unter Aufgliederung nach bestimmten Bodennutzungen Angaben über Grundstückspreise durch lokale Größensignaturen oder Zahlenwerte. Mit der Gestaltung von Richtwertübersichtskarten befaßt sich *Grothenn* 1968. Die Karten des sog. *Leitungskatasters* stellen vor allem für großstädtische Bereiche in Maßstäben zwischen 1 : 200 und 1 : 1000 die vielen unterirdischen Leitungen der Versorgung, der Post usw. durch lagetreue Linien bzw. lineare Signaturen mit erläuternden Zusätzen dar. *Moser* 1982 stellt das Leitungskataster der Stadt Salzburg vor. Den Einsatz der graphischen Datenverarbeitung beim Nachweis unterirdischer Elektrizitätsleitungen beschreibt *Lutz* 1980 (siehe 5.6.3.5). Zu den thematischen Stadtkarten sind auch die *Baugrundkarten* (1.7.1.2) zu rechnen. Über die Darstellung von Umweltschäden in Ballungsgebieten siehe 1.7.1.8. Die Planungsdarstellung für Siedlungen wird in 1.7.2.9 behandelt.

1.7.2.5 Wirtschaft und Handel

Wirtschaftskarten behandeln Themen wie die Nutzung von Gebieten, die Erzeugung und Verarbeitung von Gütern, den Transport, Handel und Verbrauch sowie die damit verbundenen Funktionen (z. B. Häfen, Banken) und sozialen Strukturen (z. B. Berufspendler). Sie reichen von der rein qualitativen Darstellung der Standorte über quantitative Wiedergaben von Produktions- oder Transportmengen bis zu synthetischen Karten über Wirtschaftsregionen mit bestimmten typischen Funktionen im Innern und nach außen. Über *Wirtschaftsatlanten* siehe 2.7.

Im internationalen Bereich gibt es einige Ansätze, bei den Wirtschaftskarten zu einer Standardisierung der Zeichengebung zu gelangen. Ein Vorschlag dazu stammt von *Ratajski* 1971.

Landnutzungskarten geben einen Überblick über die verschiedenen Nutzungen des Bodens (Anlage 1). Dazu treten in den einzelnen Karten zusätzliche Darstellungen unterschiedlichen Umfangs, so daß man vereinzelt auch von Landwirtschaftskarten oder siedlungsgeographischen Karten sprechen kann. Im Zuge der Automation werden die Daten auch schon in einem über die Landschaft gelegten Raster, zum Teil bereits aus den Luftbildern erfaßt (*Trachsler* 1972). Weitere Erfassungsverfahren bis hin zum Satellitenbild siehe Bd. I, 2.3.2. Über automatische Kartierungen aus Texturparametern schreibt *Maurer* 1981. Eine Bibliographie bis 1967 bringt *Kosack* 1968. Internationale Beispiele gibt *Boesch* 1968.

Landwirtschaftskarten geben z. B. Auskunft über Art der Nutzung, Fruchtfolge, Betriebsformen, Hektarerträge, Grad der Mechanisierung. Auch Karten der Weinbaugebiete kann man zu dieser Gruppe rechnen. Zur Darstellung von Produktionsmengen verwendet man häufig – besonders in Karten kleiner Maßstäbe – die Methode der Punktstreuungskarte (1.3.1.2). Bodenrichtwertkarten landwirtschaftlicher Grundstücke beschreibt *Schmelz* 1980.

Forstwirtschaftskarten stellen in Flächenfarben und Signaturen die Angaben zusammen, die für Einrichtung und Bewirtschaftung von Forsten von Bedeutung sind. Zahlreiche Daten lassen sich dazu aus Luftbildern entnehmen. Als Kartengrundlage in großen Maßstäben dient – vor allem bei Staatsforsten – die Forstgrundkarte 1 : 5000 oder 1 : 10 000; von ihr werden weitere Karten (z. B. Blankettkarte, Betriebskarte) abgeleitet. Übersichtskarten in Maßstäben bis zu 1 : 100 000 vermitteln einen Einblick in die Verteilung und Struktur der Forstflächen; sie werden gewöhnlich aus amtlichen topographischen Karten abgeleitet. Einzelheiten zu den Forstkarten in der Bundesrepublik Deutschland schildern *Kerting/Wander* (in *Bosse* 1970) und *Wolf* (in *Leibbrand* 1984).

Fischereikarten sind meist Seekarten (1.7.2.6), die zusätzliche Daten über Hoheitsgewässer, Fischereigrenzen, Beschaffenheit des Meeresgrundes usw. enthalten. Andere Karten liefern dagegen mehr wirtschaftliche Angaben (Fangmengen, Heimathäfen, Verarbeitungsindustrie usw.).

Karten des Lagerstättenabbaus sind häufig Sonderformen geologischer Karten (1.7.1.2), die zusätzliche Angaben über die Standorte der Verarbeitungsbetriebe, die Fördermengen, das Verkehrsnetz und die Siedlungen enthalten. Daneben gibt es vor allem unter den *Bergbaukarten*, nicht nur reine Wirtschaftskarten, sondern auch Verwaltungskarten, Karten der technischen Anlagen usw., meist in mittleren Maßstäben. Technischen und betrieblichen Zwecken dienen die in großen

Maßstäben gehaltenen Grubenriß- und Betriebsplanwerke, deren Herstellung und Fortführung zu den Hauptaufgaben der Markscheider der Bergwerksgesellschaften gehören. Richtlinien für die Herstellung und Ausgestaltung des bergmännischen Rißwerks geben DIN 21 900 und folgende. Über neuere Entwicklungen des Kartenwesens in der Lagerstättenkunde berichtet *Haibach* 1980. Allgemeines zum bergmännischen und rißlichen Zeichnen siehe *Westfälische Berggewerkschaftskasse* 1980. Über Karten zur Rohstoffsicherung siehe *Lüttig* (in *Leibbrand* 1984).

Wasserwirtschaftskarten sind hydrographische Karten (1.7.1.5) mit zusätzlichen Angaben über Küstenschutzeinrichtungen, Kraftwerke, Dränflächen, Wasserversorgung (Anlage 9) usw. Mitunter erscheinen sie als Bestandteil einer Sammlung gewässerkundlicher Karten für einen bestimmten Bereich (z. B. die „hydrogeologische Arbeitskarte 1 : 500 000" in der Bundesrepublik Deutschland). Beispiele von Wasserwirtschaftskarten beschreiben *v. Heymann/Hulser* (in *Leibbrand* 1984).

Energiewirtschaftskarten stellen durch Linien und lineare Signaturen den Transport von Strom, Öl, Ferngas sowie durch lokale Signaturen die zugehörigen Kraftwerke, Raffinerien, Kokereien, teilweise mit Angabe der Produktionsmengen dar (Anlage 5). Durch Flächenfarben oder -signaturen werden die Versorgungsbereiche gekennzeichnet.

Industriekarten reichen von einfachen Standortkarten bis zu Darstellungen über die in der Industrie Beschäftigten sowie über Produktionsmengen, -entwicklung und -intensität. Vorschläge zur kartographischen Gestaltung solcher Karten macht *Wenzel* 1971. Die auftretenden Darstellungsprobleme behandelt *Otremba* (in *Akademie für Raumforschung* 1971).

Karten der Wirtschafts- und Finanzstatistik sind quantitative Darstellungen, die durch lokale Signaturen, Diagramme oder Flächenkartogramme Angaben über den Pro-Kopf-Verbrauch, die Devisenwirtschaft, die Entwicklung des Sozialprodukts und bestimmter Indexwerte usw. liefern. *Karten des Handels* verbinden meist quantitative Darstellungen mit der Wiedergabe von Transportwegen, Umschlagplätzen usw. Mit bandförmigen Darstellungen dazu befaßt sich *Boesch* 1978. Über kartographische Darstellungen in der Werbung siehe *Podschadli* 1981.

Fremdenverkehrskarten sind meist quantitativer Art und geben z. B. die Anzahl der Hotelbetten oder der Übernachtungen, evtl. gestaffelt nach Herkunftsländern, durch lokale Größensignaturen oder Diagramme wieder. Beispiele gibt *Klöpper* (in *Leibbrand* 1984).

1.7.2.6 Verkehr

Verkehrskarten sind Karten *für* und *über* den Verkehr, vom Begrifflichen her also umfassender, als dies aus der Sicht eines Verkehrsteilnehmers erscheinen mag.

1. Man kann unterscheiden zwischen Darstellungen der Verkehrswege und der dazu gehörigen Anlagen, der Verkehrsdichte, des Verkehrsaufkommens sowie der Verkehrsbeziehungen und -leistungen. Dabei treten häufig komplexe Darstellungen auf, die vor allem noch Daten zur Bevölkerung, Siedlung, Wirtschaft und zum Handel enthalten. Allgemeine Abhandlungen hierzu stammen von *Freitag* 1966 und *Meine* 1967.

a) *Karten der Verkehrswege* dienen der Übersicht, der Planung und Beurteilung von Fahrtrouten sowie der räumlichen Orientierung während der Fahrt bis hin zur exakten Navigation. Weitere Einzelheiten – je nach Verkehrsart – siehe weiter unten (Abschnitt 2).

Viele solcher Karten liegen nach Inhalt und Gestaltung im Grenzbereich zwischen topographischen und thematischen Karten (sog. angewandte Karten nach Bd. I, 1.5.6). Ihre Verwandtschaft mit topographischen Karten ist besonders dort augenfällig, wo sie aus diesen lediglich durch Aufdrucke (z. B. Straßen mit roter Füllung, Entfernungsangaben) entstehen. Die meisten Karten sind jedoch das Ergebnis neuer, spezieller Entwürfe.

Mehr auf der Seite der thematischen Karten stehen dagegen z. B. die *Entfernungskarten*, die oft ohne weiteren topographischen Untergrund auskommen und das Verkehrsnetz vielfach in stark schematisierter Form wiedergeben. Sie zeigen für zweckvoll abgeteilte Wegeintervalle (zwischen Knoten, Abzweigungen usw.) jeweils die Streckenlängen an, so daß sich der Gesamtweg durch Summieren der Intervallängen ergibt.

Trotz der großen inhaltlichen Unterschiede erscheint es gerechtfertigt, die Karten aller Verkehrsarten hier zu behandeln, um den Sachzusammenhang zu bewahren.

b) *Verkehrsdichtekarten* zeigen die Dichte eines Verkehrsnetzes durch eine relative Quantität (z. B. Straßenkilometer je km^2) für eine bestimmte Gebietseinheit meist durch Flächenkartogramme (1.3.3.2).

c) *Karten über das Verkehrsaufkommen (Verkehrsumfang)* geben z. B. die Straßenbelastung (stündlich, täglich usw.) sowie die Transportmengen im Personen- und Güterverkehr vorwiegend durch Bandsignaturen wieder.

d) Bei der Darstellung der *Verkehrsbeziehungen* kommen vor allem die räumlichen Beziehungen im Nah- und Fernverkehr nach Art und Menge zum Ausdruck. Hierzu kann man auch die *Isochronenkarten* rechnen, die durch Isolinien die Reisezeiten zu oder von einem Ausgangspunkt darstellen und dadurch z. B. verkehrsgünstige bzw. -ungünstige Räume erkennbar machen (siehe Abb. 37). *Verkehrsanalysen,* die auch den ruhenden Verkehr einschließen, lassen sich durch Diagramme oder Größensignaturen wiedergeben.

e) *Verkehrsleistungen* in bezug auf Fahrzeit, Verkehrsfrequenz und Platzangebot werden besonders für die Gruppe der öffentlichen Verkehrsmittel dargestellt. Den mehr wirtschaftlichen Aspekt zeigen dabei die *Tarifkarten,* die das Verkehrsnetz oft schematisch (Topogramm) wiedergeben und Merkmale zu den Fahrpreisen enthalten. Mehr technischer Natur sind dagegen die *Betriebskarten,* aus denen die technischen Anlagen ersichtlich sind.

2. Eine weitere Unterscheidung bei Verkehrskarten läßt sich nach der *Art* des Verkehrs vornehmen. Danach gibt es Karten des Straßen-, Schienen-, Schiffs- und Luftverkehrs, der Raumfahrt sowie der Touristik und des Nachrichtenverkehrs. Dabei stehen hier für jede Verkehrsart die Karten der Verkehrswege im Vordergrund des Interesses. Einen Überblick über die kartographischen Arbeiten der verschiedenen Verkehrszweige in der Bundesrepublik Deutschland gibt *Lorke* (siehe *Bosse* 1970).

a) *Straßenkarten* gehören heute zu den Karten mit den höchsten Auflagezahlen. Sie geben das Straßennetz in betonter und nach Bedeutung gegliederter Weise wieder und enthalten daneben die für den Kraftfahrer wichtigen Informationen (z. B. Entfernungen, Steigungen, Ausblicke, schöne Strecken, Ortsdurchfahrten, Rasthäuser, Fähren, Grenzübergänge).

Die Karten stammen größtenteils aus der Privatkartographie (siehe hierzu auch *Bormann* in *Bosse* 1970 und in *Leibbrand* 1984); mitunter trifft man auch auf Ausgaben, die durch Darstellung bestimmter Werkstatt- oder Tankstellennetze usw. zugleich der Werbung dienen. Die Karten sind häufig zu Atlanten bestimmter Gebiete zusammengefaßt (Straßenatlanten, Autoatlanten, siehe 2.7). Die Maßstäbe liegen zwischen 1 : 200000 und 1 : 5000000. Der weitere topographische Inhalt besteht mindestens aus der Wiedergabe der Siedlungen, des Gewässernetzes und oft auch der Waldgebiete. Die Geländedarstellung beschränkt sich meist auf eine Schummerung und die Angabe einzelner Höhenpunkte. Kritische Gedanken zur Gestaltung von Straßenkarten äußert *Schiede* (siehe *Meine* 1968). Über die Gestaltung von Ortsdurchfahrtsplänen schreibt *Stams* 1965. Eine Bibliographie der Straßenkarte bis etwa zum Jahre 1968 stammt von *Bonacker* 1973. Über den Einsatz rechnergestützter Verfahren berichtet *Brunner* 1981 (vgl. 5.6.3.6). Beispiele von Straßenkarten erläutert *Möller* (in *Leibbrand* 1984).

Über die öffentlichen Straßen (Bundes-, Landes-, Kreis- und Gemeindestraßen) führen die zuständigen Behörden Übersichtskarten und großmaßstäbige Detailkarten, darüber hinaus in zunehmendem Maße auch sog. Straßendatenbanken.

b) Karten des *Schienenverkehrs* sind ganz überwiegend *Eisenbahnkarten.* Diese sind teils für den Betrieb der Eisenbahnverwaltung, teils für den Fahrgast bestimmt.

Zu den Karten des *Dienstbetriebes* gehören u.a. Strecken- und Brückenbelastungskarten, Übersichtskarten der Direktionen und Betriebsämter, Karten der Stromversorgung, Tarifkarten, Wirtschaftskarten, Streckenleistungskarten usw. Die unterschiedlichen Themen führen zu unterschiedlichen Maßstäben und topographischen Kartengrundlagen. Übersichtskarten über Strecken und Zuständigkeiten sind, von Entfernungsangaben abgesehen, qualitativ und stellen meist auch die wichtigste Topographie dar. Quantitative Karten, die Belastungen, Leistungen usw. angeben, beschränken sich dagegen meist auf die Darstellung des Streckennetzes in stark generalisierter, oft schematischer Weise.

Zu den Karten für den *Benutzer* gehören u.a. die Fahrplankarten (Kursbuchkarten), Streckenkarten (auch in Zügen), internationale Personenverkehrs- bzw. Güterverkehrskarten sowie Eisenbahn-Straßenkarten; sie enthalten alle Daten, die zur Ermittlung des Reiseweges, zur Orientierung während der Fahrt oder zur Information über den Gütertransport dienen.

In der Bundesrepublik Deutschland werden solche Karten von der Deutschen Bundesbahn und ihren Direktionen herausgegeben. Wegen der zahlreichen technischen und organisatorischen Veränderungen ist die ständige Fortführung der Standardkarten eine vordringliche Aufgabe. Daneben gibt es sonstige Karten, z. B. die Bodensee-Schiffahrtskarte 1 : 50000. Schrifttum: *Köthe* 1984 und *Köthe* (in *Leibbrand* 1984).

c) Zu den *Schiffahrtskarten* gehören Karten der Binnenschiffahrt und Seekarten. *Binnenschiffahrtskarten* dienen dem Schiffsverkehr auf Binnenseen, Kanälen und schiffbaren Flüssen. Sie reichen von großmaßstäbigen Detailkarten mit Darstellung der Schiffahrtswege und -bauwerke bis zu kleinmaßstäbigen Übersichtskarten.

Strom- und Kanalkarten – meist im Maßstab 1 : 2500 – geben alle Einzelheiten des Wasserweges und der baulichen Anlagen grundrißtreu wieder; daneben enthalten sie auch noch Angaben aus der Flurkarte des Liegenschaftskatasters. Für den Bereich größerer Bauwerke wie z. B. Schleusen und von Zusammenflüssen gibt es auch noch Übersichtskarten 1 : 10000. Die Bundeswasserstraßenkarte 1 : 1000000 unterteilt die Wasserstraßen in verschiedene Klassen, für die jeweils ein Typschiff mit bestimmten Abmessungen gilt. Daneben enthält sie eine Darstellung der Staats- und Verwaltungsgrenzen sowie der Grenzen der Binnenwasserstraßen und des Geltungsbereiches der Seeschiffahrtsstraßenordnung. Herausgeber der Karten sind die Behörden der Bundeswasser- und Schiffahrtsverwaltung. Schrifttum: *Lenz* (in *Leibbrand* 1984).

Seekarten sind die ältesten Verkehrskarten; sie dienen in erster Linie der Navigation. Dieser Hauptzweck prägt daher auch den Entwurf von Seekarten in besonderem Maße. So sind die Kartennetze fast stets das Ergebnis einer konformen Abbildung, und zwar ganz überwiegend als zylindrischer Entwurf (Mercatorprojektion), da sich hierbei die Kurslinie (Loxodrome = Linie konstanten Azimuts) als Gerade abbildet (Bd. I, 3.3.3).

Der Karteninhalt erstreckt sich auf Tiefenangaben durch Tiefenpunkte (aus den Lotungen ausgewählt) und bestimmte Tiefenlinien (die z. B. flachere Gebiete abgrenzen), auf die Darstellung von Riffen, Sandbänken, Wracks usw. sowie im Küstenbereich auf alle für die Navigation wichtigen Seezeichen wie Leuchttürme, Bojen, Baken usw. (Anlage 6). Er beschränkt sich bei der Wiedergabe von Landflächen auf die unmittelbar im Küstenbereich gelegenen wichtigsten Objekte wie Siedlungen, einzelne Türme, Erhebungen u. ä. Im Gegensatz zu den Landkarten und Atlaskarten werden die Wasserflächen ohne Farben dargestellt; lediglich die flacheren Bereiche erscheinen je nach Kartenzweck bis zu 5, 6, 10 oder 20 m Tiefe in einem blauen Ton. Wattflächen sind blaugrau, Landflächen ockergelb. Die Tiefenangaben werden auf ein sog. Seekartennull (SKN) bezogen, das – vor allem in Gezeitengebieten – gewöhnlich tiefer liegt als der Bezugshorizont der Landkarten. Im Bereich der deutschen Nordseeküste liegt SKN z. B. im mittleren örtlichen Springniedrigwasser; für die Ostsee stimmt SKN als Mittelwasser etwa mit NN überein (Bd. I, 2.2.1.3).

In der Regel entstehen die Seekarten als Grundkarten. Über die Verfahren der Seevermessung siehe Bd. I, 2.2.2.4. Die Ergebnisse werden in sog. Arbeitskarten kartiert, die teilweise einen größeren Maßstab als die späteren Originalkarten aufweisen. Bei der Kartierung nehmen rechnergestützte Verfahren zu.

Der Maßstab der Seekarten ist regional sehr unterschiedlich. Ozeankarten in 1 : 5 Mio. und kleiner dienen der Reiseplanung, während Übersichtskarten (Übersegler) in 1 : 1,6 Mio. bis 1 : 5 Mio. die Navigationsunterlagen auf hoher See sind. Segelkarten in Maßstäben zwischen 1 : 300000 bis 1 : 1,6 Mio. gestatten aufgrund ihres detaillierteren Inhalts die Schiffsführung in Küstennähe, mitunter sogar nach Landsicht, da auch größere topographische Objekte verzeichnet sind. Küstenkarten in 1 : 30000 bis 1 : 300000 (siehe Anlage 6) dienen der Ansteuerung der Küste; der Maßstab richtet sich im einzelnen nach der Gliederung der Küste, der Lage der Fahrwasser und der Dichte der Navigationseinrichtungen. Sonderkarten (Pläne) 1 : 30000 und größer stellen schwierige Fahrwasser, Flußmündungen, Häfen usw. dar. Fischereikarten sind Seekarten, die zusätzliche Angaben für den Fischfang enthalten (siehe 1.7.2.5).

Eine besondere Gruppe bilden die Seekarten mit zusätzlicher Eintragung bestimmter, zur Ortung verwendeter Netze (Consolkarten, Deccakarten, Lorankarten usw.). Nautische Hilfskarten wie Großkreiskarten, Mercatornetzkarten und Leerkarten dienen besonderen Zwecken.

Ein für die Seekarten typisches Problem liegt in ihrer Fortführung, die zur Sicherheit der Schiffahrt in relativ kurzen Zeitabständen vorzunehmen ist. Sie kann besonders in Küstennähe auch umfangreiche Wiederholungsmessungen zu den Tiefenangaben erfordern. Die an Bord in Gebrauch befindlichen Karten lassen sich nach den Angaben wöchentlich erscheinender Mitteilungsblätter („Nachrichten für Seefahrer" – NfS) nachträglich von Hand fortführen (z. B. infolge Änderung der Betonnung, Gefährdung durch neue Wracks).

Das Seekartenwerk der Bundesrepublik Deutschland – 1861 ins Leben gerufen – wird vom Deutschen Hydrographischen Institut (DHI) in Hamburg bearbeitet und umfaßt etwa 1000 Seekarten der Meeresgebiete, die für die deutsche Seefahrt von Bedeutung sind. Der Vertrieb wird über Agenturen im In- und Ausland abgewickelt. Da weite Meeresflächen von den Seekarten zahlreicher seefahrender Nationen in vielfacher Weise überdeckt sind, werden beim Internationalen Hydrographischen Büro in Monaco die Arbeiten fortgesetzt, durch Austausch von Unterlagen und durch Arbeitsteilung zu einem möglichst einheitlichen internationalen Seekartenwerk zu kommen (*Ermel* 1976). Durch internationale Kooperation ist auch die einheitliche Tiefenkarte aller Meere (General Bathymetric Chart of the Oceans – Gebco) im Maßstab 1 : 10 Mio. entstanden. Über die ersten im DHI rechnergestützt erstellten Seekarten berichtet *Schrick* 1980 (vgl. 5.6.3.6). Beispiele von Seekarten erläutert *Bettac* (in *Leibbrand* 1984).

d) *Luftfahrtkarten* sind wie die Seekarten in erster Linie Navigationskarten. Ihre Kartennetze sind daher gleichfalls konforme Abbildungen, jedoch als konische bzw. an den Polen als azimutale Entwürfe.

Die Internationale Weltluftfahrtorganisation (International Civil Aviation Organisation – ICAO) hat Richtlinien für die Herstellung solcher Karten aufgestellt. So enthält die Aeronautical Chart ICAO 1 : 500000 (Anlage 7) mehrfarbig die für Sichtnavigation über Landflächen wichtigsten topographischen Objekte (Städte, Verkehrswege, Gewässer, Waldflächen sowie des Gelände durch Schummerung und Höhenpunkte). Die Blätter erscheinen mit und ohne Flugsicherungsaufdruck. Dieser erscheint jährlich neu und kennzeichnet in dunkelblauem Farbton die Flughäfen, Landeplätze, Funkfeuer, Sperrgebiete usw. Ähnlichen Zwecken dient auch das US-amerikanische Kartenwerk Operational Navigation Charts (ONS) 1 : 1 Mio. Dagegen ist die ICAO-Karte 1 : 1 Mio. eine Funknavigationskarte. Karten kleinerer Maßstäbe (1 : 2 Mio. bis 1 : 5 Mio.) dienen der Übersicht und als Navigations-Arbeitskarten bei Flügen über mittlere und lange Entfernungen. Karten größerer Maßstäbe erfüllen spezielle Aufgaben als Nahverkehrsbereichskarten (für An- und Abflug, z. B. 1 : 200000), Flugplatzkarten (für Starten und Landen, z. B. 1 : 35000) und Flugplatzhinderniskarten (z. B. 1 : 10000).

Flugstreckenkarten stellen streifenförmig in etwa 1 : 1 Mio. bis 1 : 3 Mio. für eine Strecke zwischen zwei Flughäfen alle Angaben dar, die zur Sicht- und Funknavigation erforderlich sind. Spezialkarten für die Funknavigation entsprechen nach Inhalt und Anwendung etwa den vergleichbaren Seekarten(Decca-Karten usw.).

Analog zu der Regelung bei den Seekarten gibt es alle zwei Wochen die „Nachrichten für Luftfahrer" (NfL), die behördliche Anordnungen und wichtige Informationen (vor allem Änderungen) für die Luftfahrt enthalten.

Für den Bereich der Bundesrepublik Deutschland werden die ICAO-Luftfahrtkarten sowie die Karten größeren Maßstabs von der Bundesanstalt für Flugsicherung (BFS) in Frankfurt am Main herausgegeben. Die Gestaltung von Sichtnavigationskarten beschreibt *Kranz* 1968. Eine Betrachtung über die Netzentwürfe großräumiger Flugkarten für die automatische Standortanzeige stammt von *Ramsayer* 1976. Eine Übersicht zu den Luftfahrtkarten gibt *Reents* (in *Leibbrand* 1984).

e) Unter den *Raumfahrtkarten* stehen zur Zeit die Umlaufkarten im Vordergrund. Diese stellen die Umlaufbahn eines Raumfahrzeuges um die Erde bzw. um den Mond als senkrechte Projektion auf die Oberfläche des Weltkörpers dar. Der Bahnverlauf wird vielfach mit Zeitangaben versehen; die Oberflächenwiedergabe ist weitgehend naturähnlich. In Zukunft dürften auch Orientierungskarten für Fahrten zwischen Weltkörpern an Bedeutung gewinnen.

Über Weltraumkartographie und Literatur dazu berichtet *Meine* (in *Bosse* 1979).

f) *Karten der Touristik* reichen von Unterlagen für ausgedehnte Reisen bis zu solchen für Ausflüge begrenzten Umfangs. In kleinen Maßstäben sind sie häufig nur Übersichten über Feriengebiete mit vielfach bildhafter Darstellung von Sehenswürdigkeiten, Verkehrsanschlüssen usw., als Prospektkarten oft in einer mehr graphischen und unmaßstäblichen Weise. Betrachtungen zur Generalisierung von Prospektkarten stellt *Ficker* (in *Bosse* 1967) an.

In großen und mittleren Maßstäben bilden sie die Gruppe der Wander-, Radwander-, Schiwander-, Wassersport-, Heimat- und Umgebungskarten, in denen durch lineare und lokale Signaturen Wanderwege, Schirouten, Aussichtspunkte, Unterkünfte usw. wiedergegeben werden (Bd. I, 5.7.3). Oft trifft man am Kartenrande oder auf der Kartenrückseite auf heimatkundliche, kulturhistorische und andere Erläuterungen. Über Karten, die die Touristik als Wirtschaftsfaktor behandeln, siehe 1.7.2.5.

g) *Karten der Nachrichtendienste* sind in einfachen Fällen Standortkarten und Leitungskarten, die durch lokale und lineare Signaturen Einrichtungen des Nachrichtendienstes (Sende- und Relaisstationen, Fernsprechkabel usw.) darstellen. Eine andere Gruppe bilden die Funkkarten, die Angaben für die Einstellung von Sendeantennen liefern. Dazu befindet sich der Sender im Hauptpunkt einer mittabstandstreuen azimutalen Abbildung (Bd. I, 3.2.1), die sich auf die gesamte Erdoberfläche ausdehnen kann. Wegen der Eigenart des Kartennetzentwurfes können der Karte Richtung und Strecke vom Sender zu einem beliebigen Empfangspunkt unverzerrt entnommen werden. Überwiegend quantitativen Charakter besitzen die Karten, die durch Größensignaturen oder Diagramme die täglichen oder jährlichen Leistungen im Brief-, Telegramm- und Fernsprechdienst aufzeigen.

1.7.2.7 Raumgliederung

Es handelt sich um die Abgrenzung von Gebieten, in denen bestimmte geographische Sachverhalte weitgehend einheitliche Merkmale aufweisen. Solche Räume eignen sich in vielen Fällen auch als Bezugsflächen für relative Darstellungen (1.3.3.2).

Naturräumliche Gliederungen gehen in erster Linie von den natürlichen Gegebenheiten des Bodens, der Geländeform, des Wassers und Klimas aus und telen die Landfläche in größere und kleinere Landschaften mit jeweils besonderen Merkmalen. So ist z. B. die „Naturräumliche Gliederung Deutschlands“ im Maßstab 1 : 1 Mio. eine Übersicht, in der die Naturräume höherer und niederer Ordnungen durch Linien unterschiedlicher Breite abgegrenzt und durch bestimmte Schlüsselzahlen gekennzeichnet sind (*Bundesforschungsanstalt für Landeskunde* 1962).

Wirtschaftsräumliche Gliederungen ergeben sich aus den Standortlagen und Verflechtungen der Wirtschaft. Der Abgrenzung solcher Räume liegen bestimmte Funktionen und Strukturen zugrunde, die den Raum prägen (z. B. die Ausstrahlung bestimmter Orte als Sitz von Industrien, Dienstleistungsbetrieben usw.). Darstellungen dieser Art sind durch Signaturen und Flächenfarben gekennzeichnet. In der Raumplanung spielen Wirtschaftsräume eine wichtige Rolle bei der Abgrenzung von Planungsregionen. Schrifttum siehe *Otremba* 1969.

Sozialräumliche Gliederungen sind neben den wirtschaftlichen Aspekten vor allem geprägt durch gesellschaftliche Merkmale (Sprache, Kultur usw.). Bei ausgedehnten Sozialräumen (z. B. Volksstamm) ist die Abgrenzung oft schwierig, bei kleinen Einheiten (z. B. Wohnviertel) meist günstiger. Das Beispiel der sozialräumlichen Kartierung einer Großstadt gibt *Niemeier* 1969.

Über *administrative Gliederungen* siehe 1.7.2.2.

1.7.2.8 Militärische Themen

Thematische Karten dieses Bereichs sind solche, in denen die für taktische und strategische Maßnahmen notwendigen Daten zusammengetragen sind, ferner Operationskarten sowie Karten der militärischen Dokumentation.

In vielen Fällen lassen sich die für die *Landesverteidigung* erforderlichen Unterlagen aus Karten anderer Themenbereiche ableiten (z. B. hydrogeologische Angaben für den Stellungskrieg und zur Trinkwasserversorgung, Angaben zur Energieversorgung); andere Angaben sind dagegen besonders zusammenzutragen (z. B. Brückenbelastung und Geländebefahrbarkeit beim Einsatz von Panzerfahrzeugen, Breite und Strömungsgeschwindigkeit von Gewässern).

Lagekarten, Operationskarten sind zum Teil auch dynamische Karten, da sie nicht nur die militärische Lage eines bestimmten Zeitpunktes, sondern auch eigene und gegnerische Truppenbewegungen durch Bewegungssignaturen auf der Grundlage topographischer Karten wiedergeben.

In ähnlicher Weise stellen *Dokumentationskarten* den Ablauf eines Feldzuges, einer Belagerung usw. aus historischer Sicht, vielfach in kleineren Maßstäben und in generalisierter Form, dar. Einen Überblick über Organisation und kartographische Aufgaben des deutschen MilGeoDienstes geben *Heller* (in *Bosse* 1970) und *Frankmann/Seel* (in *Leibbrand* 1984).

1.7.2.9 Planungen

Nach dem *zeitlichen* Bezug und damit nach dem Realitätsgrad ihres Inhalts lassen sich Karten des Planungsbereichs in zwei Gruppen zusammenfassen:

– *Bestandskarten (Zustandskarten, Planungsgrundlagenkarten)* geben den gegenwärtigen oder früheren Zustand von Erscheinungen und Sachverhalten der Wirklichkeit wieder. Sie liefern durch Darstellung aller für die Planung wichtigen Themen die Daten, die als Ausgangsmaterial für die planerischen Absichten erforderlich sind. Es handelt sich daher um thematische Karten aus den bisher behandelten Themenbereichen.
– *Planungskarten* im engeren Sinne sind die kartographischen Darstellungen künftiger Vorhaben, d. h. der eigentlichen Planung. Solche Karten werden (oft in Verbindung mit einem vorgeschriebenen Textteil) auch als Pläne bezeichnet, vor allem in den gesetzlichen Vorschriften, die bestimmte Planungsverfahren regeln (Raumordnungsplan, Bebauungsplan usw.).

Über Planungsatlanten bzw. Planungsgrundlagenatlanten siehe 2.4, über rechnergestützte Verfahren 5.6.3.7

Nach ihrem *sachlichen* Bezug ist Planung 1. *allgemeine Planung*, die sich umfassend zugleich auf Siedlung, Wirtschaft, Verkehr, Landschaft usw. in einem bestimmten Lebensraum bezieht, oder 2. *Fachplanung*, die nur die Neugestaltung bestimmter Teilbereiche wie Verkehrswege (Straße, Kanal, Eisenbahn), Agrarstruktur, Erholungsgebiete usw. zum Gegenstand hat.

Auch nach der *Größe* des Planungsgebietes bzw.-objektes lassen sich die Planungen unterscheiden. Sie reichen in der allgemeinen Planung von der große Bereiche erfassenden Raumordnung bis zur Ortsplanung, deren einzelner Bebauungsplan sich mitunter nur über wenige Grundstücke erstreckt, in der Fachplanung z. B. von wasserwirtschaftlichen Rahmenplänen bis zur Planung eines Brückenbauwerkes oder einer Grunstücksentwässerung.

1. Allgemeine Planung

a) Raumordnung, Landes- und Regionalplanung
In der Bundesrepublik Deutschland bilden das *Raumordnungsgesetz des Bundes vom 8. 4. 1965* als Rahmengesetz und die *Raumordnungs- bzw.*

Landesplanungsgesetze der Bundesländer die gesetzlichen Grundlagen dieser Planungen. Nach den Vorgaben des Bundesraumordnungsprogramms von 1975 stellen die Länder Programme auf, die als Landesentwicklungsprogramme oder -pläne, Landesraumordnungsprogramme oder -pläne bezeichnet werden. Für Teilbereiche der Länder (Planungsregionen, siehe 1.7.2.8) entstehen daneben durch staatliche, kommunale oder andere Stellen Regionalpläne. Alle Pläne sind überörtliche Leitpläne, die in Planungskarten die vorgesehene allgemeine Entwicklung erkennbar machen und dazu die verschiedenen Planungen der Fachressorts, der Gemeinden und anderer Institutionen aufeinander abstimmen, diese aber andererseits auch binden.

Die Planungskarten selbst sind vorwiegend qualitative und komplexe Darstellungen in Maßstäben zwischen 1 : 25 000 und 1 : 500 000. Als Gestaltungsmittel dienen Flächenfarben und Signaturen, die meist in relativ kräftigen Farben künftige Nutzungen, Standorte usw. zum Ausdruck bringen. Der topographische Kartengrund wird gewöhnlich von den amtlichen topographischen Kartenwerken gebildet, u. U. in einfarbig-matter Manier. Als Arbeitsmaterialien kommen daneben noch Luftbilder sowie thematische Atlanten und Karten in Betracht.

Bei der Aufstellung solcher Pläne sind alle bereits vorliegenden Planungen zu berücksichtigen. Dazu dient eine als *Raumordnungskataster* bezeichnete Sammlung topographischer Karten 1 : 5000 bis 1 : 25 000, in die sowohl die vorbereiteten Planungen (z. B. generelle Festlegung über die Linienführung einer Fernstraße) als auch die festgestellten Planungen (z. B. genaue und endgültige Festlegung eines Schiffahrtskanals) eingetragen werden.

b) Ortsplanung

Die gesetzliche Grundlage für die Ordnung der städtebaulichen Entwicklung innerhalb einer Gemeinde ist in der Bundesrepublik Deutschland das *Bundesbaugesetz in der Fassung vom 18. 8. 1976.* Die Gemeinden stellen hierzu vorbereitende und verbindliche Bauleitpläne auf.

Vorbereitende Bauleitpläne sind sog. *Flächennutzungspläne,* die auf der Grundlage topographischer Karten in Maßstäben 1 : 5000, 1 : 10 000 oder 1 : 25 000 für das Gebiet einer Gemeinde die künftige Bodennutzung in rein qualitativer Darstellung in den Grundzügen, d. h. ohne geometrisch-exakte „Parzellenschärfe" meist durch Flächenfarben und Signaturen wiedergeben. Flächennutzungspläne sind zwar unverbindlich im Detail, verpflichten jedoch jede Fachplanung zur Einpassung in den festgelegten Rahmen.

Verbindliche Bauleitpläne legen als sog. *Bebauungspläne* Art und Maß der Bebauung sowie die sonstige Nutzung von Grundstücken in einer für jedermann rechtsverbindlichen Weise fest (Anlage 10). Die dazu notwendigen geometrischen und teilweise auch zahlenmäßigen Festlegungen (Straßenbreiten, Gebäudeabstände, Baulinien usw.) finden ihren Niederschlag in Karten 1 : 1000, zum Teil sogar 1 : 500. Die weitreichende Rechtswirksamkeit von Bebauungsplänen setzt voraus, daß der topographische Kartengrund (meist Flur- oder Stadtgrundkarten, evtl. topographisch ergänzt) inhaltlich vollständig und für eine widerspruchsfreie und genaue Eintragung der Planungsziele geeignet ist. Der Bedeutung des Planinhaltes entpricht auch die eingehend geregelte formale Gestaltung, wie sie in der dazu herausgekommenen *Planzeichenverordnung von 1981* zum Ausdruck kommt. Diese setzt die Art und Weise der Objektdarstellung im einzelnen fest, und zwar sowohl für eine mehrfarbige Bearbeitung mit Flächenfarben und Signaturen wie für eine aus reproduktionstechnischen Gründen oft unvermeidbare einfarbige Darstellung, in der statt der Flächenfarben relativ grobe Schraffuren sowie Strukturraster, Signaturen usw. zu benutzen sind. Die festgelegten Planzeichen gelten auch für Flächennutzungspläne.

Allgemeines zur Raumordnung siehe *Akademie für Raumforschung* 1970, 1981 a, 1982. Fragen der Planungskartographie behandeln *Witt* (in *Akademie für Raumforschung* 1969, 1982 und in *Bosse* 1970), *Lossnitzer* (in *Bosse* 1979), *Haubner* 1982 sowie *Strubelt, Haubner/Wille* und *Reiners* (alle in *Leibbrand* 1984). *Pereira* 1971 entwickelt ein Signatursystem, *Schmid* 1983 beschreibt Kartenbeispiele zur Regionalplanung. Mit der Verwendung der Fernerkundung befaßt sich *Kroesch* (in *Akademie für Raumforschung* 1981 b); computerunterstützte Kartenherstellung für die Bundesraumordnung erläutert *Rase* 1978. *Schlez* 1982 äußert sich zur Planzeichenverordnung.

2. Fachplanungen

Flächenhafte Planungen, soweit sie größere Bereiche erfassen, tragen teilweise auch Merkmale der allgemeinen Planung. Dazu gehören z. B. Landschaftspläne, die den Naturschutz, die Landschaftspflege und die Grünordnung zum Gegenstand haben; sie ähneln nach Maßstab, Kartengrundlage und Darstellungsart den Flächennutzungsplänen, sind jedoch im Gegensatz zu diesen nicht zwingend vorgeschrieben. Auch Pläne im Bereich agrarstruktureller Maßnahmen (Flurbereinigung, Besiedlung, Dorferneuerung) sowie der wasserwirtschaftlichen Rahmenplanung haben zum Teil allgemeinen Charakter. In kleineren

Bereichen erstrecken sich flächenhafte Planungen z. B. auf die Anlage von Flughäfen oder Kraftwerken. *Linienförmige* Planungen beziehen sich z. B. auf Straßen, Eisenbahnen, Schiffahrtswege sowie ober- und unterirdische Versorgungsleitungen.

Die Aufstellung der dazu gehörigen Pläne nach Inhalt und Darstellungsart richtet sich vielfach nach Rechtsverordnungen, Verwaltungsvorschriften oder nach Empfehlungen, die teilweise auf Normblättern basieren. Das Verfahren der förmlichen Feststellung und der örtlichen Ausführung der Fachpläne ist gesetzlich geregelt.

Die mehr technische Seite der Fachplanung erfordert darüber hinaus noch weitere Karten und Pläne in größeren Maßstäben. So unterscheidet man z. B. in der Straßenplanung zwischen Vorentwurf und Bauentwurf. Der *Vorentwurf* beginnt mit einer Übersichtskarte als Vorstudie (1 : 5000 bis 1 : 50 000 je nach der topographischen Situation), die die vorgesehene Linienführung, evtl. in mehreren Varianten, darstellt. Daran schließt sich die Anfertigung von Lageplänen 1 : 1000 bis 1 : 5000, u. U. auf der Grundlage einer dafür durchgeführten Geländeaufnahme. Diese stellen das Bauvorhaben in seinen Einzelheiten dar und enthalten die Trassierungselemente sowie Angaben über die Grundbesitzverhältnisse. Der *Bauentwurf* in 1 : 100 bis 1 : 1000 schließlich enthält alle technischen Angaben, die zur Durchführung des Bauvorhabens erforderlich sind. Solche Entwürfe entstehen auch schon mit Hilfe der graphischen Datenverarbeitung: Entwurfsvarianten am Bildschirm führen dabei zur Optimierung bestimmter Parameter (z. B. Minimierung der Erdmassenbewegung); erst der endgültige Entwurf wird dann in der kartographisch herkömmlichen Weise festgehalten.

Beispiele aus einzelnen Fachgebieten stammen von *Schimmelfennig v. d. Oye/Leibbrand* (in *Bosse* 1970) und *Donié/Leibbrand* (in *Leibbrand* 1984) (Flurbereinigung) sowie *Oest* (Agrarstrukturplanung) und *Petersen* (wasserwirtschaftliche Rahmenplanung) (in *Akademie für Raumforschung* 1969). Planzeichen für die Landschaftspläne sind von der *Bundesforschungsanstalt für Naturschutz und Landschaftspflege 1979.*

1.8 Fortführung thematischer Karten

Im Vergleich zur Fortführung topographischer Karten ist die Situation bei den thematischen Karten sehr unterschiedlich. Allgemein gibt es dabei folgende Anlässe bzw. Sachverhalte:

1. Gesetzlicher Auftrag

Gründe dafür sind u. a. die Rechtssicherheit (z. B. bei Flurkarten), die Verkehrssicherheit (z. B. bei See- und Luftfahrtkarten), eine sachgerechte Raumplanung (z. B. bei Karten des Raumordnungskatasters).

2. Besseres Datenmaterial

Neue Erfassungsmethoden (z. B. aus Luftbildern) oder größerer Aufwand im Detail (z. B. bei statistischen Stichproben) können die Darstellung geometrisch und sachlich verbessern. Vielfach steht dies auch in Verbindung mit neuen fachwissenschaftlichen Erkenntnissen (z. B. in Geo- und Geschichtswissenschaften).

3. Notwendige Aktualisierung

Bereits eingetretene Änderungen in den Objekten oder Sachverhalten erzwingen die Korrektur von Karten. Am auffälligsten ist dies bei den auflagenstarken Straßenkarten der gewerblichen Kartenhersteller, wo schon die Konkurrenz auf dem Markt eine rasche Fortführung erfordert.

4. Periodische Neuauflage

Bei ständiger, mehr oder weniger schneller Änderung von Sachverhalten kann es zu konstanten Zeitintervallen für die Ausgabe von Karten kommen, z. B. bei den täglich erscheinenden Wetterkarten, bei den Darstellungen von Wahlergebnissen am Beginn einer neuen Wahlperiode oder bei den Bevölkerungskarten im Zuge statistischer Zählungen. Kartentechnisch findet dabei meist keine Fortführung der Thema-Originale statt, sondern eine komplette Neuherstellung.

5. Einmalige Kartenherstellung ohne Fortführung

Zahlreiche Themakarten sind von vornherein nicht zur Fortführung vorgesehen. Dazu gehören z. B. Medienkarten, die nur Schnellinformationen in Presse und Fernsehen geben, ferner

Textkarten und Beilagen zu wissenschaftlichen Veröffentlichungen, Karten mit zeitlich datiertem Bestand (z. B. bei Besiedlung) sowie Karten mit spezieller Thematik.

2. Atlanten

2.1 Begriffe und Aufgaben

Atlanten sind systematische Sammlungen von Karten ausgewählter Maßstäbe. Die Atlaskarten sind topographische oder thematische Karten, bilden also keine neue Kartengruppe. Sie unterscheiden sich jedoch von Einzelkarten dadurch, daß sie in mehr oder weniger ausgeprägter Weise den Zwängen der jeweiligen Atlaskonzeption in bezug auf Abgrenzung, Format, Maßstab, Inhalt und Graphik unterliegen. Auch ist im Vergleich zur Herstellung von Einzelkarten oder einheitlicher Kartenwerke die Kartenredaktion im Bereich der Atlaskartographie ein umfangreiches und kompliziertes Verfahren, vor allem bei Erd- und Nationalatlanten. Einzelheiten hierzu siehe 4.1.

Aufgabe der Atlanten ist es, über ein bestimmtes Gebiet und/oder über einen bestimmten Themenbereich mit einer größeren Anzahl von Karten zu informieren, evtl. unter besonderer Ausrichtung nach dem Zweck und nach der Benutzergruppe. Dementsprechend lassen sich Atlanten wie folgt gliedern:

1. Nach dem Darstellungsgebiet:
   Weltraum- (2.2), Erd- (Welt-) (2.3), National- und Regional- (2.4) sowie Stadt-Atlanten (2.5).
2. Nach dem Themenbereich:
   Topographische Atlanten (2.6) und Fachatlanten (einzelne Fachthemen oder Themengruppen; 2.7).
3. Nach Zweck und Benutzergruppe:
   Schul-, Hochschul-, Planungs-, Auto-, Heimat- usw. -Atlanten.

Das äußere Erscheinungsbild läßt noch folgende Gliederungen zu:

4. Nach Umfang und Format:
   Taschen-, Lexikon- und Handatlas; als Hausatlas gilt gewöhnlich ein Erdatlas mittlerer Größe, der vorwiegend allgemeine, weniger detaillierte Informationen liefert (oft als Kartenauswahl aus einem Handatlas und dazu Bild- und Textteil).
5. Nach der Art der Zusammenfügung der Karten:
   In gebundener Form, als Ordner in Ring- oder Schraubheftung sowie in Mappenform mit loser Ablage der Karten.

Atlanten kommen vorwiegend komplett heraus. Umfangreiche wissenschaftliche Atlanten erscheinen jedoch mitunter auch in Teillieferungen. Herausgeber von Atlanten sind Verwaltungen, wissenschaftliche Einrichtungen, nationale und internationale Organisationen, Verlage sowie Institutionen der gewerblichen Kartographie.

Nachweise von Atlanten finden sich in Verzeichnissen von Herausgebern, Firmen des Kartenvertriebs (z. B. Geo-Center), Bibliotheken, nationalen und internationalen Organisationen (z. B. UNESCO) sowie bei einzelnen Autoren, z. B. *Winch* 1976, *Alexander* 1977. Atlanten der gewerblichen Kartographie der Bundesrepublik Deutschland nennt *Bormann* 1976 und *Bormann* (in *Leibbrand* 1984), der Verlagskartographie der DDR *Pustkowski* 1981. Mit Entwicklungstendenzen der Atlaskartographie befassen sich *Stams* 1977 und *Monmonier* 1981. Eine Einführung in Entstehung und Inhalt eines Atlasses gibt *Habel* 1968.

Die folgenden Abschnitte orientieren sich an der Einteilung der Atlanten nach Darstellungsgebieten bzw. Themenbereichen. In der Praxis lassen sich die meisten Atlanten einem dieser Abschnitte leicht zuordnen. Schwierigkeiten ergeben sich dort, wo der Begriff „Atlas“ innerhalb und außerhalb der Kartographie zunehmend auch für eine Veröffentlichung benutzt wird, die vorwiegend Texte, Diagramme und Bilder enthält, z. B. bei den Bildatlanten (2.8). Einen Sonderfall bilden ferner solche Werke, die – meist als Taschenbücher – aktuelle Problemkreise berühren, diese durch Texte und Karten belegen und die für einen größeren Kreis von Interessenten bestimmt sind (z. B. bei der Wiedergabe von Hungerkatastrophen, Flüchtlingsströmen, Unruheherden, Rüstungspotentialen). Die Karten sind meist in relativ kleinen Maßstäben und in der Feinheit und Güte der Kartengraphik oft sehr unterschiedlich.

Über die Geschichte der Atlaskartographie und die Herkunft der Bezeichnung „Atlas" siehe 7.6.

2.2 Weltraumatlanten

Weltraumatlanten enthalten Karten und Bilder der Gestirne einschließlich Ansichten der Erde aus dem Weltraum sowie Übersichtsdarstellungen zum Sternenhimmel. Weisen sie nur solche Übersichten auf, spricht man auch von *Himmels-* oder *Sternatlanten* (siehe auch 1.7.1.9). Über Atlanten mit Bildern aus erdumkreisenden Satelliten siehe 2.8.

Als erste ihrer Art erschienen der Weltraumatlas und der Bildatlas des Sonnensystems, beide von Hallwag herausgegeben, ferner Goldmanns Atlas der Planeten, The Times Atlas of the Moon mit mehrfarbigen Karten, der Berliner Mondatlas nach astronomischen Photos, ferner einige Mondatlanten nach Photos aus Raumfahrzeugen, wozu auch der sowjetische Atlas der Mondrückseite zu rechnen ist. Unter den Himmelsatlanten ist besonders zu erwähnen der bereits historische Atlas der Bonner Durchmusterung, der auf Anfang 1855 datiert ist und in 64 Karten über 450 000 Sterne einschließlich der 9. bis 10. Größenklasse bis zur südlichen Deklination von 23° enthält. Der Bereich bis zum Südpol ist später durch die sog. Córdobaer Durchmusterung erfaßt worden. Daneben gibt es einige kleinere Atlanten in Kartenform, aber auch solche auf der Grundlage von Himmelsphotos. Das größte Werk ist schließlich der Mount Palomar Sky Atlas, der als photographischer Himmelsatlas für die nördliche Himmelskugel Sterne bis zur 20. Größenklasse enthält.

2.3 Erdatlanten

Erdatlanten – etwas unzutreffend auch als Weltatlanten bezeichnet – stellen den Gesamtbereich der Erde in Karten unterschiedlicher, aber aufeinander abgestimmter Maßstäbe dar. Sie enthalten entweder nur topographische (geographische) oder neben diesen auch thematische Karten (oft als Nebenkarten in kleineren Maßstäben), vereinzelt auch nur thematische Karten. In Atlanten mittlerer Größe (Hausatlanten) trifft man häufig noch auf Weltraumkarten (Himmelskarten, Mondkarten, Darstellungen des Planetensystems usw.) sowie Länderbeschreibungen mit Statistiken und Bildern. Herausgeber von Erdatlanten sind privatkartographische Verlage, in sozialistischen Ländern staats- bzw. volkseigene Betriebe.

Für die Karten ergibt sich etwa folgende Gruppierung:

- Gesamte Erdoberfläche in 1 : 75 Mio. und kleiner,
- Erdteile in 1 : 20 Mio. und kleiner,
- einzelne Staaten etwa 1 : 5 Mio. bis 1 : 15 Mio.,
- Teile von Staaten 1 : 1 Mio. bis 1 : 2 Mio.,
- Ballungsräume 1 : 500 000 bis 1 : 1 Mio.,
- Großstädte mit Umgebung 1 : 200 000 bis 1 : 500 000.

Die Kartennetzentwürfe sind vorwiegend flächentreu, bei Erdkarten als Planisphären und teilweise auch in vermittelnder Abbildung. In Einzelfällen werden mehrere Netzentwürfe auch aneinandergefügt (siehe Bd. I, 3).

Beim Namengut sind die amtliche Schreibweise ebenso zu berücksichtigen wie die Regeln der Transkription oder Transliteration (Bd. I, 5.3.3) nichtlateinischer Alphabete. In einigen Atlanten werden diese Regeln eingehend erläutert. Die Namen erscheinen am Ende des Atlasses alphabetisch geordnet in einem *Namenregister,* um das Auffinden von Orten usw. zu erleichtern. Große Atlanten enthalten zum Teil über 200 000 Namen.

Zu den größeren Erdatlanten der Gegenwart *in deutscher Sprache* gehören u. a. der Bertelsmann Atlas International, Haack Großer Weltatlas (DDR) mit Ergänzungen, Herders Großer Weltatlas, Knaurs Großer Weltatlas, Meyers Großer Weltatlas, der Große Reader's Digest Weltatlas, der Große RV-Weltatlas und Kümmerly + Frey/RandMcNally/Westermann Internationaler Atlas. In einigen Fällen handelt es sich um Lizenzausgaben fremdsprachiger Atlanten. Dazu treten noch Lexikonatlanten im Format der Lexikonbände.

Bekannte Erdatlanten *in fremder Sprache* sind u. a. Atlas Général Larousse und Grand Atlas Bordas (beide Frankreich), Atlas Mira (Sowjetunion, russische und englische Ausgabe), Gran Atlas Aguilar (Spanien), Grande Atlante Geografico und Grande Atlante Internazionale del Touring Club Italiano (beide Italien), New World Atlas from Japan mit internationaler Beschriftung und englisch-japanischer Legende (Japan), Medaillon World Atlas und New Cosmopolitan World Atlas (beide USA), Pergamon World Atlas (englisch, in Polen hergestellt), The Atlas of the Earth, The Oxford World Atlas und The Times Atlas of the World (alle Großbritannien, letzterer auch in deutscher Ausgabe).

Während Erdatlanten früher vielfach neben den physischen nur noch politische Karten enthielten, nimmt heute der Umfang thematischer Darstellungen immer mehr zu (siehe z. B. Anlagen 1, 2, 4, 5). Diese Entwicklung führt damit folgerichtig auch zu Atlanten, die nur noch aus thematischen Karten bestehen. Solche *thematischen Erdatlanten* unterscheiden sich von den Fachatlanten (2.7) durch den ausgedehnten Themenkreis.

Beispiele dafür sind Meyers großer physischer Weltatlas mit 8 Bänden zur Bodenkunde, Geologie, Geomorphologie, Orographie, Klimatologie, Biogeographie, Ozeanographie und Himmelskunde, der sowjetische physisch-geographische Weltatlas mit den Themenbereichen Geologie, Tektonik, Mineralogie, Bodenkunde, Geomorphologie, Klima, Biogeographie, Hydrologie, Ozeanographie, ferner einige Weltwirtschaftsatlanten (2.7), soweit sie noch andere Themengebiete behandeln.

Schulatlanten orientieren sich in ihrer Konzeption an den Belangen des Schulunterrichts, evtl. sogar einzelner Schulstufen. In ihren didaktisch-methodischen Grundsätzen sind sie damit an den Unterrichtsstoff und die Art seiner Vermittlung, vor allem im Fach Geographie, gebunden. Die dort eingetretenen Wandlungen erklären zugleich die Tatsache, daß im Gegensatz zu früher der Anteil der thematischen Karten nunmehr überwiegt. Darüber hinaus dokumentieren die eingetretenen Veränderungen in der Atlaskonzeption wie bei allen Erdatlanten die neuen Möglichkeiten der Kartographie in bezug auf neue Datenquellen und neue technische Verfahren.

Einen Überblick zur Kartographie der Erdatlanten gibt *Bormann* 1972. Zur Atlasredaktion äußert sich auch *Thauer* 1980. Mit der

Namenschreibung und den Problemen der Lizenzvergabe befaßt sich *Thieme* 1968, 1980. Transkriptionssysteme beschreibt *Weygandt* 1961. Über Register berichtet *Rennau* 1976. Vergleiche von Atlanten stammen von *Dornbusch* 1978 (6 Schulatlanten), *Dubut* 1982 und *Gaebler* 1980 (25 Atlanten). Betrachtungen zu Schulatlanten sind u.a. von *Aurada* 1981, *Arnberger* 1981, 1982 und *Gorki* 1983. Eine Bibliographie von Schulatlanten bis 1950 stammt von *Badziag u. a.* 1982.

2.4 National- und Regionalatlanten

Die Atlanten dieser Gruppe sind durch folgende Merkmale gekennzeichnet:

1. Sie erfassen stets nur ein bestimmtes Gebiet. Handelt es sich dabei um den Bereich eines Staates, so spricht man vom *Nationalatlas*, ist dagegen ein Bundesland, ein Wirtschaftsraum oder eine Großstadt mit ihrem Umland dargestellt, so liegt ein *Regionalatlas* vor.
2. Sie sind ganz überwiegend eine Sammlung thematischer Karten aus nahezu allen Themenbereichen, besonders solchen, die als Bestandsdarstellung für die verschiedenen raumplanerischen Maßnahmen von Bedeutung sind. Damit erscheinen sie wie das Ergebnis einer thematischen Landesaufnahme (1.7).
3. Sie weisen meist einen einheitlichen Maßstab auf und machen damit die Karten leichter aufeinander beziehbar. Abweichende Maßstäbe gibt es in erster Linie bei Nebenkarten.
4. Der topographische Kartengrund besteht aus wenigen Grundtypen und wiederholt sich daher bei vielen Darstellungen.
5. Herausgeber sind meist amtliche oder halbamtliche, häufig wissenschaftliche Institutionen.

Als Regionalatlanten sind in vielen Fällen auch die sog. *Planungsatlanten* anzusehen. Die meisten dieser Atlanten enthalten nämlich vorwiegend oder sogar ausschließlich nur Zustandskarten und sind daher strenggenommen nur *Planungsgrundlagenatlanten*.

Im deutschen Sprachgebiet gibt es folgende Nationalatlanten bzw. vergleichbare Werke:

- „Die Bundesrepublik Deutschland in Karten" (1965–1970), ergänzt durch „Atlas zur Raumentwicklung" (Lieferungen ab 1976);
- „Atlas Deutsche Demokratische Republik" (1976–1981);
- „Atlas der Republik Österreich" (1961–1978) sowie in österreichischer Zusammenarbeit mit den Donaustaaten der „Atlas der Donauländer" (seit 1970);
- „Atlas der Schweiz" (1965–1978), daneben der „Computer-Atlas der Schweiz" (1972), der erstmalig statistische Daten aus einigen Themenbereichen nur durch Zeilendruckerkarten (1.3.3.2) wiedergibt.

Unter den Regionalatlanten sind vorrangig zu nennen:

- „Deutscher Planungsatlas" in 10 Länderbänden (seit 1960, bis auf Nordrhein-Westfalen abgeschlossen, dazu Ergänzungsblätter). Die Länderbände gehen von einer einheitlichen Grundkonzeption aus, behandeln aber die Themen im einzelnen unterschiedlich nach Umfang und Gestaltung, und sie weisen jeweils Hauptmaßstäbe auf, die den Größen der Länder am besten entsprechen. Als topographischer Kartengrund dienen vor allem a) Verwaltungsgrenzenkarten und b) Darstellungen, die das Verkehrs- und Gewässernetz, die Siedlungen und teilweise auch das Relief enthalten (1.4).
- Pfalz-Atlas (1964 ff.), Strukturatlas Oberschwaben (1967–1970), Dortmund-Stadtentwicklung (Grundlagen für die Flächennutzungsplanung, 1971);
- Planungsatlas Bezirk Leipzig/DDR (1971–1974);
- Atlanten der Bundesländer Österreichs (seit 1951);
- Atlanten der Bereiche Basel und Bern/Schweiz (seit 1967).

Mit der Problematik der Nationalatlanten befaßt sich *Lehmann* 1959. Vorschläge zu ihrer Vervollkommnung stammen von *Sališčev* 1960; ihre Konzeption für Entwicklungsländer behandelt *Leontjew* 1980. Eine Aufzählung weiterer Atlanten bringt *Witt* 1979. Zum Deutschen Planungsatlas siehe *Haubner/Wille* (in *Leibbrand* 1984), zum Atlas zur Raumentwicklung *Strubelt* (in *Leibbrand* 1984), zu den einschlägigen österreichischen Atlanten *Bobek/Bobek-Fesl* und *Leidlmair* (in *Inst. f. Kartographie* ... 1984) sowie zum Atlas der Schweiz *Spiess* (in *Schweiz. Ges. f. Kartographie* 1984).

2.5 Stadtatlanten

Stadtatlanten stellen den Bereich einer größeren Stadt mit ihrem Umland oder den Ballungsraum mehrerer Städte in den für Stadtkarten üblichen Maßstäben im handlichen Format für Orientierungszwecke dar (vgl. Bd. I, 5.7.1). Dazu treten meist Übersichtskarten zu Verkehrsnetzen, Sehenswürdigkeiten usw. Im größeren Format und Umfang enthalten sie oft auch thematische Karten und sind – vergleichbar den National- und Regionalatlanten – vor allem für Zwecke der Verwaltung und Planung bestimmt.

Beispiele für Orientierungszwecke sind die Stadtatlanten des RV-Verlages. Unter den umfangreicheren Atlanten ist der Atlas des Stadtplanwerks Ruhrgebiet des Kommunalverbandes Ruhrgebiet zu nennen, der im Maßstab 1 : 20 000 rund 7000 km^2 überdeckt.

2.6 Topographische Atlanten

Solche Atlanten sind Zusammenstellungen von Ausschnitten aus amtlichen topographischen Karten. Zu jedem auf einer Atlasseite dargestellten Ausschnitt enthält die jeweils gegenüberliegende Seite eine landeskundliche Beschreibung. Die Ausschnitte erfassen in erster Linie solche Bereiche, die im Hinblick auf Landschaftsgliederung, Geomorphologie, Siedlungsstruktur und -entwicklung, Wirtschaft und Verkehr besonders interessante Beispiele liefern. Mitunter finden auch Kombinationen mit Luftbildern statt.

Als erster Atlas dieser Art erschien 1953 der Band „Die Landschaften Niedersachsens" (weitere Auflagen 1957, 1970, 1977 unter der Bezeichnung „Topographischer Atlas Niedersachsen und Bremen"). Später folgten Atlanten in anderen Bundesländern. Einzelheiten siehe *Grothenn* 1977.

Nach der terminologischen Logik wäre auch ein Erdatlas ein topographischer Atlas, wenn er nur topographische Karten – früher auch als physische Karten bezeichnet – enthielte. Solche physischen Atlanten sind heute aber nicht mehr anzutreffen. Im 19. Jahrhundert bezeichnete man andererseits als topographischen Atlas auch die Gesamtheit aller Karten eines bestimmten Kartenwerks (z. B. Topographischer Atlas von Bayern 1 : 50 000 und Topographischer Atlas von Württemberg 1 : 50 000).

2.7 Fachatlanten

Sie behandeln ein bestimmtes Thema oder Themengebiet für den Bereich der Erde oder eines Teiles davon. Während die thematischen Karten in Erdatlanten vorwiegend Übersichtscharakter besitzen und in National- und Regionalatlanten als zusammenhängende Bestandsaufnahme anzusehen sind, steht in den Fachatlanten die sehr detaillierte, aber gegen andere Themen isolierte Wiedergabe eines begrenzten Sachverhalts im Vordergrund. Fachatlanten vom Gesamtbereich der Erde weisen meist unterschiedliche Maßstäbe auf, solche eines bestimmten Gebietes besitzen dagegen gewöhnlich einen einheitlichen Maßstab. Herausgeber sind amtliche Stellen, Forschungseinrichtungen oder wissenschaftliche Gesellschaften, aber auch private Verlage.

In der Reihenfolge der Themengebiete in 1.7 sind nachfolgend einige Beispiele für Fachatlanten zusammengestellt:

1. *Geologische Atlanten* decken die Maßstabsbereiche, Gebiete oder speziellen Themen ab, für die nicht bereits geologische Kartenwerke vorliegen. So gibt es einen Geologischen Weltatlas der UNESCO in 1 : 10 Mio., den Geologischen Atlas von West- und Mitteleuropa, daneben *Lagerstättenatlanten* für verschieden große Bereiche, z. B. den Petro-Atlas von Westermann erdweit für Erdöl und Erdgas.

2. *Ozeanographische Atlanten* enthalten Karten mit den wichtigsten ozeanographischen Daten für die Weltmeere oder Teile davon; häufig treten dazu noch Klimakarten. Das umfangreichste Werk ist der sowjetische Meeresatlas in 3 Bänden (1976–1982, auch mit englischen Erläuterungen). Ein ozeanographischer Atlas der Polarmeere kam 1957 in den USA heraus. 1978 erschien ein *Hydrologischer Atlas* der Bundesrepublik Deutschland mit einem Textband.

3. *Klimaatlanten* gibt es von vielen Gebieten. Der Klimaatlas der Welt (UNESCO) liegt erst für Europa vor. Seit 1967 gibt es den Klimadiagramm-Weltatlas mit über 8000 Klimadiagrammen. Für den Bereich der Bundesrepublik Deutschland hat der Deutsche Wetterdienst

Klimaatlanten der einzelnen Bundesländer herausgegeben (1950–1967, Karten 1 : 1 Mio. in Mappen). Der Klimaatlas der DDR (1953) enthält ebenfalls Karten 1 : 1 Mio.

4. Aus dem Bereich von Bevölkerung und Kultur gibt es eine große Anzahl verschiedenster Atlanten. Dazu zählen *Nationalitäten-*, *Sprachen-*, *Dialekt-*, *Volkskunde-* und *Kulturatlanten*. Beispiele dazu sind der „Atlas Linguarum Europae" (seit 1975), „Deutscher Sprachatlas" (1926–1956) sowie zahlreiche Sprachatlanten von Teilgebieten, ferner der „Atlas der deutschen Volkskunde" (seit 1958), der „Volkskundeatlas von Österreich" (seit 1959), der „Atlas der Schweizerischen Volkskunde" (seit 1950), der US-amerikanische „Atlas der Anthropologie" (1960), der sowjetische „Atlas der Völker" (1964) und der mehrsprachige Weltatlas der katholischen Kirche „Atlas Hierarchicus". Zu den *geomedizinischen Atlanten* gehören u. a. der deutsche Weltseuchenatlas (1952), der Krankenhausatlas der Bundesrepublik Deutschland (1977) sowie Krebsatlanten einiger Staaten.

5. *Verwaltungsatlanten* sind Kartensammlungen, in denen für einen bestimmten politischen Bereich die Verwaltungsgliederung, die regionale Zuständigkeit und der Sitz von Dienststellen usw. evtl. mit textlicher Erläuterung, dargestellt ist. Es gibt auch *Kriminalitätsatlanten* (1952), der Krankenhausatlas der Bundesrepublik Deutschland (1977) sowie Krebsatlanten einiger Staaten.

6. *Geschichtsatlanten* (*Historische Atlanten*) stellen in ihren Karten die wichtigsten geschichtlichen Sachverhalte und Ereignisse dar (siehe z. B. Anlage 3). Ihre äußere Gestaltung reicht vom Paperback bis zur großformatigen Kartensammlung. Neben Gesamtdarstellungen gibt es auch Atlanten, die sich auf ein bestimmtes Gebiet beschränken (bis zur Stadt, z. B. „Deutscher Städteatlas" sei 1973, „Österreichischer Städteatlas" seit 1982, „Historischer Atlas von Wien" seit 1981), nur eine spezielle Thematik behandeln (z. B. Herders Atlas zur Kirchengeschichte, 1970) oder nur einen besonderen Zeitabschnitt erfassen. Eine große Rolle spielen die *geschichtlichen Schulatlanten*. Unter den *archäologischen Atlanten* ist der Archäologische Weltatlas (1976) zu nennen. Wegen ihres heute historischen Aspektes kann man zu den *historischen Atlanten* auch die Reprints älterer Atlanten (z. B. Katalanischer Weltatlas von 1375) zählen.

7. *Wirtschaftsatlanten* informieren über wirtschaftsgeographische Sachverhalte in bestimmten Ländern oder für den Bereich der ganzen Erde. Dabei erfassen die *Weltwirtschaftsatlanten* meist alle Bereiche der Wirtschaft sowie weitere für das Thema wichtige Sachverhalte wie

Klima, Vegetation usw. *Landwirtschaftsatlanten* gibt es für zahlreiche Staaten (z. B. „Atlas der deutschen Agrarlandschaft" 1962–1971); für die gesamte Erde gibt es z. B. den „World Atlas of Agriculture" (1977). Auf eine einzige Kulturpflanze und ihre Anbaugebiete beschränken sich z. B. Weinatlanten. Als *Forstatlas* ist der deutsche „Weltforstatlas" (ab 1951) der erste seiner Art. Über *Lagerstättenatlanten* (z. B. Petro-Atlas) siehe Nr. 1. In *Wasserwirtschaftsatlanten* sind hydrographische und wirtschaftliche Daten für einen politischen Bereich oder ein Einzugsgebiet zusammengetragen. *Industrieatlanten* einzelner Länder stellen Standorte und Eignungen dar. Angaben zur *Industrie*, zum *Bergbau* und zur *Energiewirtschaft* sind daneben in den Weltwirtschaftsatlanten enthalten.

8. Im Bereich des Verkehrs liegen fast ausschließlich nur *Straßenatlanten* (*Autoatlanten*) vor. Sie enthalten neben einer Sammlung von Straßen-, Umgebungs- und Ortsdurchfahrtkarten häufig noch Namenregister, Ortsbeschreibungen, Hotelverzeichnisse usw.

Die Redaktion von Fachatlanten erörtert *Kretschmer* 1972. Die Probleme von Völker- und Sprachenkarten bespricht *Krallert* 1961, die von Geschichtskarten *Hinkel* (in *Meine* 1968).

2.8 Bildatlanten

Als solche gelten Sammlungen photographischer Landschaftsbilder, wie man sie teilweise auch im Bildteil zahlreicher Hausatlanten antrifft, ferner von vogelschauartigen Reliefdarstellungen, die zum Teil dem Anblick aus Raumfahrzeugen entsprechen sollen, schließlich auch die Wiedergaben von Aufnahmen der Erdoberfläche aus bemannten und unbemannten Satelliten. Ein *Luftbildatlas* ist eine Sammlung von Photos, die aus Luftfahrzeugen – vorwiegend als farbige Schrägaufnahmen – aufgenommen wurden und denen textliche Erläuterungen beigefügt sind.

Der Weltraumbildatlas von Westermann stellt für Teile der Erdoberfläche Aufnahmen des Erderkundungssatelliten Landsat (Bd. I, 2.1.4) mit vergleichbaren Kartenausschnitten zusammen. Als Beispiel eines Bildatlasses kann auch der von der World Meteorological Organisation herausgegebene „International Cloud Atlas" gelten, der die verschiedenen Wolkenformationen in 224 Bildern beschreibt.

Luftbildatlanten gibt es von der Bundesrepublik Deutschland, von Österreich und von zahlreichen Bundesländern. Soweit möglich, wird dabei auch auf die vergleichbaren topographischen Atlanten (2.6) verwiesen.

3. Kartenverwandte Darstellungen

Als solche bezeichnet man alle *kartographischen Darstellungen* (*kartographischen Ausdrucksformen*, siehe Bd. I, 1.1), die es neben der Karte noch gibt. Dabei unterscheidet man zwischen der Gruppe der *ebenen* kartenverwandten Darstellungen (3.1), den Reliefs (3.2) und den Globen (3.3).

Die Verwandtschaft zur Karte besteht in der Darstellung topographischer oder thematischer Raumbezüge in einem vergleichbaren Maßstabsbereich nach mehr oder weniger exakten geometrischen Regeln; sie ergibt sich damit auch durch einen ähnlichen Verwendungszweck. Die Objektinformationen stammen aus Karten oder besonderen Erfassungen (z. B. Satellitenbild). Die graphische Wiedergabe reicht von der exakten Strichzeichnung (z. B. beim Profil) über photographische Abbilder (z. B. beim Luftbild) bis zur bildhaft-künstlerischen Darstellung (z. B. bei der Vogelperspektive).

3.1 Ebene kartenverwandte Darstellungen

Diese unterscheiden sich von der Karte wie folgt:

- Die *Karte* (siehe Bd. I, 1 bis 3) entsteht geometrisch als senkrechte Projektion (Grundrißbild) auf eine definierte Bezugsfläche (z. B. Ellipsoid) und deren anschließende Abbildung in die Ebene. Bei ausreichend großen Maßstäben entspricht dies wegen der geringen Gebietsfläche annähernd einer senkrechten Parallelprojektion auf die in Meereshöhe gedachte Horizontalebene des Gebiets.

– Die *ebenen kartenverwandten Darstellungen* beruhen dagegen auf anderen Projektionen und/oder einer anderen Lage der Projektionsebene. Abb. 46 gibt dazu eine Übersicht. Mit Ausnahme des Profils bezeichnet man diese Darstellungen mitunter auch als *Raumbilder*.

Art der Projektion	Lage der Projektionsebene horizontal	schräg	vertikal
Parallelprojektion senkrecht zur Proj.-ebene (senkrechte Axonometrie)	(Karte) Stereo-Darstellung	Blockbild	Profil
schräg zur Proj.-ebene (schiefe Axonometrie)	Militär- perspektive	—	Kavalier- perspektive
Zentralprojektion Projektionszentrum für das ganze Bild	Senkrecht-Luftbild Stereo-Darstellung	Schräg-Luftbild Vogelperspektive Blockbild	terrestr. Meßbild Panorama
Projektionszentrum nur für jeweils ein Bildelement	Zeilenabtastung der Fernerkundung		—

Abb. 46. Gliederung ebener kartenverwandter Darstellungen nach Art der Projektion und Lage der Projektionsebene

3.1.1 Von Luft- und Satellitenbildern bis zur Bildkarte

Luft- und Satellitenbilder entstehen durch Aufnahme aus Luftfahrzeugen bzw. bemannten oder unbemannten Satelliten. Dabei ist nach der Aufnahmetechnik zwischen Kameras (Meßkammern, Multispektralkammern) mit analoger Aufzeichnung (auf Film) und Abtastsystemen (Scannern) mit digitaler Registrierung (auf Datenträger) zu unterscheiden. Einzelheiten und Schrifttum dazu siehe Bd. I, 2.1.4. Bei den nachfolgenden Betrachtungen geht es stets um die analoge, d.h. bildhafte Wiedergabe; daher sind digitale Registrierungen jeweils noch einer Digital-Analog-Wandlung zu unterziehen.

In der Praxis spielen Luftbilder zur Zeit noch die bedeutendere Rolle, und zwar solche, die mit großformatigen Meßkammern als Senkrechtaufnahmen auf Film entstanden sind.

Die Abschnitte 3.1.1.1 bis 3.1.1.4 zeigen die Bearbeitungen bildhafter Darstellungen, wobei in der Folge zunehmend die Eigenschaften von Karten auftreten. Das gilt vor allem für die Maßstäblichkeit als Ergebnis einer sog. *geometrischen* Bildtransformation und daneben für die äußere Gestaltung (z. B. durch Verwendung von Kartenrahmen und -rand). Der Abschnitt 3.1.1.5 beschreibt darüber hinaus die technischen Verfahren zur inneren Bildgestaltung als sog. *strukturelle* Bildtransformation.

3.1.1.1 Bilder mit der Geometrie des Aufnahmevorgangs

Hierbei handelt es sich um die erstmalige und einfache Anfertigung von Bildern nach den analogen Originalaufnahmen bzw. den digitalen Originalaufzeichnungen. Sie dienen vorwiegend der Arbeitsplanung, der Bildinterpretation und für Übersichtszwecke.

a) Photographische Aufnahmen mit Kameras

Von den auf Film entstandenen Einzelbildern werden zunächst meist Abzüge, bei Bedarf auch Vergrößerungen gefertigt. *Abzüge* sind positive seitenrichtige Kontaktkopien auf Papier, Film oder Glas vom Originalfilm, stehen also zur Originalaufnahme im Verhältnis 1 : 1 (Abb. 47). *Vergrößerungen* entstehen durch optische Übertragung auf eine zur Ebene des Films parallele Ebene; sie behalten damit die Aufnahmegeometrie unter Berücksichtigung des Vergrößerungsfaktors bei. Dieser Faktor ist an üblichen Geräten bis etwa zum 6fachen in einem Zuge möglich.

Da die Aufnahmeachse einer Kamera meist nicht streng lotrecht ist, weisen die Originalbilder, Abzüge und Vergrößerungen keinen einheitlichen Maßstab auf. Sie sind somit zur Entnahme geometrischer Daten wie Strecken und Winkeln nicht geeignet und werden daher in erster Linie nur zur *Bildinterpretation* (evtl. durch Stereobetrachtung) herangezogen. Aus einer Gruppe benachbarter Abzüge bzw. Vergrößerungen kann man auch ein *Bildmosaik* herstellen, das allerdings nur von geringer Lagegenauigkeit ist und an den Nahtstellen zwischen den Einzelbildern mehr oder weniger große Sprungstellen aufweisen kann.

b) Registrierungen mit Abtastersystemen

Die als Zahlenwerte registrierten Bildelemente (Pixel) werden mit einem speziellen Aufzeichnungsgerät in analoge Zeichen (Grauwerte) umgesetzt und dann in parallelen Zeilen zu einer bildhaften Wiedergabe zusammengefügt. Damit ergibt sich ein Bildzusammenhang für den gesamten abgetasteten Streifen, und zwar entsprechend der Aufnahmegeometrie. Hierbei legt die für das Bildelement vorgesehene analoge Größe den ungefähren Bildmaßstab fest; Begriffe wie „Abzug" oder „Vergrößerung" geben damit hier keinen Sinn.

Aus praktischen Gründen – vor allem des Formats – wird man innerhalb des Streifens in sinnvoller Weise „Bilder" abgrenzen. Beim Zusammenfügen mehrerer Streifen zu einem *Streifenmosaik* würden an den Nahtstellen der Streifen Klaffungen entstehen. Um diese zu vermeiden, ist es daher zweckmäßig, bei der analogen Umsetzung sogleich auch eine rechnerische Entzerrung vorzunehmen (3.1.1.2 b).

3.1.1.2 Entzerrte Bilder

Entzerrte Bilder dienen meist

- als Ausgangsmaterial für die Herstellung von Bildplänen und Bildkarten oder
- als Arbeitsmaterial (Datenquelle) für die Herstellung oder Fortführung konventioneller Strichkarten.

Der Entzerrungsvorgang selbst läßt sich als Sonderfall der geometrischen Bildtransformation beschreiben.

a) Entzerrte Kamera-Bilder

Solche Entzerrungen tilgen die perspektiven Verzerrungen der Originalaufnahme, die dadurch entstehen, daß die Aufnahmeachse der Kamera meist nicht streng senkrecht ist. Das Ergebnis der Entzerrung ist ein – meist auch vergrößertes – Bild von konstantem und rundem Maßstab; es entspricht demnach einer streng senkrechten Aufnahme (Nadiraufnahme). Dabei verliert das Bild allerdings mehr oder weniger sein ursprüngliches quadratisches Format (Abb. 47). Da Photopapier starken Maßänderungen unterliegt, dienen bei höheren Anforderungen als Schichtträger maßbeständige Photofilme.

Welche Entzerrungsmethode in Betracht kommt, richtet sich danach, ob das aufgenommene Gebiet Höhenunterschiede aufweist oder nicht. Bei ausreichend ebenem Gelände genügen *einfache Entzerrungen* durch optische Umbildung des Originalbildes in einem Zuge an einem Entzerrungsgerät. In den übrigen Fällen sind *Orthophotos* durch partielles – analoges oder digitales – Entzerren an sog. Orthoprojektoren zu erzeugen. Einzelheiten siehe Bd. I, 2.1.4.2.

Entzerrte Bilder eignen sich nicht nur für Interpretationszwecke, sondern wegen ihres exakten Maßstabs auch zur Entnahme von Strecken, Winkeln und Flächen. Voraussetzung dafür ist allerdings eine einwandfreie Identifizierung der betroffenen Objekte. Zwar sind die Entzerrungsergebnisse nur Grundrißangaben, doch lassen sich indirekt auch Höhenangaben gewinnen, weil das Verfahren der Orthoprojektion an die Gewinnung oder Benutzung von Höhendaten gebunden ist. Auch lassen sich sog. Stereoorthophotos (Stereopartner) zur räumlichen Betrachtung und zugleich Ausmessung herstellen.

b) Entzerrte Abtaster-Registrierungen

Mit Hilfe von Rechenprogrammen wird z. B. bei Satellitenaufnahmen bereits bei der Digital-Analog-Wandlung auch eine rechnerische Entzerrung vorgenommen. Dabei entstehen aus den ursprünglichen Bildelementen neue Bildelemente. Gleichzeitig wird der analoge Bildmaßstab festgelegt; dieser bezieht sich entweder auf überregionale Koordinatensysteme (z. B. das UTM-System, Bd. I, 3.7.3.3) oder auf größere Kartenwerke.

3.1.1.3 Bildpläne

Sie entstehen durch das Zusammentragen entzerrter Bilder und das anschließende Abgrenzen der einzelnen Blätter nach einer übersichtlichen Systematik. Damit vermeidet man die bei

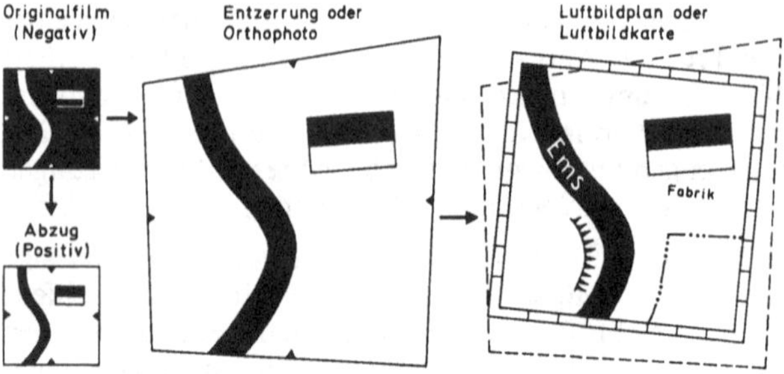

Abb. 47. Vom Luftbildoriginal bis zur Luftbildkarte

Einzelentzerrungen auftretende unregelmäßige Abgrenzung der Bilder, ihre teilweise gegenseitige Überlappung und die aus beiden Gründen erschwerte geographische Orientierung.

a) Bildpläne entzerrter Kamera-Bilder

Bei entzerrten Luftbildern läßt sich eine klare Ordnung erzielen, indem man sie in den Überlappungsbereichen beschneidet und zu einer großen *Bildmontage* zusammenfaßt. Diese versieht man mit einigen Schriftangaben (z. B. Orte und Gewässer) und nimmt dann Abgrenzungen nach bestimmten Gitterlinien (Bd. I, 3.7) oder im Blattschnitt vorhandener Kartenwerke vor (Abb. 47). Die so abgegrenzten Pläne werden entweder herausgeschnitten oder jeweils durch eine aufgelegte Maske maskiert, die wie ein Kartenrand mit Benennung, Maßstabsangabe usw. versehen ist. Durch Aufnahme mit einer großformatigen Reproduktionskamera entsteht dann ein *Luftbildplan.* Zusätzliche technische Vorgänge sind erforderlich, wenn Farbfilme zu verarbeiten sind und/oder Vervielfältigungen durch Druck gewünscht werden.

Luftbildpläne gibt es vorwiegend im Maßstabsbereich 1:2000 bis 1:25 000, vereinzelt bis zu 1:100 000. Ihr großer Wert liegt in der sehr bildhaften Wirkung, die die Aussage von Karten gleichen Maßstabs durch hohe Anschaulichkeit und viele weitere Einzelheiten ergänzt. Damit eignen sich die Luftbildpläne besonders als Unterlagen für planerische Maßnahmen, aber auch zur Dokumentation, da sie den Zustand zu einem bestimmten Zeitpunkt wiedergeben. *Luftbildplanwerke* gibt es daher sehr häufig für den Bereich von Städten, Flurbereinigungen, Verkehrswegen und Forsten.

b) Bildpläne entzerrter Abtaster-Registrierungen

Hier läßt sich bereits im Zuge der rechnerischen Entzerrung auch die Abgrenzung der Bildpläne berücksichtigen, so daß einige der bei a) beschriebenen Prozesse entfallen. Die weiteren reproduktionstechnischen Arbeiten, z. B. das Zusammentragen mit vorbereiteten Randangaben, hängt vom Einzelfall ab. Soweit bisher Satellitenbilder veröffentlicht wurden, entsprechen sie meist dem, was hier als *Satellitenbildplan* zu bezeichnen wäre. Solche Pläne gibt es als Anhang oder im Text zu Veröffentlichungen, in der Gegenüberstellung zu Karten (Anlage 11), als Atlaswerk oder in der Aufmachung wie eine Wandkarte. Die bisherigen Maßstäbe liegen bei etwa 1 : 250 000 und kleiner.

3.1.1.4 Bildkarten

Sie ergeben sich aus Bildplänen, wenn diese zusätzlich in größerem Umfang mit kartographischen Gestaltungsmitteln (z. B. Signaturen, Linien, Flächenfarben, Schrift) versehen werden. Nach dem Ausgangsmaterial lassen sich *Luftbildkarten* und *Satellitenbildkarten* unterscheiden. In der Praxis überwiegen zur Zeit noch die Luftbildkarten.

Der Anstoß zur Überarbeitung von Bildplänen ergibt sich aus dem Gedanken, ob die so entstehenden Bildkarten ganz oder teilweise auch die Funktion klassischer Strichkarten übernehmen könnten. Dafür sprechen der hohe Grad von Anschaulichkeit, die Menge der entnehmbaren Informationen sowie schnelle und wirtschaftliche Herstellung. Dabei sind folgende Fälle denkbar:

1. Die Bildkarten treten *neben* vorhandene Strichkarten als Ergänzung oder Aktualisierung.

2. Die Bildkarten treten *an die Stelle* geplanter oder veralteter Strichkarten, und zwar
   – entweder als eine Vorstufe bis zur späteren Fertigstellung der Strichkarten
   – oder ständig unter Verzicht auf die Strichkarten.

Solche Aufgaben können reine Bildpläne nicht erfüllen, da manche Angaben, die regelmäßig in Karten enthalten sind, aus den Bildern nicht oder nur unsicher entnommen werden können. Dazu gehören z. B. einzelne nicht sichtbare oder nicht identifizierbare Objekte bzw. Objektqualitäten, das Namengut und die geometrische Beschreibung der Oberflächenformen. Auch ist zu bedenken, daß mit der Übernahme der Funktion einer Karte auch deren Eigenschaften (Bd. I, 1.5.5) ausreichend gewährleistet sein müssen. So besteht z. B. bei Strichkarten eine der Grundregeln der Kartengraphik (Bd. I, 4.2.1.1) darin, daß Gleiches gleich und Ungleiches ungleich darzustellen ist. In Luftbildern erscheinen aber oft z. B. wichtige Verkehrswege in Waldgebieten schmal und kontrastarm, in offener Feldlage dagegen breit und kontrastreich. Darüber hinaus sind Luftbildinhalte auch abhängig von den jahres- und tageszeitlichen Verhältnissen (Sonnenstand, Vegetation usw.).

Für die Herstellung von *Luftbildkarten* ergibt sich damit:

1. Wegen der Genauigkeitsansprüche beruht die Bilddarstellung in der Regel auf einer differentiellen Entzerrung (Orthoprojektion); man spricht daher häufig auch von der *Orthophotokarte*.
2. Der Einsatz kartographischer Gestaltungsmittel bewirkt allgemein, daß an die Stelle einer mitunter schwierigen oder gar unmöglichen Bildinterpretation eine aufbereitete und damit eindeutige Aussage tritt. Dabei beschränkt sich die Gestaltung oft nicht nur auf ein einfaches Hinzufügen kartengraphischer Strukturen, z. B. durch Einkopieren von Linien; es kann auch vorteilhaft sein, den Bildinhalt selbst noch zu verändern, um z. B. die Lesbarkeit zu verbessern.

Im einzelnen lassen sich die Gestaltungsvorgänge nach ihrer Wirkung wie folgt beschreiben:

Abb. 48. Ausschnitt aus einer Luftbildkarte 1 : 25000 des Küstenbereichs mit Darstellung von Höhenlinien im Watt und Ortsnamen.
Bildflug: N. Rüpke, Hamburg
Freigabe: Luftamt Hamburg Nr. 859/80
Herstellung: Institut für Kartographie der Universität Hannover

- *Ergänzen* durch Darstellung von Objekten, die im Luftbild nicht sichtbar sind, weil sie verdeckt liegen (z. B. Waldweg), für den Bildmaßstab zu klein sind (z. B. Denkmal) oder ihrer Art nach überhaupt nicht erkennbar sind (z. B. Verwaltungsgrenze). Zum letzteren zählen auch die nicht sichtbaren Objektqualitäten (z. B. Naturschutzgebiet) und die Reliefdarstellung durch Höhenlinien.
- *Erläutern* durch Namen und Abkürzungen.
- *Verdeutlichen* nicht gut identifizierbarer Objekte durch Nachzeichnen der Kontur (z. B. Böschungskante) oder der Mittellinie (z. B. Schienenwege) oder durch Signaturen (z. B. Bodennutzungen, Kleinformen), evtl. auch durch Herstellen von Farbdeckern beim Mehrfarbendruck (z. B. für Wald- und Gewässerflächen).
- *Klassifizieren* durch graphisches Vereinheitlichen und Betonen, z. B. beim Verkehrsnetz.

Vom Kartenmaßstab her liegt die hauptsächliche Anwendung von Luftbildkarten zwischen den Maßstäben 1:2000 und 1:25000, da in diesem Bereich die topographische Informationsfülle der Luftbilder diejenige vergleichbarer Karten weit übersteigt. Bei größeren Maßstäben ist kaum noch ein Gewinn an zusätzlich wichtiger topographischer Information zu verzeichnen, wenn man von Sonderanwendungen im Kataster, bei der Stadttopographie und in der Erfassung von Verkehrswegen absieht. Bei kleineren Maßstäben ist dagegen die Lesbarkeit bedeutender linearer Objekte (z. B. Wasserläufe, Verkehrswege) in Frage gestellt; die Luftbilder bekommen Übersichtscharakter, geben aber noch viele wichtige Flächeninformationen (z. B. über Landnutzungen und Formzusammenhänge) wieder.

Die Vorteile der Luftbildkarte in bezug auf Inhalt und Herstellung zeigen sich vor allem dort, wo Strichkarten noch nicht vorliegen oder der Aktualitätsgrad vorhandener Strichkarten nicht ausreichend ist. Im allgemeinen dürfte die Situationsdarstellung der Luftbildkarte den meisten Ansprüchen genügen. Bei der Geländedarstellung ist zu beachten, ob die Höhenlinien aus einer besonderen topographischen Vermessung stammen oder – meist ungenauer – im Zuge der Orthoprojektion erstmalig abgeleitet wurden.

Allgemeine Ausführungen über Luftbildkarten stammen von *Schweißthal* (in *Bosse* 1973), *Brunner* 1980 und *Schmidt-Falkenberg* (in

Leibbrand 1984), über Satellitenbildkarten von *Mayer* (in *Leibbrand* 1984), zur Luftbildinterpretation von *Schneider* 1974 und *Scholz/Tanner/Jänckel* 1980. Über den Einsatz beim Flurkartenmaßstab 1 : 2500 berichtet *Hampel* 1967, bei der Deutschen Grundkarte 1 : 5000 *Pape, E.* 1971, bei der Topographischen Karte 1 : 25 000 *Schmidt-Falkenberg* 1974, bei kleinmaßstäbigen Karten *Pape, H.* 1971, bei Hochgebirgskarten *Pillewizer* (in *Kretschmer* 1977), bei Wattkarten *Hake/Heidorn/Wegener* 1982, bei der Ökonomischen Karte 1 : 10 000 von Schweden *Jonasson/Ottoson* 1974. Das Einfügen von Schriften und Höhenlinien schildern *Eilhardt/Geisler* 1982.

3.1.1.5 Bearbeitungstechniken bei Luft- und Satellitenbildern

Die technischen Verfahren zur Bildverarbeitung (Bildgestaltung) und zum Einsatz kartographischer Gestaltungsmittel sind teils photogrammetrischer, teils kartentechnischer Art.

1. Photogrammetrische Verfahren (siehe auch Bd. I, 2.1.4.2)

Neben den bereits genannten Anwendungen von Kontaktkopiergeräten, Entzerrungsgeräten und Orthoprojektoren können folgende Verfahren eine Rolle spielen:

a) *Grauwertveränderung*, in erster Linie *Kontrastausgleich*, des Luftbildes durch analoge oder digitale Verfahren zur Verbesserung der Lesbarkeit. Dabei erscheinen sehr dunkle Stellen aufgehellt, sehr helle Stellen besser durchgezeichnet.

b) *Photomechanische Konturierung* (z. B. mit Hilfe eines speziellen Konturenfilms), durch die sich Begrenzungslinien (z. B. von Wegen) betonen und Flächentöne unterdrücken lassen. Das Bild wird „kartenähnlicher".

c) *Betonung von Flächen gleicher Helligkeit* (z. B. durch Farbabstufung mit sog. Äquidensitenfilm). Das Verfahren eignet sich z. B. zur Klassifizierung thematischer Sachverhalte.

d) *Farbveränderungen* bei Multispektralaufnahmen durch analoge Techniken (z. B. Filter) oder digitale Methoden (z. B. Berechnung anderer Helligkeitswerte). So läßt sich z. B. die übliche Falschfarbendarstellung der Landsat-Abtastung umwandeln in eine den Naturfarben weitgehend entsprechende sog. „Grünversion“ (Anlage 11).

2. Kartentechnische Verfahren (siehe auch 4.2 und 4.3)

a) *Rasterung* des Bildes als Voraussetzung für die Vervielfältigung durch Druck oder mit gewöhnlichem Lichtpauspapier.

b) *Farbauszugsverfahren* bei bunten Bildern für den Mehrfarbendruck. Die Verfahren sind photomechanisch (z. B. mit Reproduktionskamera) oder elektronisch (z. B. mit Repro-Scanner); dabei findet gleichzeitig auch eine Rasterung statt.

c) *Zusammenfügen* von Bildinhalt und kartographischen Gestaltungsmitteln auf einer Folie. Die Zeichnung oder Montage von Wegeflächen, Signaturen oder Schriften entsteht zunächst auf einer besonderen Folie (als sog. Maske oder Decker). Wird diese dann zusammen mit dem negativen Orthophoto auf eine Photoemulsion im Kontakt belichtet, so entsteht ein positives Bild, das in den abgedeckten Zeichnungsbereichen keinen Halbton mehr enthält. Die somit freigestellte Zeichnung erscheint wie eine Negativdarstellung in Weiß mit meist gutem Kontrast zur Umgebung (Abb. 48). Wird dagegen die Zeichnung als Negativ und danach das negative Orthophoto aufbelichtet, so erscheint im positiven Bild die Zeichnung in Schwarz, also ebenfalls positiv (ebenfalls in Abb. 48).

d) *Herstellung von Farbfolien*: Für den Mehrfarbendruck sind Linien (z. B. für schmale Wasserläufe in Blau), Flächen (z. B. für Waldflächen in Grün) usw. bereits bei der Zeichnung auf die einzelnen Farbfolien zu verteilen. Dadurch läßt sich der einfarbige Bildinhalt mit Farbaufdrucken versehen. Es ist aber auch möglich, das Bild selbst in Farbfolien zu zerlegen, und zwar durch jeweiliges Auskopieren mit Deckern, die auf besonderer Folie durch Zeichnung der auszukopierenden Stellen entstehen. Die Farbwiedergabe erscheint hierbei meist lichter als im obigen Falle des Aufdrucks; sie erfordert jedoch eine sorgfältige Passung, da sonst beim Druck zwischen den verschiedenfarbigen Bildteilen helle Klaffungen oder dunkle Überlappungen entstehen können.

3.1.2 Vogel- und Satellitenperspektiven

Solche auch als *Vogelschau* bezeichneten Perspektiven entsprechen der Sicht von einem hohen Berge oder aus einem Luft- bzw. Raumfahrzeug. Sie sind geometrisch Zentralprojektionen auf eine schräge Ebene und stimmen daher perspektiv mit dem Ergebnis einer vom selben Aufnahmepunkt mit gleicher Aufnahmerichtung entstandenen photographischen Aufnahme überein (Schrägbild).

Bei der Konstruktion der Vogelschau lassen sich folgende Fälle unterscheiden:

1. Kann der Einfluß der Erdkrümmung vernachlässigt werden (z. B. beim Blick in ein Tal), so stellt man das in einer Ebene gedachte Gitter eines Koordinatensystems zentralperspektiv so dar, wie es auch bei der Konstruktion von Blockbildern üblich ist (Abb. 50), und legt damit die einzelnen Punkte nach Lage und Höhe – aus Karten entnommen – fest. In diesen Fällen wird der Horizont meist außerhalb des Bildfeldes liegen.

2. Ist der Einfluß der Erdkrümmung zu berücksichtigen (z. B. bei größeren Bereichen, in denen auch der Horizont im Bild erscheint), so führt die strenge Lösung in der Wiedergabe des Gitters (oft aus geographischen Netzlinien) zu Formeln, wie sie für die Berechnung der Perspektiven aus Raumfahrzeugen entwickelt wurden. Ein Beispiel hierfür gibt *Dumitrescu* 1974.

3. Da die exakte Lösung nach 2. ohne Rechenautomaten sehr aufwendig ist und häufig auch eine andere Gruppierung zu einer besseren Gestaltung führt, verwendet man vielfach Näherungslösungen. Solche unechten Perspektiven ziehen z. B. in der sog. *progressiven Perspektive* nach *Hölzel* 1963 die hinteren Felder eines Gitters nach 1. soweit zusammen, daß als Abschluß stets ein echter Horizont und nicht eine willkürliche Schnittlinie entsteht.

Ein Beispiel für die rechnergestützte interaktive Herstellung einer Zentralperspektive gibt *Pomaska* 1980.

Beruht die Inhaltsgestaltung solcher Perspektiven vor allem auf den bildhaften Elementen künstlerischer Landschaftsmalerei, so spricht man nach *Stollt* 1958 von *Vogelschaubildern*. Überwiegt dagegen die Anwendung kartographischer Mittel, so liegen *Vogelschaukarten* vor. Dem Vorteil hoher Anschaulichkeit – bei den Bildern auch der Naturähnlichkeit – steht der Nachteil gegenüber, daß diese Perspektiven sich nicht zur Entnahme von Entfernungen, Höhen usw. eignen. Sie kommen daher in erster Linie für Tourismus, Übersichtszwecke und Werbung sowie als Lehrmittel in Betracht.

3.1.3 Panoramen

Panoramen sind zentralperspektive Abbildungen auf vertikale Flächen und zwar entweder rund um den ganzen Horizont (*Rundbild*) oder einen großen Teil davon.

Zur Konstruktion denke man sich einen senkrechten Kreiszylindermantel, in dessen Achse der Aufnahmeort 0 liegt (Abb. 49). Die Horizontalebene durch den Aufnahmeort schneidet den Zylinder in der Horizon-

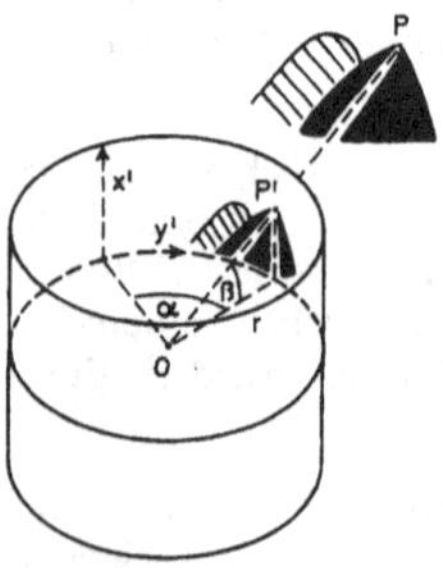

Abb. 49. Panorama (Konstruktionsprinzip)

tallinie. Legt man in dieser eine Nullrichtung fest, so ist jeder Bildpunkt P' durch den Horizontalwinkel α und den Höhenwinkel β wie folgt fixiert:

$$x' = r \cdot \tan \beta \quad , \quad y' = r \cdot \alpha .$$

Zur Vereinfachung der Konstruktion wird häufig auch die Näherungsformel $x' = r \cdot \beta$ benutzt; man kann dann in beiden Koordinatenrichtungen einfach die Winkelwerte α und β in einem bestimmten Maßstab abtragen. Die Formeln entsprechen im System der Kartennetzentwürfe denen einer normalen perspektiven Zylinderabbildung, im Näherungsfalle der quadratischen Plattkarte (Bd. I, 3.3).

Entsteht somit das *Rundbild* durch Abwickeln des Zylindermantels in der Ebene, so findet bei *Teilpanoramen* die Abbildung häufig auf eine Vertikalebene statt, wie z. B. bei photographischen Aufnahmen. In diesem Falle kann man das Teilpanorama als Sonderfall der Vogelschau mit vertikaler Projektionsebene ansehen. Beim Zusammenfügen mehrer Photos zu einem *Photopanorama* können dann aber an den Nahtstellen unstetige Übergänge auftreten.

Vor- und Nachteile der Panoramen stimmen sinngemäß mit denen überein, die für die Vogelperspektiven gelten. Die Hauptanwendung liegt bei *Gebirgspanoramen* (*Arnberger* 1970); aus historischer Zeit sind auch zahlreiche *Schlachtenpanoramen* bekannt. Die sog. *Flußpanoramen* wie z. B. das von *Klein* 1961 beschriebene bekannte Rheinpanorama von *F. W. Delkeskamp* sowie die zahlreichen Panoramakarten von *H. Berann* sind von der Konstruktion her keine Panoramen, sondern Vogelperspektiven (3.1.2) oder Axonometrien (3.1.6–3.1.7). Allgemeine Ausführungen zum Panorama gibt *Solar* 1979.

3.1.4 Blockbilder

Diese auch als *Blockdiagramme* bezeichneten Darstellungen sind Zentral- oder Parallelprojektionen auf schräge Bildebenen. Im Gegensatz zur Vogelschau ist das Blockbild durch vertikale Schnittebenen wie ein quadratischer oder rechteckiger Block begrenzt. Zentralperspektive Blockbilder erzeugen einen natürlichen Eindruck; parallelperspektive Blockbilder sind dagegen leichter zu konstruieren.

Die Konstruktion eines *zentralperspektiven* Blockbildes läßt sich mit Hilfe eines zu den Blockbegrenzungen parallelen Gitters, im günstigsten Falle mit dem Koordinatennetz, wie folgt vornehmen (Abb. 50): Man legt auf der Geraden g den vorderen Eckpunkt A und von diesem aus nach links und rechts die beiden verschiedenen oder, wie in Abb. 50, gleichen Teilungsmaßstäbe fest. Parallel zu g verläuft die Horizontlinie h, und auf dieser liegen die beiden Fluchtpunkte F_1 und F_2 so, daß der in A entstehende Winkel nicht zu spitz wird. Das Gitter entsteht dann aus den Verbindungslinien der Fluchtpunkte mit den Teilungspunkten. Mit Hilfe des Gitters und des Teilungsmaßstabes kann jeder Punkt in seiner Grundrißlage fixiert werden. Sinngemäß ergibt sich die Höhe eines Punktes P aus dem am Höhenmaßstab abgesetzten Höhenwert

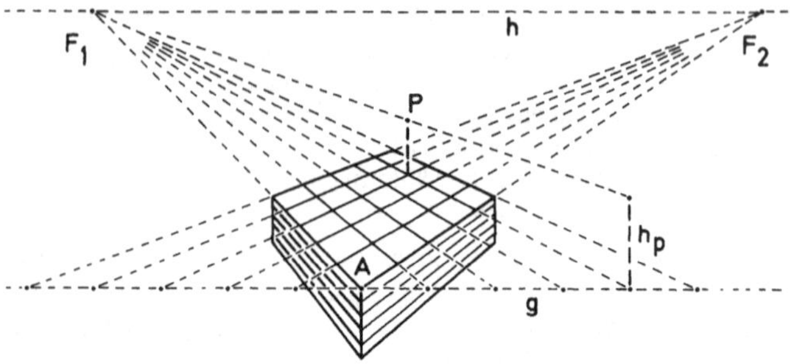

Abb. 50. Zentralperspektive Konstruktion eines Blockbildes

h_p. Diese sog. *Zweipunktperspektive* ist eine Näherungslösung, da streng genommen auch die Lotlinien in einem dritten Flutpunkt zusammenlaufen müßten.

Für ein *parallelperspektives* Blockbild legt man ebenfalls auf der Geraden *g* den Eckpunkt *A* und die Teilungsmaßstäbe fest (Abb.51), ferner von *A* ausgehend die beiden Richtungen der vorderen Blockbegrenzungen. Das entspricht den Verfahren bei der Axonometrie (3.1.6 und 3.1.7). Das Gitter entsteht dann durch Parallelen zu diesen Richtungen durch die Teilungspunkte. Jede Punkthöhe läßt sich unmittelbar über ihrer Grundrißlage auftragen. Der Teilungsmaßstab in Abb. 51 entspricht etwa dem mittleren Maßstab im Blockbild Abb. 50.

Blockbilder spielen vor allem in der Geologie, Geomorphologie und Geographie eine große Rolle. Neben der raumbildlichen

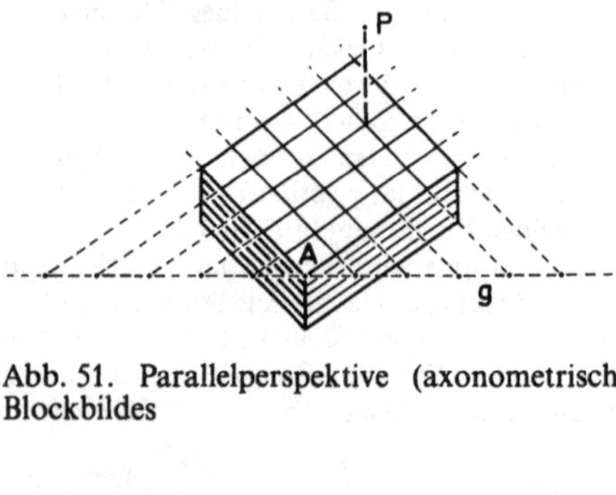

Abb. 51. Parallelperspektive (axonometrische) Konstruktion eines Blockbildes

Darstellung der Oberflächenformen liegt ihr besonderer Vorteil darin, daß in den vertikalen Schnittebenen noch der geologische Aufbau mit seinen Besonderheiten wiedergegeben werden kann (Abb. 52).

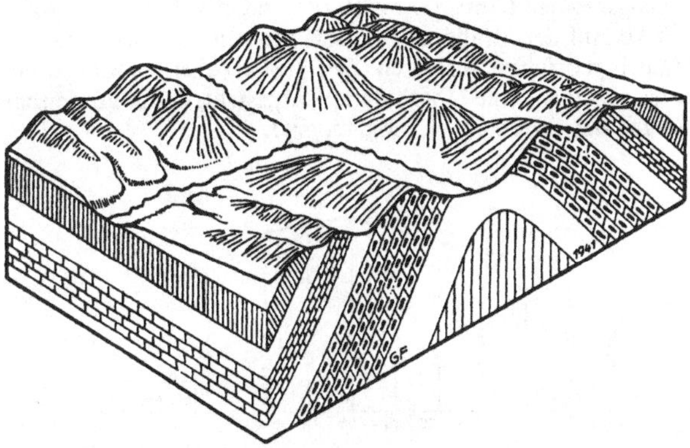

Abb. 52. Zentralperspektives Blockbild eines geologischen Sattels (Nach G. Frebold: Profil und Blockbild)

Eine ausführliche Darstellung gibt *Frebold* 1951; das Beispiel eines hydrogeologischen Blockbildes beschreibt *Eichwald* 1977 (mit weiteren Literaturangaben). Für die praktische Konstruktion gibt es eine Reihe von Zeichengeräten, mit deren Hilfe teils parallelperspektive, teils zentralperspektive Darstellungen vorgenommen werden können. Soweit es sich um parallelperspektive Zeichengeräte handelt, eignen sie sich auch zur Grundrißzeichnung der Axonometrien (3.1.6 und 3.1.7).

3.1.5 Profile

Geländeprofile entstehen durch Parallelprojektion auf eine senkrechte Ebene. Zu ihrer Konstruktion legt man eine waagerechte Bezugsgerade als sog. Horizont fest und ordnet ihr einen bestimmten, meist runden Höhenwert zu. Man trägt dann auf ihr die Horizontalentfernungen der Profilpunkte ab (im Ingenieurbau in Form der sog. Stationierung) und senkrecht dazu die Höhendifferenzen zwischen Punkthöhen und Horizont. Um die Gefällverhältnisse besser erkennbar zu machen, wählt man dabei häufig den Höhenmaßstab größer als den Längenmaßstab (sog. *Überhöhung*).

Im Ingenieurbau (z. B. Straßenbau, Wasserbau) beträgt die Überhöhung bei *Längsprofilen* (Abb. 53) meist 10 : 1 oder 5 : 1. Solche Profile folgen dem Verlauf der Straße, des Kanals usw. und können daher im Grundriß auch gekrümmt verlaufen. *Querprofile* (quer zur Linienführung) werden dagegen ohne Überhöhung dargestellt, damit graphische Bestimmungen der Profilflächen möglich sind.

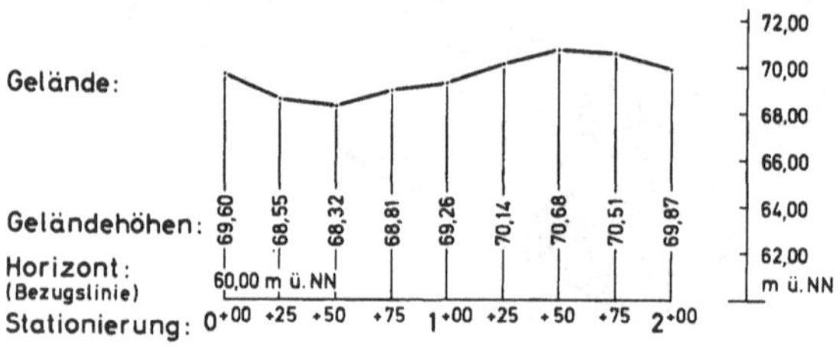

Abb. 53. Längsprofil in 10facher Überhöhung. Maßstab der Längen 1 : 5000, der Höhen 1 : 500. Im Ingenieurbau wird später noch der Entwurf eingetragen (mit Angabe der Stationshöhen, des Gefälles usw.)

Neben technischen Zwecken dienen Profile auch wissenschaftlichen Darstellungen: *Geologische Profile* erscheinen dabei meist ohne Überhöhung, *Kontinentalprofile*, wie man sie z. B. in Atlanten und Fachbüchern trifft, sind dagegen bis etwa zum 100fachen überhöht. Ein *geographisches Kausalprofil* stellt durch Profil und Text die kausalen Zusammenhänge zwischen Geländeform, Klima, Vegetation, Besiedlung, Wirtschaft usw. dar.

Schließlich benutzt man Profile auch zur *Sichtbarkeitsermittlung* bei großräumigen Vermessungen (Triangulation) und militärischen Aufgaben; sie werden in der Regel Karten entnommen (Abb. 117). Mit einer großen Anzahl von *Parallelprofilen*, die gegeneinander versetzt dargestellt werden, lassen sich raumbildliche Wirkungen erzielen.

3.1.6 Senkrechte Axonometrien

Bei der senkrechten Axonometrie werden die Objekte durch *senkrechte* Parallelprojektion auf eine beliebig geneigte Ebene abgebildet. Die Konstruktion geht dabei folgenden Weg: Jeder Objektpunkt ist eindeutig festgelegt durch Zahlenwerte in einem räumlichen rechtwinkligen Koordinatensystem x, y, z (rechtwinkliges Achsenkreuz). Bei der Abbildung dieses Achsenkreuzes tritt – solange keine der drei Achsen parallel zur Bildebene liegt – auf jedem Achsbild eine Maßstabsverkürzung auf. Sind nun aus der gegenseitigen Lage von Achsenkreuz und Bildebene die Verkürzungsverhältnisse bekannt, so läßt sich das Bild jedes Punktes aus seinen Koordinatenwerten mit Hilfe von Parallelen zu den Achsbildern konstruieren (*Haack* 1980).

Im allgemeinen Abbildungsfalle weist jedes der drei Achsbilder eine spezielles Verkürzungsverhältnis auf; es liegt eine *trimetrische Projektion* vor (Abb. 54). Wird dagegen das Achsenkreuz so gedreht, daß das Verkürzungsverhältnis in zwei Koordinatenrichtungen gleich groß ist, so ergibt sich die *dimetrische Projektion.*

Bei der *isometrischen Projektion* schließlich liegt in allen drei Achsrichtungen ein gleich großer Maßstab vor. Das bedeutet, daß jede der drei Achsen um den gleichen Winkel – nämlich 35° 16′ – gegen die Bildebene geneigt ist; in der Abbildung schließen sie jeweils einen Winkel von 120° ein. Der Verkürzungsfaktor μ ergibt sich nach Abb. 55 aus dem gleichschenkligen Dreieck $A'O'B'$ mit der längentreu abgebildeten Seite $A'B' = \mathrm{d}' = \mathrm{d}$ wie folgt:

Im Urbild ist $a = \sqrt{1/2} \cdot \mathrm{d}$,

im Abbild ist $a' = \dfrac{\mathrm{d}'}{2 \cdot \sin 60°} = \dfrac{\mathrm{d}'}{\sqrt{3}} = \dfrac{\mathrm{d}}{\sqrt{3}}$.

Damit wird $\mu = a'/a = \sqrt{2/3} \approx 0{,}816$.

In der Praxis trägt man jedoch auf den Achsbildern die originalen Koordinatenwerte ab, um sich jede Rechnung mit dem Reduktionsfaktor zu ersparen; diese Maßname bewirkt lediglich eine Maßstabsänderung der Gesamtdarstellung. Allgemein gilt in allen senkrechten Axonometrien für die Verkürzungsverhältnisse

$$\mu_x^2 + \mu_y^2 + \mu_z^2 = 2.$$

Die isometrische Projektion kommt in der Kartographie vor allem für die Anfertigung von Blockbildern und raumbildlichen Darstellungen bebauter Gebiete in Betracht. Außer in den Bereichen der Konstruktionstechnik wird sie auch noch gern im Markscheidewesen zur Darstellung von Lagerstätten und Grubenbauten benutzt. Die Technik der Konstruktion wird dabei noch wesentlich vereinfacht, wenn man sich der gedruckten isometrischen Liniennetze (siehe Normblatt DIN 5) bedient (Abb. 55).

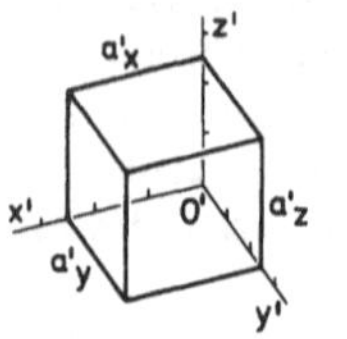

Abb. 54.
Trimetrische Projektion eines Würfels mit der Kantenlänge $a = 2{,}5$ Verkürzungsfaktor $\mu_x = 0{,}94$, $\mu_y = 0{,}67$, $\mu_z = 0{,}82$

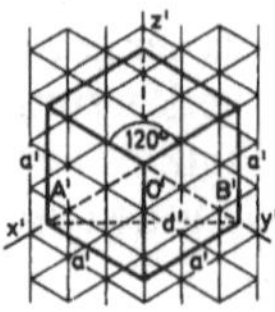

Abb. 55.
Isometrische Projektion eines Würfels mit der Kantenlänge $a = 2{,}5$, abgeleitet aus einem isometrischen Netz

Als *Sonderfälle* der senkrechten Axonometrie lassen sich auffassen: 1. Die *Karte* als der Fall, bei dem die Bildebene parallel zur xy-Grundrißebene liegt; 2. das *Profil*, bei dem die Bildebene die z-Achse oder eine Parallele zu dieser enthält.

3.1.7 Schiefe Axonometrien

Im Gegensatz zur senkrechten Axonometrie werden die Objekte hier durch *schiefe* Parallelprojektionen abgebildet. Dabei interessieren vor allem die Fälle, in denen jeweils eine bestimmte Ebene des räumlichen Achsenkreuzes parallel zur Bildebene liegt. Mit der Nomenklatur für diese Fälle befaßt sich *Ferschke* 1953.

3.1.7.1 Aufriß-Schrägbilder (Kavalierperspektiven)

Würde man bei der senkrechten Axonometrie die Bildebene so anordnen, daß sie parallel zur yz-Ebene des rechtwinkligen Achsenkreuzes liegt, so stände die x-Achse senkrecht zur Bildebene, d. h. x-Werte wären nicht darstellbar (Fall des Profils). Klappt man nun bei dieser Lage das Bild der x-

Achse nach links unten, so entspricht das einer schiefen Parallelprojektion von rechts oben.

Als *Kavalierperspektive* wird dabei meist der Fall bezeichnet, bei dem die Bilder von *x*- und *y*-Achse einen Winkel von 135° bilden und das Verkürzungsverhältnis der *x*-Werte 0,5 beträgt (Abb. 56a). Die Bezeichnung leitet sich vom sog. Kavalier her, der in Festungsbauwerken ein hoher Punkt (Turm) mit besonders guter Übersicht über das Vorgelände war.

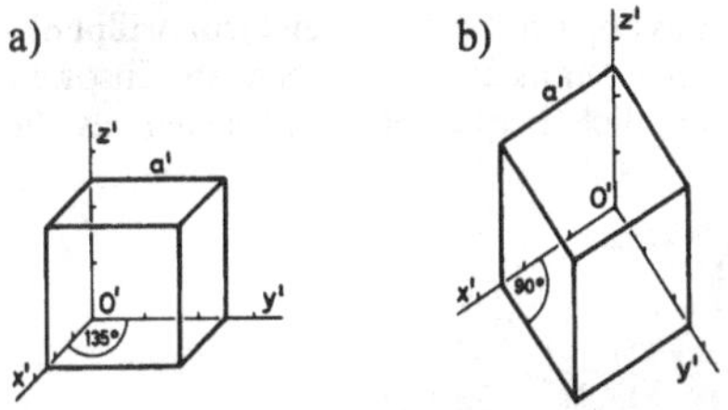

Abb. 56. Schiefe Axonometrie eines Würfels mit der Kantenlänge $a = 2{,}5$
a) Kavalierperspektive
b) Militärperspektive

Alle Aufrisse, die parallel zur *yz*-Ebene liegen, werden maßstäblich wiedergegeben, während der Grundriß der *xy*-Ebene gestaucht und verzerrt wird. Erhebungen wie Gebäude, Berge usw. können größere Verdeckungen im Aufriß hervorrufen; dieser Umstand schränkt die Eignung der Kavalierperspektive als raumbildliche Darstellung u. U. erheblich ein. Der beste optische Eindruck beim Betrachten entsteht in Projektionsrichtung, d. h. beim Anblick von rechts oben.

3.1.7.2 Grundriß-Schrägbilder (Militärperspektiven)

Wenn bei der senkrechten Axonometrie die Bildebene parallel zur *xy*-Ebene (Grundrißebene) liegt, steht die *z*-Achse senkrecht zur Bildebene, und *z*-Werte wären nicht darstellbar (Fall der Karte). Klappt man nun das Bild der *z*-Achse nach oben zurück, so entspricht das einer schiefen Parallelprojektion von unten her.

Bei dieser sog. *Militärperspektive* ist für die z-Achse noch ein besonderer Maßstab festzulegen. Er wird häufig dem in x und y gleichgesetzt, was einer Neigung der Projektionsstrahlen von 45° gegen die xy-Ebene entspricht (Abb. 56 b). Wegen der Maßstabsgleichheit in x, y und z wird dieser Fall mitunter auch als isometrische Darstellung bezeichnet; dieser Begriff sollte aber besser auf den in 3.1.6 beschriebenen Fall beschränkt bleiben.

Bei der Konstruktion der Perspektive geht man meist von einem vorhandenen Kartengrundriß aus und trägt dann in den Grundrißpunkten die Höhen im vorgegebenen Maßstab nach oben ab. Insoweit ist die Militärperspektive wesentlich bequemer zu erzeugen als die

Abb. 57. Ausschnitt aus einer Bollmann-Bildkarte von Münster/Westfalen. Das Herausgabeexemplar ist mehrfarbig.

isometrische Darstellung, die ihrerseits jedoch ein etwas gefälligeres Aussehen aufweist. Das Verfahren ist schon seit Jahrhunderten im Gebrauch und besonders wirkungsvoll bei der raumbildlichen Wiedergabe von Städten und Bauwerken. Ein bekanntes Beispiel der Gegenwart sind die *Bollmann-Bildkarten* von zahlreichen Städten des In- und Auslandes in Maßstäben von 1 : 5000 und kleiner und mit Überhöhungen in z (Gebäudehöhen) um das 1,5 bis 1,8 fache (Abb. 57). Der beste optische Eindruck solcher Darstellungen ergibt sich bei Betrachtung von schräg unten, d. h. in Projektionsrichtung.

3.1.8 Stereodarstellungen

Darstellungen dieser Art vermitteln bei stereoskopischer Betrachtung einen echten Raumeindruck. Die Technik ihrer Herstellung läßt sich auf alle ebenen kartographischen Ausdrucksformen anwenden. Man findet sie in erster Linie bei Luftbildern, seltener bei Karten und Blockbildern.

Die Herstellung von Stereodarstellungen geht von folgendem Prinzip aus: Es müssen stets *zwei* Darstellungen vom *selben* Objekt, aber mit *verschiedenen* Projektionszentren vorliegen. Die beiden Perspektiven sind so zu wählen, daß sie einem stark erweiterten menschlichen Augenabstand entsprechen und möglichst parallele Blickrichtung aufweisen. Durch sog. *Bildtrennung* wird jedes Bild sodann einem Auge allein zugeordnet. Die von den Augen getrennt wahrgenommenen, geometrisch verschiedenen Bilder verschmelzen im Gehirn zu einem einzigen Bild mit räumlicher Wirkung.

Für die erforderliche Bildtrennung benutzt man vorwiegend das *Anaglyphen-Verfahren*: Die eine Darstellung erscheint in blauer Farbe; die zweite wird in roter Komplementärfarbe darüber gedruckt oder gezeichnet. Bei Betrachtung durch eine Brille mit entsprechender blauer bzw. roter Filterfarbe wird jeweils ein Bild gelöscht, d. h. jedes Auge nimmt nur das ihm zugedachte Bild wahr.

Luftbilder sowie Photos von Geländemodellen sind fertige Vorlagen für *zentralperspektive Anaglyphenbilder*. Dagegen sind *parallelperspektive Anaglyphenkarten, -blockbilder* usw. noch besonders zu konstruieren. Liegt z. B. die Karte bereits vor, so beschränkt sich die Konstruktion auf die zweite Darstellung, in der u. a. die Höhenlinien um konstante Beträge parallel zur Augenbasis zu verschieben sind, um die nötigen Betrachtungsparallaxen für die verschiedenen Höhenwahrnehmungen zu erzeugen. In Anlehnung an das Höhenlinienbild ist sodann auch das Grundrißbild zu verschieben. Die manuelle und mechanische Herstellung von Anaglyphen-Raumzeichnungen beschreibt *Mucke* 1970. Liegen die Ausgangsdaten in digitaler Form vor, so lassen sich die Anaglyphenzeichnungen nach geeigneten Programmen auch mit Hilfe von Plottern erzeugen.

Statt die beiden Darstellungen wie beim Anaglyphenverfahren übereinander zu legen, kann man sie auch nebeneinander anordnen und die Bildtrennung z. B. durch ein *Stereoskop* vornehmen (Bd. I, Abb. 26 und 130). Für die Konstruktion solcher *Raumbildkarten* gibt es auch spezielle Geräte; so beschreiben *Albertz/Schultz* 1961 ein Gerät, das Stereobilder durch optische Projektion zeichnet. *Kraus/Vozikis* 1983 stellen ein rechnergestütztes Verfahren für die Herstellung stereoskopischer Themakarten vor. Ein weiteres Verfahren besteht in der Verwendung synchron arbeitender *Schwingblenden*, die in rascher Folge jeweils ein Bild und ein Auge abdecken. Schließlich läßt sich bei transparenten Darstellungen im Durchlicht eine Bildtrennung auch durch Projektion mit *polarisiertem* Licht und Betrachtung mittels Polarisationsfilter erzielen.

In welchem Umfang das Verfahren der *freiäugig* betrachteten Stereobilder (nach dem z. B. bei Ansichtskarten benutzten Schlitzraster- oder Linienrastersystem) auch für Stereokarten geeignet ist, bleibt zunächst abzuwarten (siehe *Mühle* 1969).

3.2 Reliefs

Die Schwierigkeiten, aus ebenen Darstellungen eine anschauliche Vorstellung von den Oberflächenformen zu gewinnen, haben immer wieder den Wunsch nach dreidimensionalen Darstellungen aufkommen lassen.

Das einfachste Verfahren ist die *Sandkastenmethode*, die typische Geländeformen gut erkennbar machen kann, jedoch ohne genauere Lage und Höhe der Objekte.

Eine exaktere Methode ist dagegen die Entwicklung von *Stufenreliefs* aus horizontalen Platten bestimmter Dicke, die den Höhenlinien entsprechend abgegrenzt sind. Ein solcher Modellaufbau ist in anderer Weise auch mit Hilfe vertikaler *Profilplatten* möglich.

Das Material der Plattenreliefs besteht meist aus Holz oder Pappe. Beim weiteren Modellieren zum Beseitigen der Stufen und Absätze wird Gips oder plastischer Kunststoff benutzt. Das gehärtete Relief wird sodann an der Oberfläche weiter gestaltet.

Mit Hilfe von Spezialgeräten ist die Reliefherstellung heute weitgehend mechanisierbar. So wird z. B. das für die mechanische Schummerung (4.2.6.4) erforderliche Geländemodell durch eine Gipsfräsmaschine hergestellt, bei der das Abfahren einer Kartenhöhenlinie auf die Fräse übertragen wird.

Großes Gewicht und oft erhebliche Ausmaße machen solche Reliefs für eine leichte Handhabung und einen bequemen Transport ungeeignet. Für viele Zwecke sind daher die leichten und flexiblen plastischen *Kartenreliefs* – auch als – *Reliefkarten* bezeichnet – günstiger. Diese bestehen aus einer mit Kartendruck versehenen Kunststoffolie, die erwärmt und dann durch Unterdruck gegen eine Form gepreßt wird (Vakuumverformung). Die Form besteht meist aus Gips, der an mehreren Stellen zur Erzeugung des Vakuums durchbohrt ist. Die Geländeüberhöhung ist um so größer, je flacher das Gelände bzw. je kleiner der Maßstab ist. Bei Maßstäben 1 : 50 000 und größer liegt die Überhöhung je nach Relief etwa zwischen 1 und 2; bei 1 : 1 Mio. beträgt sie das 2-4fache und kann bei 1 : 40 Mio. das 20-80fache erreichen (*Harvalik* 1975).

Man unterscheidet zwischen der *Negativverformung (Tiefziehen)*, bei der die Form ein Negativmodell des Geländes ist, und der *Positivverformung*, bei der eine positive Geländeform vorliegt (*Mühle* 1967). Widersprüche, die nach der Verformung zwischen dem entstandenen Relief und dem vorher aufgedruckten Höhenlinienbild auftreten können, sind am geringsten in der Negativverformung für die Talbereiche, in der Positivverformung für die Bergspitzen. Sie lassen exakte kartometrische Arbeiten meist noch nicht zu.

Blindenkarten (*Tastkarten, tactual maps*) entstehen gleichfalls durch thermische Kunststoff-Verformung. Sie stellen als Stadtkarte das Stadtrelief dar, meist in negativer Form durch hochgestellte Straßen in Verbindung mit der Blindenschrift nach Braille (*Podschadli* 1981).

3.3 Globen

Globen sind Nachbildungen der Erde, eines anderen Weltkörpers oder der scheinbaren Himmelskugel. Die Globuskugeln bestehen aus Holz, Pappe, Blech, Glas oder Kunststoff und weisen meist Durchmesser von rund 25 bis 50 cm auf, was bei Erdgloben Maßstäben von 1 : 50 Mio. bis 1 : 25 Mio. entspricht.

Das besondere Merkmal des Globus ist seine geometrische Ähnlichkeit mit dem Urbild, z. B. der Erde als Kugel, und zwar nicht nur im Kleinen, sondern auch im Großen. In diesem Falle liegt also eine völlig verzerrungsfreie, d. h. längen-, flächen- und winkeltreue kartographische Abbildung vor. Diesem wesentlichen Vorzug im ganzen stehen allerdings Nachteile gegenüber, die sich beim Vergleichen zwischen weiter auseinanderliegenden Darstellungen, bei kartometrischen Arbeiten (z. B. Flächenbestimmungen) sowie bei Handhabung und Transport ergeben.

Der einzige aus der Antike erhaltengebliebene und damit älteste Globus, der Atlas Farnese in Neapel, ist ein Himmelsglobus, der als römische Kopie einer griechischen Arbeit auf das 1. Jahrh. v. Zw. datiert wird. Als ältester Erdglobus gilt der von *M. Behaim* 1492 in Nürnberg geschaffene sog. *Erdapfel*. Einer der bedeutendsten Globenhersteller war *V. Coronelli*, der um 1700 neben zahlreichen kleineren Globen auch mehrere Riesengloben von rund 2 bzw. 4 m Durchmesser schuf.

Die meisten heutigen Globen sind um eine Achse drehbar, die in den beiden Endpunkten eines halbkreisförmigen Meridianteilers liegt; dieser wiederum ist auf einem Sockel so befestigt, daß die Drehachse den planetarischen Verhältnissen entsprechend z. B. beim Erdglobus um etwa 23,5° gegen die Lotrichtung geneigt ist. Der von *R. Haardt* 1935 entwickelte *Rollglobus* ist dagegen eine lose Kugel, die in zwei gekreuzten Quadranten ruht. Mit Hilfe der auf den Quadranten befindlichen Maßskalen kann man auf dem Globus beliebige Entfernungen messen.

Wie bei der Gruppierung der Karten nach dem Inhalt kann man auch bei den *Erdgloben* zwei Gruppen unterscheiden: 1. *Physikalische* Globen sind wie geographische (also topographische) Karten gestaltet; sie stellen teilweise auch die Formen des Meeresbodens dar. Einen Sonderfall bilden die *Reliefgloben*, die ähnlich wie die Kartenreliefs (3.2), aber mit wesentlich stärkerer Überhöhung, die großen Gebirge der Erde plastisch wiedergeben. 2. *Thematische* Globen sind meist *politische* Globen; daneben erschienen bisher – mitunter als Unikate – Globen mit Darstellungen zur Geologie, zur Geotektonik, zum Klima, zur Wirtschaft und zum Verkehr.

Leuchtgloben kombinieren zwei Darstellungen, z. B. beleuchtet die physikalische und unbeleuchtet die politische Situation (*Duo-Globen*). Andere Leuchtgloben demonstrieren mit Hilfe der teilweise abgedeckten Lichtquelle die Tag-Nacht-Situation auf der Erdoberfläche im Wandel der Tages- und Jahreszeiten.

Himmelsgloben bilden – entsprechend einer scheinbaren Betrachtung des Himmelsgewölbes von außen – den Sternenhimmel seitenverkehrt ab. Die waagerechte Ebene durch den Globusmittelpunkt ist dabei als örtlicher Horizont zu denken. Vom *Erdmond* gibt es bereits topographische und geologische Globen; auch vom *Mars* existieren schon erste Globen.

Induktionsgloben sind meist schwarze Kugeln (z. B. Schiefergloben) mit oder ohne Gradnetz für Lehrzwecke (siehe z. B. Bd. I, Abb. 44–46). Neben solchen kugelartigen Globen gibt es auch ellipsoidische Formen (Bd. I, Abb. 37).

Einzelheiten zur Geschichte der Globen und zu historisch bedeutenden Exemplaren finden sich bei *Muris/Saarmann* 1961 und *Fauser* 1967. Das Schrifttum zur Globenkunde bis etwa 1960 hat *Bonacker* 1960 zusammengestellt. Mit thematischen Globen befaßt sich *Jensch* (in *Österreichische Geographische Gesellschaft* 1970). Zahlreiche Einzelinformationen über Globen enthält „Der Globusfreund", die Zeitschrift der Coronelli-Gesellschaft für Globen und Instrumentenkunde, Wien. Ein photogrammetrisches Verfahren mit Verebnung durch Differentialumbildung bei der Restauration alter Globen beschreiben *Kraus/Vozikis* 1978.

Zur Herstellung von Globen wird eine Folge von sphärischen Zweiecken, die Abb. 58 zeigt, wie eine ebene Karte mehrfarbig bedruckt und dann Zweieck für Zweieck auf die Globusoberfläche geklebt. Bei gewöhnlichen Globen sind die Zweiecke meist in einem Längenunterschied von 30° durch Schnittlinien

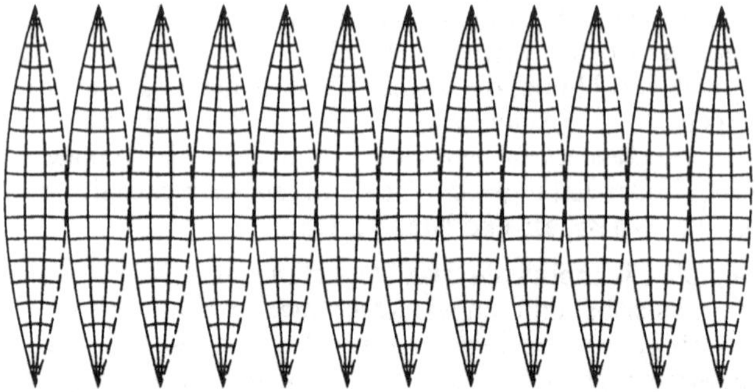

Abb. 58. Kartenherstellung für eine Globusoberfläche aus 12 sphärischen Zweiecken zu je 30° Längenunterschied

begrenzt, die zwischen den gedruckten Meridianen liegen. Die beiden Polbereiche werden als kreisrunde Kappen geklebt. Bei Globuskugeln aus Kunststoff ist auch ein direktes Bedrucken der Oberfläche möglich.

4. Kartenredaktion und Kartentechnik

Die bisherigen Ausführungen dieses Bandes und der Kapitel 3 bis 5 des Bandes I lassen sich in bezug auf die kartographische Wiedergabe wie folgt kennzeichnen:

- Einerseits ging es um die mathematischen und kartengraphischen Grundlagen für die Gestaltung einer Karte, d. h. um die *Kartenidee* als dem gedanklichen Ansatz der Gestaltung.
- Andererseits kam es an mehreren Stellen bereits zur Beschreibung von Karten und Kartenwerken, d. h. von *fertigen Karten* als den Verwirklichungen von Kartenideen.

Ohne nähere Angaben blieb dagegen bisher der Weg, der von der Kartenidee bis zur fertigen Karte zu beschreiten ist. Diese Angaben werden nunmehr von den Kapiteln 4 und 5 geliefert.

Ein solcher Weg beginnt gewöhnlich mit der Entwicklung eines Konzepts, das auf den Grundsätzen der sog. *Kartenredaktion* beruht. Die Ausführung dieses Konzepts führt dann in den Bereich der *Kartentechnik* als den konkreten Vorgängen der Kartenherstellung.

4.1 Kartenredaktion

Zur Kartenredaktion gehören alle Überlegungen, Beschlüsse und Maßnahmen, die verbunden sind mit der Planung und der Durchführung bei der Herstellung bzw. Fortführung von Karten. Sie bezieht sich daher auf die Bereiche der Datensammlung (Herkunft und Erfassung), des Entwurfs (Gestaltung) sowie der Anfertigung von Originalen und Vervielfältigungen (Technik) bis zum Vertrieb. Die dabei zu treffenden Festlegungen ergeben in ihrer Gesamtheit – vor allem bei größeren Vorhaben – den sog. *Redaktionsplan.*

Das mehrsprachige Wörterbuch der *Internationalen Kartographischen Vereinigung* 1973 beschreibt die Kartenredaktion als „Erarbeitung des Kartengegenstandes, Bearbeitung des Kartenentwurfs und des Kartennamengutes, Leitung und Überwachung der Anfertigung der Kartenoriginale“.

4.1.1 Rahmenbedingungen für die redaktionellen Entscheidungen

Aus der Sicht des Kartenherstellers unterliegt der Redaktionsplan bestimmten Rahmenbedingungen. Diese stammen vor allem

- aus den von außen kommenden Vorgaben (z. B. Auftragsinhalt) und
- aus den eigenen Möglichkeiten (z. B. personelle Besetzung).

Die unterschiedlichen *äußeren Vorgaben* entstehen bereits durch die verschiedenen Anlässe zur Kartenherstellung:

- *Gesetzliche Vorschriften oder Verwaltungsvereinbarungen* zwingen die zuständigen Fachbehörden zur Herstellung und Fortführung von Kartenwerken bestimmter Maßstäbe

in den Bereichen von Topographie, Liegenschaftskataster, Seefahrt, Luftfahrt usw. sowie von Plänen zu Maßnahmen der Raumordnung.
- Die *Nachfrage am Kartenmarkt* führt zu einem Kundenauftrag oder zur Eigeninitiative; sie erstreckt sich vorwiegend auf die Gebiete der Stadt-, Straßen- und Freizeitkarten sowie der Atlanten.
- Die *Vermittlung wissenschaftlicher Erkenntnisse* im Zuge von Monographien, Fachzeitschriften usw. führt zu einer Kooperation zwischen Fachautor, Kartograph und Verlag; in Betracht kommen Karten aus Geowissenschaften, Archäologie, Siedlungsgeschichte, Bevölkerungsstruktur, Geomedizin, Volkswirtschaft usw.

Hinzu treten die Fragen der Kosten und Termine:

- Die *Kosten* bestimmen sich aus dem Umfang der notwendigen Arbeiten und Materialien in Verbindung mit der Auflagenhöhe. Sie erfordern eine technische und kaufmännische Vorkalkulation.
- Die *Termine* richten sich danach, ob es sich z. B. um vorgegebene Zyklen der Fortführung bei Kartenwerken handelt oder ob es um die Beachtung der Marktlage bei Atlanten geht.

Die *eigenen Möglichkeiten* des Kartenherstellers orientieren sich am erforderlichen Einsatz von Personal, Geräten und Material.

- Bei den *personellen Möglichkeiten* ist zu klären, welche fachlichen Qualifikationen bereits im Hause zur Verfügung stehen, z. B. wissenschaftliche Kartographen, Geographen, Ingenieure, Techniker, Zeichner, Reproduktions-Fachleute. Unter Umständen sind von außerhalb wissenschaftliche Berater und Spezialisten (z. B. für das Namengut) heranzuziehen und bestimmte technische Teilarbeiten zu vergeben.
- In bezug auf *Geräte und Materialien* stellt sich die Frage, ob im Hause auf Geräte der Zeichentechnik, des Schriftsatzes, der Photographie, Kopie und Lichtpause, des Drucks, der Buchbinderei und evtl. auch der graphischen Daten-

verarbeitung zurückgegriffen werden kann oder ob teilweise auch hierzu andere Stellen in Anspruch zu nehmen sind.

Schließlich können Nachkalkulationen erforderlich sein, um u. a. für die nächste Vorkalkulation realistischere Ansätze zu gewinnen.

4.1.2 Inhalt des Redaktionsplans

Der Redaktionsplan regelt die Einzelheiten des Entwurfs und der Originalherstellung sowie die Fragen des personellen Einsatzes, der technischen Verfahren und des organisatorischen und zeitlichen Ablaufs.

Für den Entwurf und die anschließende Originalisierung sind mindestens folgende Einzelheiten festzulegen:

1. Die *Benennung* der Karte soll das darzustellende Thema zutreffend und möglichst kurz bezeichnen. Sie sollte auch – besonders bei Kartenwerken und Atlanten – längere Zeit bestehen bleiben und damit einen höheren Bekanntheitsgrad und eine werbewirksame „Titelpflege" schaffen.

2. *Maßstab* und *Format* stehen in enger Beziehung miteinander, z. B. wenn ein bestimmtes Gebiet in einer einzigen Karte darzustellen ist: Ein kleinerer Maßstab hat ein kleineres Format zur Folge und umgekehrt. Beschränkungen im Format können sich ergeben durch die Blattschnittsystematik von Kartenwerken, durch die Größe von Atlasbänden sowie durch die Maximalformate bei Materialien und Geräten (Kameras, Druckmaschinen usw.).

3. Die *Wahl des Netzentwurfes* orientiert sich vor allem an der Art der Kartenauswertung.

4. Die *Abgrenzung des Kartenfeldes* führt meist zu Rahmenkarten. Sie ist bei Kartenwerken an den Blattschnitt gebunden, bei Einzelkarten dagegen wesentlich freier. Nebenkarten, z. B. bei Stadtkarten, sowie Überlappungsbereiche, z. B. bei Atlaskarten, sind sorgfältig festzulegen.

5. *Umfang* und *Gestaltung* des Karteninhalts sind eine zentrale Aufgabe der Redaktion. Die Überlegungen zum „Was" und

„Wie“ der Darstellung führen zur Konzeption des Zeichenschlüssels, evtl. im Anhalt an Probekarten und Gestaltungs-Varianten. Beim „Wie“ spielt neben der Lesbarkeit (unter Beachtung photographischer Verkleinerungs-Absichten) auch das technisch Mögliche (z. B. bei weitgehender Rasterung für den Einsatz der sog. kurzen Skala) eine Rolle.

6. Beim *Namengut* sind amtliche Schreibweisen von Ortsnamen, regional übliche Bezeichnungen bestimmter Bereiche, Bedeutungen, Transkriptionsregeln usw. zu beachten.

7. Die Gestaltung von *Kartenrand* und *-rahmen* berücksichtigt die vollständige, übersichtliche und graphisch ausgewogene Verteilung der erläuternden Angaben. Bei gefalzten Karten sollten die Teildarstellungen möglichst jeweils geschlossen in einer aus der Falzung entstehenden Teilfläche liegen.

8. Eine *Darstellung auf der Kartenrückseite* ergibt sich mitunter bei Atlanten, umfangreichen Legenden oder bei touristischen Informationen. Sie erfordert u. U. eine sorgfältige Abstimmung zwischen der Plazierung der rückseitigen Darstellungen, der Falzung sowie dem Transparenzgrad des Papiers.

9. Das *Quellenmaterial* ergibt sich im Wege des Sichtens und Zusammentragens (Kompilierens). Die nachfolgende Auswertung hat auch ständig Quellenkritik zu üben. Über die verschiedenen Informationsquellen siehe Bd. I, 2.

10. Die *äußere Form der Karte* ergibt sich daraus, ob sie ungefalzt (eben, plano) oder gefalzt ist, ferner ob sie lose, gebunden, in einer Tasche oder im Umschlag in den Vertrieb kommt.

11. Für die *technischen Herstellungsprozesse* ist evtl. auch über die Papierqualität, die verwendeten Druckfarben, einen möglichen Nutzendruck usw. zu entscheiden.

Auf der Grundlage des Redaktionsplans ergibt sich der tatsächliche Arbeitsablauf aus einzelnen *Arbeitsanweisungen*, die den Einsatz von Personal, Geräten und Material sowie einen Zeitplan festlegen (siehe z. B. *Leibbrand* 1981).

4.1.3 Merkmale der Entwurfsphase

Die gedanklichen Vorstellungen des Autors, des Kartographen und des Herausgebers zur Kartengestaltung finden ihren sichtbaren Ausdruck im *Kartenentwurf.* Dieser ist die Vorlage für die Herstellung des Originals und muß daher hinsichtlich aller Lageangaben (z. B. Begrenzungslinien) *geometrisch* exakt sein. Eine *graphisch* exakte Darstellung ist dagegen meist nicht erforderlich. Das bedeutet, daß der Zeichenschlüssel noch nicht angewandt zu werden braucht und daß bestimmte Angaben (z. B. über die Art und Anordnung der Signaturen und Schriften) nur in dem Umfang erscheinen müssen, der anderen Bearbeitern die spätere Originalherstellung eindeutig ermöglicht. Näheres zur *Technik* des Kartenentwurfs siehe 4.2.4. Man bezeichnet den Kartenentwurf auch als *Kartenmanuskript* oder *Rohzeichnung* (in der DDR als *Zusammenstellungsoriginal).*

Das mehrsprachige Wörterbuch der *Internationalen Kartographischen Vereinigung* 1973 beschreibt das Kartenentwerfen als „Lagetreues und generalisierendes Darstellen von Kartengegenständen auf Grund der Stoffaufbereitung; häufig nicht im Kartenmaßstab und im Zeichenschlüssel der Reinzeichnung". Beispiele für Gestaltung und Entwurf siehe *Bosse* 1962.

Ein ins Einzelne gehendes Schema für den Entwurf von Karten läßt sich angesichts ihrer Mannigfaltigkeit nicht angeben. In schwierigen Fällen erfordert die Entwurfsphase viel Aufwand, weil eine gewisse Optimierung der kartographischen Wiedergabe nur über mehrere Entwurfs-Varianten möglich ist. Das gilt z. B. für die Wahl von Strichbreiten, Signaturen, Mischfarben und Schriften sowie von Größenmaßstäben bei Signaturen und Diagrammen. In anderen Fällen, z. B. bei Flurkarten, wo klare Darstellungsvorschriften ohne wesentliche graphische Probleme vorliegen, läßt sich die Entwurfsphase weitgehend überspringen, so daß durch unmittelbare Kartierung und Zeichnung sogleich das Original entsteht. Weicht der Maßstab des Entwurfs von dem der vorgesehenen Karte ab, so ist dieser sog. Arbeitsmaßstab meist größer.

In der *amtlichen Kartographie* ist der Kartenentwurf durch Musterblätter, Vorschriften und Richtlinien geregelt. Dabei entsteht der Entwurf von *Grundkarten* als exakte Kartierung der Ergebnisse topographischer Vermessungen, der von *Folgekarten* durch Generalisierung geeigneter Ausgangskarten (Bd. I, 4.4). Die laufenden Arbeiten der Kartenredaktion beziehen sich vor allem auf die Probleme der Fortführung, die Zykluszeiten, die regionalen Reihenfolgen in der Bearbeitung, die Abläufe in der Maßstabsreihe, daneben auf Neuzeichnungen, Herausgabe von Sonderkarten, Änderungen der Musterblätter usw. Die Güte eines amtlichen Kartenwerks steht und fällt nach wie vor mit der Sorgfalt, die auf den Inhalt des Musterblattes verwendet wird. Dessen Verbindlickeit wird daher auch gewöhnlich erst dann wirksam, wenn sich aus einer Anzahl von typischen Probekarten die Eignung einer solchen Darstellungsrichtlinie ergeben hat.

In der *gewerblichen Kartographie* nehmen die Entwurfsarbeiten besonders dort einen großen Umfang an, wo es um die Herstellung von Atlanten geht. Das beginnt mit der Verlagsplanung, in der nach Abgrenzung des Vorhabens der Arbeitsumfang kalkuliert wird, wobei auch die Vertriebschancen aufgrund einer Marktanalyse und eines erhofften Werbungserfolges abgeschätzt werden. Der anschließende Rahmenentwurf legt den Kreis der Mitarbeiter (vor allem der Kartographen und Fachberater) fest, ferner die Arbeitsanweisungen und Zeichenschlüssel, und er sieht schließlich Probekarten vor. Als Quellenmaterial eignen sich die vorhandenen Erdkartenwerke, andere Erd- und Nationalatlanten, topographische Kartenwerke verschiedener Maßstäbe, Satellitenbilder, Statistiken, amtliche Mitteilungen, Presseveröffentlichungen (z. B. über politische Veränderungen, Anlage von Verkehrswegen), Nachschlagewerke, besondere Informationsdienste usw. Die redaktionellen Überlegungen haben auch die spätere Fortführung ebenso einzubeziehen wie z. B. die Führung besonderer Schriftfolien in Fremdsprachen bei Lizenzausgaben. Weitere Einzelheiten sieht z. B. bei *Bormann* (in *Bosse* 1962), *Thauer* 1980 und *Denk/Röllig* 1980.

Die Herstellung *thematischer Karten*, besonders solche komplexer bzw. synthetischer Art beginnt oft mit einem speziellen Autorenentwurf, für den auch die Bezeichnung als *Materialaufbereitungskarte* üblich ist. Hierbei wird der thematische Sachverhalt auf einer anderen Karte oder auf dem bereits vorhandenen topographischen Kartengrund (1.4) dargestellt. Daran schließt sich der Entwurf des Kartographen, der vor allem in der adäquaten kartographischen Gestaltung bzw. Umsetzung des Themas besteht. Die anschließende Autorenkorrektur stellt sicher, daß der kartographische Entwurf keine Mängel in der inhaltlichen Aussage aufweist. Beispiele gibt *Kretschmer* (in *Bosse* 1970).

Nach Abschluß der Entwurfsarbeiten findet gewöhnlich eine kritische Durchsicht statt. Dabei stehen Fragen der sachgerechten Wiedergabe, der Lesbarkeit und der Vollständigkeit, aber auch der zeichnerischen und reproduktionstechnischen Ausführbarkeit im Vordergrund. Sind alle Mängel behoben, so kann die Reinzeichnung stattfinden. Mit ihr beginnen die vielfältigen Prozesse der Kartentechnik.

4.2 Kartentechnik – Herstellung der Kartenoriginale

4.2.1 Allgemeines zur Kartentechnik

Die *Kartentechnik* ist die Gesamtheit der technischen Verfahren zur Herstellung von Kartenoriginalen und Kartenvervielfältigungen. Dabei gibt es manuelle, mechanische, photographische, drucktechnische und rechnergestützte Verfahren.

Das *Kartenoriginal* ist im weiten Sinne die geometrisch und graphisch exakte, im vorgesehenen Zeichenschlüssel gehaltene und reproduktionsfähige Vorlage für die Vervielfältigung von Karten. Zu einer Karte können auch mehrere solcher Vorlagen als ein Satz von Folien gehören, wenn dies aus Gründen der Drucktechnik, der Gestaltungsvariation, der Bearbeitungsorganisation usw. erforderlich ist. Im engeren Sinne ist das Kartenoriginal häufig die Ausfertigung, die – vor allem bei Kartenwerken – für längere Zeit zur Verfügung stehen muß. Dabei spielen die Gesichtspunkte der Altersbeständigkeit des Trägermaterials, der Sicherheit und Schonung, der Fortführung usw. eine wichtige Rolle. Für einen beabsichtigten Druck wird dann jeweils ein *Kopieroriginal* zur Herstellung einer Druckplatte abgeleitet. Schließlich ist die Ableitung eines *Gebrauchsoriginals* zweckmäßig, um bei laufender Bearbeitung – z. B. bei Flurkarten – das Kartenoriginal zu schonen.

Das mehrsprachige Wörterbuch der *Internationalen Kartographischen Vereinigung* 1973 beschreibt das *Kartenoriginal* als „Reproduktionsreife, meist seitenrichtige Platte einer zu druckenden Farbe, die der Herstellung des Kopieroriginals dient“. Das *Kopieroriginal* wiederum ist die „reproduktionsreife Druckvorlage einer zu druckenden Platte auf transparentem maßhaltigen Zeichenträger, von dem die Druckform gewonnen wird".

Der Kürze wegen ist hier und im folgenden zwar nur von der *Herstellung* die Rede, doch ist darin auch die *Fortführung* der Originale eingeschlossen, da viele Techniken auch in diesem wichtigen Bereich anwendbar sind. Auch schließt der Begriff der Karte hier die kartenverwandten Darstellungen ein, soweit dies technisch sinnvoll ist.

Bis weit in das 20. Jahrhundert hinein entstanden die Kartenoriginale durch unmittelbares manuelles Bearbeiten der Druckformen (Kupferplatte, Lithographiestein). Dieser Vorgang ist mühsam und zeitraubend; er ist ferner wenig anpassungsfähig an spätere inhaltliche und graphische Änderungen. Da es heute eine große Vielfalt leistungsfähiger graphischer Techniken gibt, ist es günstiger, mit den Originalherstellungen zunächst im Wege der einfacheren und schnelleren Zeichnung zu beginnen und daraus mit den Mitteln der Reproduktionstechnik die endgültigen Originale abzuleiten. Dabei treten allerdings oft zahlreiche technische Zwischenprozesse auf, z. B. bei einem einzigen Blatt einer amtlichen topographischen Karte weit über 300 solcher Vorgänge.

Unter *Reproduktionstechnik* versteht man allgemein alle technischen Verfahren der Reproduktion, d. h. des Nachbildens einer Vorlage. Dabei bilden neben den manuellen und mechanischen Methoden die photographischen Verfahren (Reproduktionsphotographie) eine bedeutende Gruppe. Als photographische Verfahren gelten dabei im weitesten Sinne alle Verfahren der Strahlung auf eine strahlungsempfindliche Schicht (also auch Lichtpause, Thermographie usw.), im engeren Sinne die Verfahren mit Silbersalzemulsionen. Als *Drucktechnik* bezeichnet man allgemein die Wiedergabe von Informationen durch Drucken.

In allen Fällen beruht die Wiedergabe einer Vorlage auf einer deutlichen Unterscheidung zwischen den Bildstellen (Zeichnungsstellen) und den bildfreien (zeichnungsfreien) Stellen. Für diese sog. *Bilddifferenzierung* gibt es zwei Wege, nämlich

– die *Strahlung* auf eine strahlungsempfindliche Schicht (z. B. Photopolymere) oder
– die *Substanzübertragung* auf ein Trägermaterial (z. B. durch Farbmittel beim Druck).

Während in der Originalherstellung in der Regel nur jeweils eine *Kopie* nach der Vorlage entsteht, geht es bei der späteren *Vervielfältigung* meist um eine größere Anzahl von Ausfertigungen.

Im einzelnen behandelt der Abschnitt 4.2 nach allgemeinen Ausführungen über die Grundzüge und Merkmale der Originalherstellung (4.2.2) sowie über die verschiedenen Zeichnungsträger (4.2.3) die technischen Vorgänge in der Reihenfolge, wie sie heute von der Zeichnung bis zur reproduktionstechnischen Umbildung etwa üblich ist. Sachlich gehören zu den einzelnen Teilbereichen eigentlich auch die modernen rechnergestützten Verfahren; sie werden aber wegen ihrer spezifischen Merkmale und ihrer engen Verbindung zur allgemeinen Computertechnik zusammenhängend im Kapitel 5 behandelt.

Es ist auch zu beachten, daß entgegen der in den Kapiteln 4 und 5 vorgenommenen eingehenden Sachgliederung in der praktischen Anwendung eine strenge Trennung zwischen den einzelnen Bereichen zum Teil schon nicht mehr möglich ist. So können sich bereits in der Entwurfsphase photo- und kopiertechnische Prozesse ergeben, und am Bildschirm lassen sich Entwurfsvarianten darstellen. Auch kommen in der Originalherstellung teilweise schon Vervielfältigungsmethoden wie z. B. das Lichtpausverfahren zum Zuge.

Allgemeine Begriffsbestimmungen der graphischen Techniken finden sich in einschlägigen Büchern wie z. B. von *Born* 1972, *Institut für graphische Technik* 1979, *Agte* 1981 und *Springstein* 1982, solche spezieller Art aus der Kartentechnik in einigen Fachwörterbüchern wie z. B. *Institut für Angewandte Geodäsie* 1971 und *Internationale Kartographische Vereinigung* 1973.

Das Schrifttum zur kartographischen Originalherstellung ist weit verstreut auf Monographien, Sammelbände und einzelne Fachaufsätze, vielfach mit begrenzter Thematik; ein umfangreicher, auch internationaler Nachweis findet sich im Abschnitt über Kartentechnik der jährlich erscheinenden Bibliographia Cartographica. Umfangreichere Darstellungen finden sich z. B. bei *Kloppenburg* 1972 und *Bosse* 1973, 1976. Einen Überblick über Entwicklung, Stand und Aussichten der Kartentechnik mit dem Stand von 1970 gibt *Leibbrand* 1972. Für größere Bereiche der allgemeinen graphischen Techniken gibt es eine Anzahl von Hand- und Lehrbüchern, z. B. allgemein über Druckvorlagen von *Rösner* 1983, über Schwarzweißreproduktion von *Mikolasch* 1983a und über Farbreproduktion von *Mikolasch* 1983b sowie über Drucktechnik und Vorarbeiten dazu von *Stiebner* 1981. Darüber hinaus erscheinen mehrere periodische Fachzeitschriften über Techniken der Reproduktion, des Drucks, der Bürokommunikation, der Weiterverarbeitung usw. sowie zahlreiche Hausmitteilungen einschlägiger Firmen. Darstellungen zu Teilbereichen, z. B. Photosatz, Offsetdruck, Mikrofilm werden in den jeweiligen Abschnitten beispielhaft genannt.

Über die Geschichte der Kartentechnik siehe 7.7.

4.2.2 Grundzüge und Merkmale der Originalherstellung

4.2.2.1 Kennzeichen der Vorlagen und Ergebnisse

Die Vielfalt der kartentechnischen Prozesse erfordert eine klare und erschöpfende Angabe aller Merkmale, die für die Bearbeitung einer Darstellung eine Rolle spielen. Dazu gehören folgende Unterscheidungen:

1. Strich – Halbton,
2. einfarbig – mehrfarbig,
3. positiv (POS) – negativ (NEG),
4. seiten- oder leserichtig (SR) – seiten- oder leseverkehrt (SV),
5. transparent (Durchsicht) – opak (Aufsicht),
6. Originalmaßstab – Arbeitsmaßstab,
7. Original – Duplikat,
8. Entstehung als Zeichnung, Photographie, Folienkopie, Elektrophotographie, Lichtpause oder Druck.

Die *Strichdarstellung* ist in der Kartentechnik der Regelfall; dabei schließt der Begriff *Strich* auch die Darstellung von Punkten, Flächen und Schriften ein. *Halbtonvorlagen* ergeben sich bei Schummerungen, Luftbildern und Ausgangsdarstellungen für das Farbauszugsverfahren. Bei der *Transparenz* eines Trägermaterials kann man noch nach der Oberflächenbeschaffenheit unterscheiden zwischen einseitiger und beidseitiger Mattierung sowie glatter (polierter) Oberfläche.

4.2.2.2 Einfarbige Karten

Das Original ist meist eine transparente Folie, die die gesamte Kartendarstellung enthält. Es entsteht in einfachen Fällen – z. B. bei Flurkarten – durch Auszeichnen der Entwurfskartierung oder beim Einsatz rechnergestützter Zeichengeräte durch unmittelbare Reinzeichnung nach den digitalen Daten. In anderen Fällen erhält man die Folie nach den bei den mehrfarbigen Karten beschriebenen Techniken.

Die Folie dient als Vorlage in folgenden Fällen:

1. Herstellung einfacher Lichtpausen bei Ableitung einzelner Exemplare (z. B. Flurkarte, Grundriß der Deutschen Grundkarte 1 : 5000) und bei sehr geringen Auflagen (z. B. bestimmten Planungskarten);
2. Herstellung einer Filmkopie oder transparenten Lichtpause als *Gebrauchsoriginal* zur Schonung des Ausgangsoriginals bzw. als *Zwischenoriginal* zur Darstellung weiterer, z. B. thematischer Angaben;
3. Herstellung einer Druckplatte für die Vervielfältigung durch Druck. Solche einfarbigen Kartendrucke treten z. B. auf bei einfachen Orientierungs- und Lageplänen, einzelnen Blättern der Topographischen Karte 1 : 25 000, vielen topographischen Kartengrundlagen thematischer Karten sowie im Zuge von Textveröffentlichungen (u. a. als Verbreitungs-, Fund-, Wetter- und Wirtschaftskarten in Büchern, Zeitungen usw.).

4.2.2.3 Allgemeines zu den Originalen mehrfarbiger Karten

Die Vervielfältigung mehrfarbiger Karten beruht fast ausschließlich auf Druckverfahren. Die Originale sind daher so zu bearbeiten, daß sie sich auf die Druckplatten übertragen lassen.

Ist ein Druck ausnahmsweise nicht vorgesehen, so verbleiben für die Vervielfältigung in geringer Anzahl die Verfahren der Farbprüfkopie (4.2.8.3), derZweifarbenlichtpause (4.3.2.3) und der Elektrophotographie (4.3.5). Soll nur ein einziges Exemplar, ein *Unikat*, entstehen, so wird der Entwurf selbst durch manuelle Bearbeitung zum Original. Einen solchen Fall gab es früher z. B. bei Katasterkarten und einzelnen thematischen Karten. Dabei entstand die mehrfarbige Darstellung in den Linien mit farbiger Zeichentusche, in den Flächen mit Aquarellfarben. Eine Vervielfältigung mehrfarbiger Unikate durch Farbphotographie ist relativ selten.

Für eine Vervielfältigung durch Druck sind so viele transparente Folien als Originale erforderlich, wie Druckfarben vorgesehen sind. Jede sog. *Farbfolie* (*Farbplatte*) enthält damit nur die Darstellungen, die in einer der Druckfarben erscheinen sollen. Ihre Herstellung ist auf zwei Wegen möglich, nämlich

- durch *zeichnerische* Farbtrennung (4.2.2.4) oder
- durch *photographische* oder *elektronische* Farbtrennung (4.2.2.5) als sog. *Farbauszugsverfahren.*

Über dieses *drucktechnische* Erfordernis hinaus kommt es – vor allem bei topographischen Karten – immer häufiger vor, daß der Karteninhalt auf eine noch größere Anzahl von Folien verteilt wird. Dieses sog. *Folienprinzip* ermöglicht

- *arbeitstechnische Vorteile*, z. B. bei der zunächst getrennten Bearbeitung von Grundriß und Schrift, auch wenn sie später in einer Druckfarbe erscheinen; ferner
- *Kartenvarianten* durch differenziertere Farbgebungen sowie durch Zusammenkopieren oder Fortlassen von Folien.

Damit im Druckergebnis die einzelnen Farbdarstellungen lagerichtig zueinander passen, werden alle Farbfolien von einem einzigen Entwurf abgeleitet und durch ein sog. *Paßsystem* miteinander in Beziehung gebracht. *Optische* Paßsysteme bestehen meist aus feinen Paßecken oder -kreuzen. Die Ecken decken sich gewöhnlich mit den Ecken des Kartenrahmens; die Kreuze werden soweit in die äußeren Eckbereiche des Zeichenträgers gelegt, daß sie beim späteren Beschneiden der Druckexemplare fortfallen. *Mechanische* Paßsysteme weisen kreisförmig bzw. schlitzartig gestanzte Paßlöcher auf, mit deren Hilfe jede Vorlage über Paßstifte exakt fixiert werden kann; sie eignen sich besonders für Arbeiten mit Negativen.

Häufig bringt man am Rande der Farbfolien sog. *Kontrollstreifen* an, mit denen man bis zum Auflagedruck nach einer bestimmten Systematik das Einhalten von Qualitätsanforderungen (z. B. für Rastertonwerte) und das Erkennen von Mängeln (z. B. in Kopier- und Druckvorgängen) vornehmen kann (*Langer* 1978).

4.2.2.4 Mehrfarbige Karten durch zeichnerische Farbtrennung

Dieses Verfahren ist heute noch der Regelfall der Kartenherstellung. Dabei entstehen die Farbfolien nach den Angaben des Entwurfs, und zwar manuell (z. B. durch Schichtgravur), mechanisch (z. B. durch Montage) oder rechnergestützt (z. B. durch Lichtzeichnung). Die Wahl der Druckfarben orientiert sich am Zeichenschlüssel der Karte und an den technischen Möglichkeiten (z. B. bei Mischfarben). Dabei ergeben die Festlegungen in den Farbmerkmalen und in der Druckfolge die sog. *Farbskala*. Ein Sonderfall liegt vor, wenn als Farbskala die sog. *kurze Skala* (4.2.2.5) gewählt wird.

Für die Originalzeichnung muß der Inhalt des Entwurfs so beschaffen sein, daß eine geometrisch richtige Wiedergabe möglich ist. Dagegen braucht der Entwurf weder graphisch exakt zu sein noch farblich der endgültigen Darstellung zu entsprechen. Es muß jedoch für den Zeichner erkennbar sein, wie der Inhalt nach den einzelnen Farbfolien zu trennen ist, z. B. durch bestimmte Hinweise.

Abb. 59 zeigt ein Beispiel für zeichnerisch getrennte Farbfolien.

1. Methoden der *manuellen* Farbtrennung

a) Auszeichnen der Entwurfsdarstellung

Das Verfahren eignet sich nur für sehr einfache Fälle, in denen eine Farbe vorherrschend ist. Derem Umfang entsprechend wird die Entwurfskartierung in schwarzer Tusche ausgezeichnet; dabei sind überflüssige Darstellungen (z. B. Hilfslinien der Kartierung) zu entfernen, wenn zu befürchten ist, daß sie bei späteren Reproduktionen noch erscheinen. Die weiteren Farbfolien geringeren Inhalts (z. B. für Gewässerblau) entstehen dann gewöhnlich durch Hochzeichnen (b).

b) Hochzeichnen

Man legt eine Folie über den Entwurf und zeichnet den Inhalt einer Farbfolie mit Tusche oder durch Schichtgravur hoch. Nachteilig dabei ist, daß Betrachtungsparallaxen, die durch nicht ausreichend senkrechte Blickrichtung entstehen, Lagefehler der Zeichnung erzeugen. Auf diese Weise können auch Flächendarstellungen, z. B. Gebäudeflächen, bei Zusammendruck mit andersfarbigen Konturen innerhalb der Konturen Leerflächen bewirken oder andererseits die Konturen überschreiten. Ein weiterer Mangel kann sich bei der Zeichnung ergeben, wenn eine geringe visuelle Transparenz der Folie oder der Gravurschicht die Lesbarkeit der Vorlage beeinträchtigt.

c) Zeichnen nach Anhaltsdarstellung (Leitdarstellung)

Dieses Verfahren ist besonders bei feinen graphischen Darstellungen von Vorteil und erfüllt auch höchste Genauigkeitsanforderungen. Als Anhaltsdarstellung gilt eine bereits vorhandene Strichzeichnung, eine verkleinerte Ausgangskarte, ein verkleinerter manueller Generalisierungsentwurf, ein bereits vorhandener topographischer Kartengrund o. ä. Die Darstellung wird sodann ganz oder teilweise, identisch oder in graphisch veränderter Form nachgezeichnet bzw. -graviert. Die Darstellung der Vorlage muß so beschaffen sein, daß die nicht nachgezeichneten Partien in den folgenden Reproduktionen fortfallen.

Die Anzahl der Anhaltsdarstellungen entspricht in der Regel der Anzahl der Farbfolien. Eine noch größere Anzahl ermöglicht den Einsatz mehrerer Zeichner. Man kann auch eine Anhaltsdarstellung zerschneiden und dann auf mehrere Kräfte verteilen. In beiden Fällen sind jedoch die Ergebnisse in einer besonderen Montage zusammenzutragen. Aus einer einzigen Anhaltsdarstellung kann man nacheinander alle Farbfolien ableiten, wenn man die Negativgravur anwendet (siehe weiter unten).

Für Tuschezeichnungen (4.2.5.1) entsteht die Anhaltsdarstellung als *Blaudruck* auf Karton bzw. als *Blaukopie* auf Folie. Nach durchgeführter Zeichnung ergibt sich die Farbfolie im Wege der Photographie bzw.

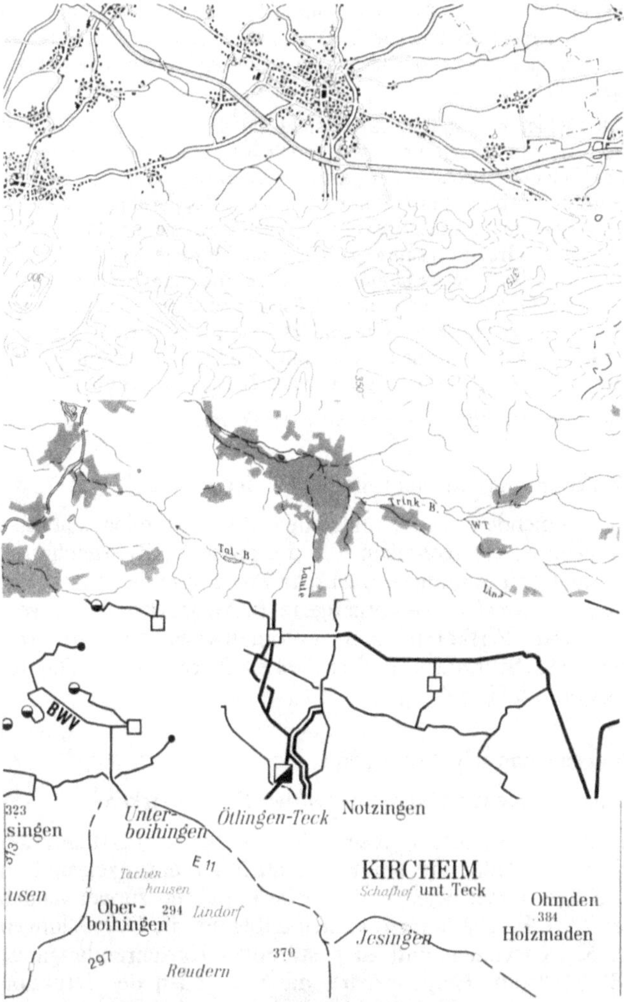

Abb. 59. Farbfolien vom Mittelteil der Anlage 9. Von oben nach unten (mit den Druckfarben): Grundriß (hellgrau), Höhenlinien (braun), Gewässer und Versorgungsgebiete (hellblau), Wasserversorgungsanlagen (dunkelblau), Rand, Schrift, Eisenbahn (dunkelgrau).

Kopie. Dabei reagieren die lichtempfindlichen Schichten auf die blauen Darstellungen praktisch in gleicher Weise wie auf die bildfreien Stellen; die blauen, nicht nachgezeichneten Darstellungen verschwinden daher bei der Reproduktion.

Für die Schichtgravur (4.2.5.2) entsteht die *Anhaltskopie (Leitkopie)* auf der Gravurschicht, und zwar möglichst in einer zur Farbe der Gravurschicht ausreichend kontrastierenden Farbe. Nach fertiger Gravur wird die Farbfolie durch Photographie oder Kopie abgeleitet, wenn es sich um eine Negativgravur handelt, bzw. sie entsteht durch Einfärben des Gravurergebnisses im Falle der Positivgravur. Im Verfahren der Negativgravur kann man auch nach Photographie bzw. Kopie die gravierten Stellen lichtundurchlässig abdecken und dann auf derselben Anhaltskopie die Gravur des Inhalts der zweiten Farbfolie vornehmen. Der Ersparnis bei der Anhaltskopie steht allerdings eine wesentlich längere Bearbeitungszeit beim Zeichnen gegenüber.

Einen Sonderfall bildet das sog. Strip-Mask-Verfahren (4.2.6.3).

d) Verknüpfung mit nicht-manuellen Techniken

In zunehmendem Maße entstehen die Farbfolien teilweise oder ganz durch Techniken, die die manuelle Reinzeichnung ersetzen. Dazu gehören *mechanische* Prozesse (z. B. Montagen), *reproduktionstechnische* Vorgänge (z. B. Ätzgravuren) und *rechnergestützte* Verfahren (z. B. automatisches Zeichnen von Linien und Schraffuren). Einzelheiten hierzu siehe 4.2.6 bis 4.2.8 und 5.5 bis 5.6.

2. Kartentechnische Sonderfälle

a) Gleichbleibende Darstellungen bei Kartenwerken

Hierbei kann es vorteilhaft sein, die von Blatt zu Blatt *unveränderlichen* Anteile nur einmal manuell zu erzeugen und in der Folge immer wieder für weitere Blätter zu verwenden (*Stehfolie*). Häufig handelt es sich dabei um die Darstellungen zum Kartenrahmen und zu bestimmten Kartenrandangaben (z. B. Maßstab, Herausgeber), die mit Teilen der Situation zusammen in einer Farbe (z. B. Schwarz) erscheinen sollen. Die *variablen* Anteile dazu (z. B. Koordinatenwerte, Blattnamen) werden entweder auf dieser Folie oder auf einer weiteren

Leerfolie montiert und dann mit den übrigen Darstellungen derselben Farbe zusammenkopiert. Da die variablen Anteile meist eine feste Position haben und damit ferner die Teildarstellungen einwandfrei zueinander passen, sorgt u. U. ein sog. *Einteilungsbogen* für exakte Lagehinweise bei der Montage.

b) Anwendung der kurzen Skala

Dieser Normalfall beim Farbauszugsverfahren läßt sich auch bei der zeichnerischen Farbtrennung zur Einsparung von Druckgängen anwenden. Dabei beschränkt sich die Schwarzfolie meist auf die ungerasterte Darstellung der Schrift. Die übrigen Darstellungen in Linien, Flächen und Signaturen entstehen zeichnerisch getrennt auf zahlreichen Folien, werden dann gerastert und schließlich zu drei Farbfolien für die Grundfarben Gelb, Magenta und Cyan zusammengefaßt. Bei Mischfarben treten identische Darstellungen in mehr als einer Folie auf; so ergibt sich z. B. das Waldgrün aus dem späteren Übereinanderdrucken von Gelb und Cyan. Die Wahl der Mischfarben geschieht meist anhand einer *Farbtafel* (*Farbatlas*), die zugleich Auskunft gibt über die in Betracht kommenden Grundfarben und ihre Rastertonwerte.

4.2.2.5 Mehrfarbige Karten durch Farbauszugsverfahren

Die Verfahren der photographischen oder elektronischen Farbtrennung sind in der Kartentechnik noch relativ selten, doch dürfte in Zukunft mit zunehmender Anwendung zu rechnen sein. Im graphischen Gewerbe sind sie dagegen der Normalfall der Herstellung von Druckplatten nach jeweils einer farbigen Vorlage. Die Farbauszüge von dieser Vorlage führen zu vier Farbfolien, nämlich zu

– drei Folien für die drei bunten Grundfarben Gelb, Magenta (Purpur) und Cyan (Blaugrün) der sog. *subtraktiven Farbmischung* (Bd. I, 4.2.1.3) und
– einer Folie für das unbunte Schwarz.

Diese vier Farbfolien ergeben insgesamt die sog. *kurze Skala*.

Die als Ausgangsoriginal anzusehende Vorlage kann sowohl eine Aufsichts- als auch eine Durchsichtsvorlage sein, und ihre Wiedergabe soll entweder originalgetreu oder mit tolerierten bzw. sogar beabsichtigten Abweichungen (vor allem in den Farben) stattfinden. Zu den wichtigsten kartographischen Anwendungen gehören:

- Buntdruck alter Karten, die nur als Unikate existieren oder deren Druckplatten verlorengegangen sind;
- Buntdruck von Bildkarten nach farbigen Luft- oder Satellitenbildern;
- Beschleunigung bis zum Kartendruck, wenn Veränderungen häufiger eintreten, die Karten aber kurzfristig wieder vorliegen sollen, z. B. Planungskarten;
- Beurteilung der endgültigen Kartendarstellung bereits in der Entwurfsphase bei komplizierter Gestaltung. Erst wenn der evtl. mehrfach korrigierte originalhafte Entwurf befriedigt, findet der endgültige Farbauszug statt.

Das Prinzip des Farbauszugsverfahrens und der weiteren Verarbeitung bis zum Druck läßt sich am anschaulichsten mit der klassischen photographischen Methode erläutern (Abb. 60). Von der Vorlage entstehen drei photographische Halbtonauszüge auf panchromatischem Film durch jeweils verschiedene Farbfilter. Jeder Farbton der Vorlage läßt sich dabei auffassen als eine spezifische Zusammensetzung aus den drei Grundfarben. In der ersten Aufnahme läßt ein Blaufilter die gelben Spektralanteile nicht durch, so daß sich keine Schwärzung der Gelbbereiche im Negativ ergibt. Umgekehrt weisen sie damit im Positiv eine starke Schwärzung auf. Entsprechend läßt bei der zweiten Aufnahme ein Grünfilter nicht die Magentabereiche hindurch, was einer Schwärzung dieser Bereiche im Positiv entspricht. Bei der dritten Aufnahme führt schließlich ein Rotfilter zu einer Schwärzung der Cyanbereiche im Positiv. Die so entstandenen Positive sind damit in erster Näherung Farbfolien für die Farben Gelb, Magenta und Cyan. Der daneben noch entstehende Schwarzauszug sorgt später für die sog. Tiefe in der Druckwiedergabe.

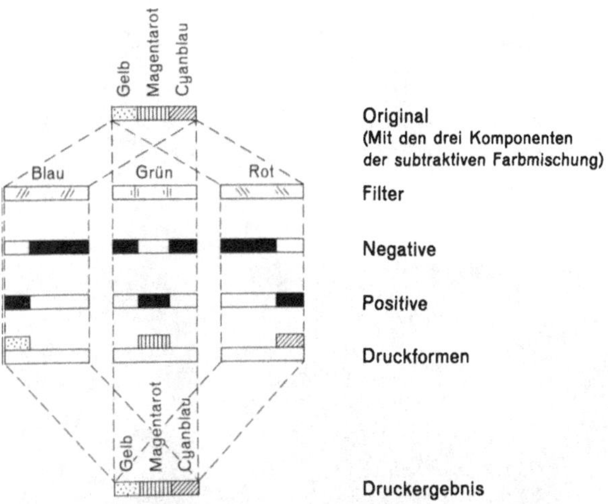

Abb. 60. Prinzip des Farbauszugsverfahrens

Für die weitere Verwertung sind die Auszüge noch folgenden Eingriffen zu unterziehen:

- *Rastern,* da echte Halbtöne nicht zum Druck geeignet sind.
- *Maskieren* für notwendige Korrekturen in Farbton- und -helligkeit, damit das Druckergebnis mit der Vorlage übereinstimmt, aber auch, um Abweichungen gegen die Vorlage zu erreichen.

Die *photographische* Farbtrennung ist die ältere, klassische Methode. Die Farbfolien entstehen durch Erfassen der Vorlage jeweils als Ganzes unter Abbildung auf photographische Halbtonfilme. Die Auszüge finden statt an Kameras (Einzelheiten siehe unter 4.2.7.2) oder an Kontaktkopiergeräten (4.2.7.3).

Die *elektronische* Farbtrennung findet an Farbscannern (Reproscannern) statt (Einzelheiten siehe 4.2.7.4). Sie erzeugt die Farbfolien durch zeilenweises optisches Abtasten der Vorlage und nachfolgendes Aufzeichnen (Schreiben) auf photographischen Filmen, meist Strichfilmen.

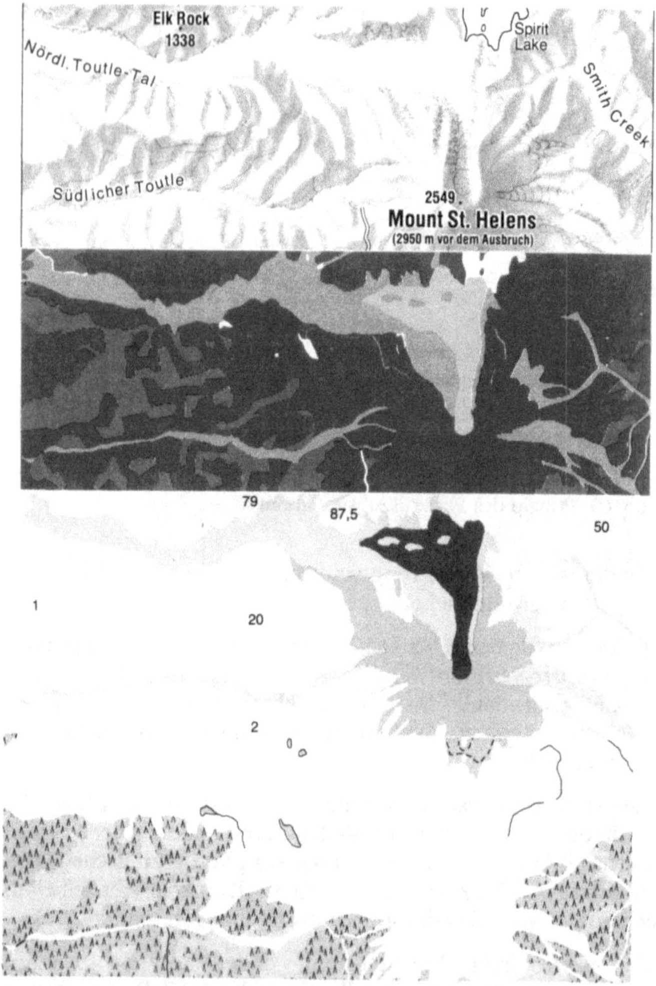

Abb. 61. Farbfolien eines Teils der unteren Karte der Anlage 11. Von oben nach unten für die Druckfarben Schwarz, Gelb, Magenta (Purpurrot) und Cyan (Blaugrün).

Der *Schwarzauszug* erfordert in der Kartentechnik häufig eine besondere Behandlung. Da die Farbauszüge vollständig gerastert werden, können feine Striche und Schriften ihre Randschärfe verlieren oder gar unterbrochen werden. Da solche feinen graphischen Strukturen meist vorwiegend in der Schwarzdarstellung auftreten, entsteht die Schwarzfolie vielfach nicht durch Farbauszug, sondern gesondert im Verfahren der zeichnerischen Farbtrennung (4.2.2.4) und damit ungerastert.

Abb. 61 zeigt ein Beispiel für im Auszugsverfahren entstandene Farbfolien.

4.2.3 Zeichnungsträger

Die Technik der Originalherstellung und der Vervielfältigung hängt weitgehend von der Art und Beschaffenheit des Materials ab, auf dem sich die kartographische Darstellung befindet. Die wichtigsten Trägerstoffe sind heute Papier, Kunststoff-Folien, Glas und Metalle.

1. Papier

Es hat in der Kartentechnik eine dreifache Bedeutung:

– Als *Karton* trägt es auch heute noch teilweise den Entwurf und die Reinzeichnung.
– Als *Lichtpaus-*, *Photopapier* usw. dient es der reproduktionstechnischen Übertragung einer Darstellung.
– Als *Kartenpapier* ist es der Bedruckstoff für den Auflagedruck.

Das Papier wurde etwa um 100 n. d. Zw. in China erfunden, kam aber erst um 1150 über Arabien und Spanien nach Europa. 1350 entstand die erste deutsche Papiermacherei. Der Name stammt vom ägyptischen *Papyrus* , das seit etwa 3500 v. d. Zw. aus den Markfasern der Papyrusstaude gewonnen wurde. In Europa wurde seit etwa 200 v. d. Zw. das aus Tierhäuten hergestellte *Pergament* benutzt.

Als Rohstoffe dienen Holz, Altpapier, Stroh und Lumpen. Diese sog. Halbstoffe werden in einem sog. Holländer fein zermahlen und bilden dann mit weiteren Füllstoffen einen Papierbrei (Ganzstoff), der in der

Papiermaschine auf einem Siebband gerüttelt und durch sog. Gautsch- und Naßpressen entwässert wird. Die weitere Bearbeitung findet dann in geheizten Trockenpressen sowie in Glättwerken zur Oberflächenbehandlung statt. Feinere Papiere werden später in einem besonderen Glättwerk (Kalander) noch weiter geglättet (satiniert). Weitere Einzelheiten siehe z. B. *Schwieger* 1975.

Für kartographische Zwecke kommt nur holzfreies Papier in Betracht. Dieses entsteht, wenn der Rohstoff Holz chemisch behandelt wird und nur die daraus entstehende Zellulose, nicht auch der Holzschliff zur Papierherstellung benutzt wird.

Der besondere Vorteil des Papiers liegt darin, daß es Graphit, Schreibpaste, Tinte, Tusche und Druckfarben problemlos annimmt und rasurfähig ist. Nachteilig ist die starke Abhängigkeit der Papierdimensionen von den Schwankungen der Luftfeuchtigkeit. Dieser *Papierverzug* ist quer zur Laufrichtung etwa 3–6mal größer als in Laufrichtung.

Als *Laufrichtung* gilt die Richtung der Breifasern; diese stellen sich beim Rütteln des Siebbandes stets in Bandrichtung ein. Um sie festzustellen, wendet man z. B. die Feuchtprobe an: Ein gefeuchtetes Papier krümmt sich stets quer zur Laufrichtung.

Eine Papierstabilisierung erreicht man z. B. durch Kleben mehrerer Bögen mit sich kreuzenden Laufrichtungen. Am wirkungsvollsten ist jedoch das Kaschieren auf Aluminiumplatten oder -folien. Solche *Alu-Kartons* sind fast völlig maßbeständig und daher besonders für exakte Kartierung geeignet.

Das Gewicht für 1 m^2 Papier beträgt bis zu 150 g; Sorten bis 500 g/m^2 bezeichnet man als Karton, über 500 g/m^2 als Pappe. Kartenpapier wiegt etwa 90 g/m^2. Bei einem spezifischen Gewicht von rund 1 gibt diese Gewichtsangabe zugleich die ungefähre Papierdicke in μm an.

Bedrucktes Kartenpapier wird gefaltet (gefalzt) oder ungefaltet (plano) benutzt. Eine gut durchdachte *Falzung* steigert die Handlichkeit im Gebrauch. Bei den meisten Karten trifft man auf eine oder zwei Falzungen in Längsrichtung mit anschließender harmonikaartiger Falzung in Querrichtung (sog. Zickzack- oder Leporellofalzung). Karten mit höheren Auflagen werden meist an Falzmaschinen gefalzt.

Seit etwa 1960 sind sog. *synthetische Papiere* auf dem Markt. Sie bestehen aus reinem Kunststoff in Folienform oder aus Fasern, können aber auch aus einer Mischung von Kunststoffasern mit herkömmlichen Zellstoff- oder Holzschliffasern hergestellt werden. Solche Produkte sollen die guten Oberflächeneigenschaften des Papiers aufweisen, aber dessen Nachteile vermeiden. Sie zeichnen sich daher durch hohe Festigkeit gegen Reißen, Scheuern und Falzen sowie durch völlige Wasserfestigkeit aus. Andererseits sind sie leichter dehnbar, nicht so steif wie Papier und kaum besser zu bedrucken als dieses. Besonders nachteilig ist der gegenüber vergleichbaren Papierqualitäten um ein Mehrfaches höhere Preis. Daher dürfte es auch in Zukunft nur zu speziellen Anwendungen kommen, z. B. dort, wo für Drucke und Lichtpausen durch einen Gebrauch im Felde besondere Strapazen zu erwarten sind.

Von einem Kartenoriginal fordert man heute meist, daß es maßbeständig und transparent ist. Das Papier kann beide Forderungen zugleich nicht erfüllen: Alu-Karton ist nicht transparent, Transparentpapier nicht sehr maßbeständig. Aus diesem Grunde eröffnet sich daher den Kunststoff-Folien ein weites Anwendungsgebiet.

2. Kunststoff-Folien

Als erste brauchbare Zeichenfolien erwiesen sich *Celluloseacetate*, die auch heute noch (z. B. unter dem Markennamen Ultraphan) im Gebrauch sind. Die Folien lassen sich leicht bezeichnen, sind jedoch nicht sehr maßbeständig.

Der große Aufstieg der Folientechnik begann mit dem Aufkommen der *vollsynthetischen* Folien: 1937 erschien die erste Folie dieser Art unter der Bezeichnung Astralon. Heute gibt es zahlreiche in- und ausländische Produkte; dabei unterscheidet man zwischen Folien, die durch Mischpolymerisation entstehen, und solchen, die aus Polykondensation hervorgehen.

Polymerisation ist die Verfestigung bestimmter Stoffe unter besonderen chemischen Bedingungen zu hochmolekularen, meist langkettigen Verbindungen. Das für die Kartentechnik wichtigste Mischpolymerisat ist das Polyvinylchlorid (PVC). Folien dieser Art wie z. B. Astralon entstehen nach der Polymerisation durch Walzen in geheizten Kalandern; eine Mattierung wird durch Oberflächenprägung oder mechanisches Aufrauhen erzeugt.

Polykondensation ist die Verbindung zweier Stoffe zu einer neuen hochmolekularen Verbindung unter Abspaltung von Wasser, Ammoniak usw. Solche Verbindungen sind entweder Polytherephthalsäureester (Polyester, z. B. Cronar, Hostaphan, Stabilene) oder Polycarbonate (z. B. Pokalon). Die Oberflächenmattierung entsteht bei Polyesterfolien durch Pigmentlackierung und bei Polycarbonatfolien durch Gießmattierung auf einem rauhen Gießband.

Die Folien sind glasklar, als Zeichenfolien einseitig bzw. beidseitig mattiert oder undurchsichtig (opak) und etwa 0,05 bis 0,25 mm stark. Ihr Wärmeausdehnungskoeffizient beträgt bei PVC- und Polycarbonatfolien etwa 60 bis $70 \cdot 10^{-6}$ je 1° C, bei Polyesterfolien etwa $25 \cdot 10^{-6}$ je 1° C. Der Ausdehnungskoeffizient je 1% Änderung der relativen Luftfeuchtigkeit ergibt sich für PVC- und Polycarbonatfolien zu rund $5 \cdot 10^{-6}$ und für Polyesterfolien zu rund $10 \cdot 10^{-6}$. Außer von diesen Merkmalen hängt die Eignung von Folien noch wesentlich von ihrer Wärme- und Alterungsbeständigkeit, Festigkeit, Flexibilität und Knickbeständigkeit sowie von ihrem Verhalten zu Tuschen und Farben ab.

So liegt z. B. die sog. Erweichungstemperatur von PVC-Folien bei rund 70° C, von Polyesterfolien bei etwa 150° C. Bei höheren Temperaturen ändert sich das Maßverhalten; zugleich erhöht sich – wie auch bei sehr niedrigen Temperaturen – die Sprödigkeit, Polyesterfolien sind von hoher mechanischer Festigkeit, jedoch haften auf ihnen Tuschen und Kopierfarben nicht unmittelbar, sondern nur mit Hilfe einer besonderen Lackmattierung. Alle Folien laden sich ferner bei geringer Luftfeuchtigkeit elektrisch auf.

Eine eingehende Darstellung der Kunststoffe bringt *Biederbick* 1977. Die Kunststoffolien für die Kartographie behandelt *Becke* (in *Bosse* 1973). Über die Bezeichenbarkeit solcher Folien siehe 4.2.5.1.

Unbeschichtete Folien dienen als Zeichenfolien (mindestens einseitig mattiert) oder als Montagefolien. *Beschichtete* Folien tragen eine Lichtpaus-, Photo-, Kopier-, Gravur-, Maskier-, Schneide- oder Strippingschicht.

3. Glas

Da Glas sich nicht unmittelbar bezeichnen oder einfärben läßt, benutzt man es nur als Träger von Photo- oder Gravurschichten.

Seine Vorteile beruhen auf der hohen Maßbeständigkeit (thermischer Ausdehnungskoeffizient etwa $8 \cdot 10^{-6}$ je 1° C), der Planlage und großen Transparenz. Nachteilig sind dagegen die leichte Zerbrechlichkeit, das hohe Gewicht und die damit verbundene Unhandlichkeit; aus diesen Gründen ist das Glas weitgehend von der Folie abgelöst worden. Bei einigen Stellen hat jedoch die Schichtgravur auf Glas (4.2.5.2) noch ihren festen Platz.

4. Metalle

Metallplatten dienen als Druckformen in Druckmaschinen. Das Druckbild wird durch Plattenkopie (4.2.8.3) übertragen. Über die Beschaffenheit der Metallplatten siehe 4.3.1.4.

4.2.4 Technik des Kartenentwurfs

4.2.4.1 Begriffe und Aufgaben

Der Entwurf (Näheres siehe 4.1.3) ist die Vorlage für die Originalherstellung. Er entsteht in der Kartenpraxis meist als Folge von Kartierung und Entwurfszeichnung.

Als *Kartierung* gilt im engeren Sinne das graphische Darstellen des geometrischen Anteils eines Karteninhalts durch Punkte und Linien auf einem besonders dafür vorgesehenen Träger, auf einer anderen Karte oder auf einer Luftbildentzerrung. Die *Entwurfszeichnung* vervollständigt die geometrische Wiedergabe der Kartierung, und sie stellt darüber hinaus die qualitativen und quantitativen Anteile durch Flächen, Signaturen, Diagramme und Schriften dar.

Die Übergänge zwischen beiden Bereichen sind gleitend: Beschränkt sich die Kartierung auf die Darstellung von Punkten, so führt bereits das Verbinden von Gebäudeecken zur Umrißlinie oder von interpolierten Höhenpunkten zur Höhenlinie in den Bereich der Entwurfszeichnung. Werden dagegen Wegegrenzen oder Höhenlinien unmittelbar erzeugt, z. B. durch Luftbildmessung, so herrscht noch das Merkmal der Kartierung vor. Existieren die kartographischen Daten in digitaler Form, so fallen beim Einsatz von Zeichenautomaten die Kartierung und die Entwurfszeichnung sowie evtl. auch die Originalzeichnung, z. B. bei Flurkarten, zusammen.

4.2.4.2 Kartierung

Die Kartierung umfaßt in der Regel die Darstellung des Kartennetzes und der durch Vermessung erfaßten oder aus Karten und Luftbildern übernommenen topographischen oder thematischen Punkte und Linien. Die Konstruktion des Kartennetzes entfällt, wenn die Punkte und Linien unmittelbar in vorhandene Karten oder Luftbildentzerrungen einkartiert werden. Die Kartierung der Punkte und Linien findet andererseits nicht statt, wenn der Karteninhalt bei Folgekarten im Wege der Generalisierung entsteht, oder sie beschränkt sich auf die Wiedergabe weniger Paßpunkte und -linien.

Zur *manuellen* Kartierung benötigt man Lineale (u. U. auch Kurvenlineale), Anlegemaßstäbe, Dreiecke, Winkelmesser (Transporteure), Kartiernadeln, Graphitstifte (Härtegrad mindestens 3 H) und Radierwerkzeug. Spezielle Kartiergeräte wie Kleinkoordinatographen erleichtern und beschleunigen die Kartierung.

Für genauere und umfangreichere Arbeiten setzt man die mechanische oder automatische Kartierung ein. Der bei der *mechanischen* Kartierung benutzte *Koordinatograph* ist ein größeres Kartiergerät, mit dem sich Punkte nach rechtwinkligen, seltener nach polaren Koordinaten mechanisch kartieren sowie Koordinatenlinien zeichnen lassen. Umgekehrt kann man auch für einen dargestellten Punkt die Koordinaten ablesen. Die Kartier- bzw. Ablesegenauigkeit liegt etwa bei ± 0,03 mm.

Die bekanntesten Konstruktionen bestehen aus einem Zeichentisch, über dem die Kartiervorrichtung in zwei zueinander senkrechten

Richtungen mittels Handrädern über Spindeln oder Zahnstangen bewegt wird. Die Kartiervorrichtung enthält die Kartiernadel, die sich gegen die Zeichenfläche senken und wieder abheben läßt. Anstelle der Nadel kann man auch eine Graphitmine, einen Tuschefüller oder einen Gravurstichel sowie zur Koordinatenbestimmung ein Einstellmikroskop einsetzen.

Über *automatische* Kartierung und Zeichnung siehe 5.5 und 5.6.

Die Kartierung des *Kartennetzes* führt bei Karten großer und mittlerer Maßstäbe zur Darstellung des rechtwinklig-ebenen (geodätischen) Koordinatensystems. Damit ergibt sich ein quadratisches Gitter (Bd. I, 3.7.4).

Das Quadratnetz läßt sich manuell wie folgt kartieren (Abb. 62): Man verbindet die Ecken des Zeichenträgers diagonal miteinander und trägt vom entstandenen Schnittpunkt *S* vier gleich lange Strecken *s* auf den

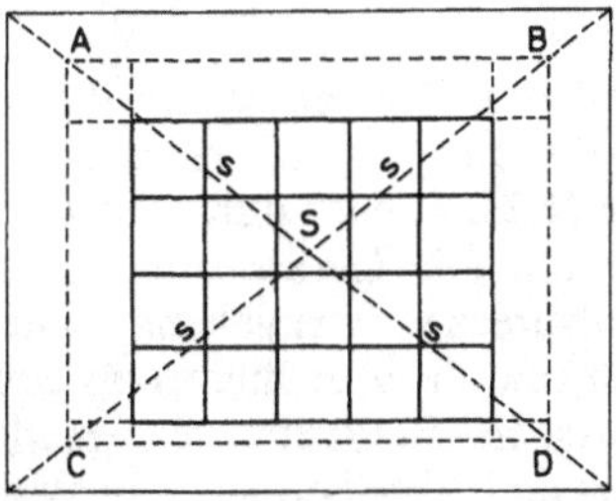

Abb. 62. Konstruktion eines Kartennetzes (quadratisches Gitter)

Diagonalen ab. Die Verbindung der vier Streckenendpunkte *A* bis *D* ergibt ein exaktes Rechteck. Von diesem Rechteck ausgehend kann man dann ein Quadratnetz bestimmter Maschenweite aufbauen. Alle Punkte werden durch einen feinen Nadelstich markiert; den Netzlinien werden die Koordinatenwerte beigeschrieben. Die kartierten Punkte lassen sich reihenweise und in den Diagonalen auf Geradlinigkeit prüfen; ferner müssen die Diagonalabstände das $\sqrt{2}$fache der Maschenweite betragen.

Bei Karten kleiner Maßstäbe entsteht das Netz der geographischen Koordinaten

- hilfsweise aus einem Quadratnetz, wenn man die Schnittpunkte geographischer Netzlinien im Quadratnetz berechnet, kartiert und miteinander verbindet, oder
- direkt im Falle normaler echter Abbildungen im Anhalt an die Abbildungsgleichungen.

Weitere Einzelheiten hierzu siehe Bd. I, 3.1.6.

Die Kartierung von *Punkten* nach rechtwinkligen Koordinaten läuft umgekehrt ab wie die Koordinatenbestimmung aus der Karte. Die Erläuterungen zu 6.3.2 lassen sich daher sinngemäß anwenden. Bei Kartierung nach polaren Koordinaten wird mit dem Transporteur der Richtungswinkel bzw. das Azimut im Ausgangspunkt abgesetzt und die Strecke auf dem freien Schenkel abgetragen; die Ausführungen in 6.3.4 gelten daher entsprechend.

4.2.4.3 Entwurfszeichnung

Sie richtet sich in Exaktheit und Zeichentechnik danach, ob der Entwurf als Vorlage für die Originalherstellung durch zeichnerische Farbtrennung (4.2.2.4) oder durch Farbauszugsverfahren (4.2.2.5) dienen soll. Die Geräte und Materialien der Entwurfszeichnung entsprechen weitgehend denen der Reinzeichnung (4.2.5), doch sind darüber hinaus im einzelnen auch Filz- und Kugelschreiber, Buntstifte, lasierende und deckende Farbmittel, Klebe- und Abreibefolien usw. verwendbar.

1. Entwurfszeichnung im Fall der zeichnerischen Farbtrennung

Hierbei hängt es von den Merkmalen des Einzelfalles ab, ob Kartierung und Zeichnung auf einem einzigen Träger stattfinden oder bereits auf mehrere Träger entsprechend den später zu fertigenden Farbfolien verteilt werden.

Bei *Grundkarten* ist die zeichnerische Ausarbeitung der Kartierung gewöhnlich einfach. Sie ergibt sich bei *topographischen* Grundkarten im Zuge von Luftbildmessungen meist unmittelbar durch die Strichzeichnung; bei terrestrischen Vermessungen orientiert sich die Ausarbeitung der Punktkartierung zur Liniendarstellung an den Angaben des Feldrisses oder ähnlicher Unterlagen. Bei *thematischen* Grundkarten werden die kartierten oder in Karten bzw. Luftbildern fixierten Darstellungen von Bezugspunkten (z. B. Wetterstationen) oder der Ergebnisse von Vermessungen (z. B. Bodenschätzungsgrenzen) weiter ausgearbeitet durch die Wiedergabe der erfaßten thematischen Daten (z. B. Wetterdaten, Schätzungsmerkmale) in Form von Signaturen, Diagrammen oder Schriften.

Bei *Folgekarten* wird die Entwurfszeichnung bestimmt durch die notwendige Generalisierung der Ausgangskarte und die damit verbundenen graphischen Zwänge. Bei inhaltlichen Abwandlungen (z. B. Straßenkarte aus topographischer Karte) treten graphische Umwandlungen und Ergänzungen hinzu. Allgemeine Regeln für die Methodik des Entwurfs lassen sich wegen der sehr unterschiedlichen Aufgaben und Ausgangssituationen nicht aufstellen.

Bei *topographischen* Folgekarten können z. B. die Entwurfszeichnungen für die generalisierte Darstellung entstehen

- durch unmittelbares Überzeichnen der Ausgangskarte,
- auf einer oder mehreren Deckfolien zur Ausgangskarte,
- auf Luftbildern, z. B. in Verbindung mit der Kartenfortführung,
- im Anhalt an reproduktionstechnisch gewonnene Vorgeneralisierungen (z. B. Ausbelichtungen), Teildarstellungen unter Montage im Rahmen des Kartennetzes usw.

Dazu kann die Ausgangskarte auch vorweg verkleinert werden. In einfachen Fällen ist mitunter eine Entwurfszeichnung entbehrlich; die Generalisierung wird dann erst unmittelbar bei der Originalzeichnung auf der Grundlage einer Anhaltskopie von der Ausgangskarte und unter Beachtung des Zeichenschlüssels vorgenommen.

Liegt kein verbindlicher Zeichenschlüssel vor, z. B. bei vielen *thematischen* Folgekarten, so erhält die Entwurfszeichnung in Verbindung mit der gesamten Kartengestaltung einen hohen Stellenwert. Das gilt vor allem, wenn die Gestaltung eng verbunden ist mit der Aufbereitung der Daten aus bestimmten Quellen (z. B. Statistik, Fachliteratur, Archivmaterial). Dabei können sich vielfach Entwurfsvarianten ergeben, aus denen dann die beste Darstellung zur Originalzeichnung auszuwählen ist.

2. Entwurfszeichnung im Fall des Farbauszugsverfahrens

Hierbei ist die Entwurfszeichnung auf einem einzigen Träger vorzunehmen, um als originalartige Vorlage für die Farbauszüge dienen zu können. Für die graphische Qualität und Beschaffenheit dieser Vorlage gelten ferner die folgenden Bedingungen:

- Grundsätzlich müssen die Linien, Signaturen, Diagramme und Schriften graphisch so exakt sein, wie es die Ergebnisse der Vervielfältigungen sein sollen. Dies gilt allgemein auch für die Farbwerte bei Linien- und Flächenfarben.
- Ausnahmsweise können Abweichungen von der für das Vervielfältigungsexemplar vorgesehenen Darstellungen in Betracht kommen, wenn z. B. bei unmaskierten Farbauszügen diese Abweichungen im reproduktionstechnischen Vorgang gerade wieder kompensiert werden. Solche Verhältnisse treten vor allem bei der Veränderung von Flächenfarbwerten auf.

Die Entwurfszeichnung ist daher in der Regel mit der bei der Reinzeichnung für Originale üblichen Präzision durchzuführen. Das bedeutet im einzelnen z. B.

- für die Strichzeichnung vorwiegend die Tuschezeichnung,
- für die Schrift die exakte Zeichnung, die Verwendung von Schablonen bzw. Abreibefolien oder die Montage von Photosatz-Schrift,
- für die Flächenfarben die sorgfältige manuelle Kolorierung oder die Montage farbiger Schneidfolien.

4.2.5 Manuelle Techniken der Reinzeichnung

Die *Rein-* oder *Originalzeichnung* ist die nach der Entwurfszeichnung oder nach anderen geeigneten Vorlagen (z. B. aufbereitete Luftbilder) ausgeführte reproduktionsreife Zeichnung mit geeigneten Zeichengeräten (Zeichenwerkzeugen) und Zeichenmitteln (z. B. Tusche). Sie beruht bei manuellen Techniken

– auf der Übertragung von Substanzen (Graphit, Schreibpasten, Einfärbemittel, meist jedoch Tusche) (4.2.5.1) einschließlich der Schattierung von Flächen (4.2.5.3),
– auf der Gravur von Schichten (4.2.5.2),
– auf dem Schneiden von Folien (4.2.5.4).

Über mechanische, photographische und automatische Techniken siehe 4.2.6 bis 4.2.8 und 5.5 bis 5.6.

Die moderneren Entwicklungen der manuellen Techniken, teilweise auch der mechanischen und photographischen, beschreibt *Matuschek* (in *Bosse* 1979).

4.2.5.1 Tuschezeichnung

Unter den Substanzen, die beim Zeichnen übertragen werden, bevorzugt man in der Praxis der Originalzeichnung schwarze Tuschen, da sich mit ihnen am sichersten gleichmäßige, randscharfe und – im Hinblick auf die nachfolgenden Reproduktionen – genügend kontrastreiche Striche erzielen lassen. Die Tuschezeichnung ist auf Karton oder Folie möglich. Farbige Tuschen kommen nur für Unikate und für Vorlagen im Farbauszugsverfahren in Betracht.

Zur *manuellen Tuschezeichnung* werden Zeichenfedern, Ziehfedern (Reißfedern), Lineale, verschiedene Zirkel, Radiergeräte u. a. m. benutzt. Die anstelle von Ziehfedern heute bevorzugten Tuschefüller können durch Röhrchen (Düsen) unterschiedlicher Öffnung gleichmäßige Striche in Breiten zwischen 0,1 und 2,5 mm wiedergeben. Schraffiergeräte ermöglichen eine exakte Flächenschraffur (z. B. bei Gebäudeflächen), Schablonen die gleichmäßige Darstellung von Signaturen und einfachen Schriften (z. B. Normschriften).

Die Tuschezeichnung auf gutem Karton mit den gewöhnlichen Ausziehtuschen ist problemlos. Dagegen erfordert jede Zeichnung auf PVC- und Polycarbonatfolien Spezialtuschen, die meist folienanlösend sind und dadurch fest haften, jedoch mehr Aufwand bei der Korrektur erfordern. Auf lackmattierten Polyesterfolien wird mit besonderen wässerigen, aber nach der Trocknung wasserfesten Tuschen gezeichnet. Für das Entfernen von Darstellungen genügt meist der Gebrauch angefeuchteter Plastikradierer. Wird bei Polyesterfolien die Lackmattierung durch Rasuren verletzt, so ist eine Nachmattierung nötig, die mit einem Spezialmittel selbst vorgenommen werden kann. Während für PVC- und Polycarbonatfolien praktisch alle Zeichengeräte geeignet sind, erfordert die sehr harte Lackmattierung bei Polyesterfolien Zeichengeräte mit Hartmetall- oder Saphirspitze, um einen raschen Abrieb zu vermeiden.

4.2.5.2 Schichtgravur

Durch Gravur beschichteter Kunststoffolie bzw. beschichtetem Glas wird an den Stellen des Kartenbildes die Schicht entfernt und damit der Schichtträger freigelegt. Aus dem Gravurergebnis wird durch Reproduktion oder Einfärbung das Positivoriginal gewonnen. Neben einer höheren Zeichengeschwindigkeit liegt der wesentliche Vorteil der Schichtgravur gegenüber der Tuschezeichnung in einer gleichmäßigeren Strichbreite und einer besseren Randschärfe. Dadurch ist es in vielen Fällen möglich, das Kartenoriginal unmittelbar im Maßstab der Karte zu bearbeiten.

Das Verfahren, dessen Anfänge bis in die 30er Jahre zurückreichen, setzt sich in der Praxis immer mehr durch und ist besonders vorteilhaft bei langlebigen Karten mit feiner Graphik. Dazu sind spezielle Graviergeräte entwickelt worden, mit denen sich Striche, Doppelstriche, Punkte und Kreise sowie nach Schablonen auch Schriften und Signaturen darstellen lassen. Die Stichel sind aus hartem Stahl und spitz oder meißelförmig geschliffen. Sie werden häufig in Vorrichtungen gehalten, die auf Füßen über die Schicht gleiten und für eine möglichst konstante Gravurtiefe sorgen. Die Geräte sind vielfach mit einer Lupe versehen (Abb. 63).

Gute Gravurergebnisse setzen eine möglichst dünne Schicht (etwa 5μm dick) voraus, die nicht spröde, sondern so beschaffen ist, daß sich der Span leicht löst und randscharfe Linien entstehen. Die Schicht soll ferner kratzfest sein und eine Härte aufweisen, die auf die beim Gravieren wirksame Kraft gut abgestimmt ist. Das spielt vor allem beim automatischen Gravieren eine Rolle. Schichten auf Folien gibt es in konfektionierter Form; man kann aber auch eine Folie oder Glas mit Hilfe einer Schleuder oder durch Aufstreichen, Aufgießen, Aufwalzen bzw. Aufsprühen selbst beschichten. Die Schichten lassen

Abb. 63. Graviergerät von Haag-Streit

sich ferner mit Kopier- und Diazoschichten überdecken, mit deren Hilfe Anhaltskopien möglich sind. Spezielle Diazo-Gravurschichten führen bei Belichtung unter einem Negativ zu einer Negativlichtpause, was einer Auswaschkopie entspricht (4.2.8.2); Ergänzungen lassen sich sodann manuell weitergravieren.

Die einzelnen Methoden der Schichtgravur hängen ab

– von der *visuellen Transparenz*, d.h. von der Möglichkeit, durch die Schicht mit den Augen hindurchzusehen, und
– von der Transparenz für *aktinisches Licht*, d.h. von der Durchlässigkeit der Schicht für eine Strahlung, die auf lichtempfindliche Materialien einwirkt.

Diese beiden Transparenzmerkmale sind zwar häufig, aber nicht immer identisch.

Die *visuelle* Transparenz bestimmt die Zeichenmethode der Farbtrennung (4.2.2.4). Ist sie ausreichend vorhanden, so läßt sich die beschichtete Folie auf die Vorlage legen und die Darstellung hochgravieren. Bei Schichten, die keinen Durchblick gestatten, ist der Entwurf auf der Schicht zu kartieren und zu zeichnen oder – wie es vorwiegend üblich ist – auf die Schicht als *Anhaltskopie* (4.2.8) zu kopieren und dann in der vorgesehenen Weise nachzugravieren.

Die Transparenz für *aktinisches Licht* bestimmt die Art der Weiterverarbeitung der Gravurergebnisse. Bei fehlender Transparenz ist das Ergebnis der Gravur ein negatives Kartenbild (sog. Negativgravur). Von diesem gewinnt man das Positiv

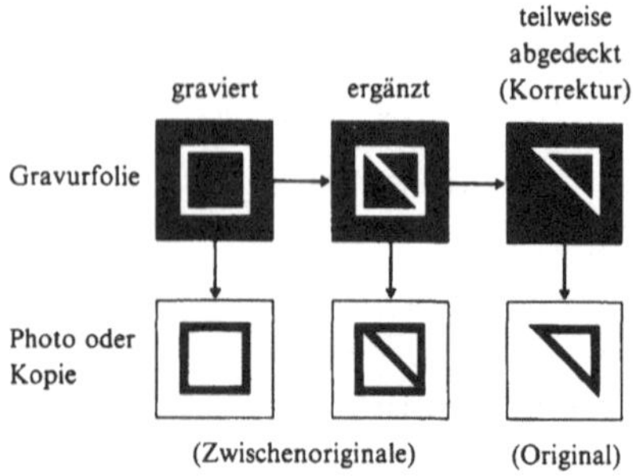

Abb. 64. Negativgravur

durch Photographie oder Kopie (Abb. 64), d. h. auf einem neuen Zeichenträger. Ist Transparenz vorhanden, so ist damit das Gravurergebnis als Reproduktionsvorlage nicht geeignet. Statt dessen wird nach beendeter Gravur eine Farbe aufgetragen, die sich an den freigelegten Stellen mit der Folie fest verbindet. Entfernt man sodann die Schicht, so entsteht unmittelbar das Positiv (sog. *Positivgravur*, Abb. 65), d. h. es findet kein Wechsel des Zeichenträgers statt. Dieser Vorgang ist im Prinzip auch mit aktinisch nicht transparenten Schichten möglich; bestimmte Schichten dieser Art auf Folie eignen sich daher sowohl für die Negativ- wie auch für die Positivgravur. Während im Hinblick auf ihre Weiterverarbeitung Negativgravuren sich sowohl auf Folie – meist Polyesterfolie – wie auf Glas ausführen lassen, kommen für Positivgravuren nur PVC- oder Polycarbonatfolien wegen der Farbannahme in Betracht.

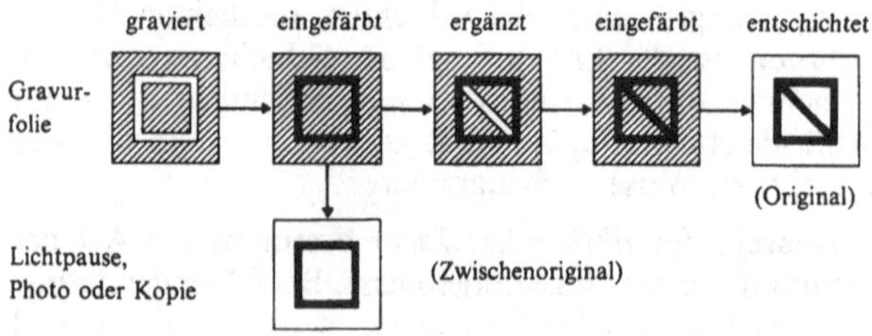

Abb. 65. Positivgravur mit aktinisch transparenter Schicht

Der Vorteil der Negativgravur liegt darin, daß die Originalgravur bereits die fertige Reproduktionsvorlage ist, also unverändert bleibt und in dieser Form beliebig lange verwendbar ist. Das Verfahren kommt vor allem für die Herstellung von Karten mittlerer und kleiner Maßstäbe nach Anhaltskopien in Betracht. Bei der Schichtgravur auf Glas kann man nach Herstellung des Positivs die Schicht auf dem Glas vollständig entfernen und das Glas erneut für eine weitere Gravur beschichten.

Der Vorteil der Positivgravur ist darin zu erblicken, daß das Positiv ohne Reproduktionsprozeß gewonnen wird. Nachteilig ist dagegen, daß die Gravur zu wiederholen ist, wenn die Einfärbung ein mangelhaftes Ergebnis liefert. Das Verfahren wird vor allem bei der Herstellung großmaßstäbiger Karten sowie bei Luftbildauswertungen angewandt. Ein besonderer Vorteil ergibt sich, wenn man nach dem Einfärben die überschüssige Farbe entfernt, die Schicht aber stehen läßt: Man kann sodann durch Photographie, Kopie oder Lichtpause ein Zwischenoriginal ableiten, das z. B. für eine Schriftvorlage, einen Feldvergleich oder zur Korrekturlesung benutzt wird. Anschließend sind weitere Gravuren möglich.

Die Korrektur einer Negativgravur besteht im manuellen Abdecken fortfallender Darstellungen mit einer lichtundurchlässigen Schichtmasse. Nach Trocknung läßt sich weitergravieren. Dementsprechend ist bei der Positivgravur das Auftragen einer Korrekturschicht mit Pinsel oder Zeichenfeder vor dem Einfärben noch möglich. Bereits eingefärbte Linien lassen sich durch mechanische Rasur oder auf chemischem Wege mit einem Spezialmittel entfernen. Nach der Entschichtung ist für größere Nachträge auch eine manuelle Nachbeschichtung möglich.

Weitere Einzelheiten über Technik und Anwendung der Schichtgravur siehe *Bosse* 1965 und *Podschadli/Schweißthal* 1981. Ein Beispiel zur *chemischen Gravur* (Auswaschkopie, 4.2.8.2) schildert *Katzenberger* 1973.

4.2.5.3 Manuelle Schummerung

Die Schummerungsdarstellung ist ein echter Halbton, der nachträglich noch einer autotypischen Rasterung (4.2.6.5) zu unterziehen ist. Eine solche Halbtonvorlage entsteht auf Karton oder Folie im Anhalt an eine Darstellung der Höhenlinien und des Gewässernetzes durch flächig wirkende Techniken. Diese arbeiten mit Wasserfarben, mit verriebenen Graphitminen oder mit einem Sprühverfahren.

Die Wasserfarbentechnik einschließlich der Sprühverfahren ist am günstigsten für große, etwa gleich zu tönende Flächen. Das Arbeiten mit Graphitminen eignet sich dagegen vor allem zur Darstellung von Bereichen mit harten Übergängen (z. B. bei Kanten). Während das Aufbringen von Wasserfarben – besonders bei lavierenden Techniken – einen fast kornlosen Schummerungston erzeugt, ergibt sich bei Graphitminen ein Korn in Abhängigkeit von der Oberfläche des Zeichenträgers. Dieses Korn läßt sich jedoch bei Verwendung eines Wischers (Estompe) erheblich reduzieren.

Die Schummerung sollte als eine einzige Vorlage auch dann entstehen, wenn sie in mehreren Farben gedruckt werden soll; die Farbtrennung ergibt sich dann aus speziellen Techniken. Soweit bei den Photo-, Kopier- und Druckprozessen unvermeidliche Tonwertänderungen eintreten, sind sie bei der Herstellung der Schummerungsvorlage bereits in entgegengesetztem Sinne zu berücksichtigen. Einzelheiten über Schummerungstechnik beschreibt *Langer* (in *Bosse* 1973).

Über die theoretischen Grundlagen der Schummerung siehe Bd. I, 5.3.2.5 sowie über mechanische und analytische Verfahren siehe 4.2.6.4 und 5.6.2.2.

4.2.5.4 Folienschneiden für Abziehverfahren

Es gibt aktinisch nicht transparente, aber durchsichtige Schneide-Abziehfolien, die zur Herstellung von Farbdeckern über die Vorlage gelegt werden. Dann schneidet man manuell entlang der sichtbaren Kontur einer Fläche und kann dann – je nachdem, ob positiv oder negativ gearbeitet wird – entweder die von der Kontur umschlossene Fläche oder ihre Umgebung abziehen (cut'n strip). Über eine spezielle Anwendung des „cut and leave“ bei Grenzbändern berichtet *Kessler* 1980. Eine mechanische Variante dieser Methode ist das in 4.2.6.3 geschilderte Strip-Mask-Verfahren.

4.2.6 Mechanische und photographische Teilprozesse

Bei der manuellen Originalherstellung sind hoher Aufwand und gute kartographische Fähigkeiten besonders dort erforderlich, wo exakte Kartenschriften, gleichförmige Signaturen, paßgerechte Flächenfarben, Farbmischungen und -abstufungen sowie formtypische Schummerungen zu erzielen sind. Daher kommt es zunehmend zu Verfahren, mit deren Hilfe solche Darstellungen auf mechanischem oder photographischem Wege exakter, schneller, bequemer, kostengünstiger oder auch mit angelerntem Personal zu gewinnen sind.

Solche Methoden erfordern allerdings vielfach eine getrennte Bearbeitung der Teildarstellung auf einem besonderen Träger. Die Ergebnisse müssen daher mit anderen Darstellungen reproduktionstechnisch noch zusammengeführt werden (z. B. als Zusammenkopie). Solche Vorgänge ähneln den Praktiken, die heute in anderen Bereichen als sog. Reprozeichnen bekannt sind.

4.2.6.1 Schriftsatz

Die Kartenschrift entstand früher durch Gravur der Kupfer- bzw. Steinplatte als Druckträger oder durch Zeichnung mit Tusche auf Karton bzw. Folie. Dazu wurden besondere Schriftarten entwickelt, die sich den graphischen Eigenarten des Karteninhalts besser anpassen als die relativ starren Typen des Buchdrucks.

Eine erste Mechanisierung der Zeichnung bzw. Schichtgravur bestand und besteht heute noch in der Verwendung von *Schablonen.* Eine neuere Entwicklung ist ein *elektromechanisches Schreibgerät*, bei dem die Schrift buchstabenweise auf einer Tastatur abgerufen und mit einem Zeichenwerkzeug dargestellt wird. Ein Wechsel der Schriftart ergibt sich durch Kassettenwechsel. Solche Hilfsmittel eignen sich jedoch nur für einfache Normschriften.

Eine weitere Mechanisierung stellt der *Druck* von Kartenschriften dar. Dabei reichen die Möglichkeiten vom direkten Einstempeln bis zum Einmontieren gedruckter oder vom Druck photographierter Schrift.

Das leistungsfähigste Verfahren ist heute der *Photosatz* (*Lichtsatz*). Neben seiner Schnelligkeit hat er auch noch den Vorzug, daß die Ausgangsbuchstaben sich unmittelbar in bestimmten

Grenzen vergrößern bzw. verkleinern lassen. Das Ergebnis ist in der Regel ein Schriftpositiv. Dieses entsteht entweder auf einem besonderen Film, der nach Namen usw. zerschnitten und dann in die Schriftfolie montiert wird, oder das Schriftpositiv ist bereits die Schriftfolie selbst, wenn der Photosatz unmittelbar in der richtigen Positionierung (Schriftplazierung) möglich ist.

Die Begriffe Photosatz und Lichtsatz kann man innerhalb der Kartentechnik als Synonyme auffassen. Im graphischen Gewerbe sind die Meinungen unterschiedlich: Einige Fachleute grenzen den Photosatz mit materiellen Schriftträgern (z. B. Negativschablone) vom immateriellen Lichtsatz (z. B. mit Kathodenstrahl) ab.

Unter den für die Kartographie geeigneten Photosetzgeräten hat das Diatype (Berthold/Berlin-W; Abb. 66) relativ weite Verbreitung gefunden. Träger der negativen Buchstaben, Zahlen und Zeichen ist eine drehbare Schriftscheibe, von der im Durchlicht die Buchstaben nacheinander auf einen Film projiziert werden. Der gewünschte Buchstabe wird mit einem Wählgriff auf einem auswechselbaren Schriftband eingestellt und durch Fingerdruck belichtet. Die notwendige Filmversetzung um die jeweilige Buchstabenbreite (entsprechend der sog. Dickte der Drucklettern des Bleisatzes) sowie die Belichtung und die Scharfeinstellung (je nach Vergrößerungsverhältnis) werden elektronisch gesteuert. Das umfangreiche Schriftenangebot enthält zahlreiche Scheiben mit kartographischen Schriften.

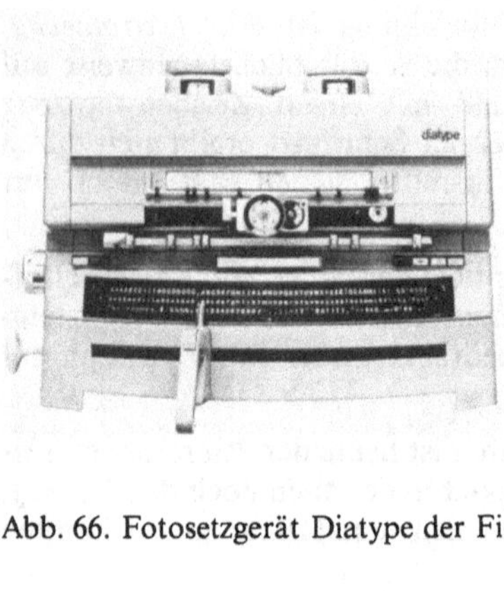

Abb. 66. Fotosetzgerät Diatype der Firma Berthold

Die Filme für den Photosatz sind entweder sehr dünne Folien (etwa 0,06 mm) oder Stripping-Filme, die sich als feine Häutchen vom Träger abziehen lassen. In beiden Fällen ist es möglich, auch seitenverkehrt (Schicht nach unten) zu montieren, um damit erwünschte Umkehrungen ohne weiteren Reprovorgang zu erreichen.

Geräte wie das Diatype waren in erster Linie für das graphische Gewerbe als *Titelsetzgeräte* konzipiert. Dagegen kommen die *Photosetzmaschinen* (*Kompaktsysteme*) vor allem für den Akzidenz- und Mengensatz in Betracht; für den Schriftsatz der Kartentechnik bedeuten sie eine weitere Leistungssteigerung. Die Geräte bestehen meist aus einer Tastatur (für Text und Befehle), einem Rechner (mit Textspeicher, Satz-, Speicher- und Belichtungsprogramm), einem Bildschirm (zur Eingabekontrolle), evtl. einem zweiten Bildschirm (zur Ergebniskontrolle) und einer Belichtungseinheit, die entweder optisch-mechanisch (über Schriftscheibe) oder digital-elektronisch (über Kathodenstrahl) auf Photoschicht belichtet. Dabei sind auch in begrenztem Umfang

Abb. 67. Text-Produktions-System tps 6000 der Firma Berthold/Berlin

Positionierungen möglich. Abb. 67 zeigt das „Text-Produktions-System tps 6000“ der Firma Berthold/Berlin.

4.2.6.2 Montage- und Abreibverfahren

Wie beim Schriftsatz ist es auch möglich, Signaturen auf Folien zu drucken bzw. photographisch auf Film zu übertragen und in beiden Fällen danach in das Original mit geeigneten Klebern zu montieren. Die Folien, die als Zwischenoriginale nur Montageergebnisse tragen, sind meist nicht mattiert. Sie werden über eine geeignete Unterlage gelegt, damit die genaue Montageposition erkennbar ist. Als Unterlage eignet sich der Entwurf, eine bereits fertige Reinzeichnung oder eine Stehfolie (für die Blätter eines Kartenwerks, siehe 4.2.2.4)

Umfangreiche Montagearbeiten ergeben sich bei einer *Schriftfolie*, deren gesonderte Herstellung besonders bei umfangreichem Namengut zweckmäßig ist. Die genaue Schriftposition (Schriftplazierung) ist dazu aus einer *Schriftvorlage* ersichtlich, die z. B. als einfache Lichtpause von anderen Farbfolien (Grundrißkonturen, Höhenlinien usw.) entsteht. Die Schriftvorlage oder eine besondere *Schriftliste* enthält auch die Angaben zu den Schriftmerkmalen (siehe Bd. I, 4.3.7).

Neben der Montage von Einzeldarstellungen lassen sich auch ganze Kartenausschnitte montieren, wenn diese graphisch einwandfrei sind (z. B. bei Umstellung älterer Karten auf neue Zeichenträger unter gleichzeitiger Verbesserung der Lagegenauigkeit). Die Ausschnitte entstehen dabei oft durch Zerschneiden eines Filmes und partielles Einpassen auf ein vorher erzeugtes Sollnetz. Das Verfahren ist nicht ganz frei von Willkür, wenn der Umfang der Einpaßmöglichkeiten zu gering ist. Neukartierungen sind in diesem Falle meist besser, aber wesentlich aufwendiger.

Bei den zu montierenden Filmen handelt es sich entweder um selbsthaftende Materialien oder die Filme werden mit einem Haftklebewachs beschichtet. Dabei lassen sich montierte Stücke auch nachträglich wieder abheben und an anderer Stelle erneut montieren.

Mehrere Hersteller bieten *Abreibfolien* an, auf deren Rückseite sich Signaturen, grobe Raster, Ziffern oder Buchstaben befinden. Reibt man die auf das Original gelegte Folie im Bereich einer Signatur mit einem runden Gegenstand (z. B. Kugelschreibermine) leicht an, so löst sich die Signatur von der Folie und haftet selbstklebend auf dem Original. Bei starker mechanischer Beanspruchung des Originals ist wegen der begrenzten Abriebfestigkeit solcher Teile u. U. vom Original ein weiteres Original im Wege der Umkopie (4.2.8.2) zu fertigen.

Die Abreibfolien entstehen durch Druck der Zeichen (meist Siebdruck) auf einer mit Trägerschicht versehenen Kunststoffolie. Das Druckergebnis wird anschließend überzogen von einer dünnen Schicht, die aus einem Wachskleber besteht. Das Reiben mit einem harten Gegenstand weicht die wärmeempfindliche Trägerschicht auf und verbindet das mit dem ebenfalls weich gewordenen Kleber versehene Zeichen mit der neuen Unterlage. Bei topographischen Karten lassen sich auch Teile der Strichdarstellung, z. B. Abschnitte von Geraden und Kurven sowie lineare Signaturen geometrisch exakt abreiben.

Neben den lieferbaren gedruckten Abreibfolien kann man auf photographischem Wege solche Folien selbst erzeugen und damit die Möglichkeit des Abreibens eigener Zeichen schaffen. Auch kann man das Abreiben zunächst auf einer Zwischenfolie (Positionierfolie) vornehmen und diese dann an der gewünschten Stelle montieren. Für thematische Karten sind Abreibverfahren dort besonders wirkungsvoll, wo sich – wie z. B. in der Punktmethode – gleichbleibende Darstellungen häufen.

4.2.6.3 Abziehverfahren (Strip-Mask-Verfahren)

Die bereits vorhandene Strichdarstellung einer Karte (z. B. die Grenzlinien von Wegen, Gewässern, Gebäuden, Wäldern) wird im Wege der Photographie (4.2.7.1) oder der Folienkopie (4.2.8.2) so auf einen Film übertragen, daß eine negative Konturenfolie entsteht. Hierbei sind die Konturen frei von Schicht, während die zwischen ihnen liegenden Flächen aus einer dünnen Haut von Photo- bzw. Kopierschicht bestehen. Man kann nun die Konturen mit einer lichtundurchlässigen Abdeckfarbe abdecken und danach die Schichthaut bestimmter Flächen mittels Pinzette oder Schaber leicht abziehen (strippen). Dadurch entsteht eine paßgerechte Negativmaske für eine Farbfläche (Gewässerblau, Waldgrün usw.), aus der bei Bedarf auch ein positiver Farbdecker durch Kopie abgeleitet werden kann (Abb. 68). Ein solches Vorgehen empfiehlt sich vor allem dann, wenn der Anteil der zu gewinnenden Farbflächen geringer ist als die nicht zu strippende Restfläche. Ist der Anteil dagegen wesentlich größer, so wird auf das Abdecken der Konturen verzichtet, und es werden die Restflächen gestrippt. So erhält man unmittelbar einen positiven Decker.

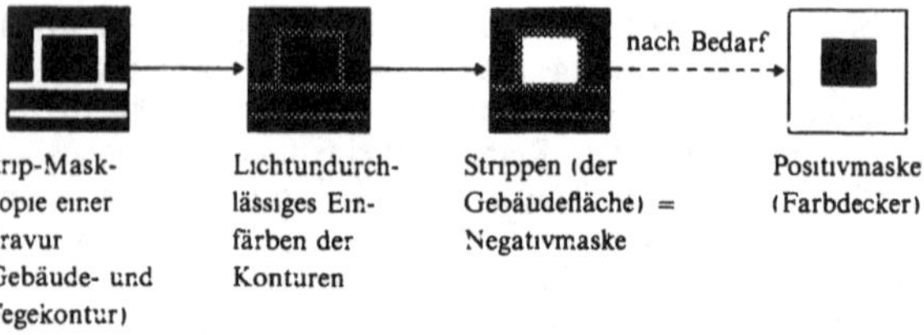

Abb 68. Strip-Mask-Verfahren (für die Farbfolie „Gebäudefläche")

Der besondere Vorzug des Verfahrens besteht neben der Einfachheit und Schnelligkeit in der Tatsache, daß der abgeleitete Farbdecker gegenüber der Konturenfolie völlig frei von Lagefehlern ist und damit einen Mehrfarbendruck in bestmöglicher Übereinstimmung zwischen Konturen und Flächenfarben gewährleistet. Man kann auch mehrere Farbdecker von einer Stripkopie ableiten, wenn man nach dem Strippen und der Ableitung eines positiven Deckers durch Kopie die gestrippten Flächen abdeckt und dann andere Flächen strippt.

4.2.6.4 Mechanische Schummerung

Dieses Verfahren beruht auf der körperhaften Nachbildung des Geländereliefs, von der eine photographische Halbtonaufnahme als Vorlage für die *Schummerungsfolien* entsteht. Bei dem vom Bildhauer *Wenschow* um 1930 entwickelten und nach ihm benannten Verfahren werden die Höhenlinien einer Karte mit einem Stift abgefahren und dessen Bewegungen mechanisch auf eine Fräse übertragen, die aus einem Gipsblock ein Stufenmodell (siehe 3.2) herausschneidet. Das geglättete und morphologisch überarbeitete Geländemodell wird schräg beleuchtet und mit einer langbrennweitigen Kamera photographiert. Zur Vermeidung ungünstiger Effekte werden mehrere Lichtquellen günstig angeordnet. Eine nachfolgende Retusche des Photos kann dann weitere Mängel beheben.

4.2.6.5 Rasterung

Der reproduktionstechnische Vorgang des Rasterns (der Rasterung) bewirkt ein Zerlegen des Inhalts einer Vorlage in graphische Strukturen; diese bestehen meist aus regelmäßig angeordneten feinen Punkten oder Linien. Der damit verbundene Begriff *Raster* bezieht sich entweder auf das mit der graphischen Struktur versehene Trägermaterial (z. B. Rasterfolie) oder auf das Ergebnis des Rasterns. Dieses Ergebnis entsteht

– bei der *photographischen* Rasterung durch Belichten in einem Zuge auf eine Photo-, Kopier- oder Lichtpausschicht unter Einschalten einer materiellen Rasterdarstellung als Arbeitsmittel (Trägermaterial) in den Strahlengang,
– bei der *elektronischen* Rasterung durch Belichten kleiner Teile von Rasterpunkten nacheinander und in parallelen Zeilen auf eine Photoschicht mit Hilfe eines immateriellen Programms.

1. Rastermerkmale

a) Äußere Merkmale

Bei dem Arbeitsmittel, das bei der photographischen Rasterung eingesetzt wird, kann man unterscheiden:

– Nach dem Trägermaterial gibt es *Filmraster* und *Glasraster*. Glasraster (Normung nach DIN 16 540) werden nur in Reproduktionskameras, Filmraster auch in anderen Geräten eingesetzt.
– Nach der Form verwendet man quadratische bzw. rechteckige *Normalraster* und kreisrunde *Rundraster* (z. B. als drehbare Glasraster in der Kamera).
– Nach der gegenseitigen Anordnung zwischen Raster und lichtempfindlicher Schicht gibt es *Kontaktraster* und *Distanzraster* (*Aufnahme-* oder *Projektionsraster*). Letztere befinden sich als Glasraster in der Kamera wenige mm vor der Schicht.

b) Strukturelle Merkmale

Die Rasterstrukturen lassen sich beim Arbeitsmittel der photographischen Rasterung sowie beim Ergebnis in allen Rasterungen wie folgt beschreiben:

Das *Rastermuster* stellt sich im Falle der regelmäßigen Anordnung der Elemente Punkt und Linie als Kreuz-, Linien- oder Punktraster dar (Abb. 69). Die Rasterpunkte können quadratisch, kreisförmig oder elliptisch sein. Neben diesen Normalformen gibt es noch Strukturraster als deutlich wahrnehmbare, regelmäßige oder unregelmäßige Anordnung von

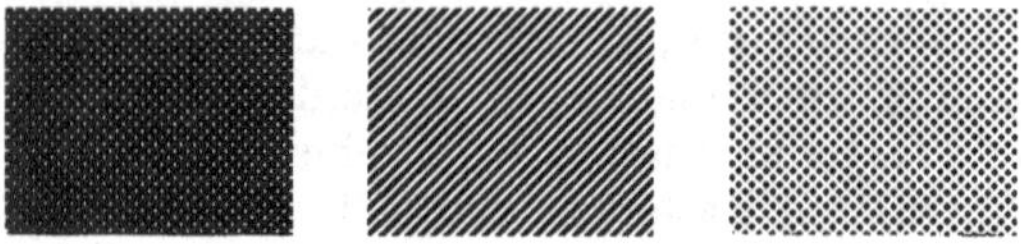

Abb. 69. Kreuz-, Linien- und Punktraster (16er Raster)

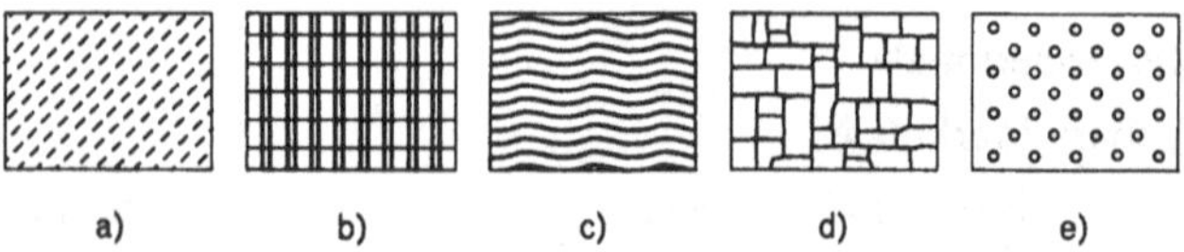

Abb. 70. Strukturraster. Erläuterungen siehe Text

Punkten, Linien, Signaturen oder Kombinationen davon (Abb. 70). Man trifft sie meist als qualitative Flächendarstellungen in thematischen Karten (siehe Abb. 20). Sie lassen sich als Abwandlungen elementarer Rastermuster (a, b), als eigenständige Formen (c, d) oder als mechanische Realisation von Flächensignaturen (e) kennzeichnen. Ein wichtiger Sonderfall bei den Arbeitsmitteln ist der Kontaktraster auf Film mit unscharfen Rasterelementen (Abb. 71); er dient der Aufrasterung modulierter Halbtöne (z. B. Schummerungen), neuerdings auch für Rasterkopien unter Variation der Belichtungszeit.

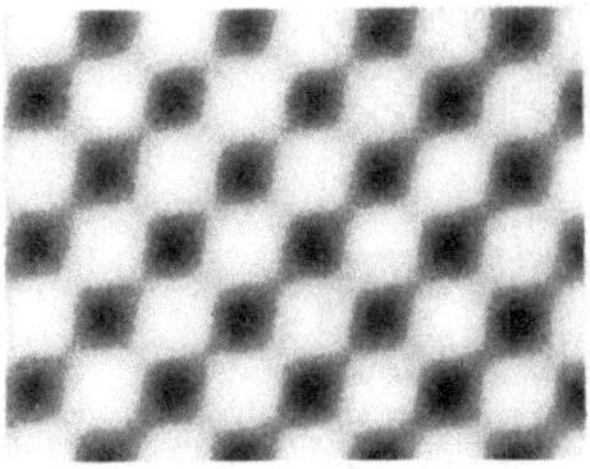

Abb. 71. Beispiel eines Kontaktrasters (Mikroaufnahme)

Die *Rasterfeinheit* (*Rasterweite*) wird beschrieben durch die Anzahl der Linien bzw. Punktreihen je cm. Der Kehrwert K_{mm} = 10/Rasterweite gilt als *Rasterkonstante* oder *Rasterperiode*. Rastermuster, die dem Auge deutlich erkennbar sind, bilden als sog. *Makroraster* den Übergang zur Flächensignatur, z. B. als Schraffur. Bei den Rastern im engeren Sinne reicht die Weite in der Praxis vom groben Raster mit 20 bis 33 Linien/cm über den Mittelraster mit 40 bis 54 Linien/cm, den Feinraster mit 60 bis 80 Linien/cm bis zum extrem feinen Raster mit 120 Linien/cm. Je feiner ein Raster ist, desto höher muß beim Druck die Papierqualität sein. Raster mit 60 Linien/cm und mehr lassen sich mit bloßem Auge bei normalem Betrachtungsabstand nicht mehr auflösen; sie täuschen daher einen echten Flächenton vor.

Der *Rastertonwert* ist eine optische Größe, die von der densitometrisch gemessenen Dichte der Rasterelemente und des Untergrundes abhängt. Die etwa gleich große *Flächendeckung* ist dagegen eine geometrische Größe, die das prozentuale Verhältnis der Fläche der Rasterelemente zur Gesamtfläche angibt. Das Normblatt DIN 16 600 beschreibt eine elfstufige lineare Reihe von 0% bis 100% für einen Raster von 5 Lin/cm (in Abb. 72 als Raster mit 7 Lin/cm dargestellt).

Obwohl sich bei dieser Reihe die Tonwerte um jeweils 10% ändern, wird das Tonwertverhältnis benachbarter Stufen nicht als konstant empfunden. Ein empfindungsgemäßes konstantes Verhältnis ergibt sich bei einer mehr progressiven Reihe entsprechend den psychophysischen Gesetzen; eine solche Reihe ist nahe 0 durch kleinere und im weiteren

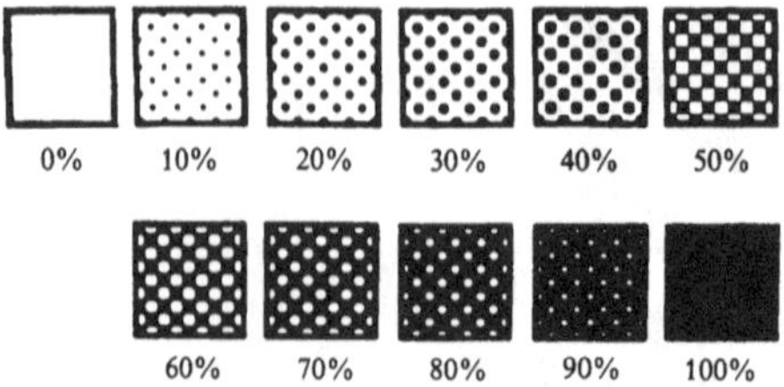

Abb. 72. Tonwertreihe nach DIN 16 600

Verlauf durch größere prozentuale Änderungen gekennzeichnet, z. B. in der siebenstufigen Folge 0 – 6 – 21 – 42 – 68 – 89 – 100%.

Bei gleichem Tonwert sind die Rasterelemente um so kleiner, je feiner der Raster ist. Das bedeutet also, daß mit zunehmender Feinheit die Wiedergabe in den sehr niedrigen und den sehr hohen Tonwerten beschränkt ist, da die Darstellung sehr spitzer Punkte bzw. Lichter reproduktionstechnische Schwierigkeiten bereitet. So sind z. B. bei einem 80er Raster die quadratischen Punkte für 10% bzw. die Lichter für 90% Tonwert nur noch 0,04 mm breit.

Die *Rasterwinklung* gibt an, unter welchem Winkel die Richtung der Linien bzw. Punktreihen gegen eine Senkrecht-Waagerecht-Richtung verläuft. Beim Rasterdruck in einer Farbe liegt die Winklung vorzugsweise bei 45°. Für den Rasterdruck in mehreren Farben sind bestimmte Winklungen erforderlich, damit die Rasterelemente beim Druck keine auffälligen, periodischen Muster (Moiré) bilden, sondern sich gleichmäßig auf die Papierfläche verteilen. Beim Druck mit der kurzen Skala beträgt die Winklung für die Farben Magenta, Cyan und Schwarz jeweils genau 60° gegeneinander, während Gelb mit 15° dazwischen gelegt wird. Die Winklung muß bei Rastern gleicher Weite und für große Flächen bis zu $\pm 1'$ genau sein. Nähere Einzelheiten enthält DIN 16 547.

2. Anwendungen und Verfahren der Rastertechnik

Nach Vorlage und Ergebnis kann man wie folgt unterscheiden:

a) Der Karteninhalt soll bestimmte und jeweils konstante Rastermerkmale (Muster, Feinheit, Tonwert) enthalten. Das

Rastern wird damit zum *Gestaltungsprozeß*, bei dem das Gestaltungsmittel (z. B. Fläche) graphischen Variationen unterzogen wird. Als Vorlage dienen Darstellungen der zu rasternden Bereiche als Vollflächen bzw. -linien (sog. Decker). Als Arbeitsvorrichtung ist bei der photographischen Rasterung ein sog. *Kopierraster* (Normung nach DIN 16 601) erforderlich, der als Filmraster scharf konturierte Rasterelemente aufweist und im Kontakt mit der lichtempfindlichen Schicht verarbeitet wird. Bei sachgemäßer Belichtung sollte die Schwärzung zu einem Tonwert führen, der dem des Kopierrasters entspricht. Im einzelnen ergeben sich folgende Anwendungen:

aa) *Abstufung einer Druckfarbe*. Durch Verwendung von Vollton, Kreuz-, Linien- und Punktraster lassen sich z. B. vier Tiefenstufen der Meere mit nur einer blauen Druckfarbe darstellen. Die verschiedenen Blautöne ergeben sich dabei durch Mischung des blauen Rasters mit dem Farbton des Papiers. Zu jeder Rasterstufe gehört ein besonderer Farbdecker.

ab) *Farbmischungen* ergeben sich in größerer Zahl, wenn zum Fall aa) weitere Druckfarben hinzutreten und die Flächen sich dabei auch überlappen. So entstehen z. B. schon aus 2 Farben, jeweils in Vollton und zwei verschiedenen Rastern dargestellt, 6 reine Farben und 9 Mischfarben, also insgesamt 15 Farben bei nur 2 Druckgängen!

ac) Eine mechanische *Darstellung von Flächensignaturen* ist möglich, wenn relativ grobe Raster benutzt werden, z. B. für Gebäudeflächen, Grenzbänder, Verbreitungsflächen (mit Strukturrastern) und Flächendichtekarten.

b) Der Karteninhalt soll variable Halbton-Wiedergaben enthalten. Dazu müssen echte Halbtonvorlagen gerastert werden, weil sich beim Druck die Halbtöne nur in der Form einer Simulation durch Rasterstrukturen als sog. unechte Halbtöne darstellen lassen. Diese sog. *autotypische* Rasterung ist zugleich das Rastern im engeren Sinne der Drucktechnik; sie ersetzt seit ihrer Erfindung durch *Meisenbach* um 1881 die bis dahin üblichen manuellen Tonwertsimulationen (z. B. durch variable Liniendichte beim Kupferstich). Das Rastern ist damit in diesem Falle zur *drucktechnisch bedingten Notwendigkeit* geworden. Bei den Vorlagen handelt es sich um Schummerungen (Abb. 73), Luftbilder (Abb. 48) oder Ausgangsdarstellungen für Farbauszugsverfahren; im Zuge von Schummerungen kann es auch zur Rasterung (Modulierung) überlagernder Flächen (z. B. Waldgrün) kommen, um die Lesbarkeit zu erhöhen. Als Arbeitsvorrichtungen dienen bei der photographischen Rasterung Distanz- oder Kontaktraster.

Bei den scharf konturierten *Distanzrastern* handelt es sich um Kreuzraster. Durch jedes kleine quadratische Rasterfenster fällt Licht auf eine Schicht und erzeugt dort eine Schwärzung in Form eines gedeckten Kerns und eines um diesen angeordneten teilgeschwärzten Hofes. Diese Schwärzung hängt neben der Belichtungsdauer und der Schichtempfindlichkeit vor allem von der durch den Tonwert der Vorlage bedingten Lichtmenge ab. Beim *Kontaktraster* mit seinen unscharfen Rasterelementen ergibt sich aus dem unmittelbaren Kontakt mit der Schicht ein Schwärzungsverlauf im Ergebnis, der dem beim Distanzraster ähnelt. Eine Sonderform dazu ist z. B. neben dem Grauraster der Magentaraster, bei dem Kontrasterhöhungen bzw. -minderungen mittels Magenta- bzw. Gelbfilter möglich sind.

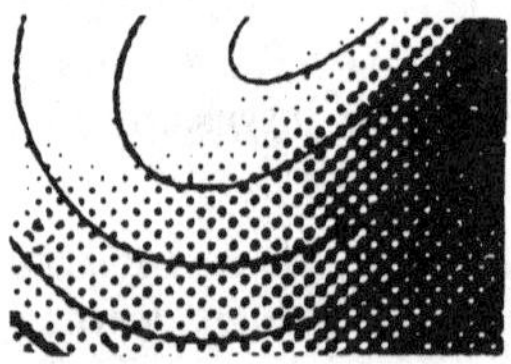

Abb. 73. Vergrößertes Rasterbild einer Schummerung

Allgemeine Ausführungen zu den Rasterverfahren stammen von *Morgenstern* 1977, 1978, über die Wahrnehmung von Rastern von *Schoppmeyer* 1978, über eine optimale Kombination zwischen Rasterwinklung und Rasterweite von *Schmidt* 1975 und *Schoppmeyer* 1983. *Pöhlmann* 1965 beschreibt Kopierraster, *Stupp* 1979 den Einsatz von Kontaktrastern für die Darstellung bestimmter Tonwerte.

4.2.7 Bildübertragung auf Photoschichten

Mit den bisher in 4.2.5 und 4.2.6 beschriebenen Vorgängen erreicht das Original meist noch nicht seine Eignung als

Kopiervorlage für die Herstellung der Druckplatte. Oft sind noch Veränderungen der jeweiligen Gesamtdarstellung erforderlich, z. B. zur Leserichtigkeit, zum Maßstab usw. Eine solche Veränderung läßt sich am besten im Wege der Übertragung der Gesamtdarstellung auf eine Photoschicht vornehmen. Als Photoschichten im engeren Sinne gelten hier solche, die im Sinne der Reproduktionsphotographie auf der Lichtempfindlichkeit von Silbersalzen beruhen.

Vor Anwendung der Photographie benutzte man häufig *mechanische Pantographen (Storchschnabel)*, um Bilder zu übertragen und dabei zugleich ihren Maßstab zu verändern. Während solche Geräte heute kaum noch verwendet werden, sind sog. *optische Pantographen* vereinzelt noch im Gebrauch. Sie sind optische Umzeichengeräte, die es z. B. gestatten, die auf eine Mattscheibe projizierte Vorlage in einem anderen Maßstab ganz oder auszugsweise nachzuzeichnen.

4.2.7.1 Phototechnik

Die Bildübertragung in der Phototechnik beruht auf einer Strahlung, die von einer *Aufsichtsvorlage* reflektiert wird oder durch eine *Durchsichtsvorlage* hindurchgeht. In beiden Fällen wird die Strahlung durch die Darstellungen auf der Vorlage abgestuft, und das bewirkt eine entsprechende Differenzierung der von ihr getroffenen lichtempfindlichen Schicht. Nach der gegenseitigen Lage zwischen Vorlage und Schicht ist die Bildübertragung entweder durch *optische Projektion*, im Wege der *Kontaktkopie* oder durch *elektrooptisches Abtasten* möglich; danach richtet sich auch vielfach die Entscheidung über das zu verwendende Photomaterial.

Die Empfindlichkeit der gebräuchlichen Photoschichten gestattet relativ kurze Belichtungszeiten. Das bedingt andererseits Dunkelraumbetrieb, doch dringen in die Praxis auch zunehmend Materialien ein, die sich im Hellraumbetrieb verarbeiten lassen. Die spezielle kartentechnische Anwendung weist folgende Merkmale auf:

- Die Vorlagen sind überwiegend Strich-, Raster- oder Vollflächendarstellungen; ihre exakte Wiedergabe gelingt am besten mit Photomaterial vom Typ des sog. Strichfilms.
- Die Ergebnisse entstehen gewöhnlich auf Film als Träger.
- Vorlagen und Ergebnisse weisen meist große Formate auf; das zwingt zu einer entsprechenden instrumentellen und räumlichen Ausstattung.

Die verwendeten Filme besitzen ein hohes Auflösungsvermögen, dagegen eine geringere Allgemeinempfindlichkeit. Sie sind nach der spektralen Empfindlichkeit orthochromatisch, und ihre Gradationskurve (Schwärzungskurve) steigt steil an. *Lithfilme* weisen besonders hohe Schwärzung und Randschärfe auf, haben aber geringeren Belichtungsspielraum. *Linefilme* erreichen diese extremen Merkmale nicht ganz, sind aber infolge größeren Belichtungs- und Entwicklungsspielraums in der Verarbeitung leichter standardisierbar und kostengünstiger. *Tageslichtfilme* sind für kurzwelliges Licht sensibilisiert und reagieren daher nur auf Lichtquellen mit sehr hohem UV-Anteil. Sie besitzen eine Schicht aus Silbersalzen, Photopolymeren oder Diazomaterial, und es gibt positiv und negativ arbeitende Materialien. *Panchromatische Halbtonfilme* mit nicht so steiler Gradation eignen sich für die Wiedergabe von Halbtonvorlagen. Dabei können Tonwert- und Kontrastveränderungen gegenüber der Vorlage, z. B. Luftbilduntergrund, in Betracht kommen, wenn es um eine Verbesserung der Lesbarkeit geht.

Der normale photographische Prozeß verwandelt ein Positiv in ein Negativ bzw. umgekehrt; dabei ergibt sich zugleich eine Seitenvertauschung . Die Entwicklung findet zunehmend an Maschinen statt, die schneller und standardisierter arbeiten. Korrekturen werden überwiegend durch Abdecken im Negativ, seltener durch Rasuren im Positiv vorgenommen.

Direktpositivfilme sind vorbelichtete Filme, also mit latenter Schwärzung. Durch Belichtung unter einer Positivvorlage mit gelber Strahlung oder Folie wird an den bildfreien Stellen diese Schwärzung abgebaut (Herschel-Effekt). Die Schwärzung verbleibt an den Bildstellen, so daß nach Entwicklung wieder ein Positiv entsteht. Die Filme sind meist von geringerer Lichtempfindlichkeit. Bei hochempfindlichen Filmen wird dagegen die Schwärzung durch kurzwelliges Licht abgebaut (Solarisationseffekt).

Bei *Auswaschfilmen* (z. B. Wash-off) wird die Schicht in der Belichtung an den Bildstellen gehärtet und anschließend an den bildfreien Stellen mit Wasser entfernt. Die Filme lassen sich daher wie Zeichenfolien bezeichnen; die photographisch entstandene Positivdarstellung ist leicht radierbar.

Beim *Strippingfilm* läßt sich die Photoschicht nach der Entwicklung von einer darunter befindlichen, mit dem Träger verbundenen dünnen Membran abziehen und damit – z. B. beim Schriftsatz – montieren.

Bei *Rasterfilmen* besteht bereits die Schicht aus einem bestimmten Rastermuster, so daß eine unmittelbare Belichtung nach der Vorlage möglich und damit ein besonderer Rasterträger entbehrlich ist.

Im *Diffusionsverfahren* entsteht zunächst ein Negativ, das anschließend im Kontakt mit dem Positivmaterial einem kleinen Durchlaufgerät zugeführt wird. Dabei diffundieren die Silbersalze an den Bildstellen zum Kontaktmaterial und lassen dort ein positives Bild entstehen. Das Verfahren eignet sich z. B. für die photographische Vervielfältigung und anschließende Montage von Schriften und Signaturen.

Bei den Bemühungen um Güte und Standardisierung des photographischen Vorgangs spielen die Erkenntnisse der *Sensitometrie* eine zunehmende Rolle; diese befaßt sich mit der Messung der Lichtwirkung auf Photoschichten. Als Teil davon bezieht sich die *Densitometrie* auf die Messung der Lichtabsorption (Schwärzungsmessung). Dazu lassen sich bei Vorlagen und Ergebnissen die Werte der optischen Dichte mit Hilfe von *Densitometern* lokal (z. B. beim Einzelpunkt) oder integral (z. B. für einen kleinen Bereich eines Punktrasters) messen.

Die Sensitometrie bezeichnet

bei Durchsichtsvorlagen den Transmissionsgrad T (Transparenz, Durchlässigkeit)	bei Aufsichtsvorlagen den Reflexionsgrad R (Reflexionsvermögen)

als Verhältnis (Quotient) aus

durchgelassenem Lichtstrom Φ_t	reflektiertem Lichtstrom Φ_r

und auftreffendem Lichtstrom Φ_0

$T = \dfrac{\Phi_t}{\Phi_0}.$	$R = \dfrac{\Phi_r}{\Phi_0}.$

Der Kehrwert $1/T$ bzw. $1/R$ entspricht damit dem Grade der photographischen Schwärzung und wird als Opazität

(Undurchlässigkeit) 0_p bezeichnet. *T* und *R* können theoretisch jeden Wert zwischen 0 und 1 einnehmen; entsprechend ergeben sich für 0_p Werte zwischen ∞ und 1.

Bei der Angabe von Opazitäten können demnach große Zahlenwerte auftreten. Es kommt hinzu, daß das menschliche Auge Abstufungen von Opazitäten, die in geometrischer Reihe vorgenommen sind, wie eine arithmetische Reihe – also logarithmisch – empfindet. Aus diesen Gründen verwendet man zur Angabe der Dichte (Schwärzung) den Zehnerlogarithmus der Opazität:

$$D = \lg 0_p = \lg \frac{1}{T} \text{ bzw. } \lg \frac{1}{R}.$$

Diese Definition weist damit auch den Vorteil auf, daß beim Zusammentreffen mehrerer Vorlagen oder Filter die Dichtewerte einfach zu addieren sind, während die Werte der Opazitäten zu multiplizieren wären.

Hart arbeitende Strichfilme weisen ein $D = 4$ ($T = 1:10000$) und mehr, kontrastreiche Halbtonfilme ein $D_{max} = 3$ ($T_{max} = 1:1000$) auf. Die maximale Dichte von Schwarz-Weiß-Darstellungen auf Photopapier, von schwarzen Tuschezeichnungen und Druckergebnissen liegt bei etwa $D_{max} = 1{,}5$ ($R_{max} = 1:30$). Weiße Photo- und Druckpapiere besitzen selbst eine Dichte von etwa 0,1 ($R = 1:1{,}3$).

Die Beziehung zwischen dem Dichteumfang $D_{max} - D_{min}$ einer Vorlage und dem eines Ergebnisses läßt sich als sog. Dichteübertragungsfunktion beschreiben. Sie kann für den Einzelfall aus Theorie und Erfahrung vorgegeben werden, wird durch Einhalten bestimmter Belichtungs- und Entwicklungszeiten verwirklicht und durch Densitometer kontrolliert.

Eine Reihe spezieller Techniken läßt sich mit Vorteil anwenden, wenn sie entweder besonders einfach und wirtschaftlich sind oder bestimmte Kartengestaltungen ermöglichen:

Die *photographische Konturierung* geht von einem latent geschwärzten Direkt-Positivfilm aus (Abb. 74 a), der unter positiver Vorlage und mit gelber Folie belichtet wird. An den bildfreien Stellen und – infolge Unterstrahlung durch längere Belichtung – in einer schmalen Zone am Rand der Bildstellen wird die latente Schwärzung abgebaut (b).

Nach Entfernen nur der Gelbfolie wird mit weißem Licht belichtet; der UV-Anteil baut dabei die Schwärzung an den bildfreien Stellen wieder auf (c). Nach Entwickeln und Fixieren liegt ein Negativ mit Konturierung der Bildelemente vor (d). Wird vor der ersten Belichtung noch unter einer Rasterfolie belichtet, so entsteht zum Schluß ein gerastertes Konturennegativ.

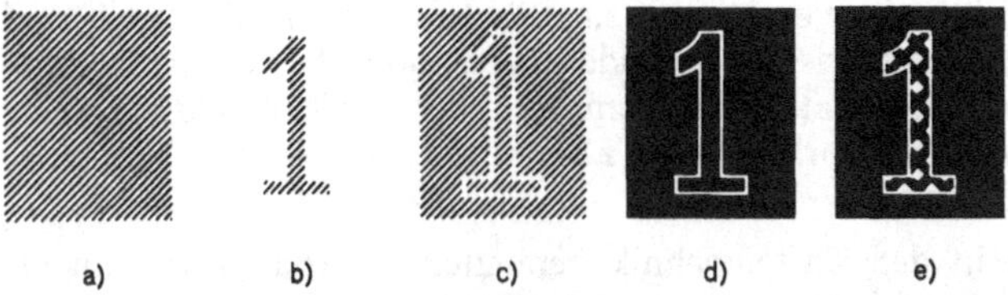

Abb. 74. Photographische Konturierung (Erläuterung siehe Text). Schraffierte Flächen bezeichnen die latente, Vollflächen die entwickelte und fixierte Schwärzung.

Zum *Freistellen* von Schrift, Signaturen usw. kann man vom Negativ einer Schriftfolie ein stark überbelichtetes Zweitstück fertigen. In diesem erscheinen die Flächendimensionen der Schrift größer. Sie bilden damit bei der nachfolgenden Belichtung einen Decker, der ein Einbelichten aller anderen Darstellungen innerhalb seines Bereiches verhindert. Eine andere Möglichkeit bietet der Strichstärkenwandler (4.2.7.2).

Dem *Vignettieren* (z. B. an Küstenlinien oder Staatsgrenzen) liegt folgendes Prinzip zugrunde: Auf dem zu belichtenden Film liegt ein Kontaktraster, dann folgt ein Positiv, eine Streufolie oder Mattglasscheibe und dann ein Negativ der Vorlage. Bei Belichtung unter diffusem Licht treten Unterstrahlungen auf, die an den Positivkanten am stärksten wirksam sind und mit zunehmendem Abstand davon abnehmen.

Über das photographische *Zusammenkopieren* (*Sammelkopie*) der Inhalte mehrerer Folien siehe 4.2.7.3.

Die photographische Erfassung einer Vorlage, die Negativgravur und Positivmontagen enthält, beschreibt *Lehmann* 1982. Das Diffusionsverfahren für Montagestücke stellt *Leibbrand* 1979 vor (siehe auch weiter vorn).

Allgemeines Schrifttum zur Reproduktionsphotographie stammt z. B. von *Golpon* 1983, solches zur Densitometrie von *Haftmann* 1979. Einschlägige Begriffe finden sich in DIN 19 040, solche der Reprographie in DIN 19 060.

4.2.7.2 Bildübertragung durch optische Projektion

Nach dem Prinzip der photographischen Kamera bildet ein Objektiv die Vorlage auf eine Photoschicht ab. Dadurch sind auch geometrische Veränderungen möglich. Die Aufnahmeanordnung entspricht dem Fall der Aufsichtsvorlage; eine Durchsichtsvorlage wird aber gewöhnlich in gleicher Weise behandelt.

Die in der Kartentechnik benutzten Reproduktionskameras sind Präzisionsgeräte von oft erheblichem Ausmaß (Abb. 75). Kamera und Originalhalter ruhen entweder auf einem gemeinsamen, gut gefederten Träger (Schwingstativ) oder sind in

Abb. 75. Universal-Zweiraum-Reproduktionskamera KLIMSCH PONTIKA in Brückenbauweise

Brückenbauweise ausgeführt. Die Stative sind 3 bis 8 m lang; die Bildformate reichen von 50 × 50 cm² bis 120 × 150 cm². Die eigentliche *Kamera* besteht a) aus dem Hinterkasten mit Meßmattscheibe, Filmsaugplatte, Schaltpult und Durchleuchtungskasten und b) dem beweglichen Vorderkasten (Standarte) mit dem auswechselbaren Objektiv. Vorder- und Hinterkasten sind durch den lichtdichten Balgen miteinander verbunden. Das Objektiv muß ein hohes Auflösungsvermögen und weitreichende Verzeichnungsfreiheit aufweisen.

Die Kamera besitzt Vorrichtungen zur automatischen Scharfeinstellung, Spiegelsysteme für Seitenvertauschung, Rückvergrößerungsmöglichkeiten usw. Die Steuerungen für Maßstab, Schärfe, Blende usw. beruhen zunehmend auf elektronischer Digitaltechnik. Der *Originalhalter* ist ein pneumatischer Rahmen, der die Vorlage (Maximalformat etwa 130 × 210 cm²) aufnimmt und durch den erzeugten Unterdruck fest gegen die ebene Glasplatte preßt. Er ist für die Entzerrungen kipp- und schwenkbar, oft auch seitlich verschiebbar. Die Beleuchtungseinrichtung (meist Xenonleuchten bis zu 11 kW) muß eine gleichmäßige Ausleuchtung der Vorlage gewährleisten.

Kleine Kameras sind gewöhnlich *Einraumkameras*, größere Kameras dagegen oft *Zweiraumkameras*, bei denen sich der Hinterkasten in einem zweiten, abdunkelbaren Raum befindet. Eine solche Trennung zwischen Hell- und Dunkelraum beschleunigt und erleichtert die Arbeiten, da z. B. im Hellraum bereits unmittelbar nach der Belichtung ein Wechsel der Vorlagen im Originalhalter möglich ist.

Neben dem Typ der Horizontalkamera (Abb. 75) gibt es auch noch die raumsparende Vertikalkamera mit meist abgeknicktem Strahlengang.

Mit einer Reproduktionskamera lassen sich unter anderem die folgenden Arbeiten durchführen:

a) *Maßstabsveränderung*. Diese ist bei Benutzung geeigneter Objektive etwa von 5facher Vergrößerung bis 12facher Verkleinerung möglich. Die exakte Solleinstellung wird auf dem Millimeternetz der Meßmattscheibe vorgenommen. Auf diesem Wege lassen sich auch Vorlagen auf ein verlorengegangenes Sollformat umbilden. Für sehr große Bildformate sind spezielle Aufnahmeanordnungen möglich.

b) *Kartographische Entzerrung*. Sie ist erforderlich, wenn das Sollformat einer Vorlage durch einfache Maßstabsveränderung allein nicht mehr wiederzugewinnen ist (z. B. wenn ein ursprüngliches quadratisches Format rechteckig oder trapezförmig geworden ist). Solche Entzerrungen sind ihrer geometrischen Natur nach meist affine Umbildungen; diese lassen sich an einer zentralperspektiven Kamera nicht in einem Zuge, sondern nur in zwei Näherungsschritten vornehmen. Ein rechnergestütztes Verfahren beschreibt *Schroth* 1982.

c) *Umstellung auf transparenten Zeichenträger*. Originale auf Zeichenkarton, alte Karten lassen sich auf transparente Filme umstellen und damit leichter weiterverarbeiten.

d) *Negativ-Positiv-Umwandlung*. Negative Vorlagen (z. B. die Ergebnisse einer Negativgravur) werden in Positive umgewandelt, evtl. in Verbindung mit Maßstabsänderungen usw.

e) *Seitenvertauschung*. In der Normalanordnung der Kamera entsteht aus einer seitenrichtigen Vorlage ein seitenverkehrtes Bild (sog. *Kontern*). Dagegen ergibt sich die Abbildung seitenrichtig, wenn zwischen Objektiv und Originalhalter ein aus Prismen oder Spiegeln bestehendes Umkehrsystem eingeschaltet wird. Reicht die Wiedergabegenauigkeit infolge der Fehler von Prismen oder Spiegeln bei großen Formaten nicht aus, so ist eine seitenrichtige Abbildung auch möglich, indem die Vorlage mit der Bildseite nach unten in den Originalhalter, also dem Objektiv abgewandt, engelegt wird. Voraussetzung dafür ist jedoch, daß die Vorlage transparent, unmattiert und frei von einer Lichthofschutzschicht ist.

f) *Farbauszugsverfahren*: Herstellung der Farbfolien nach dem in 4.2.2.5 beschriebenen Verfahren. Das dabei notwendige *Rastern* (siehe h) bezieht sich entweder unmittelbar auf die Negative (Direktrasterung) oder auf die späteren Positive. Das *Maskieren* findet statt, wenn Farbton- und -helligkeitswerte zu korrigieren sind. Dabei sind manuelle Verfahren aufwendig und setzen Erfahrung voraus. Bei mechanischen Methoden werden unscharfe und nicht gefilterte Halbtonpositive als Masken in die Herstellung der Positive dazwischengelegt; daneben gibt es eine Reihe von Spezialverfahren. Über Farbauszugsverfahren nach Kartendrucken berichtet *Mühle* 1980.

g) *Veränderung von Strichbreiten*. Mit Hilfe eines Zusatzgerätes wie dem *Strichstärkenwandler Variomat* der Firma *Klimsch & Co.* lassen sich Strichbreiten additiv um bestimmte Beträge verändern. Eine vor das Objektiv geschaltete planparallele Platte wird um die Aufnahmeachse gedreht und dabei zugleich um einen bestimmten Winkel hin und her gekippt. Der von jedem Punkt der Vorlage ausgehende Lichtstrahl beschreibt dabei in der Abbildung eine kleine Kreisscheibe. Bei einer positiven Vorlage strahlen die bildfreien Stellen; damit verringern sich die Flächendimensionen der Bildstellen. Bei negativer Vorlage ist es umgekehrt. Das Verfahren eignet sich auch zur Schriftfreistellung.

h) *Rasteraufnahme*. Sie ist sowohl mit Distanz- wie auch mit Kontaktrastern möglich (siehe auch 4.2.6.5). In der Praxis führt man solche Arbeiten heute immer mehr an Kontaktkopiergeräten durch.

i) *Kontraststeigerung*. Kontrastschwache oder schmutzige Vorlagen sowie solche mit Strichen unterschiedlicher Schwärze und solche mit größeren Rasuren lassen sich durch Aufnahme mit ultrasteil arbeitenden Filmen in ihrer Qualität verbessern.

4.2.7.3 Bildübertragung durch Kontaktkopie

Hierbei besteht unmittelbare Berührung zwischen Vorlage und Photoschicht. Der Inhalt der Vorlage wird daher stets in Originalgröße übertragen. Im Normalfall lassen sich nur Durchsichtsvorlagen verarbeiten.

Kontaktkopiergeräte sind meist kastenförmige Konstruktionen, durch die die Lichtquelle nach außen abgeschirmt wird (Abb. 76). Sie enthalten ferner eine Schaltuhr zur Belichtungsregelung und einen pneumatischen Rahmen (Format bis etwa 60 × 90 cm^2), der Vorlage und Film aufnimmt. Solche Geräte sind meist Mehrzweckgeräte, mit denen sich auch Folien- und Druckplattenkopien sowie Lichtpausen herstellen lassen. Neben den Lichtquellen für Streulicht enthalten sie daher auch noch mindestens eine Punktlichtlampe.

Im Wege der Kontaktkopie auf eine Photoschicht lassen sich ebenfalls die Arbeiten durchführen, die zur Reproduktionskamera unter c) bis i) genannt sind, teilweise unter bestimmten Modifikationen. Damit ergibt sich folgende Aufzählung:

a) *Umstellung auf transparente Zeichenträger* durch sog. *Reflexverfahren*. Der Film liegt – von der Lichtquelle gesehen – vor der Vorlage.

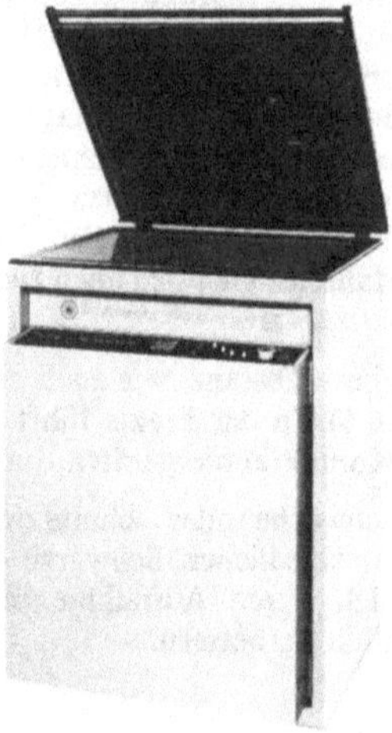

Abb. 76. Kontakt-Kopiergerät KLIMSCH VAKUPRINT S

Das Licht fällt zunächst durch den Schichtträger und wird dann an der Vorlage reflektiert; die reflektierte Lichtmenge hängt ab von der lokalen Schwärzung auf der Vorlage und wirkt entsprechend auf die Schicht. Da die Vorlagen meist Positive sind (z. B. Karton-Zeichnungen) entsteht mit Direktpositivfilmen sofort wieder ein Positiv.

b) *Negativ-Positiv-Umwandlung.*

c) *Seitenvertauschung.*

d) *Rasterkopie* (siehe auch 4.2.6.5) bei Halbtonvorlagen mit Kontaktrastern, bei vollflächigen Vorlagen (Deckern) mit Kopierrastern (unter Variation der Belichtungszeit auch mit Kontaktrastern). Sie ist methodisch leichter als das Rastern mittels Kamera, erreicht jedoch bei größeren Flächen nicht ganz die Konstanz im Tonwert.

e) *Farbauszugsverfahren* (siehe 4.2.2.5). Dabei entstehen die Halbtonauszüge unter Verwendung von Farbfiltern auf einer drehbaren Scheibe über der Lichtquelle.

f) *Veränderung von Strichbreiten.* Eine zwischen Vorlage und Schicht gelegte Folie verhindert den direkten Kontakt. Dadurch entstehen Unterstrahlungen, und die Bilddimensionen werden je nach positiver oder negativer Vorlage und in Abhängigkeit von der Belichtungsdauer kleiner oder größer. Das Verfahren eignet sich auch zum *Freistellen* von Schriften, Signaturen usw.

g) *Kontraststeigerung.*

Im Vergleich zu Kameras sind Kontaktgeräte leichter zu bedienen, billiger und von geringerem Raumbedarf. Soweit daher die unter a) bis g) beschriebenen Arbeiten an beiden Geräten zu gleicher Güte im Ergebnis führen und soweit das Format es zuläßt, wird man im allgemeinen dem Kontaktkopierverfahren den Vorzug geben. Daneben ergeben sich in Konkurrenz zur Folienkopie (4.2.8.2) noch weitere Anwendungsmöglichkeiten:

h) *Zusammenkopie* (*Sammelkopie, Additionskopie*). Mehrere Negativvorlagen, die zusammen eine Farbfolie bilden sollen (z. B. Grundrißkonturen, Schrift und Flächendecker), lassen sich nacheinander über ein mechanisches Paßsystem auf einen Film belichten, der anschließend zum Positiv entwickelt wird. Wird gleichzeitig gerastert, liegt der negative Kopierraster auf Film im Kontakt mit der Schicht unter der Vorlage (Abb. 77).

i) *Trennkopie* (*Auskopie*). Ist der Inhalt einer Negativvorlage auf zwei Farbfolien aufzuteilen (z. B. Grundriß in Schwarz, Gewässer in Blau), so lassen sich bei nicht zu starker graphischer Verzahnung der Teile

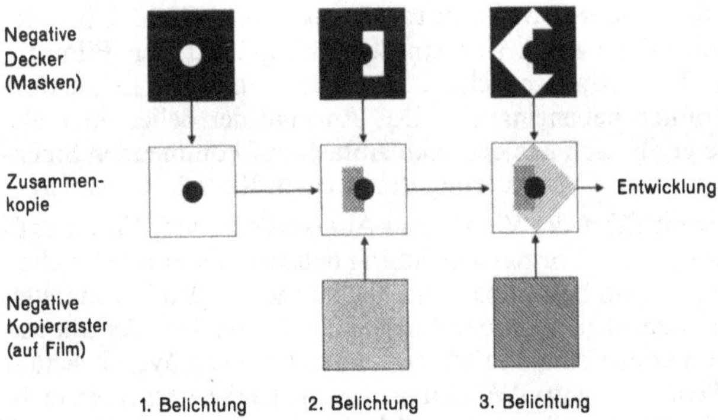

Abb. 77. Herstellung einer Farbfolie mit Flächen in Vollton, Kreuz- und Linienraster durch photographische Zusammenkopie (Bei den seitenvertauschten Ergebnissen der Belichtung handelt es sich zunächst um latente Schwärzungen). Vgl. auch Abb. 80 und 88.

auf einer Leerfolie Decker (Tilgungsdecker) erzeugen, mit deren Hilfe die Teile jeweils für sich ausbelichtet werden.

j) *Stripkopie* für das Abziehverfahren (4.2.6.3).

k) *Anhaltskopie* (4.2.2.4), wenn sich auf der Gravurschicht eine Photoschicht befindet.

l) *Umkopie*, wenn vom Original ein Zweitstück für andere Arbeiten, ein Sicherungsstück für das Archiv oder ein Gebrauchsoriginal für den täglichen Bedarf (z. B. bei Flurkarten) erwünscht ist.

4.2.7.4 Bildübertragung durch elektrooptisches Abtasten

Die dabei eingesetzten *Farbscanner* (*Reproscanner*) dienen in erster Linie der elektronischen Farbtrennung (Farbauszugsverfahren, 4.2.2.5). Die dafür in Betracht kommende Vorlage befindet sich auf einer rotierenden zylindrischen Walze (Abtastwalze). Der darüber befindliche Abtastkopf bewegt sich parallel zur Zylinderachse, so daß sich ein Abtasten in parallelen Zeilen ergibt (siehe auch Abb. 94). Dabei fällt ein in vier Teilstrahlen zerlegter Lichtstrahl auf die Vorlage; der Abtaster registriert die vier zurückfallenden Lichtintensitäten und setzt sie in elektrische Signale um. Neben der Abtastwalze befindet sich auf derselben Achse eine gegen Außenlicht durch eine Kassette geschützte Schreibwalze mit aufgespanntem Film. Über der Schreibwalze bewegt sich ein Schreibkopf, der den Film mit einem Laserstrahl belichtet, und zwar aufgeteilt in mehrere Teilstrahlen nebeneinander. Das Ausmaß der belichteten Elemente ergibt sich aus den vom Abtastkopf kommenden Signalen, evtl. unter Veränderung durch einen Korrekturrechner.

Insgesamt führt die Vier-Kanal-Abtastung zu vier Farbauszügen, die je nach Format gleichzeitig nebeneinander oder nacheinander einzeln herstellbar sind. Sie können als Halbtondarstellungen oder direkt gerastert entstehen. Gegenüber der abgetasteten Vorlage sind Maßstabsänderungen, Seitenvertauschungen, Positiv-Negativ-Wandlungen sowie Farbkorrekturen (z. B. als Maskierungen) möglich. Mit Ausnahme der Entzerrung und der Strichbreitenänderungen sind damit alle Arbeiten durchführbar, die bei der Reproduktionskamera (4.2.7.2) genannt wurden.

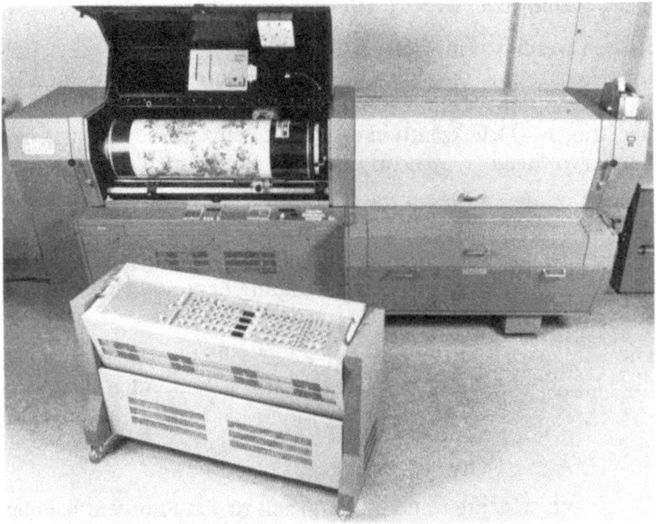

Abb. 78. Farbscanner Chromagraph CTX 330 der Firma Hell/Kiel

Bei den Geräten (Beispiel in Abb. 78) können die zwischen Abtasten und Schreiben liegenden Prozesse analog oder digital verlaufen. Liegt eine digitale Technik vor, so können die Farbscanner in Verbindung mit dem Prozeßrechner auch Funktionen der Digitalisierung von Vorlagen und der anschließenden Datenverarbeitung übernehmen (siehe 5.2.3.3 und 5.3.4).

Die Aufzeichnungsfeinheit der Farbscanner geht etwa bis 200 L/cm bei Halbton bzw. 80 L/cm bei *elektronischer* Rasterung. Bei dieser Rasterung entsteht der einzelne Rasterpunkt aus einer Anzahl kleiner aufbelichteter Teilflächen. Deren Anzahl bestimmte damit die Größe des Rasterpunktes, während ihre gegenseitige Lage die Werte der speziellen elektronischen Winklung zwischen den Rasterrichtungen der einzelnen Farbfolien festlegt.

Über eine Anwendung in der Kartentechnik berichten *Gintzel/Lang* 1983.

4.2.8 Folien- und Druckplattenkopie, Farbprüfverfahren

Karten werden zum größten Teil durch Offsetdruck vervielfältigt. Dazu sind die Inhalte der Kartenoriginale, d. h. aller Farbfolien, im Kontaktverfahren auf die Druckplatten zu übertragen (Druckplattenkopie). Im einzelnen kommen als Kopiervorlagen (Kopieroriginale) in Betracht

– die in der Kamera, im Kontaktgerät oder im Scanner gewonnenen *photographischen Filme* (4.2.7) oder
– die nach diesen Filmen oder nach Montagen, Schichtgravuren usw. in einem weiteren Vorgang hergestellten *Folienkopien* (4.2.8.2).

Die Kopiervorlagen sind in der Regel seitenverkehrte Positive, die Darstellungen auf der Druckplatte seitenrichtige Positive.

4.2.8.1 Kopiertechnik

Die Kopierschichten sind im Vergleich zu den Photoemulsionen wesentlich lichtunempfindlicher; das ermöglicht jedoch einen Hellraumbetrieb. Die Schicht besteht aus im Wasser gelösten Kolloiden und Sensibilatoren. Die Kolloide sind tierischer (z. B. Gelatine), pflanzlicher (z. B. Gummiarabicum) oder synthetischer (z. B. Polyvinylalkohol) Herkunft. Als Sensibilatoren kommen Dichromate und zunehmend Diazoverbindungen und Photopolymere in Betracht.

Das Kopierverfahren beginnt mit dem *Beschichten*. Bei Folien findet vorwiegend ein Selbstbeschichten mit einer Schleuder statt; solche Schichten sind nur begrenzt haltbar. Druckplatten bezieht man meist vorbeschichtet; in lichtdichter Verpackung besitzen die Schichten eine längere Lebensdauer. Beim *Belichten* befinden sich Vorlage und Schicht im Kontakt in einem pneumatischen Rahmen (Format bis $130 \times 200\,cm^2$). Die Strahlung geht von Punktlichtlampen (meist Xenon-Impulslampen oder Metallhalogenid-Lampen, Abb. 79) aus und liegt vorwiegend im UV- bis Blaubereich. Dabei oxydiert die Kolloidschicht und wird dadurch hart, wobei die Sensibilatoren als Auslöser wirken. Bei einigen Diazostoffen bewirkt das Licht auch einen Zerfall der Schicht. Durch das *Entwickeln* mit Wasser oder Säuren werden die nicht gehärteten Schichtteile weggespült. Das anschließende *Einfärben* und *Entschichten* richtet sich danach, ob eine Negativkopie (Negativ zu Positiv oder umgekehrt) oder eine Positivkopie (Positiv zu Positiv) vorliegt.

Abb. 79. Pneumatischer Kopierrahmen Horicop und Metall-Halogenid-Punktlicht-Kopierlampe der Firma Staub

Bei der *Negativkopie* wird in allen Fällen unter der Negativvorlage die Schicht an den Bildstellen gehärtet. Dem Auftragen von Kopierfarbe auf die Gesamtfläche folgt eine Entwicklung, in der die nicht gehärtete Schicht mit der Farbe darüber verschwindet. Das entstandene Positiv weist demnach an den Bildstellen harte Schicht und Farbe auf.

Bei der *Positivkopie* bleibt im Falle der Selbstbeschichtung die Schicht an den Bildstellen unter der Positivvorlage ungehärtet und wird daher durch das Entwickeln entfernt. An diese Stellen gelangt bei Folien eine anlösende Kopierfarbe (Filmfarbe), bei Metallplatten ein Kunstharzlack, der später die Druckfarbe trägt. Anschließend wird die gehärtete Schicht mit Wasser entfernt. Das entstandene Positiv weist demnach an den Bildstellen nur Farbe auf. Bei vorbeschichteten Druckplatten zerfällt die Schicht durch die Lichteinwirkung an den bildfreien Stellen. Es entsteht ein Positiv mit harter Schicht an den Bildstellen, auf die später die Druckfarbe gelangt.

Korrekturen zum Entfernen von Darstellungen sind vor dem Einfärben je nach Kopierverfahren durch chemische oder mechanische Rasuren bzw. durch Abdecken möglich. Nachträge lassen sich auf den Folien mit den üblichen Zeichenverfahren, auf den Platten mit fetthaltiger Tusche vor dem Gummieren vornehmen.

4.2.8.2 Folienkopie (Filmkopie)

Sie läßt sich bei den in 4.2.3. genannten Kunststoff-Folien sowie bei Acrylglas und Glas anwenden. Ihre praktische Bedeutung begann mit der erstmaligen Anwendung auf PVC-Folien im Jahre 1937 (sog. Astralonkopie). Im Vergleich zu den heutigen Möglichkeiten der photographischen Kopie (4.2.7) ist sie teilweise aufwendiger, z. B. infolge des mehrfachen Beschichtens bei Sammelkopien und analogen Anwendungen. Andererseits kann sie günstiger sein, wenn es z. B. um die langfristige Aufbewahrung der Originale in Verbindung mit Fortführungsarbeiten geht. Sie kann ferner notwendig sein bei sehr großen Formaten.

In Konkurrenz zur photographischen Kopie sind folgende Arbeiten möglich:

a) *Negativ-Positiv-Umwandlung* mittels Negativkopie.

b) *Seitenvertauschung*. Dabei entsteht durch Positivkopie unmittelbar wieder ein Positiv.

c) *Zusammenkopie* (*Sammelkopie*, *Additionskopie*). Bei jeder paßgerecht einzukopierenden Vorlage ist jeweils ein ganzer Kopierprozeß erforderlich. Ein gleichzeitiges Kopieren durch Übereinanderlegen ist nur ausnahmsweise mit sehr dünnen Vorlagen möglich, da sonst der Einfluß der Unterstrahlung zu groß wird.

d) *Rasterkopie*. Jede Rasterfläche wird in zwei Belichtungsabschnitten kopiert. Im ersten Abschnitt – Positivkopie vorausgesetzt – ist die

Vorlage ein positiver Farbdecker der zu rasternden Fläche. Im zweiten Abschnitt wird ein Kopierraster aufgelegt, der die von den Rasterelementen nicht bedeckten Schichtteile zum Härten bringt. Jeder besondere Raster erfordert einen besonderen Kopiergang (Abb. 80).

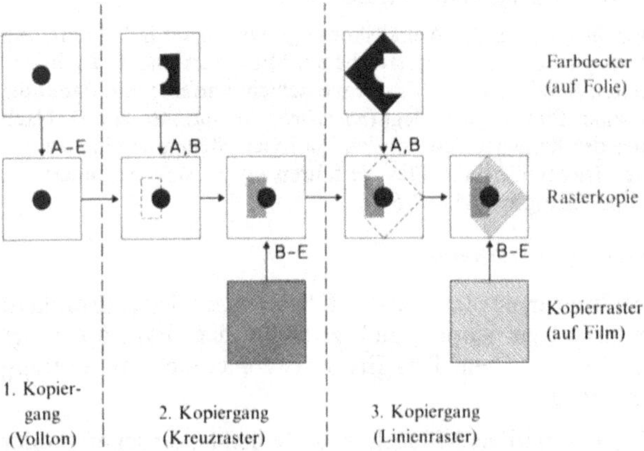

Abb. 80. Herstellung einer Farbfolie mit Flächen in Vollton, Kreuz- und Linienraster durch mehrfache positive Rasterkopie; dabei Seitenvertauschung (vgl. auch Abb. 77 und 88).
A = Beschichten, B = Belichten, C = Entwickeln, D = Einfärben, E = Entschichten
Die kurz gerissene Linie umschließt die nach B nicht gehärtete Schicht

e) *Trennkopie* (*Auskopie*). Sie ist im Gegensatz zur photographischen Kopie sowohl mit negativen als auch positiven Vorlagen unter Einsatz entsprechend negativer bzw. positiver Tilgungsdecker möglich.

f) *Stripkopie*. Sie entsteht mit einer Spezialschicht, die das Abziehverfahren ermöglicht (4.2.6.3).

g) *Anhaltskopie*. Sie ist möglich auf Folie mittels blauer, photographisch nicht wirksamer Kopierfarbe (Blaukopie) oder auf einer Gravurschicht (4.2.2.4).

h) *Umkopie* für Zweit- und Sicherungsstücke sowie Gebrauchsoriginale.

Nur im Wege der Folienkopie sind herstellbar:

i) *Mehrfarbenkopie (Prüfkopie)*. Sie ist arbeitstechnisch eine Sonderform der Zusammenkopie, bei der für jeden Kopiergang die der Druckfarbe entsprechende Kopierfarbe gewählt wird. Die auf opaker (undurchsichtiger) Folie kopierte Darstellung eignet sich für Prüfzwecke, evtl. auch als Andruckersatz (4.2.8.3).

j) *Auswaschkopie*. Bei der Anhaltskopie (g) wird nach Belichtung und Entwicklung anstelle der Kopierfarbe ein Mittel verwendet, das in den entwickelten Bereichen auch die Gravurschicht entfernt und damit die Folie an allen Bildstellen freilegt (*chemische Gravur, Ätzgravur*). Nach Entfernen der Kopierschicht an den bildfreien Stellen ist eine weitere manuelle Gravur möglich. Das Verfahren eignet sich besonders bei Kartenfortführungen (vgl. 4.2.5.2).

4.2.8.3 Farbprüfverfahren

Die Verfahren erzeugen nach den Kopieroriginalen (Farbfolien) eine mehrfarbige Kopie, und zwar in den Farbtönen der späteren Druckfarben. Das Ergebnis eignet sich zur Prüfung der Farbfolien

- auf offenkundige Mängel, z. B. fehlende, unscharfe oder nicht paßgerechte Teile, sowie
- auf ihr Zusammenwirken im Hinblick auf die erwünschte Wiedergabe im späteren Auflagedruck.

Die einzelnen Methoden stellen eine Weiterentwicklung der in 4.2.8.2 unter i) genannten Mehrfarbenkopie dar. Ihr Vorteil liegt darin, daß die Korrektur der Farbfolien bereits vor dem Andruck möglich ist und damit evtl. weitere Druckplattenkopien als Folge der Korrektur nach dem Andruck entbehrlich sind. Für eine darüber hinaus gehende Funktion der Verfahren als Andruckersatzverfahren reichen die Möglichkeiten im allgemeinen noch nicht aus. Andererseits besteht die Chance, in bestimmten Fällen mehrfarbige Karten in wenigen Exemplaren ohne Druck herzustellen.

Die Farbprüfverfahren (Color Proofing) lassen sich nach folgenden Gesichtspunkten unterscheiden:

- Herstellung eines Satzes transparenter Folien, die mit mechanischen Passern wie Deckfolien übereinander gelegt werden (z. B. Color-

Key), oder Zusammentragen auf einem einzigen opaken Träger (Folie oder Karton; z. B. Cromalin, Safir-SC);
- Beschränkung auf die drei bunten Normfarben oder Verfügung über eine größere Anzahl von Farbtönen;
- Zwang zur Verwendung positiver oder negativer Vorlagen;
- photographische oder elektrophotographische Techniken (z. B. Remak).

4.2.8.4 Druckplattenkopie

Mit dem Aufkommen des Flachdrucks auf Metallplatten setzte auch die Druckplattenkopie ein. Man spricht daher auch von *Flachdruckkopie* oder im Hinblick auf den heute üblichen indirekten Flachdruck (= Offsetdruck) von *Offsetkopie*.

Die seitenverkehrte positive Farbfolie – das Kopieroriginal – wird auf die Druckplatte in der Regel im Kontakt kopiert. Nach dem üblichen Kopierprozeß erhält die Platte noch eine Schutzschicht (Gummierung), die an den bildfreien Stellen eine Oxydation verhindert und beim Druck die Feuchtung verbessert. Eine neuere Entwicklung ist die elektrophotographische Druckplattenkopie; dabei ist die Bildübertragung sowohl mit dem Kontaktgerät als auch mit der Kamera möglich, so daß auch nichttransparente Vorlagen verarbeitet werden können.

Über die Beschaffenheit der Metallplatten siehe 4.3.1.4. Für geringe Auflagen in kleinen Formaten (Kleinoffset) kann man auch auf Folie oder Papier als Druckträger kopieren. Solche einfachen Verfahren erleichtern vor allem die Anwendung des Offsetdrucks in der Bürotechnik. Allgemeines Schrifttum zur Offsetkopie siehe z. B. *Rittweger* 1983.

4.3 Kartentechnik – Vervielfältigung der Karten

Vervielfältigen bedeutet – im Gegensatz zum *Kopieren* – das Ableiten einer größeren Anzahl von Ausfertigungen vom Original.

Der *Druck* ist das wichtigste Vervielfältigungsverfahren für Karten. Er ist bei mehrfarbigen Karten – von unbedeutenden Ausnahmen abgesehen – die Regel. Auch für einfarbige Karten kommt es zum Druck bei ausreichender Auflagenhöhe, evtl. unter Beachtung einer möglichen Vorratshaltung, ferner im Zusammenhang mit Textveröffentlichungen in Fachliteratur, Zeitungen, touristischen Prospekten usw.

Die Verfahren der *Reprographie* kommen in erster Linie für die Herstellung von nur wenigen Exemplaren, von Kartenausschnitten, Sicherungsstücken usw. in Betracht. Die Reprographie umfaßt als Sammelbegriff verschiedene Verfahren, die vorwiegend der Büro- und Dokumentenvervielfältigung dienen. Für die Kartentechnik sind darunter in erster Linie das Lichtpausen, die Mikroverfilmung und die Elektrophotographie von Bedeutung. Begriffe der Reprographie siehe DIN 19060.

4.3.1 Kartendruck

4.3.1.1 Allgemeines zur Drucktechnik

Drucken beruht auf der Bilddifferenzierung durch Substanzübertragung, d. h. der Abgabe der Druckfarbe von der Druckform an den Bedruckstoff (meist Papier). Dabei unterscheidet man nach der vertikalen Gliederung der druckenden und der nicht druckenden Teile (also der Bildstellen und der bildfreien Stellen) auf der Druckform zwischen Hochdruck, Tiefdruck, Flachdruck und Durchdruck.

Der Druck wird mit *Druckmaschinen (Pressen)* ausgeführt. Wie die Bezeichnung „Drucken" bzw. „Pressen" erkennen läßt, erfordert die Farbübertragung von der Druckform bzw. durch sie hindurch auf den Bedruckstoff (meist Papier) einen nicht geringen Kraftaufwand. Die *Druckform* liegt in der Maschine eben (Flachformdruck) oder ist auf einen Zylinder gespannt (Rotationsdruck); der Gegendruck wird in beiden Fällen meist durch einen Zylinder ausgeübt. Der Rotationsdruck ist das schnellere Verfahren; bei ihm wird das Papier aus einem Stapel Bögen einzeln abgenommen (Bogenrotation), oder es läuft als Rolle durch (Rollenrotation). Eine Übersicht über weitere Benennungen von Druckmaschinen ist in DIN 8730 zusammengestellt. Jedes Druckverfahren hat seine eigenen Maschinen, doch gibt es heute auch schon sog. Hybrid-Maschinen, die sich für zwei Druckverfahren eignen, wobei jeweils nur geringe Umstellungen erforderlich sind.

Die *Druckfarben* bestehen im wesentlichen aus Farbkörpern (Pigmenten) und Bindemitteln. Die *Farbkörper* sind pulverige anorganische oder organische Substanzen; am bekanntesten ist der Ruß, der durch Verbrennen von Gas oder Öl gewonnen wird und zur Herstellung der schwarzen Farbe (Druckerschwärze) dient. Zu den Bindemitteln gehören vor allem Harz- und Ölfirnisse. Die Farben sollen schnell auftrocknen, möglichst lichtecht, wasser-, radier- und scheuerfest sein. *Lasurfarben* sind durchsichtig und eignen sich zum Erzeugen von Mischfarben durch Übereinanderdrucken (subtraktive Farbmischung). *Deckfarben* ändern dagegen auch beim Aufdrucken über eine andere Farbe ihren Farbton nicht.

Die Zusammensetzung der Farben im einzelnen hängt von den Druckverfahren, -maschinen, -formen, -geschwindigkeiten usw. ab. Für den Mehrfarbendruck gibt es neben dem üblichen Sortiment die sog. Normfarben: Für den Hochdruck nach DIN 16 508, für den Offsetdruck nach DIN 16 509 oder die sog. Europa-Skala nach DIN 16 538 bzw.16 539. Allgemeine Farbbegriffe werden in DIN 16 515 erläutert. Zur Kontrolle derFarbwiedergabe werden oft am Rande des Papierbogens die gedruckten Farben als Teile des Kontrollstreifens (4.2.2.2) in einer Farbskala zusammengestellt. Beim Kartendruck – vor allem bei Kartenwerken, die immer wieder neu gedruckt werden – ist besonders darauf zu achten, daß die einmal gewählten Farbtöne (z. B. Waldgrün, Gewässerblau) bei allen Drucken für lange Zeit konstant bleiben.

Sind die Druckformen hergestellt, so kommt es zunächst zum *Andruck*. Dieser dient als Probedruck einer letzten Durchsicht des Inhalts, der Prüfung der Passer sowie der endgültigen Entscheidung über die Wahl der Farben. Der Andruck findet auf besonderen, relativ langsam arbeitenden Andruckpressen (meist Flachformmaschinen) statt; über Farbprüfverfahren als möglichen Andruckersatz siehe 4.2.8.3. Erfüllt der Andruck die gestellten Anforderungen, so steht dem *Auflagedruck (Fortdruck)* nichts mehr im Wege. Als *Schön- und Widerdruck* gilt die Reihenfolge bei beidseitigem Bedrucken des Bedruckstoffs.

Allgemeine Literatur zur Drucktechnik siehe z. B. *Stiebner* 1981 und *Agte* 1981. Grundbegriffe der Drucktechnik befinden sich in DIN 16 500.

4.3.1.2 Hochdruck

Der Hochdruck ist das älteste der vier Druckverfahren. Bei ihm sind die druckenden Elemente erhaben (Abb. 81). Da in der Regel direkt gedruckt wird, ist das Druckbild seitenverkehrt.

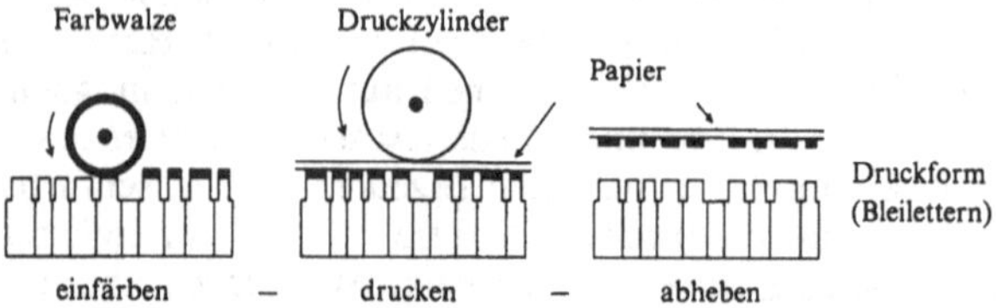

Abb. 81. Prinzip des Hochdrucks

Die ersten Druckformen waren *Holzschnitte*. Seine große Bedeutung gewann der Hochdruck mit der Erfindung der beweglichen Lettern durch *J. Gutenberg* (1445); seitdem bildete der Textdruck für Bücher, Zeitungen, Vordrucke, Anzeigen usw. das wichtigste Anwendungsgebiet. Man spricht daher auch vielfach vom *Buchdruck*. Die wichtigsten Begriffe für den Hochdruck sind in DIN 16 514 erläutert.

Im Kartendruck spielte der Hochdruck nur eine allgemeine Rolle, solange die Druckformen in Holz geschnitten wurden (15. Jahrh.). Daneben war er partiell von Bedeutung, als die Kartenschrift zeitweise auch über Handsatz, Druck und anschließende Photographie entstand.

Außer dem direkten Hochdruck gibt es seit einiger Zeit auch ein als *Trockenoffset*, *Hochoffset* oder *Letterset* bezeichnetes indirektes Verfahren, bei dem von einer seitenrichtigen Druckform auf einen Gummizylinder und von diesem auf das Papier gedruckt wird. Zu den einfachen Hochdruckverfahren der Bürotechnik zählt neben dem Gebrauch der Schreibmaschine das Typendruckverfahren mit Metall- oder Gummilettern sowie das Prägeplattenverfahren bei Druck von Adressen und Karteien.

4.3.1.3 Tiefdruck

Beim Tiefdruck sind die druckenden Elemente in einer Platte tiefgelegt (Abb. 82). Da es sich stets um einen Direktdruck handelt, ist das Druckbild auf der Druckform seitenverkehrt.

Das Tieflegen war zunächst ein *manueller* Prozeß: Seit der Mitte des 15. Jahrhunderts als Kupferstich, später auch als Stahlstich und Steingravur. Da auch die *mechanische* Druckformherstellung heute noch relativ viel Aufwand erfordert, liegt die Hauptanwendung des Tiefdrucks zur Zeit dort, wo auf Papieren mittlerer Qualität sehr hohe Auflagen ein- oder mehrfarbig gedruckt werden (z. B. bei Illustrierten).

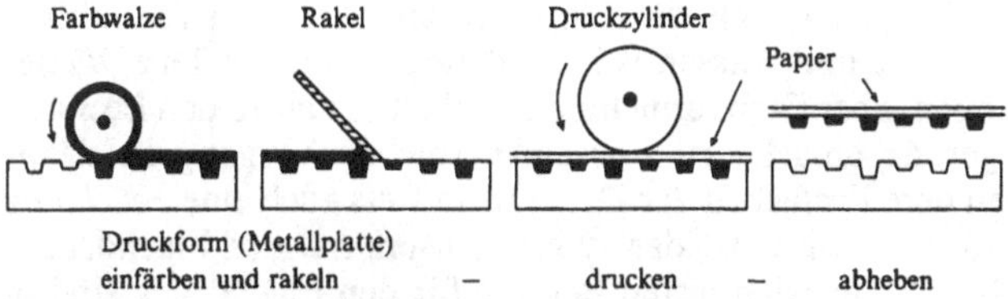

Abb. 82. Prinzip des Tiefdrucks (Rakeltiefdruck mit gleichgroßen, aber verschieden tiefen Näpfen)

Für den Kartendruck hat der Kupfertiefdruck lange Zeit bis in das 20. Jahrhundert hinein eine bedeutende Rolle gespielt. Infolge der Möglichkeiten und Vorzüge des Flachdrucks ist er heute für die Kartenvervielfältigung unbedeutend geworden. DIN 16 528 erläutert Begriffe des Tiefdrucks.

Beim modernen tiefenvariablen Tiefdruck wird die positive Vorlage (Strich oder Halbton) zusammen mit einem Tiefdruckraster (Kreuzraster mit 60 – 70 Lin/cm) durch Kopie und Ätzung oder durch unmittelbare Gravur der Rasterpunkte auf eine Kupferplatte übertragen. Es entstehen unterschiedlich tiefe *Näpfe*, zwischen denen sog. *Stege* erhaben stehenbleiben. Beim Druck nehmen die Näpfe entsprechend ihrer Tiefe unterschiedliche Farbmengen auf und erzeugen damit auch unterschiedliche Tonwerte. Die Druckfarbe ist verhältnismäßig dünnflüssig und wird nach dem Auftragen jedesmal von einem über die ganze Platte laufenden Stahlmesser, der Rakel, soweit abgestreift, daß die Stege farbfrei bleiben (*Rakeltiefdruck*). Die Kupferplatte ist meist verchromt oder vernickelt und damit auch für hohe Auflagen geeignet.

Durch den Tiefdruckraster wird die gesamte Vorlage, also z. B. auch die Schrift, rasterartig zerlegt. Die Wiedergabe ergibt jedoch nicht so isolierte und verschieden große Rasterelemente wie beim Offsetdruck, sondern mehr zum Halbton tendierende Flächenstücke.

4.3.1.4 Flachdruck

Beim Flachdruck liegen Druckbild und Leerfläche in nahezu einer Ebene an der Oberfläche der Platte. Da demnach ein Relief nicht vorhanden ist, beruht die Trennung zwischen druckenden und nicht druckenden Elementen auf einem anderen Prinzip, nämlich der Unvermischbarkeit von fetthaltiger Druckfarbe und Wasser. Während die druckenden Teile Wasser abstoßen, aber Farbe annehmen, verhält es sich an den Leerstellen gerade umgekehrt. Für einen solchen Vorgang ist daher neben dem Einfärben der Druckform stets auch eine *Feuchtung* erforderlich; diese ist das typische Merkmal des Flachdrucks (Abb. 83). Die wichtigsten Begriffe für den Flachdruck sind in DIN 16 529 zusammengestellt.

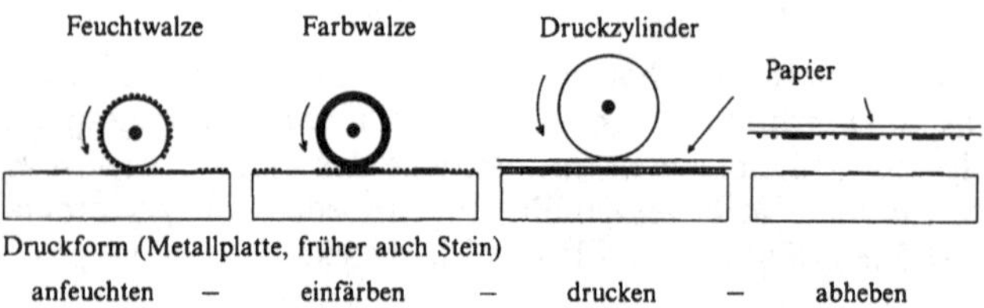

Abb. 83. Prinzip des direkten Flachdrucks

Die Bildübertragung im Flachdruck ist im direkten und im indirekten Wege möglich.

1. Direkter Flachdruck

Beim direkten Flachdruck wird das seitenverkehrte Druckbild unmittelbar von der Druckform auf das Papier übertragen.

Das erste Verfahren dieser Art war der am Anfang des 19. Jahrhunderts entwickelte *Steindruck*, der bis in das 20. Jahrhundert hinein auch im Kartendruck eine bedeutende Rolle gespielt hat. Seit dem Ende des 19. Jahrhunderts benutzte man als Druckform auch *Metallplatten* aus Zink oder Aluminium. Alle diese direkten Verfahren haben im Vergleich zum indirekten Flachdruck inzwischen ihre Bedeutung verloren.

Als direkter Flachdruck gilt auch der *Lichtdruck*, der heute noch in der mehrfarbigen Wiedergabe künstlerischer Darstellungen wegen seiner Originaltreue als unübertroffen gilt, ferner das früher in der Bürotechnik stärker verbreitete *Spirit-Carbon-Verfahren* (Umdruckverfahren, Hektographie).

2. Indirekter Flachdruck (Offsetdruck)

Bei diesem Verfahren wird das seitenrichtige Druckbild zunächst auf einen mit Gummituch bespannten Zylinder übertragen und dann von diesem auf das Papier gedruckt (Abb. 84). Dieser Vorgang des „Absetzens" kommt auch in der heute üblichen, aus dem Englischen stammenden Bezeichnung als *Offsetdruck* zum Ausdruck. 1905 wurde die erste Offsetmaschine in Betrieb genommen.

Im Vergleich zum direkten Flachdruck ermöglicht der Offsetdruck höhere Auflagen bei größerer Stundenleistung und mit einem sehr geringen, nahezu problemlosen Feuchtungsaufwand. Die Anpassungsfähigkeit des Gummituches sichert ferner eine gute Wiedergabequalität auch beim Bedrucken von Papieren minderer Güte. Diese Vorteile haben dem Offsetdruck

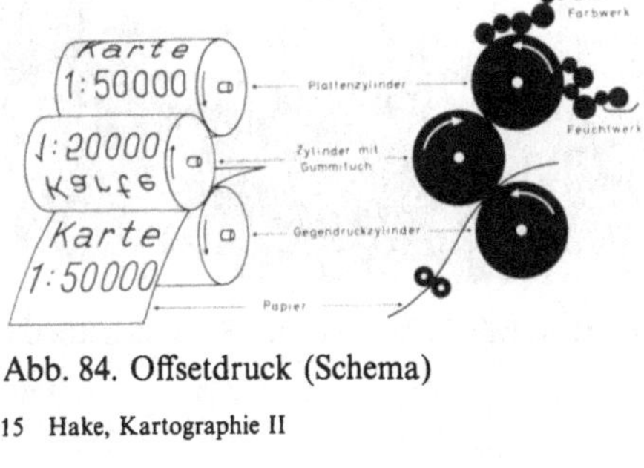

Abb. 84. Offsetdruck (Schema)

viele Anwendungsgebiete erschlossen; neben dem klassischen Mehrfarbendruck in mittleren und großen Formaten bei Auflagen zwischen rund 1000 und 50 000 Stück dominiert die Offsettechnik heute auch schon in den Bereichen des Buchdrucks und des Zeitungsdrucks.

Im Bereich des Kartendrucks ist der Offsetdruck das bei weitem vorherrschende Verfahren. Entscheidend dafür sind neben den oben genannten Vorzügen auch die Vorteile und Möglichkeiten, die sich bei der Herstellung der Druckform durch den Weg über Kopieroriginale und die Druckplattenkopie (4.2.8.4) ergeben.

Für Andruck und geringe Auflagehöhen werden noch vielfach Offsetflachpressen eingesetzt. Vorherrschend ist jedoch der Einsatz von Offsetrotationspressen (Abb. 85). Das Kernstück jeder Offsetpresse besteht aus Farbwerk, Feuchtwerk und Druckwerk.

a) *Farbwerk*. Die Druckfarbe befindet sich in einem Farbkasten und wird von dort in einer genau regelbaren Abgabe auf Zwischenwalzen (Reibzylinder) übertragen. Diese führen neben der Rotation auch begrenzte Hin- und Herbewegungen in Achsrichtung aus und bewirken damit eine einwandfreie Farbverteilung. Schließlich gelangt die Farbe auf 3 bis 4 Auftragswalzen aus Gummi oder Kunststoff, die mit der

Abb. 85. Einfarben-Offsetpresse (für Bogenrotation) Roland-Ultra der Firma MAN-Roland

Druckplatte in Berührung stehen. Für das beim Farbwechsel nötige Walzenwaschen steht eine besondere Waschvorrichtung zur Verfügung.

b) *Feuchtwerk.* Es gibt verschiedene Systeme, die jedoch alle von einem Wasserkasten ausgehen, von dem das Wasser über Zwischenwalzen auf eine oder mehrere Auftragswalzen gelangt. Alkoholzusätze verringern die erforderliche Feuchtmenge und damit deren Einfluß auf das Druckpapier.

c) *Druckwerk.* Bei den *Flachpressen* befinden sich Druckform und Gegendruckplatte (mit einem Bogen Papier darauf) in ebener Lage nebeneinander. Der Gummizylinder läuft über die Druckform und gibt anschließend die dort aufgenommene Farbe an das Papier ab. Beim Rückweg wird er angehoben, berührt also die Platten nicht. Dafür rollen nun die Feuchtwalzen und die Farbwalzen über die Druckform und bereiten sie damit für den nächsten Druck vor. Bei den *Rotationspressen* besteht das Druckwerk aus drei Zylindern, nämlich 1. dem Platten- oder Formzylinder, auf den die Druckplatte gespannt ist, 2. dem Gummizylinder und 3. dem Druckzylinder (Gegendruckzylinder), der das durchlaufende Papier gegen den Gummizylinder drückt. Da die Zylinder durch Zahnradantrieb rotieren, lassen sich durch Verändern der Plattenunterlage auch die Druckbildlängen verändern und somit u. U. Passerschwierigkeiten verringern.

Beim Kartendruck herrscht der *Bogenrotationsdruck* vor. Die Bögen sind als Einlegestapel geordnet und werden einzeln von Gummisaugern abgehoben und zum Anlegetisch geführt, wo sie schuppenförmig angeordnet liegen und dann Stück für Stück an die Anlegemarken (vordere und seitliche Anschläge) geführt werden. Das Papier liegt dabei so, daß seine Laufrichtung (4.2.3) senkrecht zur Transportrichtung steht.

Die richtige Weiterführung zwischen Gummi- und Druckzylinder hindurch wird durch das sog. *Einrichten* sichergestellt. Dieser Prozeß, mit dem jeder Druckgang beginnt, sorgt dafür, daß das Druckbild richtig innerhalb des Papiers liegt und daß beim Mehrfarbendruck die einzelnen Farbdarstellungen mit Hilfe des Paßsystems in richtige Beziehung zueinander gelangen. Die bedruckten Bögen werden auf einem Auslegestapel wieder geordnet.

Die *Offsetdruckplatten* sind meist feingekörnte oder oberflächen-oxydierte *Aluminiumplatten.* Die Körnung ist erforderlich, um die Feuchtigkeit auf der Platte beim Druck zu halten. Bei hohen Auflagen benutzt man auch Mehrmetallplatten. So besteht die *Bimetallplatte* aus einer elektrolytisch verchromten oder verstahlten Kupferplatte, aus der bei der Plattenkopie das Kupfer an den Bildstellen durch Ätzung freigelegt wird. Kupfer ist für Fett, Chrom für Wasser optimal empfänglich. Bei der *Trimetallplatte* bilden Chrom und Kupfer jeweils eine dünne Schicht auf einer dicken Stahl- oder Aluminiumplatte. Auch die Mehrmetallplatten gibt es bereits in vorbeschichteter Form.

Für den Mehrfarbendruck spielt die richtige *Papierbehandlung* eine große Rolle, z. B. durch Klimatisierung von Papierlager und Drucksaal. Da bei jedem Farbgang das Einrichten und die Farbgebung sich erst allmählich vervollkommnen und bis dahin eine Anzahl unbrauchbarer Drucke anfällt (Makulatur), erfordert jeder Mehrfarbendruck die Abschätzung der tatsächlich benötigten Papiermenge. Die Anzahl der ausgeführten Drucke läßt sich an einem Zählwerk ablesen. Während des Auflagedrucks werden durch ständige Stichproben einzelne Bögen auf Passer, Farbführung, Kontrollstreifen usw. überprüft.

Bei den im Kartendruck verwendeten Offsetmaschinen handelt es sich meist um die Formatklassen II ($61 \times 86\,cm^2$) bis VII ($110 \times 160\,cm^2$). Die mögliche *Stundenleistung* liegt bei Flachpressen zwischen 200 und 500, bei Bogenrotationspressen zwischen 5000 und 15 000 Drucken und bei Rollenrotationspressen zwischen 250 und 300 m/min. Tatsächlich liegen im Kartendruck diese Stundenleistungen jedoch meist niedriger, um die hohen Passergenauigkeiten besser einhalten zu können. Die Reihenfolge der Druckfarben (Farbreihenfolge) richtet sich meist nach dem Anteil der geometrisch exakten Darstellung in den einzelnen Farbfolien: Strichdarstellungen kommen daher in der Regel vor Flächen, Signaturen und Schriften. Beim Gebrauch der kurzen Skala hängt die Folge vorwiegend vom Einsatz von Einfarben- oder Mehrfarbenmaschinen ab.

Für den Mehrfarbendruck hoher Auflagen ist der Einsatz von *Zweifarbenmaschinen*, evtl. sogar von *Vierfarbenmaschinen* wirtschaftlich. Der Tatsache, daß damit die Anzahl der Durchläufe vermindert wird, steht allerdings eine wesentlich höhere Einrichtezeit gegenüber. Der an solchen Maschinen stattfindende Naß-in-Naß-Druck erfordert besondere Druckfarben.

Nach dem Druck werden die Bögen stapelweise in einer Schneidmaschine geschnitten und nach Bedarf mit einer Falzmaschine gefalzt.

Über Schrifttum zur Offsettechnik siehe z. B. *Stiebner* 1981 und *Rittweger* 1983. Als *Kleinoffset* gelten die in der Bürotechnik üblichen Offsetverfahren bis zum Format DIN A 2. Das Verfahren des *rasterlosen Offset*, bei dem vom Plattenkorn gedruckt wird, ist über erste Anwendungen bisher noch nicht hinausgekommen.

4.3.1.5 Durchdruck

Bei diesem Verfahren hat die Druckform die Funktion einer Schablone. Durch die offenen Stellen, die den Bildstellen entsprechen, gelangt die Druckfarbe auf das darunter liegende Papier (Abb. 86). Die bekannteste Durchdruckmethode ist der im 19. Jahrhundert aufgekommene *Siebdruck*; seine künstlerische Variante wird auch als *Serigraphie* bezeichnet. Die Druckform ist ein sehr feinmaschiges Sieb aus Metall-, Seide- oder Kunststoffäden (50 bis 150 Fäden/cm); es bewirkt die notwendige Stabilisierung der Schablone. Eine Reihe von Begriffen für den Siebdruck ist in DIN 16 610 zusammengestellt.

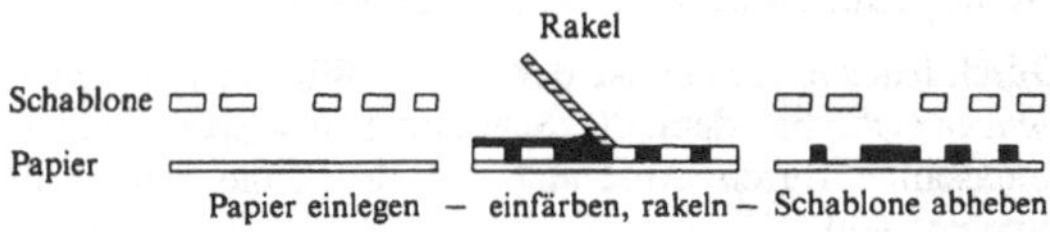

Abb. 86. Prinzip des Durchdrucks

Das Sieb ist auf einem Rahmen aus Holz oder Metall befestigt. Nach Auftragen einer Kopierschicht auf das Sieb und Belichten unter einer positiven Vorlage ist die Schicht an den bildfreien Stellen gehärtet, während sie sich an den Bildstellen entfernen läßt und damit die Siebmaschen dort freilegt. Dieser Vorgang ähnelt dem ersten Teil des Positivverfahrens in der Folienkopie (4.2.8.1). Neben dem Kopierverfahren gibt es auch ein indirektes Übertragungsverfahren mittels Pigmentpapier. Das Ergebnis ist eine seitenverkehrte Schablone, die mit dem Rahmen so in das Siebdruckgerät eingelegt wird, daß das Sieb mit seiner Schichtseite nach unten zeigt. Nach Einlegen des Papiers schließt man über diesem den Siebrahmen, so daß Papier und Sieb in unmittelbarem Kontakt liegen. Die zähflüssige Farbe wird streifenförmig in das Sieb eingegossen und mit einer Rakel durch die offenen Siebmaschen gepreßt. Die Rakelführung wird von Hand, bei größeren und teureren Geräten auch automatisch vorgenommen. Da die relativ dick aufgetragene Farbe nur langsam trocknet, ist ein Stapeln des bedruckten Papiers nur mit Zwischenlagen oder bogenweise auf besonderen Ablegevorrichtungen möglich.

Das Verfahren eignet sich gut für den Druck größerer Formate mit ausgedehnten Flächenfarben in niedrigen Auflagen auf Papier, Pappe, Holz, Metall und Kunststoff. Es wird daher z. B. viel im Plakatdruck angewandt. Auch nichtebene Gegenstände wie Dosen, Buchrücken usw. lassen sich bedrucken.

Für einen Einsatz in der Kartenvervielfältigung ist zu beachten, daß feine Striche durch die Siebmaschen rasterartig aufgelöst werden. Mit dem Siebdruck lassen sich daher nur dann brauchbare Qualitäten erzielen, wenn die Strichelemente nicht zu fein sind bzw. wenn ein sehr feinmaschiges Sieb benutzt wird. Andererseits erweist sich gerade der Siebdruck bei der Vervielfältigung mehrfarbiger großmaßstäbiger Karten in geringer Auflagehöhe als besonders wirtschaftlich.

Allgemeines Schrifttum siehe z. B. *Ehlers* 1980.

Ein weiteres Durchdruckverfahren ist der in der Bürotechnik angewandte *Schablonendruck*, bei dem die Schablone aus Spezialpapier in der Schreibmaschine durch Anschlag mit der ohne Farbband verwendeten Type entsteht.

4.3.2 Lichtpause

4.3.2.1 Lichtpaustechnik

Das Lichtpausverfahren beruht auf der Bilddifferenzierung durch Strahlung auf eine Lichtpausschicht. Es ist – von Ausnahmen abgesehen – ein positives *Kontaktverfahren* mit Durchlicht. Die Vorlage muß daher ein transparentes Positiv sein. Das Bild wird in Originalgröße übertragen. Im Vergleich zu den photographischen Emulsionen ist die Empfindlichkeit der Lichtpausschichten wesentlich geringer, jedoch meist höher als die der Schichten in der Folien- und Druckplattenkopie. Ein Dunkelraumbetrieb ist nicht erforderlich, doch sind direktes Sonnenlicht und grelles Kunstlicht zu vermeiden.

Die Lichtpaustechnik begann 1840 mit dem *Blaupausverfahren*, das negativ arbeitet und naß zu entwickeln ist. 1923 erschien das heute übliche *Diazotypie-Verfahren* nach positiven Vorlagen und mit Trockenentwicklung. Bei dieser Methode enthält die Lichtpausschicht Diazoverbindungen und Farbstoffkomponenten. Durch das Belichten mit stark ultraviolettem Licht zerfällt die Diazoverbindung an den bildfreien Stellen, bleibt aber unter den Bildstellen erhalten. In der nachfolgenden Entwicklung mit Ammoniakdämpfen kuppeln sich Diazoverbindung und Farbstoffkomponente zum Azofarbstoff. Aus dem Entwicklungsgerät tritt ein trockenes Positiv.

Die Lichtpausschichten arbeiten überwiegend sehr kontrastreich. Daher lassen sich auch Strichdarstellungen von oft ungenügender Deckung (z. B. Graphitzeichnungen) noch in ausreichender Qualität wiedergeben. Daneben gibt es aber auch hochempfindliche Schichten mit weicher Gradation. Auch einwandfrei entwickelte Lichtpausen sollte man nicht für längere Zeit dem direkten Sonnenlicht aussetzen, doch kann man mit Schutzfolien das Verblassen erheblich verzögern. Kleinere Korrekturen lassen sich mit flüssigen Korrekturmitteln oder durch Radieren, größere durch Nachbelichten mittels Maske vornehmen.

4.3.2.2 Lichtpausgeräte

Die Eignung der verschiedenen Lichtpausgeräte richtet sich im Einzelfalle nach ihrer Verarbeitungsgeschwindigkeit, nach dem Format und der Wärmeempfindlichkeit der Vorlage sowie nach dem Qualitätsanspruch an das Ergebnis. Vorlage und Lichtpausmaterial, die dem Gerät gemeinsam zugeführt werden, gelten als sog. *Pausgut*.

Lichtpausgeräte sind meist Kombinationen aus Belichtungs- und Entwicklungsteil. Wo dies nicht der Fall ist, lassen sich neben einfachen *Flach-Lichtpausgeräten* (Kasten mit Deckel, Glasplatte und Leuchtstofflampen) auch Einrichtungen der Photo- und Kopiertechnik zum Belichten verwenden. Die zugehörigen *Entwicklungsgeräte* sind entweder einfache Kästen mit einer Schale Ammoniakwasser darin oder

Entwicklungsmaschinen, in denen die belichteten Pausen durch Walzen eingeführt, dann entwickelt und über Walzen wieder ausgeführt werden.

In *Lichtpausmaschinen* (Abb. 87) befindet sich ein Glaszylinder mit einer Quecksilberhochdrucklampe darin. Das Pausgut wird an einem Arbeitspult eingelegt, läuft über den rotierenden Zylinder an der Lampe vorbei und tritt dann wieder aus der Maschine heraus. Nach Trennung der Teile von Hand wird die belichtete Lichtpause in den Entwickler

Abb. 87. Lichtpausautomat METEM 25—50 der Firma Meteor-Siegen

eingeführt. *Lichtpausautomaten* trennen das Pausgut selbständig und nehmen auch die Entwicklung ohne weiteren Eingriff vor. Die Arbeitsgeschwindigkeit der Geräte hängt von der Empfindlichkeit der Schicht, der Helligkeit der Lichtquelle und der Transparenz der Vorlage ab. Sie kann Beträge bis zu 20 m/min erreichen. Die größte Arbeitsbreite liegt etwa bei 160 cm.

Bei höchsten Ansprüchen an die Detailwiedergabe und an das Einhalten der Vorlagenmaße benutzt man die in der Kopiertechnik (4.2.8.1) üblichen pneumatischen *Kopierrahmen mit Punktlichtlampe* (Abb. 79).

4.3.2.3 Lichtpausmaterial und seine Anwendung

Träger der Diazoschichten sind Papiere, Kunststoff- und Metallfolien. Die gelb gefärbten Schichten verlieren an den belichteten Stellen ihren Farbton. Die unbelichteten Stellen färben sich nach der Entwicklung rot, blau, schwarz oder sepiabraun.

In der Kartentechnik spielt die Lichtpause eine doppelte Rolle:

- In der Originalherstellung als Zwischen-, Gebrauchs- und Sicherungsoriginal, als Anhaltsdarstellung, Arbeitsvorlage für Generalisierung, Fortführung, Schriftsatz usw. sowie auch als Kopiervorlage,
- in der Vervielfältigung als einzelne Ausfertigung sowie als Ausgangs-(Zwischen-)Original für weitere Eintragungen.

Dabei herrschen schwarze Darstellungen für die Bildstellen vor; andere Farbwiedergaben dienen meist besonderen Zwecken.

1. Lichtpauspapiere

Sie reichen vom einfachen Lichtpauspapier (40 g/m^2) für Übersichten, Tabellen usw. bis zum kartonstarken Lichtpauspapier (210 g/m^2) für Kartierungsunterlagen, Zusammenfügungen usw. Das Papier wird in Bögen oder Rollen geliefert.

Neben dem normalen Lichtpauspapier unterschiedlicher Dicke gibt es noch spezielle Ausführungen:

- Auf Polyesterfolie kaschierte oder mit Gewebe verstärkte Papiere sowie Schichten auf synthetischem Papier eignen sich für stärkere Beanspruchungen.
- *Kontrastpapiere* liefern auch von kontrastschwachen Vorlagen noch gute Ergebnisse.
- *Halbtonpapiere* eignen sich zur Vervielfältigung nicht gerasterter und transparenter Luftbilder.
- *Zweifarbenpapiere* sind für zwei Spektralbereiche sensibilisiert und erlauben daher eine zweifarbige Darstellung.
- *Transparente Lichtpauspapiere* eignen sich für Zwischenoriginale, sind jedoch nicht maßbeständig und nur bedingt strapazierbar.

Besondere Paustechniken mit kartentechnischer Bedeutung sind

a) die *Sammelpause* im Einzelfall durch Übereinanderlegen sehr dünner Folien und Belichten mit einer Punktlichtquelle;
b) die *Grautonpause* durch Vorbelichten unter einer Rasterfolie oder durch Nachbelichten nach Entfernen der Vorlage;
c) die *Zweitonpause* als Sammelpause, bei der nach Entfernen einer Vorlage nachbelichtet wird oder eine Vorlage bereits gerastert ist;
d) die *Pseudo-Halbtonpause*, bei Belichtung unter einer gerasterten Halbton-Vorlage (z. B. Luftbild).

2. Lichtpausfolien

Für die Kartentechnik kommen als Schichtträger ganz überwiegend die mattierten oder klaren Polyesterfolien in Betracht. Ihre Vorzüge – unkomplizierte und zugleich sichere Handhabung, hochwertige Ergebnisse und Hellraumbetrieb – verschaffen ihnen eine zunehmende Anwendung in den Vorgängen der Originalherstellung. Dabei entstehen nach dem Sprachgebrauch der Reprographie vom Ergebnis der Reinzeichnung *Mutterpausen*, wenn diese als Ausgangsoriginale für weitere Vervielfältigungen dienen sollen.

Im einzelnen gibt es vor allem folgende Anwendungen:

a) Mattierte Folien mit blauer, nicht deckender Farbe eignen sich als *Anhaltskopien*, schwach deckend für *Zweitonoriginale*.
b) Über *Anhaltskopien* bei der Schichtgravur und spezielle Diazo-Gravurschichten siehe 4.2.5.2.
c) Klare Folien sind vorteilhaft für *Seitenvertauschungen* und *Montagen*.
d) *Zusammenkopien*, evtl. einschließlich Rastern, erfordern in bestimmter Folge Negativ- und Positivdecker sowie positive Vorlagen und Kopierraster (Abb. 88). Gegenüber der photographischen Kopie und vor allem der Folienkopie ist das Verfahren sehr wirtschaftlich (*Schoppmeyer* 1980).
e) Seitenverkehrte *Gebrauchsoriginale* gestatten die Ableitung einfacher Lichtpausen im Kontakt. Ist die Rückseite mattiert, so ist eine nach Seiten getrennte weitere Bearbeitung möglich, z. B. Fortführung im Kataster.
f) In ähnlicher Weise lassen sich in *Zwischenoriginalen* weitere Darstellungen (z. B. Planungen) vornehmen.

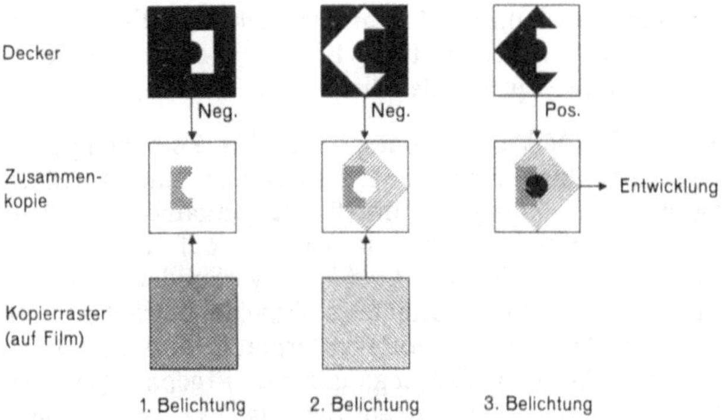

Abb. 88. Herstellung einer Farbfolie mit Flächen im Vollton, Kreuz- und Linienraster durch Zusammenkopie im Lichtpausverfahren mit gleichzeitiger Seitenvertauschung. Vgl. auch Abb. 77 und 80.

g) *Selbstklebende* Folien eignen sich zur Montage von Teildarstellungen.

3. *Diazoschichten auf Metall* finden in der Druckplattenkopie (4.2.8.4) Anwendung. Dabei gibt es auch Schichten, die sich unter Lichteinfall härten.

4.3.3 Mikrofilm

Die Mikroverfilmung dient der Dokumentation und Sicherung von Zeichnungen, Schriftstücken, Listen usw. mit den Vorzügen des geringen Bedarfs an Raum, Mobiliar und Material sowie der übersichtlichen und leichten Benutzung und Verwaltung.

Das Verfahren beruht auf der Bilddifferenzierung durch Strahlung auf eine lichtempfindliche Schicht. Im *analogen* Verfahren wird eine Aufsichtsvorlage durch die reflektierte Strahlung in einem Zuge mittels optischer Projektion unter starker Verkleinerung auf eine photographische Schicht übertragen; dieser Fall liegt den weiteren Ausführungen zugrunde. Das *digitale* Verfahren geht dagegen nicht von der graphischen Vorlage aus, sondern von einem entsprechenden digitalen

Datenbestand; nach diesem Bestand entsteht das Bild Zug um Zug aus kleinen Elementen durch Bewegung eines Kathoden- oder Laserstrahls (Einzelheiten siehe 5.5.2.3).

Die eigentliche Mikroverfilmung führt bei Zeichnungen in der Regel zu Aufnahmen auf 35 mm breiten unperforierten photographischen *Rollfilm* mittels Schrittkamera (Schritt 52 mm) oder mittels Lochkartenkamera auf ein 35 mm-Mikrofilmbild, das mit einer Lochkarte verbunden ist (*Filmlochkarte*). Das maximale Format des Bildfeldes beträgt 30 × 41 mm^2; beim größtmöglichen Vorlagenformat DIN A 0 erfordert das eine 30fache Verkleinerung, um das Ergebnis (28 × 40 mm^2) noch darstellen zu können. Schriftstücke werden meist auf 16 mm-Film oder auf Mikrofiche erfaßt. Das *Mikrofiche* ist ein Planfilm vom Format 105 × 148 mm^2 (DIN A 6), der auch eine gleichzeitige Aufnahme mehrerer Vorlagen gestattet (z. B. 6 × 12 Vorlagen DIN A 4). *Mikrofilm-Jackets* entstehen, wenn der in Streifen zerschnittene Rollfilm in Klarsichttaschen untergebracht ist. Die Silbersalz-Emulsionen der entstehenden Negative müssen ein hohes Auflösungsvermögen (etwa 200 Linien/mm) und eine ausreichende Schwärzung (Dichte etwa 1,0 bei Silberfilmen) besitzen.

Die Ergebnisse der Mikroverfilmung lassen sich wie folgt weiterverarbeiten:

- *Dupliziergeräte* sind Kontaktgeräte; sie ermöglichen das Anfertigen von Zweitnegativen (Arbeitsfilmen) im Lichtpausverfahren sowie von Positiven im Silbersalzverfahren.
- *Lesegeräte* projizieren das Filmbild auf eine Mattscheibe (Maximalformat DIN A 1).
- *Rückvergrößerungsgeräte* projizieren das Filmbild auf eine lichtempfindliche Schicht, wobei meist ein Positiv entsteht. Dabei kommen elektrophotographische oder Silbersalzverfahren zum Zuge, und zwar auf Papier oder Folie als Schichtträger bis zum Maximalformat DIN A 0.
- *Kombinierte Lese- und Rückvergrößerungsgeräte* (Reader-Printer) bieten Vorzüge bei bestimmten dezentralen Anwendungen.

Eine allgemeine Übersicht geben *Verein deutscher Maschinenbau-Anstalten 1975* sowie die Normblätter DIN 19051 bis 19056 und 19059.

In der Kartentechnik findet der Mikrofilm zunehmend Anwendung im Bereich großmaßstäbiger Karten, vor allem bei Flurkarten (*Gerigk* 1977), Betriebskarten, Leitungskarten und Karten der raumbezogenen Fachplanung. Bei Karten kleinerer Maßstäbe – etwa ab 1 : 5000 – zeigen sich noch die Grenzen des technisch Möglichen. Die Hauptprobleme liegen dabei in der Abbildungsunschärfe, der geometrischen Verzeichnung und dem Mehrfarbenpasser. Die Mikroverfilmung von topographischem und thematischem Quellenmaterial ist dagegen problemlos und kann für die Kartenbearbeitung vorteilhaft sein. Wird die Mikroverfilmung als schnelle graphische Ausgabe der Computertechnik eingesetzt, so ergeben sich Vorteile bei Entwurfsarbeiten (z. B. beim Vergleich von Entwurfsvarianten) und bei der Kartenfortführung.

4.3.4 Elektrophotographie

Sie ist in der Bürotechnik das gebräuchlichste Verfahren der Kopie bzw. der Vervielfältigung in nicht zu hohen Auflagen. Als Normalfall gilt die einfarbige Wiedergabe 1 : 1 nach Aufsichtsvorlagen DIN A 4; an vielen Geräten sind auch Verkleinerungen, häufig auch Vergrößerungen sowie in Einzelfällen auch farbige Wiedergaben möglich. Großkopierer arbeiten bis zum Format DIN A 0 mit Blatt- oder Rollenmaterial.

Das Verfahren beruht auf der Bilddifferenzierung durch eine von der Vorlage reflektierte Strahlung auf eine lichtempfindliche Schicht mittels optischer Projektion sowie auf einer nachfolgenden Substanzübertragung. Die Lichtempfindlichkeit besteht darin, daß auf einer elektrostatisch aufgeladenen Halbleiterschicht die Ladung an den belichteten Stellen abfließt, während sie an den Partien bestehen bleibt, die bei positiven Vorlagen den Zeichnungsstellen entsprechen. Das latente Ladungsbild wird anschließend durch elektrostatische Anziehung von Farbstoffen sichtbar gemacht. Die Allgemeinempfindlichkeit der Schichten ist zwar geringer als bei Photoschichten, aber wesentlich höher als bei Lichtpausschichten. Die Spektralempfindlichkeit läßt sich auf den gesamten Bereich des sichtbaren Lichts ausdehnen.

Beim heute vorherrschenden Verfahren mit unbeschichtetem Papier (*Transfer-Verfahren, Xerographie, PPC = Plain Paper Copy*) wird die Vorlage auf eine Metalltrommel projiziert, die mit einem Halbleiter (z. B. Selen oder Cadmiumsulfid) beschichtet ist und vor der Projektion elektrostatisch aufgeladen wurde. Ein anschließend aufgestreutes Pulver bleibt auf der Schicht nur an den Zeichnungsstellen haften und läßt damit ein seitenverkehrtes Bild entstehen. Das Pulverbild geht auf ein aufgelegtes Papier über, wenn dieses zuvor mit der entgegengesetzten Ladung versehen wurde. Durch kurzes Erhitzen verbindet sich schließlich das Pulverbild fest mit dem Papier. Auf opakes Papier läßt sich auch beidseitig kopieren. Daneben kommen als Kopiermaterial auch Transparentpapier und Folien in Betracht.

Bei dem in seiner Bedeutung zurückgehenden *Direkt-Verfahren* (*Electrofax*) wird das Bild über einen Spiegel seitenrichtig auf ein mit Zinkoxyd als Halbleiter präpariertes Papier projiziert, das vorher aufgeladen wurde. In einer Flüssigkeitsentwicklung werden dann die in der Flüssigkeit (Toner) befindlichen Farbpartikel vom Ladungsbild angezogen und mit Bindemitteln festgehalten. Das Papier ist beim Verlassen des Geräts bereits wieder trocken.

Die Anwendungen in der Kartentechnik beschränken sich bisher auf Ausfertigungen nach Kartenoriginalen oder Kartendrucken, und zwar vorwiegend für das Zusammentragen von Quellenmaterial, für redaktionelle Arbeitsplanungen, Entwurfsvarianten, Planungsskizzen und Prüfzwecke. Darüber hinaus konnten elektrophotographische Farbprüfverfahren (z. B. die Remak-Methode) sowie die Verfahren des sog. elektrostatischen Flachdrucks bzw. Siebdrucks bisher keine größere Bedeutung erlangen.

4.3.5 Weitere Verfahren

Die nachstehend nur summarisch genannten Verfahren der Reproduktions- und Bürotechnik spielen für die Kartenvervielfältigung zur Zeit keine wesentliche Rolle.

Unter den *analogen* Verfahren bieten in erster Linie die *Farbprüfverfahren* (4.2.8.3) die Möglichkeit, in Ausnahmefällen mehrfarbige Karten in sehr geringer Auflage unmittelbar nach den Farbfolien zu vervielfältigen. Die Verfahren der *Farbphotographie* setzen eine mehrfarbige originale Vorlage voraus und sind ferner hinsichtlich des Formats nur beschränkt anwendbar. Auch die Methoden der *Thermographie* gehen kaum über das Format DIN A 3 hinaus und lassen im übrigen nur eine einfarbige Wiedergabe zu.

Auch die *graphischen Ausgaben der Digitaltechnik* kommen für eine Kartenvervielfältigung nur ausnahmsweise in Betracht. Sie setzen einen entsprechenden digitalen Datenbestand und einen sehr schnellen Plotter voraus. Einzelheiten siehe 5.5.2.

5. Rechnergestützte Kartenherstellung

5.1 Begriffe und Aufgaben

5.1.1 Graphische Datenverarbeitung und ihre Anwendungen

Als *rechnergestützte* Verfahren gelten allgemein solche, bei denen im Rahmen menschlicher Tätigkeit die Computertechnik bestimmte Aufgaben übernimmt. Je mehr dabei der Anteil menschlicher Arbeit und Einwirkung abnimmt, um so mehr verwandelt sich die rechnergestützte Arbeitsweise in einen *automatisierten* Vorgang.

In der Datenverarbeitung (Computertechnik) gibt es digitale und analoge Daten. *Digitale* Daten bestehen nur aus Zeichen, bei der Digital-Rechentechnik vor allem aus numerischen Zeichen in Form von Ziffern. *Analoge* Daten bestehen nur aus kontinuierlichen Funktionen; dazu gehören neben den mathematischen Funktionen, physikalischen Größen usw. auch die *graphischen Strukturen*, obwohl bei ihnen die Kontinuität nicht immer in aller Strenge vorliegt.

Als *graphische Datenverarbeitung* (*GDV, Computer Graphics*) gilt der Teil der Datenverarbeitung, bei dem graphische Darstellungen die Vorlagen oder die Ergebnisse einer digitalen Datenverarbeitung sind. Dieser Fall liegt auch bei der rechnergestützten Kartenherstellung vor. Insgesamt gewinnt die graphische Datenverarbeitung zunehmend an Bedeutung, weil graphische Informationen in Ein- und Ausgabe für den Menschen durch das Zusammenspiel von Auge und Gehirn besonders schnell, anschaulich und auch komplex wahrzunehmen und zu verarbeiten sind.

Graphische Informationen sind im engeren Sinne die *linienhaften Strukturen*, wie sie bei Zeichnungen, Schriften, Diagrammen usw. und damit auch bei den klassischen Strichkarten auftreten. Darüber hinaus lassen sich aber auch die mehr *flächenhaft gestalteten Bilder* (z. B. Farbphotos, Röntgenaufnahmen, Fernsehbilder) einbeziehen.

Ein bedeutendes Anwendungsgebiet der GDV ist das *rechnergestützte Entwerfen* (*Computer Aided Design = CAD*). Seine Technologien eignen sich sowohl für Konstruktionszeichnungen, Gebäudeplanungen usw. als auch für die rechnergestützte Kartenherstellung. Allerdings sind in der Kartographie die zu bearbeitenden Objekte bereits real vorhanden (außer bei Planungskarten) und damit geometrisch gebunden, jedoch freier in der Art der graphischen Wiedergabe; in anderen Bereichen verhält es sich dagegen mehr oder weniger umgekehrt. In methodischer Hinsicht gewinnt die *digitale Bildverarbeitung* eine zunehmende Bedeutung. Ihre fachspezifischen Anwendungen reichen vom Fernsehen bis zur Medizin. In Photogrammetrie und Fernerkundung dient sie neben Korrekturen und Transformationen vor allem der Interpretation von Aufnahmen aus Flugzeugen und Satelliten, z. B. zur Objektklassifizierung (Bd. I, 2.3.2). Bei der rechnergestützten Kartenherstellung kommen ihre Verfahren in der Raster-Datenverarbeitung (5.3.4) zum Zuge. In Verbindung mit der digitalen Bildverarbeitung spielt auch die *Mustererkennung* eine Rolle; diese strebt an, z. B. in Luftbildern die Objekte nach Geometrie und Art ohne menschlichen Eingriff allein durch die Datenverarbeitung anhand typischer Bildstrukturen richtig zu erkennen und graphisch auszugeben.

Wie allgemein in der Datenverarbeitung, so unterscheidet man auch in der *graphischen* Datenverarbeitung (GDV) zwischen der *Hardware* (Geräte, Verbindungen usw.) als dem materiellen Anteil und der *Software* (Programme) als dem geistigen Anteil der Computertechnik. Innerhalb der GDV gibt es folgende Verfahrensweisen:

- Die *passive GDV* besteht nur aus dem einseitig gerichteten Durchlauf der Daten von der Erfassung bis zur graphischen Ausgabe nach einem festen Programm.
- Die *interaktive GDV* besteht aus Interaktionen, d. h. Aktionen und Reaktionen in Form eines Dialogs zwischen Mensch und Gerät. Die damit verbundenen Entscheidungen führen zur Manipulation von Daten im Wege von Regelkreisen, und zwar solange, bis das gewünschte Ergebnis oder bestimmte Rahmenbedingungen erreicht sind.

Das allgemeine Schrifttum zur Datenverarbeitung ist sehr umfangreich, jedoch enthalten nur wenige Lehrbücher ausführliche Kapitel über die GDV. Veröffentlichungen, die nur die GDV behandeln, stammen z. B. von *Encarnaçao* 1975, *Schrack* 1978, *Encarnaçao/Straßer* 1981, *Duus/Gulbins* 1983 und *Gorny/Viereck* 1984. Hinweise auf neuere Entwicklungen gibt z. B. *Schrack* (in *Maurer* 1983). Begriffsdefinitionen und formale Regelungen finden sich in zahlreichen Normblättern, z. B. DIN 44300 (Informationsverarbeitung; Begriffe; vgl. Bd. I, 1.4.1), DIN 44302 (Datenübertragung; Begriffe), DIN 66001 (Informationsverarbeitung; Schaubilder für Datenfluß- und Programmabläufe). Begriffliche Erläuterungen findet man auch in einigen Fachwörterbüchern, z. B. von *Löbel/Müller/Schmid* 1982, *Springstein* 1982, *Schneider* 1983 und *Schulze* 1984.

5.1.2 Kennzeichen der rechnergestützten Kartenherstellung

Bei der Herstellung von Karten lassen sich rechnergestützte Verfahren in allen Arbeitsbereichen einsetzen, nämlich beim Zugang zu den Datenquellen, bei der Bearbeitung von Kartennetzen, in der Kartengestaltung und in der Kartentechnik. Als Kartenherstellung gilt hier der sprachlichen Kürze wegen auch die Herstellung kartenverwandter Darstellungen sowie der Fall der Fortführung. Allgemein fällt der rechnergestützten Kartenherstellung eine doppelte Aufgabe zu:

1. Sie tritt als *technische Methode* an die Stelle der sonst üblichen manuellen, mechanischen, optischen, reproduktions- und vervielfältigungstechnischen Verfahren, wenn damit bestimmte Vorteile verbunden sind; insoweit ist sie ein Teil der Kartentechnik.
2. Sie *simuliert Intelligenz* durch Informationsverarbeitung und kann dadurch menschliche Tätigkeiten im Zuge von Gestaltung, Steuerung, Entscheidung usw. entlasten.

Im Vergleich zu den konventionellen Verfahren können sich dabei folgende Vorteile ergeben:

- Ersparnis an Zeit und/oder Kosten,
- Befriedigung höherer Ansprüche an die inhaltliche Aussage durch geringere Fehlerrate und/oder größere Homogenität der Ergebnisse,
- größere Flexibilität bei der graphischen Ausgabe im Hinblick auf Objektumfang und/oder Zeichenschlüssel,
- exaktere graphische Darstellung,
- Möglichkeiten der digitalen Datenspeicherung für spätere Zwecke,
- Chancen für neue Darstellungstechniken,
- einzige Möglichkeit, überhaupt zu einem kartographischen Ergebnis zu kommen, z. B. wegen der sonst nicht zu bewältigenden umfangreichen Datenmengen.

Zur rechnergestützten Kartenherstellung gehören auch die Systeme, bei denen von der Erfassung bis zur graphischen Ausgabe ein ununterbrochener automatischer Datenfluß möglich ist, z. B. bei Flurkarten und topographischen Grundkarten. Von einer vollautomatisierten Kartenherstellung im engeren Sinne kann dabei jedoch noch nicht die Rede sein, solange z. B. die Sensoren der Datenerfassung nicht in der Lage sind, in der Örtlichkeit bzw. im Luftbild neben der Geometrie auch die Objektmerkmale ohne menschliches Zutun zu erkennen (sog. Mustererkennung). Vollautomatische Kartenherstellungen liegen daher z. Z. nur bei bestimmten Themakarten dort vor, wo bereits die automatische Datenerfassung allein zu einer vollständigen Karte führt

(z. B. Karten der Statistik, Wetterkarten). Der Begriff *Computerkartographie* bezieht sich im engeren Sinne auf die Kartenherstellung mittels alphanumerischer Ausgabegeräte (z. B. Zeilendrucker); er wird mitunter etwas unscharf auch als Synonym für rechnergestützte Kartenherstellung benutzt. Der Begriff *digitale Karte* ist sprachlogisch unbefriedigend und widersprüchlich; gemeint ist der auf einem Speichermedium befindliche digitale Datenbestand, der für eine Umwandlung in analoge Kartendaten jederzeit verfügbar ist.

Die Ausführungen zur rechnergestützten Kartographie orientieren sich in ihrer Gliederung an den in der GDV üblichen Arbeitsabschnitten der Erfassung, Verarbeitung, Speicherung und graphischen Ausgabe der Daten (5.2 bis 5.5). Jeder dieser Abschnitte enthält die mehr *allgemeinen*, grundlegenden Erläuterungen über die jeweils spezifische Hardware und Software. Der Abschnitt 5.6 bezieht sich dagegen auf die mehr *speziellen* Anwendungen in den aus der Gliederung der Bände I und II sich ergebenden Bereichen Kartennetze, topographische und thematische Karten sowie Kartentechnik. Platzgründe und die zur Zeit noch raschen technologischen Entwicklungen in der GDV rechtfertigen den weitgehenden Verzicht auf zu eingehende Beschreibungen bei Geräten und Verfahren.

Die Gliederung in einzelne Arbeitsabschnitte führt zwangsläufig zu einer zunächst stark isoliert wirkenden Darstellungsweise; dies darf nicht darüber hinwegtäuschen, daß in Forschung und Praxis immer stärker komplexe Systeme zum Einsatz kommen, mit denen im Einzelfall die gesamte GDV durchgehend abgewickelt werden kann. Die Ausführungen nehmen darauf an verschiedenen Stellen Rücksicht. Abb. 89 zeigt die Beziehungen zwischen den Arbeitsabschnitten der Datentechnik und denen der Kartenherstellung.

Zur rechnergestützten Kartenherstellung gibt es bisher kein Lehrbuch im engeren Sinne, das dieses Gebiet allein und umfassend behandelt. Einige Lehrbücher enthalten einen Abschnitt darüber. Aktuellere und detailliertere Informationen erhält man vorwiegend aus Monographien (z. B. *Bickmore* 1982, *Monmonier* 1982), vielfach im Rahmen wissenschaftlicher Untersuchungen (z. B. *Lichtner* 1981, *Fischer* 1982), aus Fachaufsätzen zur geschlossenen Darstellung von Teilgebieten oder mit dem Merkmal einer allgemeinen Übersicht (z. B. *Staufenbiel* 1976,

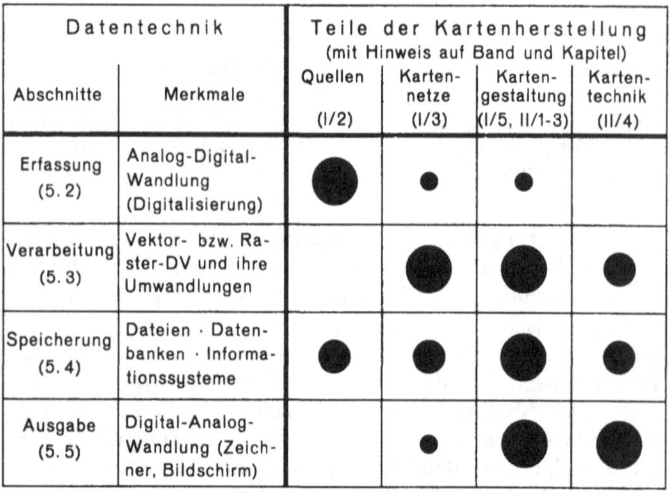

Abb. 89. Beziehungen zwischen den Abschnitten der Datentechnik und Teilen der Kartenherstellung. Die Kreisgrößen markieren Umfang und Bedeutung der Anwendungen.

Kanngieser 1977, *Hake* [in *Schweiz. Ges. f. Kartographie* 1978], *Boyle* 1979, *Heupel* [in *Bosse* 1979], *Weber* 1979, *Dudycha* 1981, *Poynter* 1983, *Heupel* [in *Leibbrand* 1984]), aus Kommissionsberichten (z. B. *International Cartographic Association* 1975, 1979) sowie aus einschlägigen Fachzeitschriften. Zahlreiche Detailveröffentlichungen sind vor allem enthalten in den Heften der Reihe I der Nachrichten aus dem Karten- und Vermessungswesen. Erste Bibliographien aus den Anfängen der rechnergestützten Kartenherstellung sind z. B. von *Meine* 1969 und *Oest/Knobloch* 1974, 1976. Neuere Nachweise, die das Gebiet allein und eingehend behandeln, liegen zur Zeit nicht vor. Die Bibliographia Cartographica enthält in ihren jährlich erscheinenden Ausgaben auch einen Abschnitt über Kartentechnik (Automation) mit Literatur aus aller Welt. Heft 16 des Fachwörterbuchs des *Instituts für Angewandte Geodäsie* 1971 erläutert Begriffe der Datenverarbeitung.

5.2 Datenerfassung

Für die Herstellung einer Karte gilt allgemein als Datenerfassung das Zusammentragen aller Informationen, die zur kartographischen Wiedergabe vorgesehen sind (Bd. I, 2). Ist für diese Wiedergabe der Einsatz der Computertechnik vorgesehen, so gehören zur Datenerfassung auch die Maßnahmen, mit denen die Informationen die Form digitaler Daten annehmen, um sie danach der Datenverarbeitungsanlage zuführen zu können.

5.2.1 Beschaffenheit der zu erfassenden Daten

Nach ihrer *Herkunft* bilden die zu erfassenden Daten (Ausgangsdaten, Basisdaten, Grunddaten, Originaldaten) die folgenden zwei Gruppen:

- Daten, die primär für kartographische Zwecke erstmalig und unmittelbar zu erheben sind (z. B. im Gelände, aus Luftbildern, aber auch aus anderen Karten);
- Daten, die für andere Zwecke bereits erhoben wurden und damit als Objektinformationen mittelbar auch für die Kartenherstellung zur Verfügung stehen (z. B. Wetterdaten, Statistik).

Nach der *Art der Erfassung* kann man unterscheiden:

- *Alphanumerische Daten* (Buchstaben, Ziffern, Sonderzeichen) stehen entweder bereits auf einem Speichermedium zur Verfügung oder erfordern ein besonderes computergerechtes Umsetzen (5.2.2).
- *Graphische* Daten gehören zu den analogen Daten und sind daher einer Analog-Digital-Wandlung (Digitalisierung) zu unterziehen (5.2.3).

In der Praxis stehen bisher sehr viele topographische und thematische Informationen noch nicht zur unmittelbaren Eingabe in ein Datenverarbeitungssystem zur Verfügung. Daher ist der Vorgang der Datenerfassung meist nicht nur ein notwendiger, sondern auch ein aufwendiger Arbeitsabschnitt. Er kann aber auch andererseits eine Investition sein, die als einmaliger

Vorgang für längere Zeit einen Datenbestand in computergerechter Form bereithält.

5.2.2 Erfassung alphanumerischer Daten

1. Zugriff auf eine Datenbank oder Datei

Sind die benötigten Daten in einer Datenbank oder Datei (5.4) abgelegt (z. B. Geländedatenbank, Wirtschaftsstatistik), so kann der Erfassungsaufwand relativ gering bleiben. Am einfachsten ist der Fall, bei dem zwischen den Ausgangsdaten und der eigenen Datenverarbeitung eine Kompatibilität der Daten besteht; dies erfordert gleiches Datenformat und gleiche Datencodierung. Befinden sich die Ausgangsdaten z. B. auf einem Magnetband, so sollte auch die Datenorganisation so beschaffen sein, daß der sequentielle Zugriff auf das Band eine sinnvolle Entnahme der gewünschten Daten gestattet. Grundsätzlich ist der Zugriff entweder durch den Transport und das Einlesen von Speichermedien (meist Magnetbändern) oder im Wege der Datenfernübertragung möglich.

Ein Ansatz zum erleichterten Datenaustausch ist das *Standarddatenformat* zum Austausch kartographischer Daten im Bereich der amtlichen topographischen Kartographie (*Grothenn/Staufenbiel* 1976).

2. Zugriff auf maschinenlesbare Datenträger

Meßgeräte mit digitalen Registriereinrichtungen können häufig nicht in Verbindung mit dem Hauptrechner stehen, z. B. bei Arbeiten im Gelände (Registriertachymeter, Echolot, Wetterstation) oder bei Vorgängen der Fernerkundung (z. B. optoelektronische Kamera). Die Registrierung findet daher im offline Betrieb und meist mit speziellen Erfassungssystemen statt; diese weisen gewöhnlich kleine Abmessungen auf, und als Datenträger dienen z. B. Kassetten oder Halbleiterspeicher. Die Datenanordnung orientiert sich primär am Messungsablauf. Aus diesen Gründen werden die Datenträger zunächst bestimmten Eingabegeräten (Datenumsetzer) zugeführt, von wo sie dann an den Rechner abgegeben werden können.

3. Datenerfassung aus Klarschriftdatenträgern

Manuelle Zahlenprotokolle sind das Ergebnis von *Messen* (z. B. topographisches Feldbuch) oder *Zählen* (z. B. Verkehrszählung, forstliche Bestandsaufnahme). Die Zahlenwerte dieser Erfassung werden auf dem für die Datenverarbeitung vorgesehenen Speichermedium in einem bestimmten Code dargestellt; dieser Code beruht auf dem binären Zahlensystem entsprechend der Funktionsweise des Digitalrechners. Im einzelnen lassen sich die Protokolle wie folgt verarbeiten:

- off-line-Eingabe an einem Erfassungsgerät (z. B. Magnetbandkassette),
- on-line-Eingabe an der Konsole eines Rechnersystems.

In beiden Fällen ist es möglich, die manuelle Eintastung durch ein Sichtfenster, einen Bildschirm oder einen ausgedruckten

O-SCHL	FOLIE	BEZEICHNUNG DES OBJEKT(TEIL)S	RIS	KAT KRT	DGK 5	TK 25	TK 50	TK 100	TUK 200	UEK 500	IWK
.	.	.									
.	.	.									
5510	021	FLUGHAFEN (TN)	X	/						X	X
5511	022	FLUGHAFEN	X	/	X	X	X	X	X	X	X
5512	022	START- UND LANDEBAHN	X	=	X	X	X	X	A		
5513	022	ZUROLLBAHN	X	=	/	X	X	A	A		
.	.	.									
.	.	.									
5620	021	ANLEGESTELLE (TN)	X	/							
5621		EISENBAHNFÄHRE			X	X	X	X	X		X
5622	022	WAGENFÄHRE	X	X	X	X	X	X	X	X	X
5623	022	PERSONENFÄHRE	X	X	X	X	A				=
.	.	.									
.	.	.									

Erläuterungen:

O-SCHL : Objektschlüssel
FOLIE : Folienschlüssel im Liegenschaftskataster
RIS : Vermessungsriß
KATKRT : Katasterkarte
DGK 5, TK 25 ... : Dt.Grundkarte 1 : 5000, Top.Karte 1 : 25 000 ....
TN : Tatsächliche Nutzung

Objekt-Darstellung in jeweiliger Karte
X : Nach Zeichenvorschrift
A : Nur in Auswahl
= : Wie das im Katalog vorgenannte Objekt
/ : Wie ein an anderer Katalogstelle genanntes Objekt

Abb. 90. Auszug aus dem Objektschlüsselkatalog OSKA zur digitalen Kennzeichnung topographischer Objekte

Papierstreifen zu kontrollieren. Da insgesamt dieser Erfassungsvorgang jedoch zeitaufwendig und fehleranfällig ist, wird es meist günstiger sein, anstelle der manuellen Protokollierung die Zahlenwerte sogleich in ein Erfassungsgerät einzutasten (z. B. beim elektronischen Feldbuch) und zu kontrollieren.

Klartexte, die visuell *und* maschinell lesbar sind (z. B. in der kommerziellen Datenverarbeitung) sowie Markierungsbelege (z. B. Feldermarkierung mit Stiften in Vordrucken) spielen in der rechnergestützten Kartographie keine Rolle. Die Datenerfassung im Wege der *Spracheingabe* befindet sich noch in der Erprobung. Über erste Erfahrungen hierzu berichtet *Johannsen* 1980.

Klartexte über *Objektbeschreibungen* in Form von Listen, Feldskizzen o. ä. (z. B. qualitative Merkmale wie Straßenklassifizierungen, Bodenprofile, Vegetationstypen) erfordern zur Eingabe eine bestimmte Verschlüsselung durch Ziffern, Buchstaben oder Kombinationen davon; dies ermöglicht später ein Identifizieren und Klassifizieren der Objekte. Ein Beispiel dafür (Abb. 90) ist der Objektschlüsselkatalog OSKA (*Arbeitsgemeinschaft der Vermessungsverwaltungen* 1976).

5.2.3 Erfassung graphischer Daten

Für die Kartenherstellung spielen folgende graphische Darstellungen (5.1.1) als analoge Daten eine Rolle:

1. Kartenentwürfe, -originale und -drucke,
2. Luft- und Satellitenbilder,
3. graphische Registrierungen (z. B. Wetterschreiber, Pegelkurve).

Die nachfolgenden Ausführungen beziehen sich vorwiegend auf die erste Gruppe. Angaben zur zweiten Gruppe beschränken sich auf Einzelfälle, da eine zusammenhängende Übersicht in den Beschreibungen zur Photogrammetrie und Fernerkundung enthalten ist (Bd. I, 2); allgemein ist in diesem Bereich die Entwicklung dadurch gekennzeichnet, daß im Zuge von Bildverarbeitung und Bildmessung immer mehr auch digitale Daten entstehen und daß damit die weitere Verarbeitung zunehmend Gemeinsamkeiten mit den Verfahren der rechnergestützten Kartenherstellung aufweist. Für Vorlagen der dritten Gruppe gelten sinngemäß die Ausführungen zur ersten Gruppe; dazu treten noch weitere Angaben über thematische Merkmale, Datenmaßstab usw.

5.2.3.1 Grundsätze der Analog-Digital-Wandlung

Als graphische Elemente eines kartographischen Zeichensystems gelten Punkte, Linien und Flächen (Bd. I, 4.2.1.2). Das Umsetzen dieser Analoginformationen in digitale Daten bezeichnet man als *Digitalisierung*. Diese besteht darin, daß aus der graphischen Darstellung bestimmte diskrete Elemente ausgewählt und in ihrer Position durch digitale Angaben, meist als Werte eines rechtwinkligen ebenen Koordinatensystems x, y beschrieben werden. Dabei ist die Auswahl so zu treffen, daß die analoge Vorlage mit Hilfe der digitalen Daten und der Verarbeitungsprogramme stets reproduzierbar ist, d. h. daß jede spätere graphische Ausgabe mit dieser Vorlage innerhalb der zulässigen graphischen Ungenauigkeit übereinstimmt.

Die Analog-Digital-Wandlung führt in der rechnergestützten Kartographie zu Daten im Vektorformat (Vektor-Daten) oder im Rasterformat (Raster-Daten) als den ausgewählten kleinen diskreten Elementen der Digitalisierung.

Im Fall der *Vektordaten* kann man die *Linie* als die graphische Grundstruktur der Analoginformation betrachten, wie dies bei der klassischen Strichkarte augenscheinlich ist (Abb. 91 a). Jede Linie wird durch eine Folge von Punkten (*Stützpunkten*) in der Weise angenähert, daß zwischen zwei benachbarten digitalisierten Punkten $P_i(x_i, y_i)$ *und* $P_{i+1}(x_{i+1}, y_{i+1})$ jeweils ein kleines gerades *Linienelement*, d. h. ein zweidimensionaler Vektor entsteht (Abb. 91 b). Ein graphischer Punkt läßt sich als Nullvektor auffassen, bei dem Anfangs- und Endpunkt identisch sind; eine Fläche bildet sich aus einem geschlossenen Linienzug.

Im Fall der *Rasterdaten* steht dagegen eine flächenhafte Betrachtungsweise im Vordergrund. Als graphische Grundstruktur der Analoginformation gilt daher die *Fläche*, die man sich aus kleinen Flächenelementen (*Pixel*) mosaikartig zusammengesetzt denken kann. Der computergerechte Aufbau solcher Mosaiken geht von einem feinen quadratischen Raster (Rastermatrix) aus, das von der Vorlage überdeckt wird. Jede kleine damit entstehende quadratische Masche ergibt ein Flächenelement, dessen Lage $R_{i,j}$ sich durch Abzählen der Zeilen i und der Spalten j ergibt. Die Beschreibung graphischer Punkte, Linien und Flächen führt damit zur Registrierung aller Pixel, die von den graphischen Darstellungen ganz oder teilweise bedeckt werden (Abb. 91c).

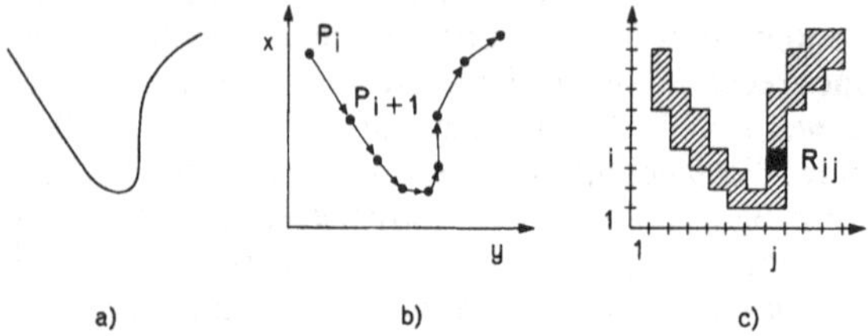

Abb. 91. Darstellung einer Linie (a) in Vektordaten (b) und in Rasterdaten (c).

Eine allgemeine Darstellung zur Digitalisierung stammt von *Johannsen/Uhrig* 1977, eine Theorie der kartographischen Linie von *Peucker* 1976.

Die rechnergestützte Kartographie begann zunächst mit der Erfassung in Vektordaten. Die später aufkommende Erfassung in Rasterdaten gewinnt jedoch zunehmend an Bedeutung. Ihr besonderer Vorzug liegt in der wesentlich kürzeren Erfassungsdauer. Dem steht allerdings in der späteren Verarbeitung eine größere Datenmenge gegenüber, die mehr Speicherplatz und längere Rechenzeiten zur Folge hat; auch ergeben sich bei der Trennung der Pixel nach Einzelobjekten Schwierigkeiten. Um in den einzelnen späteren Arbeitsstadien jeweils die Vorteile einer Datenart auszuschöpfen, spielen Transformationen Vektor-Raster und umgekehrt eine wichtige Rolle.

5.2.3.2 *Digitalisierung im Vektorformat*

1. Geräte zur Digitalisierung im Vektorformat

Die *Digitalisierungsgeräte* (*Koordinatenerfassungsgeräte*, *Digitizer*) bestehen aus dem Tisch, der Meßvorrichtung und der Registriereinheit (Abb. 92).

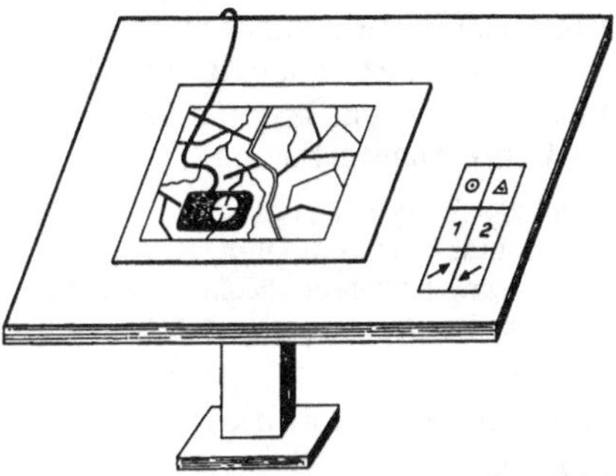

Abb. 92. Schema eines Digitalisiergeräts für manuelle Digitalisierung im Vektorformat. Tisch mit Vorlage und Menü; Cursor mit Meßmarke und Tasten

Der *Tisch* ist in seinem Format meist so bemessen, daß sich auch große Vorlagen auf ihm befestigen lassen; in vielen Fällen ist er auch nach Höhe und Neigung verstellbar. Einige Hersteller können auch durchleuchtbare Tischflächen für transparente Vorlagen liefern.

Die *Meßvorrichtungen* zur Ermittlung der Tischkoordinaten waren in den Anfängen koordinatengebundene mechanische Konstruktionen. Heute herrschen die elektronischen Verfahren vor, bei denen sich in der Tischfläche ein gitterförmiges Drahtgewebe befindet. Die Meßvorrichtung – der cursor – läßt sich frei führen. Die Ermittlung der Wegstrecken in Richtung der Drahtgitter beruht meist auf einem induktiven, sonst auf kapazitativem oder magnetostriktivem Prinzip. Die Koordinatenmessung ist absolut (auf einen festen Nullpunkt bezogen) oder inkrementell (durch Summation konstanter

Koordinatendifferenzen). Eine Variante dieses Gerätetyps ist das *graphische Tablett*, das vorwiegend bei dezentraler Teilbearbeitung, Kartenfortführung usw. in Verbindung mit einem Bildschirm eingesetzt wird (Näheres siehe 5.5.3.1).

Zur *Registrierung* eignen sich die üblichen Ein- und Ausgabegeräte der Datenverarbeitung. Beim off-line-Betrieb des Digitizers sind diese Geräte direkt mit ihm verbunden. Beim on-line-Betrieb ist der Digitizer selbst als Eingabegerät der Datenverarbeitungsanlage aufzufassen; zugleich ist damit ein interaktiver Betrieb möglich. Mit einer zusätzlichen Tastatur lassen sich weitere Angaben, z. B. zur Objektkennzeichnung, vornehmen.

Für die rechnergestützte Kartenherstellung sollte das Digitalisierergebnis eine *Lagegenauigkeit* von mindestens ± 0,1 mm besitzen. Um dies zu gewährleisten, liegt die gerätetechnisch bedingte *Auflösung* (Resolution) als kleinstes meßbares Element z. B. bei 0,025 mm.

2. Methoden der Digitalisierung im Vektorformat

Hierbei gibt es folgende Möglichkeiten:

a) Die *manuelle* Digitalisierung besteht im visuell kontrollierten Einstellen der Meßmarke des Cursors. Der Operateur kann dabei das Messen eines Punktes durch Knopfdruck auslösen (*Punktmodus*), z. B. für den Mittelpunkt eines lokalen Objekts, für den Knickpunkt einer sonst geraden Grenze, für einen Flächenschwerpunkt usw. Beim Abfahren einer Linie in dichter Punktfolge ist dagegen der sog. *Linienverfolgungsmodus* zweckmäßiger (Abb. 93). Dabei findet die Punktregistrierung im konstanten Zeitintervall (time mode, stream mode) oder im konstanten Intervall für lineare Größen (distance mode, z. B. für $\Delta x + \Delta y = \text{const.}$) statt. Die Intervallgröße ist in beiden Fällen innerhalb bestimmter Grenzen frei wählbar.

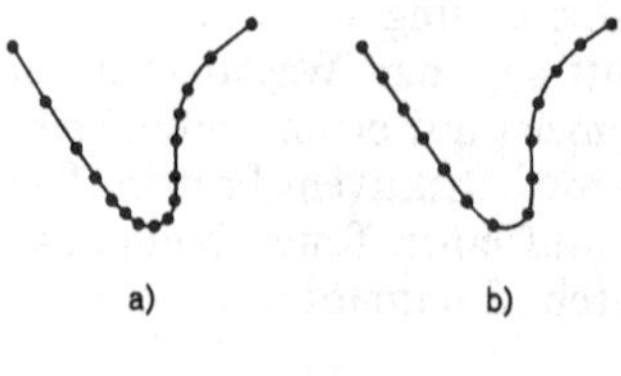

Abb. 93. Vektorielle Digitalisierung einer Linie mit konstantem Zeitintervall (a) bzw. mit konstantem Wegintervall (b).

b) Die *halbautomatische* Digitalisierung benutzt ein elektrooptisches Prinzip, mit dessen Hilfe eine Linie – meist in einer negativen Vorlage, z. B. Mikrofilm – durch einen geeigneten Sensor (z. B. Laser mit Photodiode) automatisch verfolgt wird. Der Operateur hat jedoch das Meßgerät zum Anfangspunkt zu führen, Objektkennzeichnungen zu geben und u. U. bei Kreuzungspunkten Entscheidungen zu treffen. Der reine Erfassungsvorgang ist je nach Art der Vorlage etwa 5–15mal schneller als die manuelle Digitalisierung. Ein Beispiel hierzu ist das englische LASERTRAK-System (früher FASTRAK).

Eine Kontrolle der Digitalisierung auf Vollständigkeit und Richtigkeit geschieht bei passiven Systemen am besten durch graphische Ausgabe mit einem schnellen Plotter oder mit einem Speicherbildschirm. Bei interaktiven Systemen kann ein interaktiver Bildschirm den Fortgang der Digitalisierung laufend anzeigen und damit sofortige Eingriffe veranlassen.

Die *Menü-Technik* arbeitet mit einer gefelderten Vorlage, die sich auf der Tischfläche – meist am Rande befindet. Das Digitalisieren eines einzigen Punktes eines Menü-Feldes entspricht bestimmten Festlegungen (z. B. zum Objektmerkmal, zum Programmaufruf von Digitalisiervorgängen).

Über manuelle Einflüsse beim Liniendigitalisieren berichten *Johannsen/Giebels* 1978, über Genauigkeitstests *Johannsen* 1979. Ein Beispiel mit Menüunterstützung für eine kleinmaßstäbige topographische Karte bringt *Uhrig* 1977, für interaktive Linienverfolgung *Schulz* 1982. Das FASTRAK-System beschreibt *Gallaway* 1981.

5.2.3.3 Digitalisierung im Rasterformat

1. Geräte zur Digitalisierung im Rasterformat

Solche *Digitalisierungsgeräte* (*Abtaster, Scanner*) bestehen aus einer zylindrischen Trommel oder einem Tisch als Träger der Vorlage, ferner aus einer Abtast- und Registriervorrichtung. Die Abtastvorrichtung arbeitet nach einem elektro-optischen Prinzip, bei der ein ausgesandter Lichtstrahl vom jeweiligen Rasterelement (Pixel) der Aufsichtsvorlage reflektiert und je nach empfangener Lichtintensität in ein entsprechendes elektrisches Signal umgesetzt wird. Aus diesem Signal entsteht dann eine digitale Angabe. Neben Aufsichtsvorlagen lassen sich vielfach auch Durchsichtsvorlagen verarbeiten.

Die in der Reproduktionstechnik eingesetzten Abtastgeräte bezeichnet man als *Reproscanner* (*Farbscanner*). Sie setzen die empfangenen Signale sofort oder später in photographisch gerasterte Folien als Vorlagen für die Druckplattenherstellung um (Näheres siehe 4.2.7.4). *Videoscanner* benutzen als Abtastvorrichtung eine Videokamera mit digitalem Bildspeicher.

2. Methoden der Digitalisierung im Rasterformat

Im Gegensatz zur Digitalisierung in Vektordaten handelt es sich hier stets um automatische Verfahren, die nach Einstellung des Vorlagenformats usw. selbständig ablaufen.

Beim *Trommelscanner* (Abb. 94) rotiert die Trommel, und die Abtastvorrichtung bewegt sich mit Hilfe einer Spindel parallel

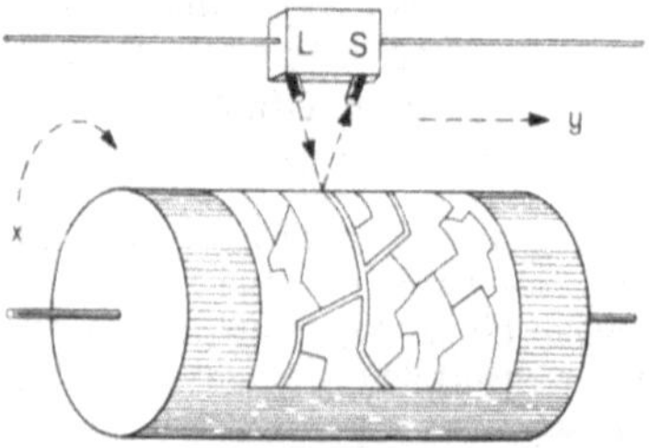

Abb. 94. Schema eines Trommelscanners für automatische Digitalisierung im Rasterformat. Trommel mit Vorlage; Abtastkopf mit Lichtquelle (L) und Empfangssensor (S).

zur Trommelachse. Mit jeder Umdrehung wird ein schmaler Streifen der Vorlage erfaßt; innerhalb des Streifens ergibt sich die Folge der Pixel aus der Signalfolge des Abtasters. Die Größe der Pixel sollte $0{,}1 \times 0{,}1\ mm^2$ nicht überschreiten; trotz dieser geringen Dimension läßt sich eine Vorlage in wenigen Minuten vollständig digitalisieren. Die sehr große Datenmenge erzwingt bei der hohen Erfassungsgeschwindigkeit eine schnelle Speichermöglichkeit. Der reine Erfassungsvorgang kann bis zu 200mal schneller sein als das manuelle Digitalisieren, erfordert jedoch höheren Aufwand für Vor- und Nachbearbeitung.

Beim *Flachbettscanner* (z. B. KARTOSCAN von MBB/München) fährt ein brückenartiger Schlitten in Gesamtbreite über die Vorlage, und ein darauf beweglicher Abtaster erfaßt gleichzeitig mehrere Streifen (z. B. 500 Streifen von je 0,1 mm Breite) in einer Zone. Danach verschiebt sich der Abtaster für die Erfassung der nächsten Zone. Die geringere Relativgeschwindigkeit zwischen Vorlage und Abtaster wird kompensiert durch die gleichzeitige Erfassung vieler Streifen, so daß auch hier der Erfassungsvorgang nur wenige Minuten dauert. Auch der *Videoscanner* arbeitet mit einer ebenen Vorlage. Die mit einem Zoom-Objektiv versehene Videokamera kann verschieden große Teilbilder nacheinander erfassen und diese mit Hilfe eines Programms rechnerisch zum Gesamtbild zusammenfügen.

Auch die digitale Bildverarbeitung in Photogrammetrie und Fernerkundung geht von einer Rasterdatenerfassung aus. Dabei ergibt sich als besonderer Vorzug, daß neben der Ortslage des Pixels auch die Werte von Farbton- und Farbhelligkeit erfaßbar sind. Die digitale Registrierung von 255 Graustufen ($\triangleq$ 8 bit) läßt Grauwertoperationen zu (5.3.3.2). Sieht man diese Möglichkeit der Grauwertregistrierung als Normalfall an, so kann man die rechnergestützte Kartenherstellung mit Strichkarten auffassen als Sonderfall der auf zwei Grauwertstufen (0 für leere Stelle, 1 für Zeichnungsstelle) reduzierten Bildverarbeitung; es entstehen sog. *Binärbilder*.

Allgemeines zur Rasterdigitalisierung siehe *Johannsen* 1976, *Lichtner* 1981, *Weber* 1980, 1982. Über ein Beispiel der Objekterkennung berichtet *Groch* 1982. Den Flachbettscanner KARTOSCAN beschreibt *Hofmann* 1977, den Videoscanner *Nackunstz* 1983.

5.3 Datenverarbeitung

Der Einsatz der Datenverarbeitung in der rechnergestützten Kartenherstellung dient

– einerseits der Bearbeitung der erfaßten Informationen mit dem Ziel der analogen Ausgabe (5.5) in Form von Kartenentwürfen oder Kartenoriginalen (bzw. Teilen oder Vorstufen dazu),

– andererseits der digitalen Speicherung (5.4), um künftig den unmittelbaren Zugriff auf einen systematisch geordneten und möglichst aktuellen Datenbestand zu ermöglichen.

Die in diesem Abschnitt erläuterten Verarbeitungen und ihre Programme sind allgemeinerer Art und lassen sich weitgehend auf alle graphische Strukturen anwenden. Soweit es dagegen mehr um spezielle Anwendungen geht, befinden sich die Angaben im Abschnitt 5.6 (z. B. über Generalisierung).

5.3.1 Datenverarbeitungssystem für die Kartenherstellung

Ein Datenverarbeitungssystem ist eine Funktionseinheit zur Verarbeitung von Daten, und zwar durch eine Reihe von Operationen, die nach bestimmten Programmen eine Aufgabe erledigen. Dabei wird die Gesamtheit der Geräte eines solchen Systems als *Datenverarbeitungsanlage* (DVA) bezeichnet. Eine solche Anlage besteht neben dem eigentlichen Rechner aus peripheren Einheiten, die der Eingabe oder Ausgabe der Daten dienen. Dabei ist es für die rechnergestützte Kartenherstellung typisch, daß ein Teil der peripheren Einheiten für die Analog-Digital-Wandlung bzw. für den umgekehrten Vorgang geeignet sein muß.

Eine Datenverarbeitungsanlage läßt sich wie folgt beschreiben (Abb. 95):

1. *Zentraleinheit*. Sie besteht aus dem Steuerwerk (Leitwerk), dem Rechenwerk und dem internen Speicher (Hauptspeicher, Arbeitsspeicher, Primärspeicher) für Programme und Daten. In kleineren Institutionen oder bei dezentraler Arbeitsweise ist der Rechner meist ein Kleinrechner (Minicomputer). Wird er über eine Datenfernübertragung mit einem Großrechner verbunden, so ist eine günstige Arbeitsteilung möglich, vor allem bei der Bearbeitung großer Programmsysteme und umfangreicher Datenmengen.

2. *Externe Speicher* (Periphere Speicher). Hierzu gehören vor allem die Geräte, mit denen die Daten auf bewegten magnetisierbaren Schichten darstellbar sind, z. B. Magnetband- und Magnetplattenspeicher. Mit solchen Speichermedien kann

man dem Rechner Daten und Programme von außen zuführen; sie eignen sich aber andererseits auch zur Ablage von Rechenergebnissen. Über Kapazitäten siehe 5.4.2.

3. *Eingabegeräte. Alphanumerische* Einheiten, die – wie früher die Lochkarten- und Lochstreifenstanzer – nur der Eingabe dienen, finden kaum noch Anwendung. Klarschriftleser und Markierungsleser spielen für die Kartenherstellung keine Rolle. *Graphische* Eingabegeräte sind in erster Linie die Digitalisierungsgeräte (5.2.3) mit Einschluß des graphischen Tabletts (5.5.3.1).

4. *Ausgabegeräte.* Zu den *alphanumerischen* Ausgabegeräten gehören die Drucker (Printer) und die Mikrofilmgeräte (Computer Output on Microfilm = COM), soweit sie Zeichen generieren. Sprachausgabegeräte spielen noch keine Rolle.

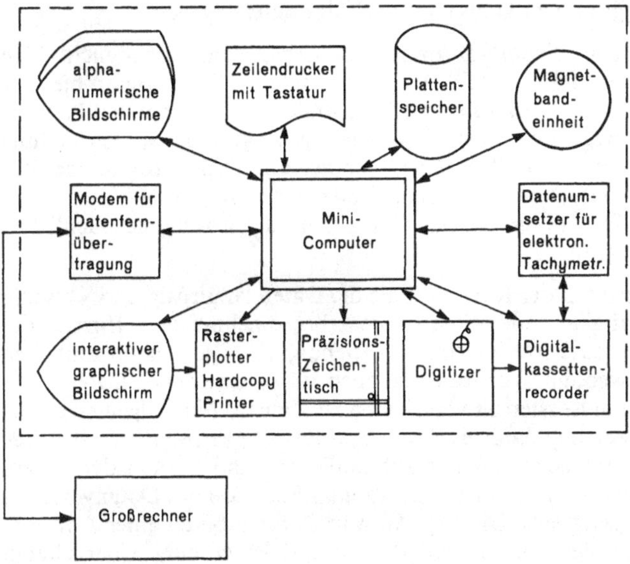

Abb. 95. Beispiel einer Datenverarbeitungsanlage für die rechnergestützte Kartenherstellung.

Graphische Ausgabegeräte sind die verschiedenen Arten der Zeichengeräte (Plotter, 5.5.2) und die Hardcopy-Geräte zu den Bildschirmen (5.5.3.1).

5. *Kombinierte Ein- und Ausgabegeräte. Alphanumerische* Geräte dieses Typs waren bisher vor allem die Fernschreibmaschinen mit Tastatur und Blattschreiber. Heute sind es vor allem die Bildschirme mit Tastatur, die einen schnelleren Dialog gestatten. Bei den *graphischen* Geräten spielen vor allem die verschiedenen Arten der Bildschirme eine zentrale Rolle (5.5.3). Auch der Reproscanner (4.2.7.4) kann als kombiniertes Ein- und Ausgabegerät gelten.

Das Funktionieren eines Datenverarbeitungssystems setzt voraus, daß die Daten in einer bestimmten Weise codiert und formatiert sind und daß ferner geeignete Programme in einer von der DVA lesbaren Programmiersprache existieren. Bei den Programmen kann man wie folgt unterscheiden:

- Die *System-Software* (Betriebssystem) ermöglicht den Betrieb der DVA durch Organisationsprogramme zur Ablaufsteuerung in der Zentraleinheit und mit den Peripheriegeräten sowie Übersetzungsprogramme in Verbindung mit den Programmiersprachen, Dienstprogramme für Datenübertragungen, Fehlersuche usw.
- Die *Anwendungs-Software* dient der Lösung der fachlichen Aufgabe.

Soweit in der Kartographie die Daten langfristig und vielseitig verfügbar sein sollen, besteht bei zunehmendem Einsatz der Computertechnik die Notwendigkeit, die Daten mit den Anwendungsprogrammen auch auf verschiedenen Datenverarbeitungssystemen verarbeiten zu können. Eine allgemeine Voraussetzung dafür ist die *Kompatibilität (Verträglichkeit)*. Diese bezieht sich nicht nur auf Codierung und Format der Daten, sondern auch auf Hardware und Software des Datenverarbeitungssystems. Die sog. Aufwärtskompatibilität einer Anlagenserie stellt sicher, daß Geräte und Programme einer älteren kleineren Anlage ohne Anpassung bei einer neueren größeren Anlage einsetzbar sind. Als *Portabilität (Übertragbarkeit)* gilt der Grad der Anpassungsfähigkeit eines Programms an verschiedene Datenverarbeitungsanlagen; sie läßt sich als Sonderfall der Kompatibilität auffassen.

Dazu sollten auch die allgemeinen und grundlegenden Operationen der graphischen Datenverarbeitung möglichst unabhängig sein vom jeweiligen Rechner und seiner Peripherie sowie von der spezifischen Anwendung. Dies ist sinnvoll wegen einer Menge von kartographischen Gemeinsamkeiten

- bei den graphischen Interaktionen (z. B. bestimmten Änderungsvorgängen) und
- bei der graphischen Ausgabe (z. B. Linienunterbrechungen der Vektorgraphik, Grauwerten der Rastergraphik).

Aus diesen Gründen wurden bzw. werden allgemeine Graphiksysteme und einheitliche Schnittstellen stufenweise erarbeitet bzw. angestrebt.

In den Normungsbestrebungen zur GDV wird z. B. ein sog. *Graphisches Kernsystem (GKS)* als normierte geräteunabhängige graphische Grundsoftware entwickelt (Entwurf DIN ISO 7942 von 1982), mit dessen Hilfe die jeweils spezifische Anwendersoftware ein hohes Maß von Portabilität erlangt. Ferner soll die sog. *Einheitliche Zeichenschnittstelle (EZS)* den Zugang zu den verschiedenen graphischen Ausgabegeräten erleichtern und dabei die üblichen fachlichen Anforderungen gewährleisten; dazu enthalten die Zeichenaufbereitungsprogramme der Datenverarbeitungssysteme einheitliche Zeichenaufrufe, die Unterprogramme auslösen, mit deren Hilfe der Übergang zur spezifischen Gerätesoftware mit ihren Steuerbefehlen führt.

Software-Konzeptionen erörtern *Johannsen* 1974 für eine kartographische Automationsanlage, *Seifert* 1982 für eine interaktive Graphik. Das Problem der Interaktionen bespricht *Schwenk* 1978. *Buhtz* 1982 stellt die Realisierung eines graphischen Kernsystems (GKS) vor.

5.3.2 Vorverarbeitung

Sie hat den Zweck, die erfaßten *alphanumerischen* Originaldaten (Rohdaten) so aufzuarbeiten, daß sich bereinigte und geprüfte Daten ergeben, die auch in formaler Hinsicht zur weiteren

Datenverarbeitung geeignet sind. Durch zwischenzeitliche Datenausgabe (z. B. am Bildschirm) lassen sich die Ergebnisse aufzeigen und damit auch Entscheidungen über mögliche Eingriffe in das Datenmaterial treffen. Über das Aufarbeiten *graphischer* Daten siehe 5.2.3 und 5.3.3.

Bei topographischen Daten spielt vor allem das Bearbeiten der Meßwerte eine wichtige Rolle: Verfahrensbedingte Korrekturen (z. B. aus Wetterdaten) sind anzubringen, Mehrfachmessungen sind zu mitteln, überschüssige Beobachtungen erfordern eine Ausgleichung, die Ermittlung von Genauigkeitsmaßen schafft Kriterien für die Güte und weitere Verwendung der Daten. Die mehr formalen Prüfungen beziehen sich z. B. auf die Vollständigkeit, Reihenfolge, Numerierung und sonstige Kennung der Daten.

Bei thematischen Daten kann es z. B. zweckmäßig sein, für die quantitativen Daten aus Registrierungen, Statistiken usw. Rundungen, andere Maßeinheiten, Summenproben usw. vorzunehmen.

5.3.3 Vektor-Datenverarbeitung

1. Verarbeitung von Linien durch Datenreduktion

Bei der Digitalisierung in Vektordaten ergibt sich eine größere Menge unregelmäßig verteilter registrierter Punkte, vor allem bei gekrümmten Linien, z. B. bei Gewässernetzen und Höhenlinien. Bei begrenzter Speicherkapazität liegt der Wunsch nahe, die Menge der Punkte bis zu dem Bestand zu reduzieren, der für die Linien später eine graphisch noch ausreichende Übereinstimmung mit den Ausgangslinien (Soll-Linien) gewährleistet. Da bei der manuellen Digitalisierung sich die Ist-Linien im Rahmen graphischer Ungenauigkeiten um die Soll-Linien herumschlängeln, könnte die Datenreduktion (Datenkomprimierung) zugleich noch die Funktion einer Glättung erfüllen.

Solche Reduktionen beruhen auf verschiedenen mathematischen Ansätzen (z. B. *Tost* 1972, *Gottschalk* 1974, *Johannsen* 1975). *Fischer* 1982a,b schlägt als wirksamste Lösung die Anwendung eines sog. Optimalfilters vor, wenn bei der Digitalisierung die richtige Abtastfrequenz gewählt wurde.

2. Datentransformation

Bei den Transformationen zwischen verschiedenen Koordinatensystemen handelt es sich vor allem um die Fälle, bei denen rechtwinklig-ebene Koordinaten der Landesvermessung entstehen

- aus Bild- oder Modellkoordinaten der Luftbildmessung oder
- aus örtlichen polaren Koordinaten terrestrischer Vermessungen oder
- aus Tischkoordinaten bzw. Rasterdaten der Digitalisierung.

Daneben können Transformationen zwischen verschiedenen Systemen der Landesvermessung sowie zwischen diesen und geographischen Daten auftreten. Die mathematischen Ansätze beruhen auf geschlossenen Formeln oder auf Interpolationsfunktionen mit Hilfe von Paßpunkten. Zur Bearbeitung von Kartennetzen siehe 5.6.1.

3. Berechnung weiterer geometrischer Größen

Bei Bedarf lassen sich Flächen- und Winkelwerte sowie weitere abgeleitete Größen (z. B. Rauminhalte, Hangneigungen) errechnen. Die Ansätze dazu beruhen auf den in der Kartometrie üblichen Formeln (6.3).

5.3.4 Raster-Datenverarbeitung

Die Rasterdatenverarbeitung ist in ihren Grundprogrammen das Kernstück der digitalen Bildverarbeitung, und zwar weitgehend unabhängig von den fachspezifischen Anwendungen, die von der Medizin bis zum Fernsehen reichen. Die folgenden Ausführungen beschränken sich jedoch auf solche Programme, die für die Behandlung kartographischer Strukturen von Bedeutung sind.

1. Verarbeitung von Grauwerten

Sind Grauwerte in der Stufenskala von 0 – 255 bei der Rasterdigitalisierung erfaßt worden (z. B. bei Luftbildern), so läßt sich durch Festlegen eines *Schwellenwertes* (z. B. 200) aus einer Halbtonvorlage ein Binärbild, d. h. eine Strich- bzw. Flächenkarte erzeugen: Alle Pixel unterhalb des Schwellenwertes fallen fort, alle anderen werden schwarz. *Grauwertveränderungen* mit Hilfe von Übertragungsfunktionen ändern den Bildcharakter (z. B. mit dem Ziel der Kontraststeigerung) oder fassen benachbarte Grauwerte zu einer Gruppe zusammen (z. B. zur Objektklassifizierung). Bei digitalisierten Strichkarten kann man mit Schwellwerten die erfaßten Schmutzteile der Vorlage rechnerisch entfernen oder nicht genügend gedeckte Flächen rechnerisch füllen.

2. Verarbeitung von Linien einschließlich Datenreduktion

Die in Rasterdaten erfaßten Linien sind vor der weiteren Verwendung der Daten noch zu überarbeiten. In einer Vorverarbeitung läßt sich bei Bedarf der Linienrand korrigieren, d. h. eine Konturenglättung vornehmen. Durch *Verdicken* bzw. *Verdünnen* kann man Linienbreiten ändern und in Verbindung mit weiteren Operationen auch bestimmte kartographische Strukturen erzeugen, z. B. Doppellinien, Freistellen von Kreuzungen. Über das Verdicken kommt man zum *Ausbreiten*, das zum Füllen ganzer Flächen führt; über das Verdünnen gelangt man zum *Skelettieren*, das sich auf das Minimum der benötigten Pixel schränkt. Führen bereits Verdünnen und Skelettieren zu einer Minderung der Datenmenge, so läßt sich durch Filterverfahren sowie durch Bildung unterschiedlich großer Pixel (Facetten) eine weitere Datenkompression erreichen.

3. Datentransformation

Die sachlichen Anlässe hierzu entsprechen den bei der Vektordatenverarbeitung (5.3.3 Nr. 2) genannten Fällen. Der auch in der Photogrammetrie übliche Ansatz (indirektes Verfahren) besteht darin, daß zunächst im Ergebnisbild das Rastermuster erzeugt wird und dann für jedes Pixel dieses Musters das Pixel der Vorlage gesucht wird, das ihm nach der Transformationsvorschrift geometrisch ganz oder überwiegend zugeordnet ist.

4. Berechnung weiterer geometrischer Größen

Die Ansätze sind mit denen unter Nr. 3 in 5.3.3 vergleichbar.

Ausführliche Darstellungen zur Raster-Datenverarbeitung stammen vor allem von *Lichtner* 1981 und *Weber* 1980, 1982a. Eine Übersicht über mathematische Ansätze gegen *Proß/Weise* 1981. Fragen der Mustererkennung behandeln *Bausch u. a.* 1980 und *Weber* 1983c, eines Datenverwaltungssystems *Weber* 1983b. Über Anwendungen bei Flächennutzungsplänen berichtet *Größchen* 1981, bei Straßenkarten *Brunner* 1983.

5.3.5 Umwandlung zwischen Vektor-Daten und Raster-Daten

Dem Vorteil der raschen Datenerfassung und -ausgabe sowie der einfacheren Strukturierung der Datenbank bei den Raster-Daten steht der Nachteil gegenüber, daß im Vergleich zur Vektor-Datenverarbeitung mehr Rechenzeiten und Speicherplätze erforderlich sind und daß ferner die Objekttrennungen nach Merkmalen schwieriger sind. Es liegt daher der Gedanke nahe, in den einzelnen Arbeitsabschnitten jeweils den Datentyp zu verwenden, der größere Vorteile bietet. Das setzt die Möglichkeit voraus, Vektordaten in Rasterdaten und umgekehrt überführen zu können. Dies kann sogar eine Notwendigkeit sein, wenn für bestimmte Prozesse nicht die geeigneten Geräte zur Verfügung stehen.

In der Praxis herrscht noch die ältere Vektor-Datenverarbeitung vor, und die Geräte der Raster-Datenverarbeitung sind z. Zt. im allgemeinen noch relativ teuer. Die wachsende Informationsmenge aus Photogrammetrie und Fernerkundung sowie die weitere Geräteentwicklung wird aber der Raster-Datenverarbeitung eine zunehmende Bedeutung verschaffen.

Die Umwandlung von Vektor-Daten in Raster-Daten (*Aufrasterung*) kann z. B. vorteilhaft sein, wenn nach Ablauf der kartographischen Gestaltungsprogramme

- eine Raster-Datenbank entstehen soll oder
- eine graphische Ausgabe am Rasterplotter oder Rasterbildschirm vorgesehen ist.

Die Umwandlung von Raster-Daten in Vektor-Daten (*Vektorisierung*) ist z. B. notwendig, wenn nach der Raster-Digitalisierung einer Vorlage am Scanner die weitere kartographische Verarbeitung mit Vektor-Daten

- zur Minderung der Datenmenge erwünscht ist oder
- wegen einer erforderlichen graphischen Qualität nur der Einsatz einer Präzisionszeichenmaschine in Betracht kommt.

Die Probleme dieser Umwandlung stellen sich wie folgt dar:

- Aus den regelmäßigen Rasterelementen ist das regellose Linienmuster so zu finden, daß sich die Linienachsen, ihre Anfangs-, End- und Knotenpunkte zutreffend ergeben.
- Den durch die Rasterdaten aus ihrem Zusammenhang gerissenen Objektlinien sind bei der Vektorisierung die Objektmerkmale (Attribute) zuzuordnen. Das ist einfach bei Höhenlinien, die sich nicht berühren, aber schwierig bei Netzstrukturen (z. B. Wegenetz).

5.4 Datenspeicherung

5.4.1 Notwendigkeit und Umfang der Speicherung

In den Anfängen der rechnergestützten Kartographie – wie in vielen anderen Bereichen – war der Einsatz der Computertechnik in bezug auf Programme und Datenstrukturen fast völlig ausgerichtet auf die isolierte Behandung einer speziellen Aufgabe sowie auf die Möglichkeiten und Eigenschaften der jeweils zur Verfügung stehenden Datenverarbeitungsanlage. Nach den negativen Erfahrungen mit dem erheblichen Aufwand zur Datenerfassung und den geringen Austauschmöglichkeiten der Daten hat sich die Auffassung durchgesetzt, daß die langfristige Speicherung vielseitig verwendbarer Daten eine unabdingbare Voraussetzung für die Effizienz der Datenverarbeitung ist.

Damit lassen sich zwei Fälle der Speicherung unterscheiden:

1. Speicherung im Zuge der Datenverarbeitung. Sie ist eine *verfahrensbedingte* Maßnahme beim Betrieb eines Datenver-

arbeitungssystems: Externe Speicher nehmen die erfaßten und zu verarbeitenden Daten auf; am Schluß erhalten sie vom Rechner die verarbeiteten Daten. Zwischenzeitlich kann es notwendig sein, die Daten aus dem internen Speicher der Zentraleinheit auf einen externen Speicher zur vorübergehenden Ablage zu überführen.

2. Speicherung zur langfristigen Bereitstellung von Daten. Sie ist eine *verwaltungsbedingte* Notwendigkeit einer wirtschaftlichen Informationsverarbeitung und führt zum Aufbau von Datenbanken.

Die Überlegungen zur Speicherung schließen auch die Abschätzung der Datenmenge ein. Bei der rechnergestützten Herstellung einer Karte bezieht sich diese Abschätzung gewöhnlich auf den Inhalt der gesamten Karte oder der einzelnen Farbfolien (z. B. Höhenliniendarstellung). Beim Aufbau einer Datenbank ist die Datenmenge meist für ein ganzes Kartenwerk zu ermitteln.

So ergibt sich z. B. aus der Beschreibung des topographischen Datenbanksystems für die Deutsche Grundkarte 1 : 5000 (*Staufenbiel* 1980) für alle Blätter im Lande Niedersachsen die Gesamtheit der Gitterpunkte des digitalen Geländemodells mit etwa 10^9, dazu noch rund $0{,}5 \cdot 10^9$ Höhenlinienpunkte. *Christ/Uhrig* 1971 ermittelten für alle 559 Blätter der Topographischen Karte 1 : 50 000 eine Punktmenge von rund 10^7 und eine Gesamtlinienlänge von $1{,}3 \cdot 10^7$ cm, bezogen auf den Kartenmaßstab; das entspricht einem Bedarf von rund 400 Magnetbändern bei vektorieller Datenerfassung.

5.4.2 Speichermedien

Speicher eines Datenverarbeitungssystems sollen digitale Daten aufnehmen, aufbewahren und abgeben. Als Merkmale gelten Kapazität, Zugriffsart, Arbeitsgeschwindigkeit (Zugriffszeit und Übertragungsrate) sowie die Permanenz des Mediums und die Kosten je Speichereinheit. Die wichtigsten Medien für externe Speicher sind z. Z. die Magnetbänder und die Magnetplatten.

Magnetbänder besitzen je nach Bandlänge (Standardlänge 730 m) und Datendichte (bis zu 6250 bpi) eine Kapazität von rund (5 bis 50) · 10^6 Zeichen. Durch die Verfügung über mehrere Bänder und ihre leichte Austauschbarkeit ergibt sich eine nahezu unbegrenzte Kapazität. Der sequentielle Zugriff führt allerdings zu einer Zugriffszeit, die je nach Position auf dem Band bis über 100 s betragen kann; die Übertragungsrate liegt bei maximal etwa 300 000 Zeichen/s. Eine Variante ist die Magnetband-Kassette mit etwas geringeren Leistungsdaten. Die Magnetbandspeicherung ist eine relativ preisgünstige Technologie; der Nachteil der großen Zugriffszeit läßt sich vermeiden, wenn man vor der Datenverarbeitung die Daten auf eine Magnetplatte überträgt.

Magnetplatten verfügen über eine Kapazität von etwa (2 bis 800) · 10^6 Zeichen. Sie lassen sich mit mehreren Platten – meist als Wechselplatten – zu einem Plattenturm zusammentragen. Der direkte Zugriff führt infolge der schnellen Rotation zu einer Zugriffszeit zwischen etwa 10^{-3} und 10^{-2} s; die Übertragungsrate liegt bei maximal 800 000 Zeichen/s. Eine kleinere Variante ist der Diskettenspeicher (Floppy Disk) mit geringeren Leistungsdaten, aber auch niedrigerem Preis.

5.4.3 Dateien, Datenbanken, Informationssysteme

Als *Datei (file)* gilt eine Dateneinheit, die aus sachlich zusammengehörigen *Datensätzen (records)* gebildet und auf einem externen Speichermedium zusammengefaßt ist. So kann man z. B. die Gesamtheit der Punktkoordinaten für einen bestimmten Bereich als Koordinatendatei auffassen; dabei bildet jeder Punkt mit seinen Koordinaten und weiteren Merkmalen (Attributen) einen Datensatz. Auch die gespeicherten Namen eines Atlasregisters können eine Datei bilden.

Als *Datenbank (data base)* gilt die Gesamtheit aller gespeicherten Grunddaten (Primärdaten), die für eine rechnergestützte Bearbeitung fachlicher Informationen erforderlich sind. Dazu sorgt ein *Datenbankverwaltungssystem* durch eine Reihe von Systemprogrammen für den Zugriff auf die Daten nach bestimmten Ordnungskriterien. Eine sorgfältige Datenorganisation ist erforderlich für rasche und vielseitige Zugriffsmöglichkeiten. Dazu gehört z. B. auch, daß bei Mehrfachbenutzungen keine Mehrfachspeicherungen von Daten entstehen (z. B. beim Aufbau der Grundstücksdatenbank). Die Zusammenfassung von Datenbank (im obigen Sinne) und der Gesamtheit der Systemprogramme wird häufig als *Datenbanksystem* bezeichnet. Zu einem solchen System gehört gewöhnlich auch die Möglichkeit der *Datenfernverarbeitung*.

In der Regel bezieht sich der Einsatz permanenter Datenbanksysteme auf alle Bereiche der Erfassung, Verarbeitung (z. B. interne Datenverknüpfung zur Bildung von Sekundärinformationen, externe Verbindung mit anderen Datenbanken), Ausgabe (z. B. für Auskünfte) und Dokumentation der Daten. In Verbindung mit den verschiedenen Lieferanten und Benutzern von Daten und den damit verbundenen Anwendungsprogrammen spricht man dazu häufig auch von *Informationssystemen*.

Eine grundsätzliche Betrachtung zu kartographischen Datenbanken stammt von *Weber* 1975a,b. Dabei beschreibt er als Datenelemente einer topographischen Datenbank die Linien, die Bedeutungen, die geographischen Namen, die Rasterquadrate (als Selektionskriterien) und die Knoten (als Schnittpunkte von Linien). Daneben gehen in den Speicher die Relationen ein, die zwischen den Linien einerseits und den anderen Datenelementen andererseits bestehen. *Staufenbiel* 1980, 1983 stellt das topographische Datenbanksystem TOPSY vor; diese Geländedatenbank soll noch erweitert werden um die Situationsdaten aus dem Kataster (automatisierte Liegenschaftskarte) und möglichst auch für topographische Folgekarten verfügbar sein. Eine andere Geländehöhendatenbank erläutert *Kraus* 1983. Zur Grundstücksdatenbank äußern sich *Schlehuber* 1977 und *Herzfeld* 1982, zur automatisierten Liegenschaftskarte *Mittelstraß* 1981 (Einzelheiten siehe Bd. I, 2.4.6)

Durch Erweiterung der Katasterangaben auf andere bodenbezogene Daten entsteht ein *Landinformationssystem (LIS)*. Dieses ist nach einer Definition der Fédération Internationale des Géomètres „ein Instrument zur Entscheidungsfindung in Recht, Verwaltung und Wirtschaft sowie ein Hilfsmittel für Planung und Entwicklung. Es besteht einerseits aus einer Datensammlung, welche auf Grund und Boden bezogene Daten einer bestimmten Region enthält, andererseits aus Verfahren und Methoden für die systematische Erfassung, Aktualisierung, Verarbeitung und Umsetzung dieser Daten. Die Grundlage eines LIS bildet ein einheitliches, räumliches Bezugssystem für die gespeicherten Daten, welches auch eine Verknüpfung der im System gespeicherten Daten mit anderen bodenbezogenen Daten erleichtert." (siehe auch *Eichhorn* 1980).

In entsprechend umfassendem Sinne beziehen sich *Geographische Informationssysteme (GIS)* auf alle raumbezogenen Daten von den konkreten Gegenständen der Erdoberfläche, der Lithosphäre und Atmosphäre bis zu den fachthematischen Sachverhalten der Wirtschafts- und Sozialgeographie. Allgemeine Ausführungen zum Konzept, zur Technologie, zur weiteren Entwicklung und zu vorhandenen Systemen stammen z. B. von *Weber* 1978 und *Brassel* 1983. Das geographische Namenbuch der Bundesrepublik Deutschland als Informationssystem für geographische Namen (ab 1 : 500 000 und kleiner) beschreibt *Böhme* 1980. Eine Datenbank für Verwaltungsgrenzenkarten (1 : 500 000 und 1 : 1 Mio) stellt *Uhrig* 1978 vor.

5.5 Graphische Datenausgabe

5.5.1 Grundsätze der Digital-Analog-Wandlung

Das Ergebnis der Datenverarbeitung bzw. der Datenspeicherung ist ein digitales Modell von räumlichen Objektbeziehungen. Es ist zugleich ein latentes, d. h. verborgenes Modell, weil die Daten auf den üblichen Datenträgern (z. B. Magnetband) sinnlich nicht wahrnehmbar sind. Ein Sichtbarmachen der digitalen Daten in Form von Zahlen und Buchstaben ist zwar mit einem Drucker möglich, aber eine so entstehende Tabelle ist kein brauchbares Äquivalent für eine kartographische Darstellung. Damit ergibt sich die Notwendigkeit, das latente digitale Modell in ein wahrnehmbares analoges, d. h. graphisches Modell umzuwandeln.

Entsprechend den Grundsätzen der Analog-Digital-Wandlung (5.2.3.1) kann man für den nunmehr umgekehrten Vorgang folgende Regeln angeben:

- Aus *Vektordaten* entstehen graphische Linienstrukturen als Folge kleiner gerader Linienelemente oder als Kurvenzug.
- Aus *Rasterdaten* entstehen graphische Rasterstrukturen in Form kleiner Flächenelemente – evtl. mit variablen Helligkeitswerten – oder (wie am Reproscanner) in Gestalt verschieden großer Rasterpunkte.

Sollen dagegen aus Vektordaten Rasterstrukturen oder aus Rasterdaten Linienstrukturen entstehen, so sind im Zuge der Datenverarbeitung (5.3.5) entsprechende Umwandlungen vorweg vorzunehmen.

Die für eine graphische Ausgabe in Betracht kommenden Geräte benötigen für ihre Funktion eine Steuerelektronik. Wird diese von der Zentraleinheit einer Datenverarbeitungsanlage selbst wahrgenommen, so spricht man von einem *nicht-autonomen* System. Besitzt dagegen das Ausgabegerät einen eigenen Steuerrechner, so liegt ein *autonomes* System vor.

Im Gegensatz zu der in 5.4 behandelten *digitalen* Datenspeicherung kann man die graphische Datenausgabe auch als eine *graphische* Datenspeicherung auffassen.

5.5.2 Zeichengeräte (Plotter)

Sie sind reine Ausgabegeräte, die das Ergebnis der graphischen Ausgabe auf einem Zeichnungsträger festhalten. Eine solche permanente und vom Gerät trennbare Fixierung läßt sich im weiteren Sinne als *Hardcopy* bezeichnen; im engeren Sinne bezieht sich dieser Begriff auf Papierkopien, mit denen die Darstellungen eines Bildschirms festgehalten werden können.

5.5.2.1 Tischzeichner (flatbed plotter)

Diese ausschließlich vektor-orientierten Zeichengeräte stellen Linien wie folgt dar:

- Durch kleine Einzelschritte (Inkremente) in Form konstanter Koordinatendifferenzen und die daraus sich ergebenden Kombinationen (Inkrementalsteuerung) oder
- als stetige, mathematisch über eine Reihe von Punkten interpolierte Funktion (Stetigbahnsteuerung).

Sind die Inkremente kleiner als 0,1 mm, kann man von einer Quasi-Stetigbahnsteuerung sprechen.

Die nach *elektromechanischem* Prinzip arbeitenden Geräte lassen sich als rechnergestützte Weiterentwicklung des mechanischen Koordinatographen (4.2.4.2) zur Kartierung rechtwinkliger Koordinaten auffassen (Abb. 96): Über dem Tisch mit dem befestigten Zeichnungsträger bewegt sich das Zeichenwerkzeug, und zwar in einer Koordinatenrichtung längs einer Brücke und in der anderen, dazu senkrechten Richtung durch Verschieben der gesamten Brücke. Der Tisch ist meist horizontal, in anderen Fällen auch schräg oder vertikal angeordnet. Ein Stellsystem

Abb. 96. Präzisions-Tischzeichner ARISTOMAT 204 der Firma Aristo Graphic Systeme

besorgt den Antrieb in den Koordinatenrichtungen mit Motoren über Spindeln oder Zahnstangen. Ein Meßsystem registriert die Ist-Position des Werkzeugs durch elektro-optisches Abtasten codierter Lineale oder durch Winkelcodierer. Die Steuereinheit vergleicht die Ist- mit der Soll-Position und bewirkt Korrekturen.

Die *Zeichenwerkzeuge* sind in einfachen Fällen Graphitminen, eingesetzte Tuschefüller, Minen für Schreibpasten, Faserstifte und runde Gravurnadeln. Bei den Präzisionsgeräten sind die übrigen Werkzeuge wie meißelförmige Gravierer, Folienschneider und Lichtzeichner mit einer Richtungscharakteristik versehen.

Die Richtungscharakteristik bewirkt, daß bei Kurvenstücken das Werkzeug ständig so nachgeführt wird, daß seine Richtung stets mit der Kurventangente übereinstimmt (Tangentialsteuerung). Der Folienschneider trennt die auf der Folie befindliche Schicht längs der geschnittenen Kontur auf, so daß Flächenstücke wie beim Folienschneiden (4.2.5.4) abgezogen werden können.

Neben dem mechanischen Zeichenwerkzeug (pen plotter) gibt es noch den Lichtzeichner (Lichtprojektor), der als sog. Photoplotter mit einem faseroptischen Lichtleiter über ein optisches System durch eine Projektionsschablone (für Signaturen, Zahlen, Schriften und kleine quadratische Linienelemente) eine Photoschicht belichtet und damit Dunkelraumbetrieb erfordert.

Als *Präzisionszeichenmaschinen* gelten Geräte, die mittels Gravur oder Lichtzeichnung geometrisch und graphisch so exakt arbeiten, daß unmittelbar Kartenoriginale entstehen können. Das erfordert jedoch einen leistungsfähigen Steuerrechner und eine relativ geringe Zeichengeschwindigkeit. Für Kartenentwürfe und ihre Varianten, Teildarstellungen, Zwischenoriginale usw. sind daher die sog. *schnellen Plotter* wirtschaftlicher, die mit einfacherem Werkzeug und relativ hoher Zeichengeschwindigeit arbeiten. Insgesamt liegen die maximalen Geschwindigkeiten aller Geräte etwa zwischen 0,1 und 1,0 m/s.

Nach der *Genauigkeit* kann man wie bei den Digitalisierungsgeräten unterscheiden zwischen der *Wiederholungs-Genauigkeit*, die sich aus der Streuung bei gleichen Ausgangswerten ergibt, und der *absoluten Genauigkeit*, die aus dem Vergleich mit Sollwerten hervorgeht. Letztere sollte bei einem Grenzwert von $\pm$ 0,1 mm liegen; dazu müßte die inkrementelle Auflösung etwa 0,025 mm betragen. Ein wichtiges Kriterium ist ferner die *dynamische Genauigkeit* als die absolute Genauigkeit in Abhängigkeit von der Geschwindigkeit bzw. Beschleunigung des Zeichenwerkzeugs. Schließlich ist die *mechanische Genauigkeit* als Teil der absoluten Genauigkeit ein Ausdruck für die Genauigkeit der Spindeln, Zahnstangen usw.

Nach *elektromagnetischem* Prinzip arbeitet z. B. die Magnetfeldsteuerung von Xynetics, bei der sich eine Magneteinheit (forcer) auf einem Luftkissen über oder unter einer ferromagnetischen Metallplatte mittels Erregerstrom bewegt. Nach der Leistungscharakteristik handelt es sich dabei um Geräte vom Typ des schnellen Plotters.

Nach *elektro-optischem Prinzip* arbeiten diejenigen Photoplotter, bei denen ein Laserstrahl unter Ablenkung mittels Spiegelsystem die Photoschicht belichtet. Als Aufnahmematerial dient meist Mikrofilm (5.5.2.3).

Eine einfache Variante des Tischzeichners ist der *Koordinatenschreiber* (*xy-Plotter*). Geringes Format und langsame Zeichenweise machen ihn für die Kartenherstellung relativ ungeeignet. Durch seine Preiswürdigkeit und die Möglichkeit mehrfarbiger Darstellung kommt er in erster Linie als Ausgabeeinheit für Diagramme, Entwurfsvarianten usw. in Betracht.

Hoinkes 1977 beschreibt die Aspekte des Zeichensystems der ETH Zürich, *Wenderlein* 1977 die Gesichtspunkte praktischer Anwendungen, *Würtzler* 1977 den Einsatz eines elektromagnetischen Systems, *Hupfeld* 1979 das bedienungslose Lichzeichnen mittels Kathodenstrahlröhre, *Johannsen* 1979 einige Genauigkeitstests, *Hoffmann* 1980 die Leistungsparameter, *Marckwardt* 1983 die Bewertung von Leistungsangaben.

5.5.2.2 Trommelzeichner (drum plotter)

Die *vektor-orientierten* Geräte lassen sich als rechnergestützte Weiterentwicklung schreibender Registriergeräte (z. B. Barograph, Echograph) auffassen. Der Zeichnungsträger liegt auf einer Trommel, deren Rotation die x-Bewegung ergibt; das parallel zur Rotationsachse bewegte Zeichenwerkzeug (meist Tuscheröhrchen oder Schreibminen) stellt die y-Bewegung dar (Abb. 97). Das inkremental zeichnende Gerät gehört zum Typ des schnellen Plotters. Benutzt man als Zeichnungsträger Rollenware, so tritt in der Längsrichtung (x-Richtung) praktisch keine Formatbegrenzung auf. Die Zeichengeschwindigkeit beträgt rund 500 Inkremente/s; die Inkremente weisen Längen zwischen 0,1 und 0,3 mm auf.

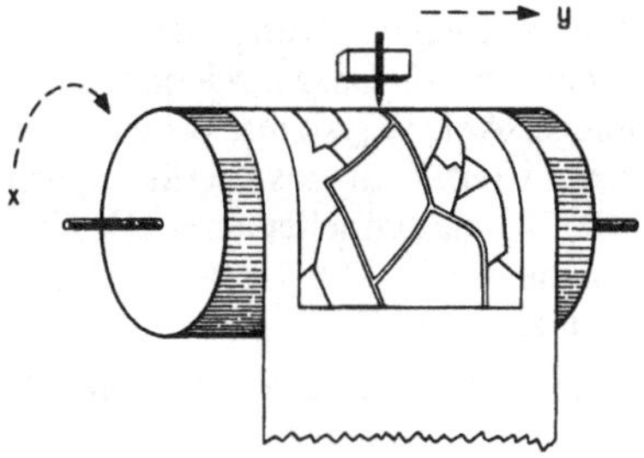

Abb. 97. Schema eines Trommelzeichners mit Zeichenwerkzeug und Zeichnungsträger.

Als *raster-orientierte* Ausgabeeinheiten lassen sich die Aufzeichnungsteile (Schreibeinheiten) der Reproscanner (4.2.7.4) bzw. der Scanner der digitalen Bildverarbeitung auffassen. Der auf eine rotierende Schreibwalze aufgespannte Film wird im Rastermodus vom Schreibkopf belichtet, wobei neben Halbtondarstellungen auch Rasterpunktdarstellungen (aus drucktechnischen Gründen) möglich sind. Da sich auf derselben Achse die Abtastwalze mit der Vorlage darauf befindet, können die Vorgänge von Erfassung und Ausgabe gleichzeitig stattfinden. Die dazwischenliegende Datenverarbeitung dient der geometrischen und graphischen Manipulation der Vorlage (z. B. Entzerrung, Tonwertveränderung). Die systematische Flächenabtastung und -aufzeichnung erlaubt eine hohe Zeichengeschwindigkeit.

Ein Gerät, das sowohl im Rastermodus erfassen als auch zeichnen kann, beschreibt *Meinicke* 1973.

5.5.2.3 *Mikrofilmzeichner (COM-Plotter)*

Die Ausgabe auf Mikrofilm (Computer Output on Microfilm = COM) arbeitet mit Vektordaten. Beim *indirekten Verfahren* entsteht das Strichbild zunächst mittels Kathodenstrahl auf einem Bildschirm, von wo es durch eine Mikrofilmkamera erfaßt wird. Die trägheitslose und formatsparende Aufzeichnung ist so schnell, daß etwa 2 Bilder/s entstehen können und damit keine besondere Regenerierung des Schirmbildes erforderlich ist. Beim *direkten Verfahren* zeichnet ein Laserstrahl mit Hilfe eines Spiegel-Ablenksystems. Bei einer Zeichengeschwindigkeit von rund 10 cm/s ist das Gerät in bezug auf den Karteninhalt etwa 10 – 20mal schneller als ein Zeichentisch. Zur Mikroverfilmung siehe 4.3.3. Die Geräte können auch alphanumerische Zeichen ausgeben.

Technische Einzelheiten und Untersuchungen beschreibt *Grünreich* 1981.

5.5.2.4 Elektrophotographische Zeichner (Elektrostatischer Rasterplotter)

Dem Rastermodus der auszugebenden Daten entspricht die zeilenweise Darstellung elektrostatischer Punktladungen auf dem Papier. Die flächenhafte Rasterdarstellung folgt aus dem schrittweisen Zeilenvorschub. Die Ladungspunkte werden durch erwärmte Farbkörper oder durch eine Toner-Fontäne sichtbar und fest gemacht (vgl. 4.3.4). Die Rasterweite beträgt 8 Punkte/mm, läßt sich aber auch verdoppeln. Die Vorschubgeschwindigkeit liegt je nach Papierbreite zwischen 5 und 25 mm/s. Eine neuere Variante ist die Möglichkeit der farbigen Wiedergabe mit der kurzen Farbskala. Jede Farbe erfordert einen erneuten Papierdurchlauf, der durch Paßmarken kontrolliert wird. Wegen der Möglichkeit, auch alphanumerische Zeichen auszugeben, spricht man auch vom Printer-Plotter.

5.5.2.5 Tintenstrahlzeichner (ink jet plotter)

Das Gerät arbeitet im Rastermodus, indem es zeilenweise auf dem Zeichnungsträger die Rasterpunkte durch feine elektronisch abgelenkte Farbtröpfchen aus einer Düse erzeugt. Der Zeilenvorschub ergibt sich aus der Drehung der Walze, auf der sich der Zeichnungsträger befindet. Es stehen vier Sprühköpfe (Düsen) für die kurze Farbskala zur Verfügung. Die Rasterfeinheit liegt bei etwa 5 Punkten/mm. Das Gerät kann auch alphanumerische Zeichen darstellen.

Einen Bericht über den Einsatz eines solchen Geräts gibt *Kaster* 1979.

5.5.2.6 Drucker (printer)

Zeilendrucker sind alphanumerische Ausgabegeräte einer Datenverarbeitungsanlage. Sie lassen die Zeichen einer Zeile durch Typendruck jedes einzelnen Zeichens nahezu gleichzeitig entstehen (Zeichendrucker). Man kann sie hilfsweise für die Herstellung von Flächendichtekarten (Choroplethen) verwenden, indem man – teilweise auch durch Übereinanderdrucken von Zeichen – bestimmte Helligkeitswerte simuliert (Abb. 26) und evtl. noch durch nachfolgende Verkleinerung die grobe Darstellung etwas verfeinert. Die Bedeutung solcher Zeilendruckerkarten für die Kartenherstellung nimmt jedoch durch die Verbesserungen bei den anderen technischen Möglichkeiten ständig ab.

Matrixdrucker arbeiten nach dem Rastermodus; der Rasterpunkt entsteht aus einem elektronischen Impuls durch Druck mit einer feinen Nadel (Nadeldrucker). Die Papierfärbung ergibt sich durch direktes Färben der Nadel, mittels Farbband oder aus der Farbschicht innerhalb eines Spezialpapiers. Die Matrixgrößen für alphanumerische Zeichen betragen 5 × 7 bzw. 7 × 9 Punkte. Die Geräte arbeiten sehr schnell, erfordern jedoch auch höheren Rechen- und Speicheraufwand. Gegenüber den Zeilendruckern besitzen sie den Vorteil der Mehrfarbigkeit, des feineren graphischen Duktus und der Darstellung in einem Durchgang. Für die Kartographie eignen sie sich daher z. B. zur Schnellinformation als sog. Präsentationsgraphik.

5.5.3 Sichtgeräte (Bildschirmgeräte, display terminal)

5.5.3.1 Allgemeine Merkmale der Sichtgeräte

Solche Geräte sind Ein- und Ausgabegeräte, mit denen sich alphanumerische und graphische Daten dem Auge sichtbar machen lassen. Der alphanumerischen Eingabe dient eine entsprechende Tastatur, der graphischen Eingabe eine Reihe von Vorrichtungen, die das Identifizieren (Objektansprache) und das Positionieren (Punktangabe) ermöglicht.

Zu den bekanntesten graphischen Eingabevorrichtungen (Analogeingabe) gehören der Steuerknüppel (joy stick), die Rollkugel (tracking ball), die Maus (mouse) und der Lichtgriffel (light pen). Diese Vorrichtungen führen am Bildschirm ein Fadenkreuz (cross-hairs) oder einen Zeiger (cursor, pointer) zur Bezeichnung der Punktlage. Mit diesen Operationen ergeben sich die Möglichkeiten zu interaktiven Eingriffen in die graphische Ausgabe. Eine besonders für umfangreichere graphische Veränderungen (z. B. Kartenfortführung) geeignete Eingabevorrichtung ist das an das Sichtgerät angeschlossene graphische Tablett.

Das *graphische Tablett* (Abb. 98) ist eine Platte, in der sich Leitungen in gitterförmiger Anordnung befinden. Wird ein elektronischer Stift (Schreibgriffel) über dem Tablett bewegt, so läßt sich am Bildschirm der Zeiger führen. Befindet sich auf dem Tablett eine Vorlage, so kann man auf diesem Wege den Inhalt der Vorlage auf den Bildschirm übertragen, evtl. unter Fortfall oder Änderung von Teilen der bisherigen Darstellung. Neben diesem elektronischen Tablett gibt es auch akustische, druckempfindliche und magnetische Systeme.

Die meisten Sichtgeräte arbeiten mit Hilfe einer *Speicherröhre* (5.5.3.2) oder einer *Kathodenstrahlröhre* (5.5.3.3); neuerdings gibt es auch hybride Systeme, die beide Techniken vereinen. In beiden Fällen emittiert in der luftleeren Glasröhre eine metallische Kathode Elektronen, die später im Fokussiersystem zu einem dünnen Strahl gebündelt werden. Schließlich sorgt ein Ablenksystem dafür, daß der Strahl die Sichtfläche an der vorgesehenen Stelle erreicht. Diese Sichtfläche besitzt einen Phosphorbelag, der vom Elektronenstrahl lokal zur Lichtemission (Fluoreszenz) angeregt wird.

Eine weitere Technologie ist das *Plasmasichtgerät*. Es besteht aus zwei Glasplatten, zwischen denen sich Edelgas (z. B. Neon) als dünne Schicht befindet. Feine, auf beiden Platten befindliche parallele Leitungen bilden insgesamt ein Gitter. Elektrische Impulse erregen das Gas im Bereich der Leitungskreuze zum Emittieren von Licht. Ein solches Geräte gehört demnach in die Gruppe der raster-orientierten Speicherbildschirme. Ferner gibt es noch die *Mehrfarbenlaser-Sichtgeräte* mit blauem, grünem und rotem Laserlicht.

Die graphischen Bildschirme besitzen gewöhnlich ein Format von 300 × 300 mm² und können 1024 × 1024 Punktpositionen (oder ein Vielfaches davon) darstellen. Für das Festhalten eines Bildes auf Papier eignen sich angeschlossene *Hardcopy-Geräte*, die meist nach dem Prinzip des elektrophotographischen Zeichners (5.5.2.4) arbeiten.

Beispiele zum Einsatz von Sichtgeräten sind vielfach enthalten in den Literaturhinweisen zu verschiedenen Anwendungen (5.6). Zu den Aussichten einer Bildschirmtext-Kartographie äußert sich *Albinus* 1982. Über perspektive Zeichnungen mittels Bildschirm berichtet *Pomaska* 1980.

5.5.3.2 Bildspeicher-Sichtgeräte (DVST display terminal)

Bei diesen Geräten findet ein relativ langsamer Bildaufbau nach Vektordaten statt. Das Bild bleibt jedoch mehrere Stunden erhalten, wenn es nicht vorher gelöscht wird. Der lange Erhaltungszustand hat folgende Vorteile:

- Eine Bildwiederholung ist nicht erforderlich.
- Die Anzahl der Bildelemente ist praktisch unbegrenzt.
- Das Bild ist frei von Flimmern.
- Die Geräte sind preisgünstig.

Dagegen gibt es folgende Nachteile:

- Nach interaktiven Eingriffen ist zunächst das gesamte Bild zu löschen und die veränderte Graphik entsteht erst wieder durch allmählichen Aufbau des Bildes.
- Es lassen sich keine Helligkeitsstufen darstellen.

Die lange Erhaltungszeit des Bildes der Speicherröhre läßt sich bei diesem System auffassen als eine elektronische Bildspeicherung (direct view storage tube = DVST). Dies wird dadurch möglich, daß sich auf der Innenseite der Phosphorschicht ein Aluminiumfilm als Anode und davor ein metallisches Speichergitter mit einem Dielektrium befinden. Der Elektrodenstrahl erzeugt im Speichergitter ein Ladungsbild, das von der Anode auf die Phosphorschicht kopiert wird.

5.5.3.3 Bildwiederholungs-Sichtgeräte (refresh display terminal)

Der bei diesen Geräten direkt auf die Phosphorschicht auftreffende Kathodenstrahl bewirkt neben der elektronisch bedingten Fluoreszenz noch ein Nachleuchten des Phosphors (Phosphoreszenz). Die Nachleuchtdauer liegt aber meist weit unter 1 s, und daher ist eine ständige Bildwiederholung erforderlich.

Die Bildwiederholungsrate soll mindestens so groß sein, daß kein Bildflimmern entsteht; sie liegt in der Praxis zwischen 30 und 60 Hz.

Die notwendige Bildwiederholung zwingt zum Einsatz eines Bildwiederholspeichers mit aufwendiger Steuerelektronik. Eine solche Einheit muß so leistungsfähig sein, daß auch inhaltsreiche Bilder innerhalb der Wiederholungsrate vollständig regenerierbar sind. Die damit für die Speichersichtgeräte (5.5.3.2) genannten Vor- und Nachteile kehren sich weitgehend um. Als besonderer Vorteil erweist sich nunmehr vor allem, daß interaktive Eingriffe sofort realisierbar sind und die übrigen Bereiche dabei ständig präsent bleiben. Damit ist es auch rasch möglich, Bildausschnitte (windows) darzustellen oder Bilddrehungen und -verschiebungen vorzunehmen. Auch können mit besonderen Programmen dreidimensionale Modelle perspektiv dargestellt (Abb. 99) und Bewegungsvorgänge simuliert werden.

Bei der *Kathodenstrahlröhre* durchdringen die emittierten Elektronen ein Spannungsgitter, das die Menge der Elektronen steuert. Die anschließende zylindrische Anode beschleunigt die Elektronen und führt sie dann dem Fokussier- und dem Ablenksystem zu. Die Ablenkung ergibt sich mit Ablenkplatten (elektrostatisch) oder Ablenkspulen (elektromagnetisch).

Mit *Vektordaten* entsteht die graphische Ausgabe (Vektorgraphik) im Direktbetrieb: Der Elektronenstrahl fährt die Vektoren unmittelbar ab. Dazu liefert die Datenverarbeitungsanlage die Bildkoordinaten an die Steuereinheit, von der sie so umgesetzt werden, daß daraus in der Bildröhre Ablenkspannungen für x und y sowie die Intensitätsspannung entstehen.

Mit *Rasterdaten* führt die graphische Ausgabe (Rastergraphik) bei Linien zu einer Folge von Pixeln. Diese Folge entsteht

- entweder im *direkten Rasterbetrieb*, in dem jeweils das nächste Pixel des Linienverlaufs in einer bestimmten Zeile dargestellt wird,
- oder im *Zeilensprungverfahren*, in dem wie beim Fernsehgerät jeweils eine ganze Zeile abgefahren und dabei alle

Abb. 98. Interaktiver graphischer Bildschirm-Arbeitsplatz ARISTOGRAPH 2000 der Firma Aristo Graphic Systeme

zu einer Linie gehörenden Pixel (unabhängig von der Reihenfolge in der Linie) dargestellt werden.

Das Zeilensprungverfahren bringt damit zwar nicht die Linien im Zusammenhang, was evtl. vorab eine Vektor-Raster-Transformation erfordert; es ist aber damit in bezug auf den Objektumfang ohne Einschränkung. Durch Wechsel der Intensitätsspannung am Spannungsgitter lassen sich die Grauwerte der Pixel variieren. Man kann zur Rastergraphik auch *Fernsehbildröhren* einsetzen und damit auch farbige Bilder erzeugen.

5.6 Anwendungen rechnergestützter Verfahren

Die in diesem Abschnitt erläuterten Datenverarbeitungen beziehen sich auf Programme, die als Ordnungs-, Geometrie- und Gestaltungsprogramme ganz oder überwiegend kartenspezifisch sind und sich daher jeweils nur für bestimmte kartographische Sachverhalte anwenden lassen.

5.6.1 Bearbeitung von Kartennetzen

Die Bearbeitung rechtwinklig-ebener Koordinatensysteme, wie sie bei *geodätischen Abbildungen* auftreten, bereitet keine Probleme. Das Ergebnis führt in der graphischen Ausgabe stets zu einem quadratischen Gitter.

Netze mit *geographischen Koordinaten* erfordern Programme, die die jeweiligen Abbildungsgleichungen (Bd. I, 3) unter Berücksichtigung von Lage und Maßstab der Abbildungsfläche verarbeiten. Sind die Netzlinien keine einfachen geometrischen Figuren, d. h. keine Geraden, Kreise oder Kegelschnitte, so sind mit den berechneten Netzpunkten als Stützpunkten Interpolationspolynome für die zeichnerische Darstellung zu berechnen. Liegen auch die Daten des Karteninhalts in digitaler Form vor, so lassen sich auch diese sogleich mit den Abbildungsgleichungen verarbeiten; u. U. sind vorher noch Angaben im System einer geodätischen Abbildung in geographische Daten zu transformieren. Beim Entwurf von Folgekarten sollte man wenigstens die Küstenkonturen, das Gewässernetz, die politischen Grenzen und die wichtigsten Orte in dieser Weise verarbeiten, um zu eindeutigen Anhaltsdarstellungen für die weitere Generalisierung zu gelangen. Mit einem schnellen Plotter lassen sich rasch Netzvarianten (auch mit verschieden dichten Netzen) darstellen und miteinander vergleichen.

Eine zunehmende Rolle spielen die *Netztransformationen* zwischen zwei Karten oder zwischen Karte und Datenbank. *Netzentzerrungen* bringen den Ist-Zustand eines Netzes auf seinen Soll-Zustand mit Hilfe von Paßpunkten oder geschlossenen Ansätzen. Gegenüber der Montage photographisch entzerrter Teilstücke hat das Verfahren den Vorteil, daß Übergangsschwierigkeiten (z. B. an den Montagenähten) nicht existieren. *Netzverzerrungen* passen eine Karte durch variablen Maßstab der unterschiedlichen Inhaltsdichte an, z. B. bei Stadtkarten. Weitere Einzelheiten siehe Bd. I, 3.6.

Programme zum Entwerfen und Zeichnen geographischer Netze stammen u. a. von *Kelnhofer* (in *Kretschmer* 1977), *Wilski* 1978, *Hoschek* 1983. Über Netztransformationen berichten *Fischer* 1979, *Wilski* 1979, über Netzverzerrungen *Lichtner* 1979, 1983.

5.6.2 Bearbeitung topographischer Karten

5.6.2.1 Herstellung topographischer Grundkarten

Die wichtigsten Datenquellen hierfür sind photogrammetrische oder terrestrische Messungen sowie die Flurkarten des Liegenschaftskatasters. Die Gesamtheit der daraus gewonnenen digitalen Daten kann man als *digitales Modell* der erfaßten Objekte auffassen. Dabei unterscheidet man zwischen dem digitalen Situationsmodell (DSM) und dem digitalen Geländemodell (DGM). Solche Modelle entstehen zunächst als *gemessene* Modelle aus den originären Daten der Messung oder Digitalisierung. Die Aufgabe der nachfolgenden Datenverarbeitung besteht darin, aus den gemessenen Modellen *gerechnete* Modelle zu erzeugen, die für eine günstige Weiterverarbeitung bis zur einwandfreien Zeichnung sowie für eine optimale Speicherung besonders geeignet sind (Einzelheiten siehe auch Bd. I, 2.2.2.5).

Auf diesem Wege wird es bei den *Situationsmodellen* (DSM) z. B. möglich, für die Situationsdarstellung

- die Geradlinigkeit von Verbindungslinien sicherzustellen,
- die Rechtwinkligkeit von Gebäuden zu erzwingen,
- Die Parallelität von Linien einzuhalten,
- lineare Signaturen, Gebäudeschraffuren, Böschungsschraffen, Schriften usw. zu erzeugen.

Bei den *Geländemodellen* (DGM) entstehen aus den meist unregelmäßig verteilten Punkten (Stützpunkten) die gerechneten DGM in regelmäßiger, vorwiegend gitterförmiger Punktanordnung (Bd. I,Abb. 41). Für die Ermittlung der Höhe solcher Gitterpunkte gibt es verschiedene mathematische Ansätze der flächenhaften Interpolation. Der Punktabstand (Gitter- oder Maschenweite) hängt ab einerseits von der erwünschten Genauigkeit der Approximation an die Geländeoberfläche, andererseits vom vertretbaren Rechenaufwand und vom Speicherbedarf. Zusätzliche Angaben über Kantenlinien (Bruchkanten) des Geländes sind erforderlich, um später einen formge-

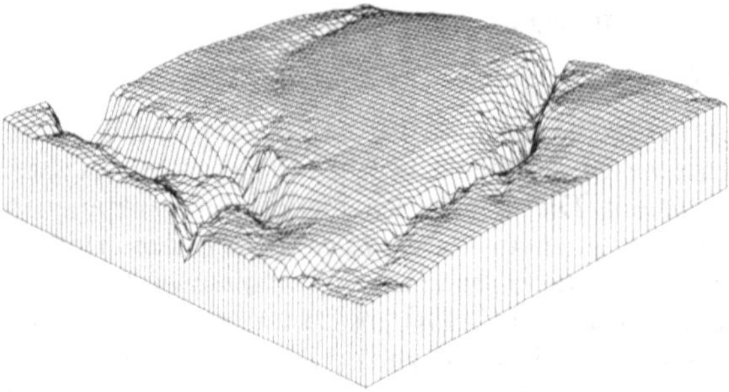

Abb. 99. Perspektive Darstellung des digitalen Geländemodells (DGM) einer Wattoberfläche mit stärkerer Überhöhung.

rechten Verlauf der Höhenlinien erzeugen zu können (6.3.6). Eine perspektive DGM-Darstellung zeigt Abb. 99.

In der *Photogrammetrie* als vorherrschender topographischer Erfassungsmethode stehen die Stereo-Auswertegeräte zunehmend in Verbindung mit einem interaktiven Datenverarbeitungssystem. Dadurch lassen sich die digitalen Meßdaten so verarbeiten, daß die graphische Ausgabe in zunehmenden Maße kartographische Aspekte sogleich berücksichtigt. Damit nähert sich der graphische Charakter der Darstellung stärker den Eigenschaften eines Originals; in vielen Fällen, z. B. bei technischen Planungsgrundlagen, dient die Ausgabe bereits unmittelbar als Original. Gleichzeitig ist es bei Bedarf möglich, digitale Modelle zu erzeugen und zu speichern. Dabei richtet sich das Interesse vorrangig auf die digitalen Geländemodelle.

Bei *terrestrischen Vermessungen* – z. B. mit einem Computertachymeter – ist im Vergleich zur Photogrammetrie das Entwickeln eines digitalen *Situationsmodells* wesentlich aufwendiger. Das liegt vor allem daran, daß die örtliche Meßfolge der Punkte (z. B. bei engem Gebäudebestand) meist nicht in der Reihenfolge möglich ist, die der zeichnerischen Punktverbindung entspricht. Zusätzliche Nachweise (Feldriß) und Zeichenbefehle bzw. Interaktionen am Bildschirm erschweren das Verfahren und lassen es in vielen Fällen ungeeignet erscheinen. Dagegen ist der Aufbau eines gerechneten digitalen *Geländemodells* gewöhnlich unproblematisch.

Bei der *Digitalisierung von Karten* ergibt sich eine Situation, die teilweise mit der bei Einsatz der Photogrammetrie vergleichbar ist: Das

Entwickeln eines gerechneten digitalen *Situationsmodells* ist relativ leicht, wenn geeignete Programme für die spätere graphische Korrektur der Daten nach den vorn genannten Beispielen verfügbar sind. Beim Aufbau eines gerechneten digitalen *Geländemodells* liegt eine Schwierigkeit darin, daß die Verteilung der digitalisierten Punkte sehr inhomogen ist: Längs der digitalisierten Höhenlinien ist die Punktdichte maximal, senkrecht dazu minimal. Damit ergibt sich eine ungünstige Verteilung der Stützpunkte, die für die Gitterpunktinterpolation benötigt werden; sie kann durch bestimmte Auswahl- und Suchkriterien gemindert werden.

Allgemein ist bei den amtlichen topographischen Grundkarten (z. B. Deutsche Grundkarte 1:5000, Bd. I, 5.6.1.1) sowie bei den anderen topographischen Grundkarten in der Erfassung durch photogrammetrische und terrestrische Vermessungen eine Zunahme rechnergestützter Arbeitsanteile zu erkennen. Dies schlägt sich auch in zahlreichen Veröffentlichungen nieder. So äußern sich z. B. *Staufenbiel* 1980, *Kophstahl* 1983 und *Grünreich* (in *Lichtner* 1983) zur Bearbeitung der DGK 5, *Beckmann* 1983 zur interaktiven Datenverarbeitung bei Stadtgrundkarten, *Junius* 1981 zu einer digitalen topographischen Karte für die Flächennutzungsplanung, *Neubauer* 1977 zum digitalen Situationsmodell nach photogrammetrischen Daten, *Kröll* 1981 über interaktive Systeme in der Photogrammetrie, *Staufenbiel* 1983 und *Grünreich* 1984 über die automatisierte Liegenschaftskarte als topographische Datenquelle, *Koch* 1973, *Assmus/Kraus* 1974, *Kruse* 1979, *Ebner* 1980 zu Programmen der DGM-Berechnung, *Hein/Lenze* 1979 zu Kriterien von Interpolationsmethoden, *Rüdenauer* 1980 zur Bearbeitung photogrammetrischer Geländedaten (besonders im Hinblick auf den Straßenbau), *Menke* 1980 und *Leberl u. a.* 1984 zur DGM-Entwicklung aus Höhenlinien, *Giebels/Weber* 1982 zur Rasterdatenverarbeitung bei Höhenlinien.

5.6.2.2 Herstellung topographischer Folgekarten

Die rechnergestützte Herstellung topographischer Folgekarten ist in erster Linie mit den Problemen der *Generalisierung* belastet. Diese Probleme ergeben sich vor allem aus zwei Sachverhalten:

– Kartographische Generalisierung ist ihrem Wesen nach ein flächenhafter (zweidimensionaler) Vorgang. Die graphische Datenverarbeitung ist dagegen in ihrer passiven Form ein sequentieller Prozeß, der die Objekte nacheinander (also quasi eindimensional) abarbeitet. Lediglich der Einsatz mehrerer Rechner als sog. Parallelprozessoren (vor allem in der Rasterdatenverarbeitung) sowie der interaktive Bildschirm schaffen die Möglichkeit flächenhafter Bearbeitung.

- Rechnergestützte Generalisierungsvorgänge sind in ihrer Software nicht unerheblich abhängig vom Zeichenschlüssel der Folgekarte. Dies wirft die Frage nach dem sog. automationsgerechten Zeichenschlüssel auf. Soweit es dabei um Probleme der graphischen Ausgabe geht, haben sich allerdings die ursprünglichen Schwierigkeiten erheblich verringert, da die Ausgabemöglichkeiten heute wesentlich flexibler geworden sind (z. B. durch Lichtzeichnung). Soweit es daneben um Probleme der digitalen Darstellung und Verarbeitung geht, ist die Entwicklung noch offen. Man kann aber davon ausgehen, daß eine Verwirklichung der Vorschläge zur Neugestaltung einiger amtlicher topographischer Kartenwerke (z. B. bei bebauten Flächen) dem Einsatz rechnergestützter Verfahren eine zunehmende Bedeutung und Anwendung verschaffen könnte.

Die bisherige Entwicklung in der rechnergestützten Generalisierung läßt sich durch drei Stufen kennzeichnen (siehe auch Bd. I, 4.4.4):

a) Auf der Ausgangskarte entsteht ein manueller Entwurf der Generalisierung; dieser wird anschließend digitalisiert. Die Datenverarbeitung kommt damit bei der eigentlichen Generalisierung noch gar nicht zum Zuge, sondern nur durch die Analog-Digital-Wandlung. Ein erster Ansatz stammt von *Harbeck* 1972 und *Haase/Mittelstraß* 1973.

b) Der digitalisierte Datenbestand der Ausgangskarte wird einer passiven GDV unterzogen. Dabei geht es in der Situationsgeneralisierung vor allem um das Einhalten graphischer Mindestgrößen und weiterer geometrischer Bedingungen. Beispiele zur Gebäudegeneralisierung liefern *Berger* 1974, *Staufenbiel* 1974, *Hake/Hoffmeister* 1978, zur Verkehrswege-Generalisierung *Menke* 1982, zum Problem der Verdrängung *Lichtner* 1977, *Christ* 1979, *Schittenhelm* 1980, zur automatischen Objektauswahl *Töpfer* 1977, zur Generalisierung mehrerer Objektgruppen *Gottschalk* 1974, *Christ* 1977, *Johannsen* 1977, *Menke* 1983. In der Generalisierung der Geländeoberfläche beschränkte sich die Betrachtung zunächst auf das Vereinfachen der einzelnen Höhenlinie, z. B. durch *Gottschalk* 1971, *Johannsen* 1975, *Uhrig* 1979, *Fischer* 1982, später auch auf den Zusammenhang mehrer Höhenlinien, z. B. durch *Hentschel* 1979. Einen Ansatz der digitalen Bildverarbeitung hierzu beschreibt *Schweinfurth* 1984.

c) Die Ergebnisse der passiven GDV unterliegen anschließend einer interaktiven Bearbeitung. Diese Methode verbindet die Schnelligkeit der passiven GDV mit den Möglichkeiten der Interaktion. Damit lassen sich voraussichtlich die kritischen Bereiche, z. B. bei großer Objektdichte, überhaupt erst sinnvoll behandeln. Diese Phase befindet sich erst in den Anfängen.

Die rechnergestützte Generalisierung ist bisher überwiegend eine Vektor-Datenverarbeitung. Eine der ersten Erprobungen der Raster-Datenverarbeitung zur Generalisierung von Siedlungsflächen durch Binärbildverarbeitung stammt von *Gottschalk* 1973. Über weitere Möglichkeiten des Einsatzes der Raster-Datenverarbeitung siehe z. B. *Weber* 1982a. Eine grundlegende theoretische Betrachtung zu den Generalisierungsmethoden stammt von *Weber* 1982b.

Ein interessanter Teilaspekt bei Folgekarten ist die rechnergestützte Erzeugung von *Geländeschummerungen*. Dabei wird mit Hilfe eines dem Kartenmaßstab und der Geländestruktur angepaßten gerechneten DGM für jede Gittermasche die mittlere Hangneigung und das Azimut für die Richtung des stärksten Gefälles bestimmt. Setzt man für eine gedachte Lichtquelle ebenfalls das Azimut und den Einfallswinkel der parallelen Lichtstrahlen fest, so läßt sich der Auftreffwinkel auf die Hangfläche innerhalb der Gittermasche und damit auch der Helligkeitswert innerhalb einer Grauwertskala errechnen. Setzt man die Helligkeitswerte in verschieden große Punkte von gleicher Schwärzung um, so entsteht quasi eine rechnergestützte autotypische Rasterung, die als Vorlage zur Druckplattenkopie dienen könnte.

Beispiel zur rechnergestützten Schummerung stammen z. B. von *Brassel* 1973, *Gottschalk* (in *Bosse* 1978), *Gottschalk* 1981, *Yoéli* 1983.

5.6.2.3 Fortführung topographischer Karten

Bei einer rechnergestützten Fortführung sind im Hinblick auf die Verhältnisse in der Praxis zwei Fälle zu unterscheiden:

a) Die fortzuführende Karte liegt auch als *digitaler* Datenbestand vor. In diesem Falle ließe sich die Karte am interaktiven Bildschirm darstellen und durch Digitalisieren der Fortführungsunterlage mit Hilfe des graphischen Tabletts berichtigen. Hierbei wird angenommen, daß die Fortführungsunterlage bereits das Ergebnis einer manuellen Generalisierung ist oder daß ein Generalisieren im Zuge der Digitalisierung stattfinden kann. Mit einer ausreichend praxisreifen rechnergestützten Generalisierung der Ausgangsdaten könnte man dagegen die Fortführungsdaten unmittelbar dem Bildschirm zuführen und evtl. noch interaktive Korrekturen vornehmen. Das neue Original kann dann als vollständige Neuzeichnung entstehen.

b) Liegt die fortzuführende Karte nur in *analoger* Form vor – das entspricht der Situation in der Praxis –, so kann man die Fortführungsunterlage (z. B. auf vergrößerter Karte) digitalisieren und im Zeichenschlüssel als Reinzeichnung ausgeben. Diese Zeichnung wird dann kopiertechnisch mit dem Original (nach entsprechender Rasur) vereint.

Ein Verfahren, daß dem Fall b) entspricht, beschreiben *Lehmbrock/Oster* 1981. Über eine Fortführung im Rastermodus berichtet *Weber* 1983.

5.6.3 Bearbeitung thematischer Karten

5.6.3.1 Eignungsmerkmale für bestimmte Kartentypen

Im Vergleich zu den topographischen Karten können rechnergestützte Verfahren bei vielen thematischen Karten leichter Fuß fassen. Die Gründe dafür liegen in der leichteren Datenverarbeitung, in der einfacheren Kartengraphik oder in den Möglichkeiten der Entwurfsvariation.

Im Hinblick auf die *Datentechnologie* ergeben sich besondere Vorteile,

- wenn die Daten von der Erfassung her bequem und ohne größere Generalisierungsvorgänge zu verarbeiten sind und
- wenn ein einfacherer Zeichenschlüssel auch eine rasche graphische Ausgabe an einem Plotter oder Drucker gestattet.

Solche Voraussetzungen liegen vielfach vor bei Wetterkarten, Leitungskarten, zahlreichen statistischen Karten zur Bevölkerung, Wirtschaft usw., einigen Darstellungen aus dem Planungsbereich, Medienkarten zur Schnellinformation sowie zahlreichen topographischen Kartengrundlagen.

In bezug auf die *Kartengraphik* sind für eine rechnergestützte Bearbeitung besonders die analytischen Karten (1.2) geeignet, deren Monothematik ein weitgehend einheitliches graphisches Gefüge aufweist. Dazu gehören vor allem als Typen die Signaturenkarten, die Areal- und Verbreitungskarten, die Bezugsflächenkarten und die Isolinienkarten. Bei komplexen Karten ergeben sich Erleichterungen, wenn für die Karte keine Zeichenvorschrift besteht und sich damit die Chance ergibt, unter mehreren kartengraphischen Varianten die beste auszuwählen.

1. Typ der Signaturenkarte (Abb. 1, 2)

Für eine rechnergestützte Bearbeitung eignen sich in erster Linie einfache geometrische Signaturen (Kreise, Quadrate usw.), aber auch Punkte (Abb. 15). Bei quantitativen Darstellungen läßt sich dabei durch graphische Ausgabe von Entwurfsvarianten der optimale Größenmaßstab für die Signaturen finden (Abb. 11). Bei gegenseitiger Überdeckung der Zeichen sorgt ein Unterprogramm oder ein interaktiver Eingriff für den graphischen Fortfall der überdeckten Linien.

2. Typ der Areal- und Verbreitungskarte (Abb. 21)

Dieser Kartentyp differenziert nach *qualitativen* Merkmalen von Flächen; er tritt daher z. B. bei geologischen Karten, Bodenkarten, Konfessionskarten und politischen Karten auf. Die Flächenabgrenzungen durch Konturen sind häufig den topographischen Karten nicht zu entnehmen; sie befinden sich auf Autorenentwürfen (Manuskriptkarten) oder Luftbildern und sind daher dort zu digitalisieren. Eine Rasterdigitalisierung ist möglich, wenn für die weitere Verarbeitung zugleich Flächenkennzeichen (z. B. durch Farbmarkierung) vorgenommen und erfaßt werden. Ist ferner noch eine Flächenfüllung durch Farbflächen oder gleichförmige Flächensignaturen (z. B. Schraffuren) vorgesehen, so läßt sich diese Darstellung aus der Linienzeichnung ableiten: Die Zeichnung wird entweder sofort mit der Schneidfolie (cut'n strip, 4.2.5.4) durchgeführt oder später für eine strip-mask-Kopie (4.2.6.3) vorbereitet.

3. Typ der Bezugsflächenkarte (Abb. 24, 25)

Dieser Kartentyp ist graphisch der Areal- und Verbreitungskarte sehr ähnlich; er dient jedoch der Darstellung *quantitativer*, vielfach statistischer Angaben für die Bezugsflächen. Administrative und geographische Bezugsflächen lassen sich meist anderen Karten entnehmen und dort digitalisieren. Bei geometrischen Bezugsflächen in Form von Koordinatengittern beschränkt sich die Erfassung auf die Eingabe der Koordinatenwerte der Netzlinien. Bei Zeilendruckerkarten (Abb. 26) kommen die Flächengrenzen durch den Wechsel der alphanumerischen Zeichen zum Ausdruck: In einem besonderen Festlegungsblatt werden dazu die Grenzlinien nach Zeilen und Spalten so fixiert, daß sie etwa dem Verlauf in der Ausgangskarte entsprechen.

Solche Bezugsflächen unterliegen oft einer hierarchischen Ordnung (Gemeinde, Kreis, Land). Für eine flexible spätere Datenverwaltung ist es daher sinnvoll, die Flächengrenzen bei der Erfassung im Sinne der Graphentheorie nach den zwischen den Knotenpunkten liegenden Kanten aufzugliedern und abzulegen. Damit ist eine bequeme Fortführung bei Gebietsveränderungen sowie ein einfacher Übergang zu höheren Einheiten möglich (*Gottschalk* 1972). Ein Beispiel für das Digitalisieren von Grenzenkarten beschreibt *Kern* 1982, zu deren Generalisierung *Mittelstraß* 1974.

Wenn es sich bei den quantitativen Angaben um *Absolutdarstellungen* durch Signaturen handelt, so gelten auch hier die Ausführungen beim Typ der Signaturenkarte. Bei *Relativdarstellungen* (Choroplethenkarten) durch Helligkeitsstufen ist es möglich, die Grenzdarstellung für ein strip-Verfahren vorzubereiten, wie dies beim Typ der Arealkarte geschildert wurde; die spätere Kopie ist dann mit Folien aus feinen Punktrastern oder Schraffuren vorzunehmen. Da die Relativdarstellung in der Regel die Bildung von Wertgruppen fordert, kann der Bildungsvorgang selbst auch im Wege der Datenverarbeitung und nach bestimmten Vorgaben stattfinden; ein Beispiel hierzu gibt *Menke* 1981. Die rechnergestützte Herstellung von Relativdarstellungen beschreiben u.a. *Rase* 1978 und *Lichtner/Hoffmeister* 1979.

Bei geometrischen Bezugsflächen kann man absolute Zahlenwerte auch wie Höhen als dritte Dimension über den Gitterpunkten oder- flächen auftragen. Man erhält am Bildschirm oder Plotter eine „statistische Oberfläche", die als perspektive Darstellung (meist als Axonometrie, 3.1.6 und 3.1.7) der perspektiven Wiedergabe eines digitalen Geländemodells gleicht (Abb. 99). Die Parameter der Perspektive sind dabei so zu wählen, daß möglichst geringe Verdeckungen entstehen.

4. Typ der Isolinienkarte

Dieser Kartentyp dient der Darstellung von Kontinua. Die dazu benutzten Isolinien entstehen rechnerisch durch Interpolation aus Wertepunkten; für diesen Vorgang eignen sich die Verfahren der Bearbeitung digitaler Geländemodelle, soweit die Lageverteilung und Dichte der Wertepunkte dies gestattet. Liegen die Isolinien bereits als isolierte graphische Darstellung vor, so ist die notwendige Digitalisierung besonders vorteilhaft im Wege des Scannens.

5. Allgemeines

Für die Möglichkeiten der *Entwurfsvariation* eignen sich besonders die interaktiven Systeme. Dabei dürften sich weitere Chancen ergeben, wenn mit Hilfe eines Farbbildschirms auch die graphische Variation nach der Farbe in diese rechnergestützte Gestaltung einbezogen werden kann. Neben der allgemeinen Entwicklung sind besondere Anstöße durch die Fernerkundung und die dort ständig wachsende Datenmenge zu erwarten.

Über diese allgemeinen Ausführungen für bestimmte *Kartentypen* hinaus bringen die nachfolgenden Abschnitte noch weitere Einzelheiten zu bestimmten *Kartenarten*, in denen rechnergestützte Verfahren bereits im Einsatz sind oder in der Einführungsphase stehen.

5.6.3.2 Geowissenschaftliche Karten (1.7.1)

Die Vielfalt der thematischen Aussagen in den Bereichen von Geologie, Geophysik, Geomorphologie, Bodenkunde usw. zwang bisher dazu, kartographische Darstellungen auf Teilaspekte zu begrenzen oder nur bestimmte Verknüpfungen zum Ausdruck zu bringen. Andere thematische Verknüpfungen sind dagegen im Zuge von Kartenauswertungen nur durch vergleichende Benutzung mehrerer Karten und nur im begrenzten Umfang möglich. Bei einem digitalen geowissenschaftlichen Datenbestand wäre es aber denkbar, die für den jeweiligen Auswertezweck sinnvollen Verknüpfungen in einer graphischen Ausgabe zusammenzutragen (z. B. am Bildschirm, durch Hardcopy oder Plotterzeichnung). Voraussetzung dafür wäre, daß alle neuen Karten rechnergestützt erzeugt und die vorhandenen Karten digitalisiert werden.

Vinken 1980 beschreibt ein Projekt, das nach Gelände- und Labordaten (einschließlich vorhandener Karten) die Möglichkeiten zur Herstellung praxisbezogener Auswertungskarten untersucht. *Oelkers/Laukart* 1982 erläutern die Herstellung der Bodenkarte 1 : 5000.

5.6.3.3 Wetterkarten (1.7.1.6)

Die Karten mit den Stationsdaten entstehen als Tuschezeichnung an kleinen Tisch- oder Trommelplottern mit den vollständigen Schrift- und Zeichenangaben nach dem internationalen Wetterschlüssel. Die daraus abgeleitete Ausgabe anderer Karten (z. B. über Luftdruck) ergibt sich entweder aus der Digitalisierung manuell entworfener Isolinien oder nach einem Interpolationsprogramm. Der Kartengrund ist meist vorgedruckt. Die so entstandenen *Originalwetterkarten* lassen sich anschließend über Funk oder Fernsprechnetz übertragen; auf der Empfängerseite entstehen dann sog. *Faksimilekarten.*

5.6.3.4 Flurkarten (Katasterkarten) (1.7.2.2)

Die einfache und homogene Kartengraphik sowie die zunehmende digitale Datenerfassung (z. B. durch registrierende Tachymeter) verschaffen der Computertechnik eine wachsende Bedeutung und Anwendung in der Praxis des Liegenschaftskatasters. Hinzu kommt, daß der beschreibende Teil des Liegenschaftsnachweises (Buchkataster) bereits in erheblichem Ausmaß durch automatisierte Verfahren bearbeitet wird.

Die Datenverarbeitung bis hin zur graphischen Ausgabe ist verhältnismäßig problemlos: Die beiden wichtigsten Objektgruppen sind die Flurstücke und die Gebäude, wobei die Verbindungslinien der sie definierenden Grenz- bzw. Eckpunkte meist geradlinig verlaufen. Für Gebäudeschraffuren und -raster, Grenzsignaturen und Schriften gibt es spezielle Zeichenprogramme – evtl. unter interaktiver Bearbeitung –, so daß das Ergebnis der graphischen Ausgabe vielfach bereits das vollständige Original sein kann. Es ist jedoch auch die Kombination der Linienzeichnung mit nachfolgender Montage von Signaturen und Schriften möglich. Ein besonderer Vorzug der Datenverarbeitung besteht auch darin, daß weitere, für den Katasternachweis notwendige Angaben (z. B. Koordinaten, Flächen, Strecken, Winkel) gewissermaßen als Nebenprodukte der Kartenherstellung und -fortführung entstehen.

Das Herstellen neuer Flurkarten auf der Grundlage einer vollständigen Neuvermessung ist – außer im Fall von Flurbereinigungen – relativ selten. Die in Siedlungsbereichen bisher entstandenen neuen Karten sind gewöhnlich aus neuen *und* alten Zahlen hergeleitet. Die in land- und forstwirtschaftlichen Bereichen noch bestehenden alten Karten werden rechnergestützt meist wie folgt erneuert: Neue und damit einwandfreie digitale Daten liegen nur für Teilbereiche vor; für die dazwischen liegenden Partien wird der Inhalt der alten Karte digitalisiert und über Paßpunkte mit dem einwandfreien Bestand rechnerisch verknüpft. Danach kann die neue Karte graphisch in einem Zuge entstehen.

Die Fortführung eines digitalen Bestandes ist sowohl passiv als auch interaktiv möglich. Im Bereich der aus alten Karten digitalisierten Darstellungen verbessern die Fortführungsdaten zugleiche die Geometrie der weiterbestehenden Inhalte.

Die graphische Datenverarbeitung bei Flurkarten beschreiben *Guggenberger* 1979, *Grams* 1983 und *Knoop* 1983, zur rechnergestützten Fortführung äußert sich *Haag* 1980. Den Stand der automatisierten

Liegenschaftskarte (ALK) als Verknüpfung des automatisierten Buchkatasters mit der rechnergestützten Flurkartenbearbeitung beschreibt *Mittelstraß* 1981; die damit verbundene Entwicklung zur Grundstücksdatenbank erörtert *Herzfeld* 1982, die allgemeine Einbeziehung der Katasterangaben in die Datenverarbeitung *Herzfeld* (in *Kriegel-Herzfeld* 1973/1983).

5.6.3.5 Leitungskarten (1.7.2.4, 1.7.2.5)

Die rechnergestützte Herstellung neuer Karten erfordert die Digitalisierung vorhandener Karten und die computergerechte Erfassung der Daten bei neuen Leitungen (Gas, Wasser, Elt, Telefon usw.) einschließlich der topographischen Bezugspunkte und der fachtechnischen Angaben (z. B. über elektrische Netzdaten). Die Leitungsdarstellung erscheint entweder auf einer besonderen Folie (Deckfolie) oder in Kombination mit einer Wiedergabe der Bezugstopographie (z. B. Stadtgrundkarte). Das häufige Vorkommen neben- oder übereinanderliegender Leitungen zwingt zu ausreichend differenzierender Darstellungsweise und zu einer teilweisen geometrischen Verschiebung der Wiedergabe im Sinne einer generalisierenden Verdrängung.

Lutz 1980 beschreibt ein Datenverarbeitungssystem, das verknüpft wird mit einer technischen Datenbank für die Anlage eines elektrischen Versorgungsnetzes.

5.6.3.6 Verkehrskarten (1.7.2.6)

Für eine rechnergestützte Bearbeitung eignen sich in erster Linie die Folien, die die Strichdarstellungen enthalten.

Neben dem Karten- und Gewässernetz sind dies

- bei Straßenkarten das Straßennetz mit seiner verkehrsspezifischen Differenzierung,
- bei Seekarten die Küstenkonturen, die Schiffahrtswege, die Tiefenlinien und die linearen nautischen Angaben (Sektorengrenzen bei Leuchttürmen, Decca-Netze usw.),
- bei Luftfahrtkarten der Flugsicherungsaufdruck.

Über die ersten rechnergestützt erstellten Seekarten berichtet *Schrick* 1980. Die Herstellung und Fortführung von Straßenkarten mittels Raster-Datenverarbeitung beschreibt *Brunner* 1981.

5.6.3.7 Planungskarten (1.7.2.9)

Rechnergestützte Verfahren trifft man sowohl bei den Planungsgrundlagenkarten als auch bei den Plandarstellungen, und zwar in erster Linie bei den einfacheren graphischen Strukturen in der Vektor-Datenverarbeitung, während die Raster-Datenverarbeitung auch komplexere Vorlagen mittels Reproscanner verarbeiten kann und dabei auch zur Schnellinformation geeignet ist.

Beispiele erläutern zu Karten der Bundesraumordnung *Rase* 1978, zu Planungs- und Pressekarten *Kaster* 1981, zu einem Flächennutzungsplan *Größchen* 1981, zu Karten der Bestands- und Plandarstellung *Gintzel/Lang* 1983, zur Agrarleitplanung *Hoisl* 1977, zu Bewertungskarten der Flurbereinigung *Riemer* 1982.

5.6.4 Kartentechnische Bearbeitungen

Nach den Ausführungen in 5.1.2 ist es eine der zwei Aufgaben der rechnergestützten Verfahren als technische Methode an die Stelle bisheriger technischer Möglichkeiten zur Kartenherstellung zu treten. Innerhalb dieser Aufgabe ist die Computertechnik demnach ein Teil der Kartentechnik. Daß ihr ein besonderes Kapitel gewidmet wurde, ergibt sich aus der Verknüpfung mit der zweiten Aufgabe als Informationsverarbeitung und ihrer allgemeinen Bedeutung und künftigen Entwicklung.

Entsprechend den Grundsätzen und Merkmalen der Originalherstellung (4.2.2) läßt sich mit rechnergestützten Verfahren das Prinzip der *Farbfolien* noch flexibler anwenden (*digitales Folienprinzip*). Sind z. B. die Daten topographischer Objekte bzw. Objektgruppen über ihre Schlüsselzahlen jeweils getrennt ansprechbar, so lassen sich diese

- innerhalb einer Farbfolie reduzieren oder akkumulieren bzw.
- auf eine größere Anzahl von Farbfolien verteilen.

Damit könnten neben den Standardausgaben amtlicher topographischer Karten auch Farbfolien für Sonderausgaben und topographische Grundlagen thematischer Karten entstehen, die jeweils stärker auf den Verwendungszweck abgestimmt sind. Ein solches Zusammenführen bzw. Trennen von Objektgruppen ersetzt damit auch die reproduktionstechnische Sammel- bzw. Trennkopie.

Auch der reproduktionstechnische Vorgang der *Maßstabsänderung* durch Vergrößern oder Verkleinern mit Hilfe der Kamera läßt sich ersetzen durch unmittelbare graphische Ausgabe im gewünschten Maßstab. Dabei ergibt sich als Vorteil, daß im Gegensatz zur einfachen photographischen Maßstabsänderung über die Wahl der *Strichbreiten* in jedem Einzelfalle frei verfügt werden kann. Diese Freiheit besitzt auch der photographische Strichbreitenwandler nicht, da dieser auf die Gesamtdarstellung konstant einwirkt und dabei nur einen additiven Zuschlag bzw. subtraktiven Abschlag vornehmen kann. Der Fall der kartographischen *Entzerrung* läßt sich im Wege der Datentransformation lösen. Bei *Kartenwerken* sind Sonderfälle von *Blattschnitt und Format* leichter zu realisieren, und sie ersetzen damit Kopier- und Montagearbeiten sowie die üblichen manuellen Überarbeitungen an den Montagerändern. Das *Seitenvertauschen (Kontern)* auf kopiertechnischem Wege wird entbehrlich, wenn die graphische Ausgabe diese Notwendigkeit unmittelbar berücksichtigt, z. B. durch seitenverkehrtes Zeichnen.

Über die rechnergestützten Techniken der *Reinzeichnung* mit Einschluß des Folienschneidens siehe 5.5.2.1, über die rechnergestützte *Schummerung* siehe 5.6.2.2. Findet die rechnergestützte Herstellung einer Karte in unmittelbarer Nachbarschaft einer bereits vorhandenen, im konventionellen Wege entstandenen Karte statt, so können Probleme der *Randanpassung* entstehen. Bei rein passiver Bearbeitung kann dies zu aufwendiger Software führen; interaktive Eingriffe sind gewöhnlich günstiger.

Bei der *Kartenschrift* bietet sich eine Kombination von Photosetzgerät mit einem rechnergestützten Verfahren an. Das als Schriftdatei auf einem Datenträger mit allen Merkmalen gespeicherte Schriftgut für den Bereich eines Kartenfeldes wird dem Photosetzgerät zugeführt. Das Gerät belichtet entsprechend den Rechenanweisungen die Schrift in der richtigen Posisition.

Diese sog. *Schriftplazierung* ergibt sich z. B. durch Ankoppeln eines Digitizers oder Bildschirms, an dem die exakte Position der Schrift festgelegt werden kann.

Mit Ausbaustufen der Plazierung befaßt sich z. B. *Töpfer* 1977. Einen Versuch zur interaktiven Schriftplazierung beschreibt *Johannsen* 1979, einen anderen im Stapelbetrieb (batch) *Fischer* 1982.

Beim Einsatz eines Reproscanners (4.2.7.4) führt die rechnergestützte Verarbeitung der Farbauszüge in der Regel zu einem gerasterten Original. Damit findet das *Rastern* in einem Zuge mit der digitalen Verarbeitung statt, so daß eine besondere reproduktionstechnische Maßnahme entbehrlich ist.

Über einschlägige Erfahrungen bei der Topographischen Übersichtskarte 1:200000 (Bd. I, 5.6.1.5) berichten *Meurisch/Weber* 1982. Die Druckvorlagen-Herstellung mittels elektrostatischem Rasterplotter beschreibt *Bollmann* 1982.

6. Kartenauswertung

6.1 Begriffliches, Zwecke und Arten der Kartenauswertung

Der Umgang mit Karten wird allgemein als *Kartengebrauch* oder *Kartenbenutzung* bezeichnet. Sieht man dabei von den Tätigkeiten ab, die z. B. in der Vornahme weiterer Eintragungen, im Zusammenfügen oder Zerschneiden von Karten, d. h. in einer Fortsetzung der Kartengestaltung bestehen, so ist Kartengebrauch vorwiegend gleichbedeutend mit *Kartenauswertung*, d. h. mit der Entnahme von Informationen aus der Karte. Eine solche Entnahme reicht von der einfachen Identifizierung eines Objekts bis zur umfangreichen Interpretation. Wenn dabei der Kürze wegen nur von der Auswertung der Karte die Rede ist, so gilt dies jedoch sinngemäß auch für alle *kartenverwandten* Darstellungen (Kap. 3), soweit sie sich dazu eignen.

Jede Kartenauswertung läßt sich als Informationsverarbeitung auffassen. Dazu bilden die im Kartenoriginal entstandenen Darstellungen die *Primärinformationen* (über Geometrie, Qualität/Quantität und zeitliches Verhalten des Objekts). Diese lassen sich im Sinne des Kommunikationsprinzips (Bd. I, 1.4) durch Auswertung entnehmen, wenn eine ungestörte Informationsübertragung, ein bekanntes Zeichenrepertoire und eine ausreichende Gestaltwahrnehmung (Bd. I, 4.2.3) gewährleistet sind. Darüber hinaus ist es möglich, in nahezu unbegrenzter Weise *Sekundärinformationen* abzuleiten. Diese ergeben sich

- durch direkte Verknüpfung von Primärinformationen (z. B. bei der Bestimmung von Entfernung, Mengensumme, Reisezeit) oder
- durch analysierende Vorgänge, Bezug zu weiteren Daten usw.; dabei können die Sekundärinformationen neben den Angaben zum üblichen „Wo, Was, Wieviel, Wann?“ auch noch Fragen zum „Warum, Woher?“ beantworten, d. h. ursächliche Zusammenhänge klären (z. B. zwischen Klima und Boden).

Im Sinne der Zeichentheorie (Semiotik, siehe Bd. I, 4.2.1.4) stellt die Kartenauswertung die *pragmatische* Dimension des Kartenzeichens dar. Das syntaktisch einwandfrei wahrgenommene und semantisch richtig erkannte Zeichen nimmt Einfluß auf die Verhaltensweise des wahrnehmenden Subjekts. Jedes wahrgenommene Zeichen fordert gewissermaßen zur einer Handlung auf (z. B. Wandern auf dem erkannten Wege, Planen im Anhalt an erkannte Gebäude), auch wenn diese Handlung zunächst nur in der Änderung des räumlichen Bewußtseins oder in einer Bestätigung des vorhandenen Wissens besteht.

Karten sind sekundäre graphische Modelle der Wirklichkeit, soweit diese auf Raumbeziehungen basiert (Bd. I, 1.5.5.3). Der Benutzer bildet sich daraus sein tertiäres Modell der Umwelt. Diese Modellbildung und weitere daraus resultierende Aktivitäten entsprechen der pragmatischen Dimension.

Als *Informationsmittel* ist die Karte in einem quasi metakartographischen Sinne mehr oder weniger zugleich auch ein *Erkenntnismittel* für die raumbezogene Wirklichkeit. Dabei ist jedoch folgendes zu bedenken:

– Als *Mittel* der Information über Raumbezüge besitzt sie gegenüber anderen Medien besondere Vorzüge;
– als *Speicher* der Information ist sie dagegen, z. B. im Vergleich zur Computertechnik, nur von begrenzter Leistungsfähigkeit.

<table>
<tr><th colspan="2">Aufgabe der Karte</th><th>Bereich</th><th>Zweck der Kartenauswertung</th></tr>
<tr><td rowspan="6">Darstellungsmittel</td><td>Anschauungs- und Lehrmittel</td><td>Bildung</td><td>Vermittlung von Wissen
(Erläuterung, Beschreibung)</td></tr>
<tr><td rowspan="5">Arbeitsmittel</td><td>Orientierung</td><td>Zurechtfinden
am Objekt oder häuslich</td></tr>
<tr><td>Verwaltung</td><td>Bestandsanalyse
Organisations- und
Entscheidungshilfe</td></tr>
<tr><td>Planung</td><td>Entwicklung
der Zielvorstellung
Darstellung der Realisierung</td></tr>
<tr><td rowspan="2">Kartographie</td><td>Unterlage für andere Karten</td></tr>
<tr><td>Ausgangsstufe zur
Verbesserung der Gestaltung</td></tr>
<tr><td colspan="2" rowspan="2">Forschungsmittel</td><td rowspan="2">Wissenschaft</td><td>Bestandsanalyse
Bestätigung von Hypothesen</td></tr>
<tr><td>Gewinnung neuer Erkenntnisse
mit Hilfe der Darstellungsart
(heuristisch)</td></tr>
</table>

Abb. 100. Zwecke der Kartenauswertung

Die *Zwecke* der Kartenauswertung sind sehr verschieden; eine Übersicht gibt Abb. 100. In den meisten Fällen gilt dabei die Karte als *Darstellungsmittel,* d. h. es werden bekannte räumliche Bezüge (Gegenstände oder Sachverhalte) in einer spezifisch graphischen Weise wiedergegeben, um damit *anderen* Personen ein geeignetes Lehr- oder Arbeitsmittel zur Verfügung zu stellen. Die Karte kann jedoch auch ein *Forschungsmittel* sein, wenn durch Analyse und Variation der thematischen Verknüpfungen die Kartengraphik wie ein heuristisches Prinzip, d. h. in experimenteller Weise angewandt wird, um dadurch *selbst* zu neuen wissenschaftlichen Erkenntnissen zu gelangen.

In einer Welt voller Ereignisse und bisher nie gekannter Mobilität spielt die Karte als Mittel zur raschen Unterrichtung eine zunehmende Rolle. *Koláčný* 1971 hat festgestellt, daß etwa 10 – 15% der täglichen Informationen, die durch Presse, Rundfunk und Fernsehen vermittelt werden, geographischer Natur sind. Diese werden weitgehend erst verständlich, wenn man räumliche Bezüge auf Karten nachvollzieht oder einmal nachvollzogen und dann behalten hat. Viele Menschen dürften ihr gegenwartsnahes, auf raumbezogene Ereignisse gerichtetes Wissen ganz oder überwiegend den *Medienkarten* in Zeitungen und Fernsehen als Schnellinformation entnehmen. Daher sollte den Fragen einer sinnvollen Gestaltung auch solcher Karten innerhalb der Kartographie eine bedeutende Rolle zukommen.

Über die *Arten* der Kartenauswertung gibt Abb. 101 einen Überblick, wobei auch gegenseitige Abhängigkeiten zum Ausdruck gebracht werden. Im allgemeinen kann man unterscheiden zwischen den qualitativen und teilweise auch quantitativen Vorgängen des *Kartenlesens* (6.2) und den geometrischen Prozeduren des *Kartenmessens (Kartometrie,* 6.3).

Die Verknüpfung von Zwecken und Arten der Kartenauswertung in einer Matrix (Abb. 102) läßt erkennen, welche Arten vorwiegend bei den verschiedenen Zwecken auftreten. Bestimmte Auswertezwecke beschränken sich demnach in der Regel auch auf bestimmte Auswertearten.

Für die Heranbildung zur Kartenauswertung spielen Schulunterricht und schulkartographische Produkte eine wesentliche Rolle. In neueren Schulatlanten wird dabei die wachsende Bedeutung der thematischen

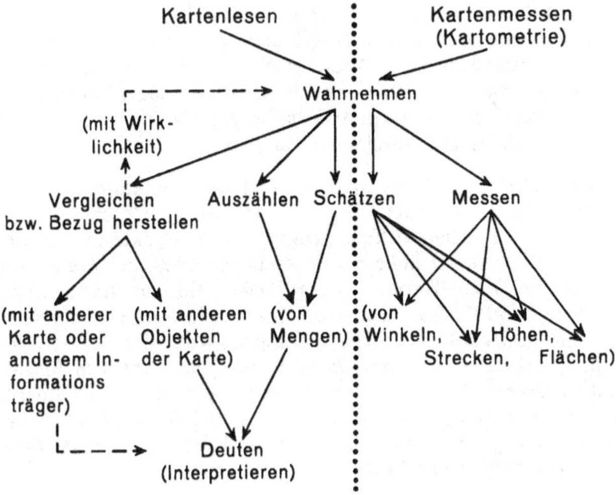

Abb. 101. Arten der Kartenauswertung

Art / Zweck	Kartenlesen					Kartenmessen	
	Wahrnehmen	Vergleichen	Deuten	Auszählen (von Mengen)	Schätzen		Messen
Bildung	•		•	•	•	•	
Orientierung	•	•				•	•
Verwaltung	•		•	•		•	
Planung	•		•	•			•
Kartographie	•	•					•
Wissenschaft	•	•	•	•			•

• = in der Praxis hauptsächlich vorkommende Fälle der Zuordnung

Abb. 102. Zuordnung von Zwecken und Arten der Kartenauswertung

Karte deutlich. Neben den Wandkarten und Atlanten werden im Unterricht *stumme* Karten bzw. *Umrißkarten* zur Erarbeitung geographischer Kenntnisse benutzt. Diese erscheinen in Form gedruckter Arbeitsblätter, in gestempelter Form oder als abwaschbare Folien. Zum Vorführen und Üben gibt es Arbeitstransparente als Grund- und Deckfolien sowie Magnetwände und Magnetsignaturen.

Allgemeine Werke zur Kartennutzung und -interpretation stammen von *Fezer* 1974, *Hüttermann* 1975/1979, *Muehrcke* 1978 und *Hüttermann* 1981; dabei stehen vielfach geographische Aspekte im Vordergrund. Zur Kartometrie äußern sich *Kishimoto* 1968 und *Maling* (in *Kretschmer* 1977), zur Kartennutzung *Töpfer* 1973, zur thematischen Kartometrie *Witt* 1975, zum Gebrauch *Hake* 1977, zum Gebrauchswert von Karten *Gaebler* 1979, zur Dekodierung des Karteninhalts *Ogrissek* 1979, zu Overhead-Karten *Aurada* 1979, zur Bedeutung von Rezeptionshilfen *Gaebler* 1980 (mit einer Untersuchung von 25 Atlanten), zur Kartenauswertung allgemein *Louis* 1981 und *Gersmehl* 1981, zur Didaktik *Sperling* 1982, zum Gebrauch der Karte im Gelände *Beck* 1977, *Jeschor* 1978, *Linke* 1982.

Kartenauswertung im Sinne dieses Kapitels ist in erster Linie die unmittelbare Nutzung der Karte als *graphisches* Informationsmittel. Liegen die Objektinformationen daneben auch als *digitale* Daten vor, so lassen sich zahlreiche Sekundärinformationen auch im Wege der Computertechnik gewinnen, wenn dafür geeignete Programme bestehen (z. B. zur Ableitung von Profilen, Volumina, Böschungswinkeln aus digitalen Geländemodellen). Darüber hinaus eröffnet die Computertechnik auch völlig neue Möglichkeiten der Auswertung, die auf herkömmlichem Wege aus Gründen der Datenmenge, des Rechenaufwandes usw. nicht zu verwirklichen sind. Dazu gehören z. B. die fachthematischen Untersuchungen von Objektbeziehungen auf der Grundlage statistischer Korrelation , Regression, Faktorenanalyse usw., wozu sich auch Daten aus anderen Karten und weiteren Quellen heranziehen lassen.

Neben der eigentlichen Auswertung gibt es noch die *Kartenkritik*, die sich mit der Karte als kartographischem Erzeugnis befaßt, und zwar hinsichtlich der Quellen (Bd. I, 2. 5), der Objekte der Darstellung, der Darstellungsweise, der kartentechnischen Vorgänge und der ästhetischen Wirkung.

6.2 Kartenlesen

Das Kartenlesen – auch als *Karteninterpretation* im weiteren Sinne bezeichnet – besteht im 1. Wahrnehmen (Identifizieren), 2. Auszählen, 3. Schätzen, 4. Vergleichen oder 5. Deuten (Interpretieren) von Einzelheiten des Karteninhalts. Diese einzelnen Tätigkeiten sind in der Praxis des Kartenlesens meist eng miteinander verbunden. Sie sind vorwiegend qualitativer, teilweise aber auch quantitativer Natur.

Bei *topographischen Karten* soll das Lesen *der Karte allein* zu einer zutreffenden Vorstellung vom Gelände und damit auch zu einer richtigen Geländebeurteilung führen; dies setzt allerdings voraus, daß der Benutzer über Geländekenntnisse verfügt, die ihm solche Vorstellungen ermöglichen. Das Kartenlesen *im Gelände* dient neben der Schulung derartiger Vorstellungen vor allem der Orientierung. *Thematische Karten* werden gewöhnlich für sich, d. h. ohne Vergleich mit dem Objekt gelesen.

1. Das visuelle *Wahrnehmen* eines Objektes nach Lage und Art (Qualität) ist die erste und stets notwendige Phase jeder Kartenauswertung. Die dabei aus den graphischen Strukturen sich ergebenden Gestalttendenzen führen über die Wahrnehmung von Unterschieden zwischen den einzelnen Darstellungen zur *Identifizierung* des Objekts. Schnelligkeit und Zuverlässigkeit des Wahrnehmens hängen sowohl von der Dichte und Lesbarkeit des Karteninhalts wie auch vom Kartenverständnis des Benutzers ab.

So können einander ähnliche Darstellungen (z. B. zahlreiche Einzelhäuser, dichtes Wege- oder Grabennetz) oder nicht vollständig dargestellte Objekte (z. B. Verwaltungsgrenzen) das Wahrnehmen erschweren und leichter Irrtümer erzeugen; eine Dorfkirche ist dagegen meist schnell erkannt. Vielfach ist das Wahrnehmen erst aus dem räumlichen Zusammenhang benachbarter Objekte möglich, seltener durch das Objekt allein: Zum Wahrnehmen eines unter vielen Gebäuden bedarf es der Identifizierung mit Hilfe der Umgebung; eine typische Flußschleife ist dagegen bereits an ihrer Form selbst zu erkennen. Das Wahrnehmen typischer Oberflächenformen aus Höhenlinien oder anderen Darstellungsmitteln erfordert Formkenntnisse und Anschauungsvermögen; es leitet bereits zum Deuten über.

2. Das *Auszählen* ist im Gegensatz zum Wahrnehmen und Deuten ein quantitativer Prozeß. Mit ihm wird für einen bestimmten Bereich die Anzahl von Objekten gleicher Qualität ermittelt (z. B. Gebäude an einem Ort, Orte in einem Kreis, Bahnhöfe, Fabriken, Fundorte, Wetterstationen usw.) Das Ergebnis ist aber nur dann einwandfrei bzw. kennzeichnend, wenn die Objekte in der Karte vollständig enthalten sind, also nicht bereits durch eine Auswahlgeneralisierung reduziert wurden.

In thematischen Karten erstreckt sich das Auszählen auch auf Darstellungen durch Punkte, Signaturen, Kartodiagramme usw., wenn für einen größeren Bereich eine Gesamtmenge (z. B. Bevölkerung, Produktion) ermittelt werden soll. Im weiteren Sinne kann man zum Auszählen auch das Ermitteln einer Fahrstrecke aus Entfernungsangaben (z. B. in Straßenkarten) rechnen, wobei statt der oft langwierigen Längenmessung (6.3.3) lediglich eine Summierung der abgelesenen Teilstrecken vorzunehmen ist.

3. Das *Schätzen* ist entweder eine vereinfachte Form des Auszählens (überschlägliche Ermittlung der Objektzahl) oder eine Vorstufe des Kartenmessens (Schätzung von Strecken, Flächen, aber auch von Größensignaturen, Kartodiagrammen usw.).

4. Das *Vergleichen* soll hier nur in seiner qualitativen bzw. quantitativen Seite behandelt werden, da Vergleiche geometrischer Größen (Strecken, Flächen usw.) unter die Kartometrie (6.3) fallen. Man kann unterscheiden nach Vergleichen a) zwischen Karte und Wirklichkeit, b) zwischen zwei Karten (Kartensynopse), c) zwischen Karte und anderem Informationsträger (Text, Tabelle) und d) zwischen Objekten innerhalb einer Karte.

a) Der Vergleich zwischen Karte und Gelände ist ein fortgesetztes Verfahren des bereits beschriebenen Wahrnehmens (Nr. 1). Er dient der Geländeorientierung, aber auch dem besseren Verständnis für die Möglichkeiten und Grenzen der Kartengestaltung. Das Zurechtfinden im Gelände wird erleichtert, wenn die Karte richtig orientiert ist (6.3.4).
b) In ähnlicher Weise liefert der Vergleich verschiedener Karten desselben Gebietes und Inhalts Material zur Beurteilung kartographischer Darstellungsmöglichkeiten einschließlich der äußeren Gestal-

tung. Werden Karten desselben Gebietes, aber verschiedener Themen miteinander verglichen, so sind die Karten Forschungsinstrumente, die zu neuen Erkenntnissen über Abhängigkeiten, Korrelationen usw. von Gegenständen und Sachverhalten verhelfen können; ein Beispiel ist die Grenzgürtelmethode (1.3.3.1) zur Bestimmung von Kernräumen und deren Grenzzonen. c) Beim Vergleich zwischen Karte und anderem Informationsträger verdeutlicht die Karte die räumlichen Beziehungen, während z. B. ein Text weitere Beschreibungen des Objekts enthält oder eine Tabelle genaueres Zahlenmaterial liefert. d) Der Vergleich zwischen verschiedenen Objekten geht schließlich über zum Deuten (Nr. 5) unter gleichzeitiger Wertung nach bestimmten Gesichtspunkten (z. B. Bedeutungsunterschiede bei Orten, Straßen, Gewässern). Auch das Vergleichen thematischer Größendarstellungen (z. B. gestufte Signaturen, Flächenkartogramme) gehört hierher.

5. Das *Deuten* – die Interpretation im engeren Sinne – geht als Ergebnis einer relativ hohen Denkleistung einen wesentlichen Schritt weiter. Es versucht, aus der kartographischen Darstellung auch Aussagen zu gewinnen über die Eigenart der räumlichen Beziehungen, ihre Entwicklungen, Funktionen und Strukturen. Neben dem notwendigen Wahrnehmen kann es sich dazu auch des Auszählens, Schätzens und Vergleichens sowie kartometrischer Methoden bedienen. Eine solche Karteninterpretaton ist ihrem Wesen nach eine meist fachbezogene *Analyse* des Raumes. Die dabei gewonnenen Erkenntnisse können in einem weiteren Schritt zur *Synthese* führen, wenn sich ein Raumtyp beschreiben läßt als eine modellartige Einheit aus herausragenden Merkmalen. Mitunter schließt sich an diese Modellbildung und -vorstellung auch eine *Beurteilung* (*Bewertung*) nach bestimmten Gesichtspunkten an, z. B. als Entscheidungshilfe über die Geländeeignung für bauliche Maßnahmen oder die mögliche Änderung des Verlaufs von Verwaltungsgrenzen.

Ein Beispiel für das Deuten sind die landeskundlichen Beschreibungen zu topographischen Karten. So erschienen von 1978 bis 1982 beim Zentralausschuß für deutsche Landeskunde die Lieferungen „Deutsche Landschaften. Geographisch-landeskundliche Erläuterungen zur Topographischen Karte 1 : 50 000“. Auch die Topographischen Atlanten (2.6) enthalten landeskundliche Beschreibungen. Häufig werden die Deutungen unter einem bestimmten, fachwissenschaftlich eng begrenzten Thema vorgenommen. So können z. B. Geograph und Historiker aus der gegenseitigen Stellung der Gebäude, aus Bebauungsdichte und Straßennetz wesentliche Erkenntnisse zur Siedlungsgeschichte gewinnen. Die Höhenlage von Quellen und die Dichte des Gewässernetzes geben dem Geologen Aufschluß über Lage und Eigenschaft von Gesteinsschichten. Kartographische Darstellungen in thematischen Karten können als gelungen gelten, wenn sie die Deutungen weitgehend erleichtern (z. B. Klimakarten, die die Relation zwischen Niederschlag und Geländerrelief deutlich aufzeigen).

6.3 Kartenmessen (Kartometrie)

Kartometrie bedeutet Messen oder Übertragen geometrischer Größen auf Karten und kartenverwandten Darstellungen. Sie setzt voraus, daß die betroffenen Objekte einwandfrei identifiziert sind (6.2 Nr. 1) und die möglichen Fehlerquellen (6.3.1) ausreichend berücksichtigt werden.

6.3.1 Fehlerquellen der Kartometrie

1. *Verzerrungen des Kartennetzentwurfes.* Diese machen sich um so mehr bemerkbar, je kleiner der Maßstab der Karte und je ausgedehnter die Messung ist.

Kein Netzentwurf ist völlig längentreu. Flächentreue Entwürfe weisen teilweise starke Winkelverzerrungen auf; umgekehrt können bei konformen Abbildungen die Flächen stark verzerrt sein. Rechnerische Korrekturen an den ermittelten Größen werden aber gewöhnlich nur bei der Messung in Karten kleinerer Maßstäbe (etwa ab 1 : 1 Mill.) nach Bedarf angebracht. Einzelheiten siehe Bd. I, 3.

2. *Geometrische Genauigkeit des Karteninhalts.* Diese hängt ab a) von der geodätischen Grundlage, b) von der Genauigkeit der Einzelerfassung (topographische Vermessung oder thematische Aufnahme), c) vom Ausmaß der Generalisierung und den daraus resultierenden Lagemerkmalen und schließlich d) von den kartentechnischen Vorgängen von der Kartierung bis zum Mehrfarbendruck. Einzelheiten und Zahlenwerte siehe auch Bd. I, 4.4, 5.3.1.6, 5.3.2.9.

Im allgemeinen sollten Grundrißangaben im Rahmen der Zeichengenauigkeit von etwa ± 0,15 mm geometrisch richtig sein. Diese Bedingung ist jedoch unter dem Einfluß der Generalisierung nicht mehr völlig einzuhalten. Am stärksten wirken sich die unvermeidbaren Verdrängungen aus. Bei linearen Objekten wie Wegen und Gewässern bleibt, wenn sie verbreitert, aber nicht verdrängt sind, wenigstens die richtige Lage der Mittellinie erhalten. Bei lokalen Objekten wird die Lage gewöhnlich durch die Mitte oder den Fußpunkt der Signatur gekennzeichnet.

3. *Einfluß des Papierverzuges.* Schwankungen der Luftfeuchtigkeit rufen Längenänderungen des Papiers hervor (4.2.3).

Man erhält die tatsächliche mittlere Maßstabszahl einer Karte aus einer bekannten Naturstrecke s und der gemessenen Kartenstrecke s′ zu $m = s/s'$ (Bd. I, 1.5.5.1). Als bekannte Strecken eignen sich dazu auch die aus dem Kartennetz ableitbaren Sollstrecken. Solche Berechnungen sind aber entbehrlich, wenn man sich bei der Messung von Kartenstrecken der häufig auf der Karte mitgedruckten Maßstabsskala bedient, deren Teilung die Maßänderung des Papiers mitmacht.

6.3.2 Koordinatenmessung auf Karten

In Karten großer und mittlerer Maßstäbe werden in der Regel ebene rechtwinklige (geodätische) Koordinaten, in Karten kleiner Maßstäbe meist geographische Koordinaten gemessen oder übertragen. Solche Koordinaten legen Punkte im Grundriß in *absoluter* Weise fest.

Mit einfachen Hilfsmitteln wie Anlegemaßstab, Zirkel usw. geht man so vor, wie in den Abb. 103 und 104 dargestellt. Dabei ist Voraussetzung, daß wenigstens die den Punkt P umgebende Netzmasche vollständig ausgezogen ist. Das ist mitunter durch Auszeichnen der Netzlinien (vgl. Bd. I, Abb. 139 b) noch nachzuholen.

Da in *geodätischen* Koordinatensystemen die Gitterlinien parallel verlaufen und das metrische System zugrunde liegt, kann man zwischen den Netzlinien die Koordinatenabschnitte unmittelbar mit dem Maßstab ablesen. Dabei empfiehlt es sich, auch jeweils den Rest bzw. die ganze Strecke zu messen, um evtl. den Einfluß des Papierverzuges zu tilgen. Hat man z. B. in Abb. 103 im Rechtswert statt der dort angegebenen Zahlen die Intervalle 0,75 und 0,29 km abgelesen, so liegt eine tatsächliche Maschenweite von 1,04 km vor; um wieder auf den

Sollwert 1,00 km zu kommen, muß man demnach die Abschnitte anteilmäßig auf 0,72 bzw. 0,28 km reduzieren.

Geographische Netzlinien bilden gewöhnlich kein quadratisches Gitter. Die durch den Punkt P führenden Hilfslinien der Koordinatenermittlung (Abb. 104) haben sich daher dem Verlauf der Netzlinien entsprechend anzupassen. Für die Ablesung der Grade und Minuten eignet sich am besten die meist im Kartenrahmen befindliche Skala.

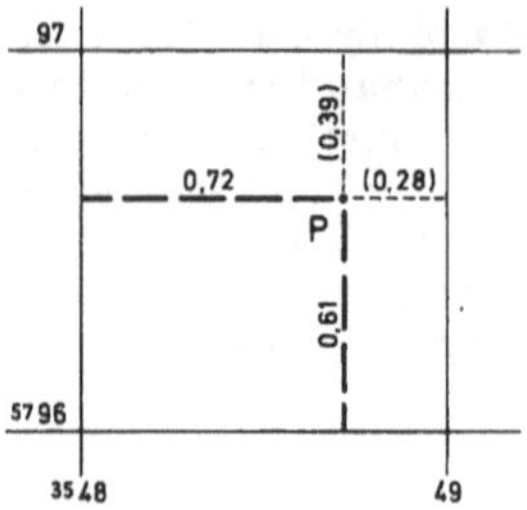

Abb. 103.
Bestimmung der geodätischen Koordinaten eines Punktes P:
Rechts: 3548,72 km
Hoch: 5796,61 km

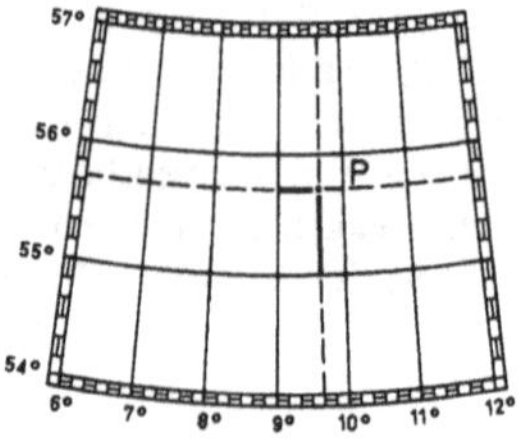

Abb. 104.
Bestimmung der geographischen Koordinaten eines Punktes P:
östl. Länge: 9° 38′
nördl. Breite: 55° 42′

Die beschriebene Methode kommt vor allem dann in Betracht, wenn es sich um die Bestimmung *weniger* Punkte handelt. Mitunter werden aber vor allem geodätische Koordinaten in *größerer* Anzahl benötigt. Dann sind andere Verfahren besser geeignet.

1. Verwendung eines transparenten engmaschigen Quadratnetzes *(Millimeterpapier, Quadratglastafel)*. Dieses wird auf die Netzmasche eingepaßt und ermöglicht dann das Abzählen der Teilung sowie das Abschätzen innerhalb des den Punkt enthaltenden kleinen Feldes. Man erhält die Koordinatenabschnitte durch Multiplikation der abgelesenen Werte mit der Kartenmaßstabszahl *m*, oder man zählt die Teilung sogleich in Einheiten des Kartenmaßstabes.

2. Verwendung eines *Planzeigers (Kartenzeiger, Koordinatenmesser)* mit einer dem jeweiligen Maßstab entsprechenden Teilung. Das Verfahren ist in Bd. I, 3.7.4 dargestellt.

3. Verwendung eines *Koordinatographen* (4.2.4.2) oder bei rechnergestützter Arbeitsweise eines *Digitalisierungsgerätes* (5.2.3.2), wobei sogleich eine weitere digitale Datenverarbeitung möglich ist (z. B. zur Entfernungsberechnung).

Ein Beispiel der *Übertragung* von Koordinaten ist die Eintragung eines modernen Koordinatennetzes in eine alte Karte anhand identischer Punkte. Das so entstehende *Verzerrungsgitter* liefert eine klare Anschauung über das Ausmaß der geometrischen Lagefehler (*Imhof* 1964).

6.3.3 Längenmessung auf Karten

Solche Längenangaben sind *relative* Festlegungen zwischen Punkten im Grundriß.

1. Geradlinige Verbindungen

Man erhält die *Horizontal-* oder *Grundrißentfernung* auf *großmaßstäbigen* Karten zwischen zwei Punkten *eines* Kartenblattes am einfachsten mit Hilfe eines Anlegemaßstabes. Liegen die Punkte auf zwei verschiedenen Kartenblättern, so ordnet man entweder die beiden Blätter in der richtigen gegenseitigen Lage an und greift dann die Entfernung ab, oder man entnimmt für die mit A und B bezeichneten Punkte die geodätischen Koordinaten (6.3.2) und rechnet die Entfernung s zu

$$s = \sqrt{(x_A - x_B)^2 + (y_A - y_B)^2}\,.$$

Streng genommen ergibt die Formel eine Strecke im Koordinatennetz und auf das Meeresniveau bezogen. Der Unterschied gegen die horizontale Naturstrecke ist jedoch im Hinblick auf den Kartenmaßstab meist vernachlässigbar klein.

In bestimmten Fällen ist auch die räumliche Entfernung (*Schrägentfernung*) s_r zwischen zwei Punkten von Interesse. Man erhält sie aus s und dem Höhenunterschied $h = H_A - H_B$ zu

$$s_r = \sqrt{s^2 + h^2}\,.$$

Bequemer ist jedoch die in den meisten Fällen ausreichende Näherungsformel

$$s_r \approx s + \frac{h^2}{2s}.$$

Sie setzt voraus, daß h wesentlich kleiner ist als s, was gewöhnlich der Fall ist.

In *kleinmaßstäbigen* Karten ist neben den Längenverzerrungen des Netzentwurfes noch zu berücksichtigen, daß die kürzeste Verbindungslinie zweier Punkte auf der Kugeloberfläche, die *Orthodrome*, auf den Karten in der Regel nicht geradlinig verläuft (siehe Bd. I, 3.1.5, Abb. 53, 55–58, 62–64). Bei größeren Entfernungen ist daher ein mit dem Anlegemaßstab abgelesener Wert zu ungenau; man bestimmt dann besser die geographischen Koordinaten (Breite φ und Länge λ) der Punkte A und B (6.3.2) und rechnet die Entfernung ausreichend genau nach den Formeln für die Kugel

$$\cos\delta = \sin\varphi_A \cdot \sin\varphi_B + \cos\varphi_A \cdot \cos\varphi_B \cdot \cos(\lambda_A - \lambda_B),$$
$$s = R \cdot \delta \quad \text{(vgl. Bd. I, 3.2.6).}$$

Dabei ist R der mittlere Erdradius (Bd. I, 3.1.2).

Zu den geradlinigen Längenmessungen kann man auch das Bestimmen von Länge, Breite, Durchmesser usw. von Signaturen, Kartodiagrammen u. a. bei thematischen Darstellungen rechnen.

2. Gekrümmt oder geknickt verlaufende Verbindungen

Solche Fälle treten z. B. auf, wenn die Straßenentfernung zwischen zwei Punkten, die Länge eines Flußlaufes, einer Küstenlinie oder einer Staatsgrenze zu ermitteln ist. Dabei wird die Verbindung entweder in besser meßbare Teilstücke zerlegt oder mittels Meßrädern kontinuierlich abgefahren.

Bei *Teilstreckenmessungen* verfährt man meist nach dem Verfahren der *wachsenden Zirkelöffnung*. Man nimmt das erste gerade Stück der Verbindung in den Zirkel, dreht diesen um den ersten Knickpunkt in die Verlängerung des nächsten geraden Stücks ein und erweitert die Zirkelöffnung um den Betrag dieses zweiten Intervalls, dann dreht man um den zweiten Knickpunkt usw., bis man zum Schluß die Gesamtlänge in der Zirkelöffnung hat, die man dann an einem Maßstab abliest. Das Verfahren ist in Abb. 105 dargestellt.

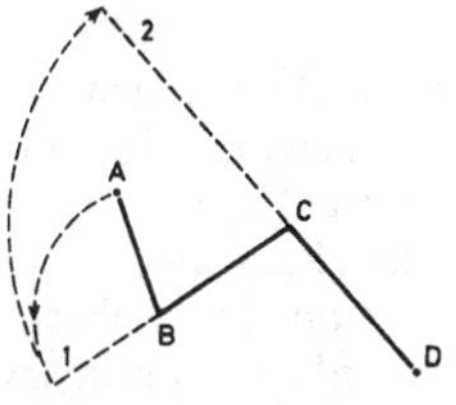

Abb. 105. Längenmessung auf der Strecke ABCD mit wachsender Zirkelöffnung: Mit AB um B drehen, ergibt 1 in Verlängerung CB, Öffnung bis C erweitern, mit C1 um C drehen, ergibt 2 in Verlängerung DC, Öffnung bis D erweitern = ABCD

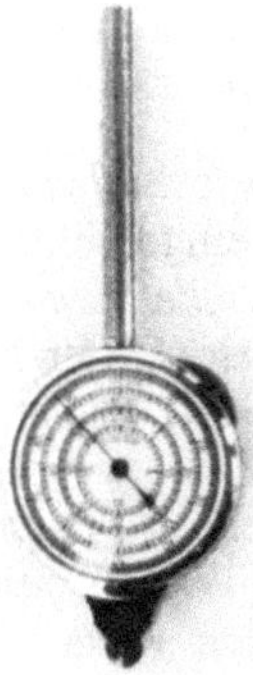

Abb. 106. Kurvenmesser

Zum *kontinuierlichen* Abfahren einer Länge gibt es *Kurvenmesser*, deren kleines Meßrädchen von Hand entlang der zu messenden Länge geführt wird. Die Umdrehungen des Rades übertragen sich auf einen Zeiger, der die unmittelbare Ablesung der Naturstrecke für die wichtigsten Kartenmaßstäbe mit Hilfe zahlreicher Skalen gestattet (Abb. 106).

Bei der Messung in *kleinmaßstäbigen* Karten ist zu berücksichtigen, daß infolge der vereinfachenden Wirkung der Generalisierung die Längen stets kürzer als der Natur entsprechend ausfallen. Das gilt in besonders hohem Maße für in der Natur stark gewundene Flüsse wie auch für zerklüftete Küstenlinien. So wurden z. B. von *A. Penck* für einen Küstenabschnitt in Istrien die folgenden Längen ermittelt:

223,81 km in 1 : 75 000	157,6 km in 1 : 1 500 000
190,6 km in 1 : 300 000	132 km in 1 : 3 700 000
199,5 km in 1 : 750 000	105 km in 1 : 15 000 000

3. Der Einfluß des *Papierverzuges* wird nach 6.3.1 berücksichtigt.

6.3.4 Winkelmessung auf Karten

Auf Karten lassen sich Horizontalwinkel unmittelbar und Vertikalwinkel mittelbar bestimmen bzw. übertragen. Solche

Winkelangaben haben teils *absoluten*, teils *relativen* Festlegungscharakter.

1. Als *Horizontalwinkel* gilt der von zwei Richtungen im Grundriß eingeschlossene Winkel. Man bezeichnet ihn als *Richtungswinkel*, wenn eine Richtung (Nullrichtung) parallel zur x – Achse (Gitter-Nord) eines geodätischen Koordinatensystems verläuft, als *geographisches Azimut*, wenn die Nullrichtung nach Geographisch-Nord zeigt, und als *magnetisches Azimut*, wenn sie nach Magnetisch-Nord weist (Bd. I, 2.1.3.1, 3.7.4). Die Winkel werden rechtsläufig, d. h. im Uhrzeigersinn gezählt. Über Winkelteilungen siehe Bd. I, 2.1.2.3.

Zur Winkelmessung dienen Vollkreis- oder Halbkreiswinkelmesser *(Transporteure)*, die heute meist aus Plexiglas bestehen. Soll wie in Abb. 107 der Richtungswinkel von *A* nach *B* gemessen werden, so zeichnet man von *A* die Richtungen zum Gitternord und nach *B*, legt dann den Transporteur mit dem Zentrum auf A und dreht ihn so, daß der Wert Null auf der Nullrichtung liegt. An der Strecke *A B* wird sodann der Winkelwert abgelesen. Halbkreiswinkelmesser besitzen oft eine gegenläufige Winkelskala und eignen sich daher besonders zum *Absetzen* eines Winkels. Wie in Abb. 108 dreht man z. B. den Winkelwert des Azimuts an der vorher eingetragenen Nullrichtung ein und zeichnet dann die Richtung nach *B* entlang der Kante des Winkelmessers.

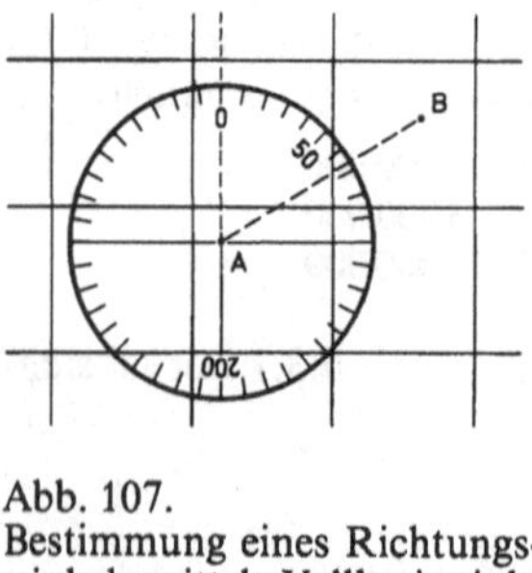

Abb. 107.
Bestimmung eines Richtungswinkels mittels Vollkreiswinkelmesser: $t_A^B = 66$ gon

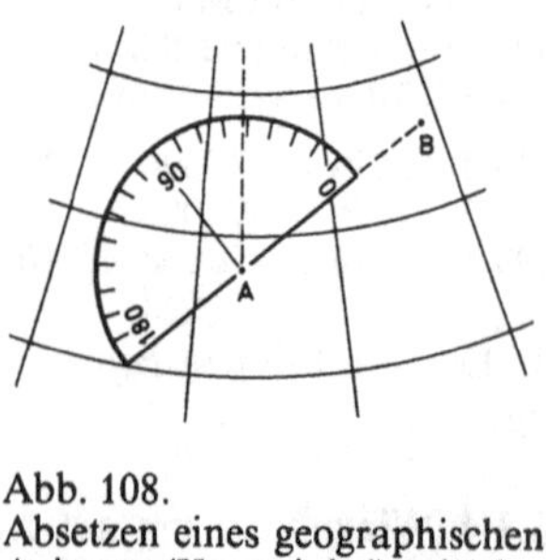

Abb. 108.
Absetzen eines geographischen Azimuts (Kurswinkel) mittels gegenläufig geteiltem Halbkreiswinkelmesser: $\alpha_A^B = 52°$

Läßt der Papierverzug bzw. der Netzentwurf eine größere Winkelverzerrung beim Messen mit Winkelmessern befürchten, so ist es besser, die Koordinaten abzugreifen (6.3.2) und aus diesen den Winkel zu rechnen. Dieses Verfahren ist ferner immer angebracht, wenn die beiden Punkte *A* und *B* auf verschiedenen Karten liegen. Bei geodätischen Koordinaten x_A, y_A, x_B, y_B ergibt sich dann der Richtungswinkel *t* von *A* nach *B* aus der Beziehung

$$\tan t = \frac{y_B - y_A}{x_B - x_A}.$$

Liegen für die Punkte *A* und *B* geographische Koordinaten φ_A, λ_A, φ_B, λ_B vor, so folgt für das Azimut α, wenn die Erdfigur als Kugel angenommen wird,

$$\cot \alpha = \frac{\cos \varphi_A \tan \varphi_B - \sin \varphi_A \cos (\lambda_B - \lambda_A)}{\sin (\lambda_B - \lambda_A)}.$$

Die bekannteste Anwendung der Winkelmessung auf Karten ist die in der Schiff- und Luftfahrt bei der Navigation übliche Messung oder Übertragung eines *Kurswinkels* (meist eines Azimuts). Die Linie konstanten Azimuts heißt *Loxodrome*. Sie bildet sich in den Kartennetzen der Mercatorprojektion als Gerade ab (Bd. I, 3.1.5 und 3.3.3.).

Zur Winkelmessung auf Karten kann man auch die *Kartenorientierung* rechnen. Man legt z. B. einen Kompaß mit seiner Kante an eine Netzlinie und dreht die Karte mit dem Kompaß solange, bis die Magnetnadel unter Berücksichtigung von Nadelabweichung bzw. Deklination (Bd. I, 3.7.4) richtig einspielt. Ein anderes Verfahren besteht darin, daß eine in der Karte identifizierte Richtung vom Standpunkt zu einem markanten Punkt (z. B. Kirchturm) mit der örtlichen Richtung zu diesem Punkt durch Eindrehen der Karte in Übereinstimmung gebracht wird.

2. Der *Vertikalwinkel* gibt die in einer Vertikalebene gemessene Neigung einer Geraden gegen eine Horizontalebene (*Höhenwinkel*) bzw. gegen die Lotrichtung (*Zenitwinkel*) an. Da die Karte eine ebene Darstellung ist, lassen sich solche Winkel nur

mittelbar aus Höhenunterschied h und Horizontalentfernung s zwischen zwei Punkten bestimmen:

$$\text{Höhenwinkel: } \tan\alpha = \frac{h}{s}, \qquad \text{Zenitwinkel: } \cot z = \frac{h}{s},$$

$$\alpha + z = 100 \text{ gon}.$$

In der Praxis interessiert vor allem der *Böschungswinkel* als Maß für die Geländeneigung. In diesem Falle entspricht in den angegebenen Formeln h dem Höhenunterschied benachbarter Höhenlinien und s ihrem gegenseitigen Horizontalabstand. Bequemer ist aber die Benutzung des auf dem Rande mancher Karten befindlichen *Neigungsmaßstabs (Böschungsdiagramm*, Abb. 109). Dieser Maßstab stellt den Grundrißabstand benachbarter Höhenlinien in Abhängigkeit von der Geländeneigung dar. Man geht daher mit dem in der Karte abgegriffenen Abstand s' in das Diagramm dort ein, wo die dem Höhenunterschied h entsprechende Linie einen Abstand gegen die Grundlinie aufweist, der gerade dem Wert s' entspricht. An dieser Stelle liest man dann den Böschungswinkel ab. Weitere Skalen gestatten es, die Geländeneigung auch in Prozenten oder im Verhältnis 1 : x zu ermitteln.

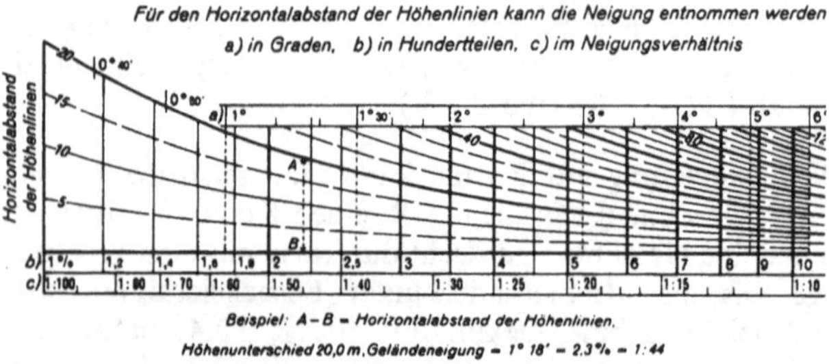

Abb. 109. Ausschnitt aus einem Neigungsmaßstab der Topographischen Karte 1 : 100000

6.3.5 Flächenmessung auf Karten

Sie dient der Ermittlung der Flächeninhalte von Grundstücken, politischen Bezirken (Gemeinden, Kreise, Staaten), Bodennutzungen (Acker, Grünland, Wald), Einzugsgebieten von Gewässern, Höhenschichten, geologischen Formationen usw. Will man dabei den Papierverzug berücksichtigen, mißt man zusätzlich Flächen aus dem Kartennetz aus, für die sich der Sollwert leicht berechnen läßt. Bei der Messung auf kleinmaßstäbigen, nicht flächentreuen Karten ist evtl. eine weitere Korrektur infolge der Flächenverzerrung anzubringen.

Ist die zu messende Fläche durch gerade Linien begrenzt oder läßt sie sich durch solche ausreichend genau annähern, so kann man sie in eine Anzahl von Dreiecken zerlegen, deren Einzelflächen man nach der Formel $F = 1/2 \cdot g \cdot h$ (g = Grundlinie, h = Höhe) berechnet und dann zur Gesamtfläche summiert. Sind für die Eckpunkte einer solchen Figur die Koordinatenwerte bekannt (z. B. aus der Digitalisierung des Flächenumrisses), so ist auch eine Flächenberechnung nach der sog. *Gaußschen Dreiecksformel* möglich:

$$F = \frac{1}{2} \sum x_i \cdot (y_{i+1} - y_{i-1}) = \frac{1}{2} \sum y_i \cdot (x_{i-1} - x_{i+1}) .$$

Hierbei durchläuft i alle Punktnummern von 1 bis zur letzten Punktnummer n .

Häufiger als diese geometrischen Flächen treten aber solche auf, die von gekrümmten Linien begrenzt sind. Zu ihrer Bestimmung sind in der Praxis der *graphischen* Flächenbestimmung vorwiegend zwei Verfahren im Gebrauch: die Messung mit der Quadratglastafel und die mit dem Planimeter.

1. Die *Quadratglastafel* trägt gewöhnlich eine Teilung in mm^2, bei der die vollen cm^2 durch stärkere Linien hervorgehoben werden. Um nach dem Auflegen der Tafel auf die zu messende Fläche das ermüdende und fehleranfällige Auszählen der vielen kleinen Quadrate zu vermeiden, geht man wie folgt vor (Abb. 110): Die Figur wird mit Hilfe der Tafel in Zonen bestimmter Breite (z. B. 1 cm) geteilt; innerhalb jeder Zone wird sodann ein flächenerhaltender Grenzausgleich so vorgenommen, daß einfache geometrische Figuren (Trapeze, Rechtecke) entstehen, die sich leicht auszählen lassen (Abb. 104). Die aus allen Zonen ermittelte Gesamtzahl der mm^2 ist dann noch mit dem Flächenwert zu multiplizieren, der 1 mm^2 auf der Karte in der Natur entspricht.

2. Das *Planimeter* ist ein Gerät, mit dessen Hilfe der Inhalt einer Fläche durch Abfahren ihrer Umringslinie ermittelt wird.

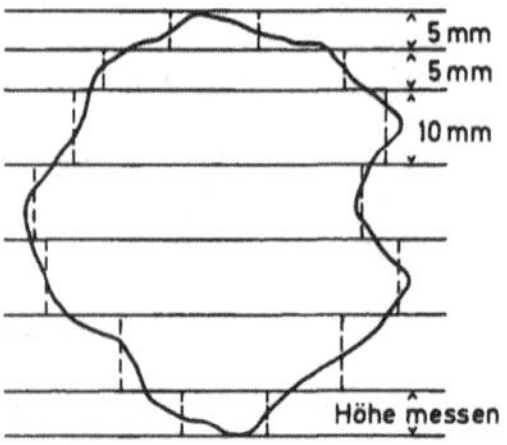

Abb. 110.
Zonenweises Umwandeln einer Fläche in Rechtecke zur einfacheren Messung mit der Quadratglastafel

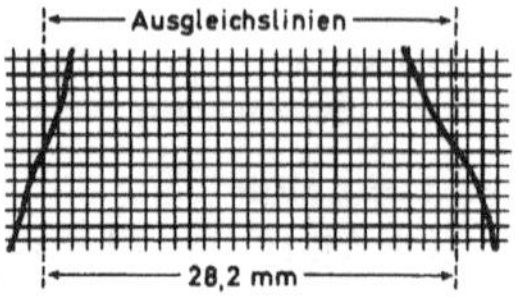

Abb. 111.
Auszählen einer Zone der Quadratglastafel:
$F = 28{,}2 \cdot 10 = 282\ mm^2$

Die Abfahrbewegungen übertragen sich auf eine Meßrolle, deren Umdrehung proportional der Fläche ist.

Das vorwiegend benutzte *Polarplanimeter* besteht in einer schematisch gedachten Ausführung (Abb. 112) aus einem Pol *P*, der außerhalb der zu messenden Fläche auf der Karte durch Gewicht und Nadel festgelegt wird und um den sich der Polarm *p* dreht. Dieser ist durch ein Gelenk *G* mit dem Fahrarm *f* verbunden, der an einem Ende den Fahrstift (die Fahrlupe) *F* und am anderen Ende die Rolle *R* trägt. Im Gelenk *G*

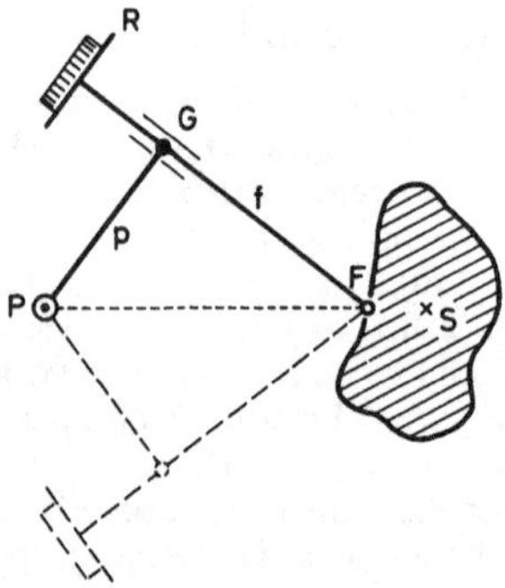

Abb. 112. Prinzip des Polarplanimeters. Gerissene Darstellung = zweite Lage zur Kompensation der Rollenschiefe

Abb. 113. Polarplanimeter mit Fahrlupe (Aristo)

lassen sich p und f gegeneinander drehen; ferner kann f in G verschoben und damit die Länge GF verändert werden.

Abb. 113 zeigt die tatsächliche Ausführung eines Polarplanimeters. Im Gegensatz zur Prinzipskizze ist die Rolle seitlich des Fahrarms in einem Schutzgehäuse untergebracht. Die Anzahl der vollen Rollenumdrehungen wird auf einer besonderen Zählscheibe abgelesen. Die Skala auf dem Fahrarm ist gewöhnlich eine Halbmillimeterteilung.

Auf eine Ableitung der Flächenformel muß hier verzichtet werden. Man erhält, wenn der Pol außerhalb der Fläche liegt, den Flächeninhalt zu $F = k \cdot n$, wobei $k = f \cdot u$ eine Konstante ist, die durch Fahrarmlänge f und Rollenumfang u bestimmt wird, während n ein Maß für die Abwicklung ist, die an der Rolle abgelesen wird. Die Ableseskala ist für den ganzen Rollenumfang in 100 Teile geteilt; durch Ablesung eines *Nonius* läßt sich jedes Teilstück noch in 10 Noniuseinheiten aufgliedern. Eine Rollenumdrehung ergibt demnach $n = 1000$ Noniuseinheiten.

In der Praxis strebt man für den Wert k, den Flächenwert einer Noniuseinheit, einen runden Betrag an, damit die Rechnung $F = k \cdot n$ bequem wird (z. B. $k = 10, 20, 50$ oder $100\ m^2$). Da der Rollenumfang u konstant ist, läßt sich $k = f \cdot u$ nur durch eine Veränderung der Fahrarmlänge f beeinflussen. Das dazu wirksamste Verfahren besteht in der Messung einer bekannten Kartenfläche (z. B. eines Netzquadrates des geodätischen Koordinatengitters) und Berechnung der Fahrarmlänge.

Beispiel: Die Netzquadratfläche entspricht 10000 m². Es wird $k = 20\,m^2$ angenommen, und demnach müßte bei richtiger Fahrarmlänge f_0 die Ablesung an der Rolle $n_0 = 500$ betragen. Bei einer zunächst eingestellten Länge $f_1 = 280$ liest man aber $n_1 = 505$ ab. Daraus ergibt sich f_0 nach der Formel

$$f_0 = f_1 + f_1 \cdot \frac{n_1 - n_0}{n_0}$$

im Beispiel zu $f_0 = 280 + 280 \cdot \frac{505 - 500}{500} = 282{,}8.$

Nach Einstellung dieses Betrages ist zur Kontrolle die Sollfläche nochmals zu umfahren. Das Verfahren hat den Vorteil, daß auch der Einfluß des Papierverzuges berücksichtigt wird, da die Kartensollfläche (das Netzquadrat) diesem ebenfalls unterliegt. Mann kann auch die ursprüngliche Fahrarmlänge f_1 beibehalten, erhält dann aber einen unrunden Wert für $k = F/n_1$; beim Einsatz von Taschenrechnern ist dies jedoch kein Nachteil.

Mit der gewonnenen Fahrarmeinstellung lassen sich nun die einzelnen Flächen messen. Man liest bei Beginn des Abfahrens die Rolle ab und dann wieder nach Rückkehr auf den Ausgangspunkt. Der Differenzbetrag ergibt den Wert n. Zur Genauigkeitssteigerung und Kontrolle empfiehlt es sich, jede Fläche mehrfach zu umfahren. *Beispiel* mit $k = 20\,m^2$: Ablesung bei Beginn = 316, nach 5 Umfahrungen = 627. Dabei sind 3 ganze Rollenumdrehungen (je 1000 Einheiten) gezählt worden. Es ist also $n = 1/5 \cdot (3000 + 627 - 316) = 3311/5 = 662{,}2$. $F = k \cdot n = 20 \cdot 662{,}2 = 13244\,m^2$.

Beim Gebrauch des Polarplanimeters sind ferner folgende Regeln zu beachten: 1. k so wählen, daß der Fahrarm möglichst lang ist. 2. Planimeter so aufbauen, daß der Pol etwa in verlängerter Meßrollenebene liegt, wenn der Fahrstift im Schwerpunkt S der Fläche ruht. 3. Ungünstig geformte Flächen nach Bedarf in Teilflächen zerlegen und einzeln ausmessen. 4. Alle Linien – auch lange Geraden – mit der freien Hand abfahren; das Benutzen eines Lineals führt zu erheblichen systematischen Fehlern. 5. Um den Einfluß der Rollenschiefe auszuschalten, führt man alle Messungen in zwei Rollenlagen durch: die zweite Lage ist die Symmetrielage zur ersten Lage (Abb. 112). Diese Möglichkeit bieten alle neueren Planimeter (*Kompensationsplanimeter*).

Neben den konventionellen Planimetern mit der Ablesung an der Rolle mit Hilfe des Nonius gibt es seit einiger Zeit auch Planimeter mit elektronisch bewirkter digitaler Anzeige der Rollenabwicklung bzw. des gesuchten Flächeninhalts.

Näheres zur graphischen Flächenbestimmung siehe z. B. *Großmann/Kahmen*. Auf der Grundlage einer Flächenberechnung zwischen Höhenlinien lassen sich auch Rauminhalte unterhalb der Erdoberfläche ermitteln. Wegen weiterer Einzelheiten hierzu siehe z. B. *Osterloh* 1980.

6.3.6 Höhenermittlung aus Karten

Exakte Höhenermittlungen sind nur aus Höhenliniendarstellungen in Karten großer und mittlerer Maßstäbe möglich. Dabei ergibt sich eine *absolute* Höhenangabe durch Zählung von der allgemeinen Bezugsfläche (z. B. Normal-Null) aus, während ein *relativer* Höhenwert als Differenz zweier Absoluthöhen entsteht (Höhenunterschied).

Die absolute Höhe eines Punktes ermittelt man in der Regel durch lineare Interpolation zwischen benachbarten Höhenlinien (Punkt A in Abb. 114), in einfachen Fällen kommt man auch mit einer Schätzung aus (Punkt B in Abb. 116). Im Bereich ausgezeichneter Geländepunkte (Bergspitzen, Sattel- und Mul-

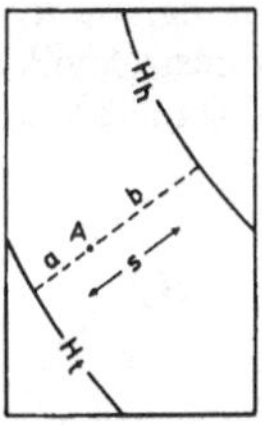

Abb. 114

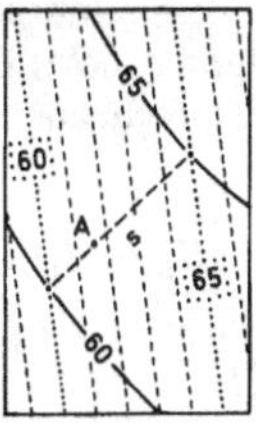

Abb. 115

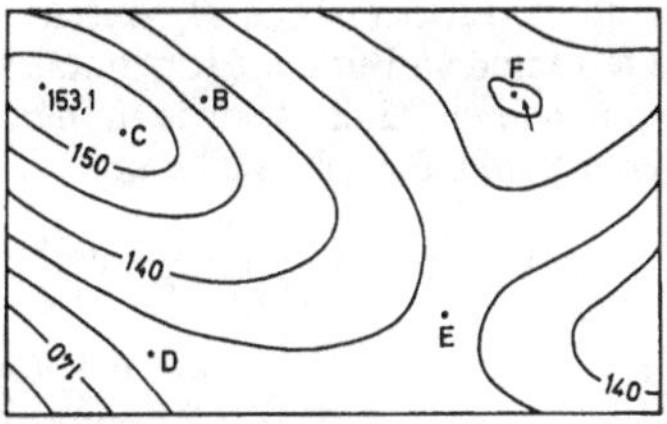

Abb. 116

Abb. 114. Rechnerische Höheninterpolation (siehe Text)

Abb. 115. Graphische Höheninterpolation: H_A = 61,6 m

Abb. 116. Abschätzen einer Punkthöhe: H_B = 143 m
Unsichere Höhenbestimmung bei den Punkten C, D, E, F

denpunkte) und starker Gefällwechsel entspricht eine lineare Interpolation nicht immer den örtlichen Verhältnissen; hier sind ebenfalls nur Abschätzungen möglich (Punkte C bis F in Abb. 116).

Die lineare Interpolation läßt sich rechnerisch oder graphisch durchführen. Die *rechnerische* Interpolation ergibt sich wie folgt: Es sei s der Horizontalabstand benachbarter Höhenlinien im Bereich des Punktes A (Abb. 114), a der Horizontalabstand des Punktes A von der tiefer gelegenen Höhenlinie mit der Höhe H_t, b der entsprechende Abstand von der höheren Linie mit der Höhe H_h. Dann ist

$$H_A = H_t + \frac{a}{s} \cdot (H_h - H_t) \text{ bzw. } H_A = H_h - \frac{b}{s} \cdot (H_h - H_t).$$

Die *graphische* Interpolation bedient sich einer geeigneten, auf einem Transparent (z. B. Millimeterpapier) gezeichneten Parallelenschar, die auf die Strecke s so eingedreht wird, daß die Endpunkte der Strecke, d. h. die Punkte auf den beiden Höhenlinien mit ihren Höhenwerten den auf der Parallelenschar festgelegten Höhenwerten entsprechen (Abb. 115). Dann liest man die Höhe des Punktes A aus der Parallelenschar ab.

Die beschriebenen Interpolationsverfahren sind umgekehrt auch zur Einschaltung von Höhenlinien nach Höhenpunkten geeignet (5.6.2.1 und Bd. I, 2.2.2.5).

Ist s der Horizontalabstand zwischen zwei Punkten mit den bekannten Höhen H_A und H_B, so kommt es darauf an, den Durchstoßpunkt einer Höhenlinie mit der Höhe H_L durch die Verbindungslinie der beiden Punkte zu finden. Für den Horizontalabstand c dieses Durchstoßpunktes vom tieferen Punkt A sowie für den entsprechenden Abstand d vom höheren Punkt B ergibt sich dann

$$c = (H_L - H_A) \frac{s}{H_B - H_A} \text{ und } d = (H_B - H_L) \frac{s}{H_B - H_A}$$
$$\text{mit } c + d = s.$$

Neben der Entnahme einzelner Höhenwerte ist in der kartometrischen Praxis noch die Entnahme von *Profilen* aus Karten von Bedeutung. Dabei wird die vertikale Profilebene in der Karte durch eine Gerade markiert. Trägt man an den Schnittpunkten dieser Geraden mit den einzelnen Höhenlinien die jeweiligen Höhenwerte rechtwinklig zur Geraden ab und verbindet die Endpunkte miteinander, so entspricht das einem Umklappen des Profils in die Kartenebene (Abb. 117). Über Anwendung, Benennung und Überhöhung von Profilen siehe 3.1.5.

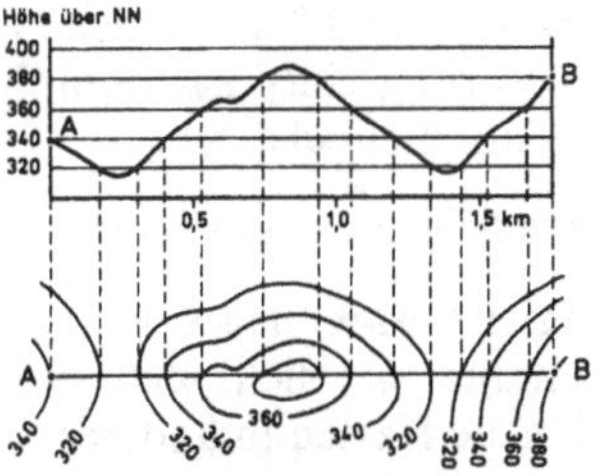

Abb. 117. Geländeprofil aus Höhenlinien: Kartenmaßstab 1 : 50000, Höhenmaßstab 1 : 10000 (5fache Überhöhung)

7. Überblick zur Geschichte der Kartographie

7.1 Begriffe und Aufgaben

Die Geschichte der Kartographie befaßt sich mit der wissenschaftlichen Erforschung und Beschreibung des Zwecks, der Möglichkeiten, der Bedeutung, der Entwicklung und des Wandels kartographischer Tätigkeiten bis zur Gegenwart. Sie bezieht sich dabei einerseits auf die entstandenen *Werke* – Karten, Atlanten, Globen usw. – von der Idee bis zur technischen Realisierung, auf ihre Nutzung und ihr weiteres Schicksal. Andererseits widmet sie sich auch den damit verbundenen *Personen* und *Institutionen*, den Auftraggebern, vor allem aber den Kartenmachern, daneben auch den Benutzern, den Kritikern und denen, die heute solche Werke sammeln, beschreiben oder nachweisen. Schließlich erstreckt sie sich auch auf die organisatorischen und inhaltlichen Strukturen der Ausbildung, der Berufsausübung, des Schrifttums und der fachlichen Vereinigungen.

Kartographie-Geschichte ist ein Teil der *Technik-Geschichte*, soweit dabei die Techniken der Erfassung, Darstellung und Vermittlung von Informationen im Vordergrund stehen. Sie ist ein Teil der *Kultur-Geschichte*, soweit es vor allem um die kulturellen Funktionen, den künstlerisch-ästhetischen Ausdruck, das Statussymbol für Bildung und Wissen, den Prestigewert und den Informationsvorsprung einer kartographischen Darstellung in einer bestimmten Zeitepoche geht.

Begrifflich sollte man dabei wie folgt unterscheiden:

- *Karten aus früherer Zeit* (*alte Karten*) liegen vor, wenn sie ein gewisses Alter erreicht haben und nicht mehr bearbeitet werden oder bereits durch neue Karten in anderer Darstellungsweise ersetzt wurden.
- *Historische Karten* sind dagegen lediglich solche thematische Karten, die ein geschichtliches Thema behandeln.

Allgemeine Ausführungen zur Kartengeschichte stammen von *Grosjean/Kinauer* 1970, *Bagrow/Skelton* 1973 und *Grosjean* 1980. Über die Karte als Kunstwerk siehe *Seifert* 1979; zur Kartengeschichte äußern sich *Scharfe* (in *Bader* 1974 und *Leibbrand* 1984), *Blackmore/Harley* 1980 und *Scharfe* 1981, zur Geschichte der Isarithmenkarten *Horn* 1959, über Kartenmacher *Bonacker* 1966 und *Crone* 1968. Bibliographien stammen von *Jäger* 1978, *Franz/Jäger* 1980, *Grewe* 1983 (mit Betonung des Vermessungswesens) und *Zögner* 1984. Über Literatur zu alten Globen siehe 3.3. Die Zeitschrift „Imago Mundi" widmet sich der Geschichte der Kartographie; in „Acta Cartographica" erscheinen Nachdrucke von Monographien sowie von Aufsätzen aus Periodika der Zeit nach 1800. Eine Reihe von Aufsätzen hat *Meine* 1968 herausgegeben. Eine Beschreibung der Zeitalter stammt von *Freitag* 1972. Zeittafeln befinden sich in *Witt* 1979 und *Ogrissek* 1983. Einen Überblick über die deutsche Kartographie von 1970–1983 gibt *Bosse* (in *Leibbrand* 1984), über die Deutsche Gesellschaft für Kartographie von 1970–1983 *Ferschke* (in *Leibbrand* 1984). Einen Überblick über die Kartographie in Österreich in der zweiten Hälfte des 20.Jahrhunderts gibt *Arnberger* (in *Inst. f. Kartographie*...1984), über 15 Jahre schweizerische Gesellschaft für Kartographie *Ficker* (in *Schweiz. Ges. f. Kartographie* 1984).

7.2 Die Kartographie im Altertum

Obwohl historische Quellen erkennen lassen, daß sich im Altertum vor allem die *Babylonier, Ägypter, Chinesen, Griechen* und *Römer* in der Blütezeit ihrer Kulturen auch mit kartographischen Darstellungen befaßt haben, sind nur ganz wenige davon bis auf den heutigen Tag überliefert.

Als ältestes kartographisches Dokument gilt eine auf 3800 v. Zw. datierte *babylonische* Karte, die auf einem geritzten Tonplättchen das nördliche Mesopotamien mit dem Euphrat, einigen Orten und den das Land begrenzenden Gebirgen (in schematischen Aufrißbildern) wiedergibt. Eine bedeutende kartographische Urkunde der *Ägypter* ist die auf Papyrus gezeichnete nubische Goldminenkarte (1300 v. Zw.), die ein Versuch ist, die Berge durch umgeklappte Profile beiderseits der Wege in der Kartenebene wiederzugeben (Abb. 118).

Abb. 118. Nubische Goldminenkarte

Die Entwicklung bis zu solchen Karten ist sicherlich von Darstellungen ausgegangen, wie sie auch später noch bei *Naturvölkern* in anderen Bereichen angetroffen wurden. Dazu gehören neben manchen Felszeichnungen vor allem die Ritzungen in Steine oder Baumrinden sowie Zeichnungen auf gegerbte Häute. Bemerkenswert und ohne Gegenstück sind die etwa auf das 16. Jahrhundert n. Zw. datierten Seekarten der Einwohner der Marshall-Inseln im Pazifischen Ozean: Es handelt sich um linienhafte Verknüpfungen von Blattrippen der Kokospalme, deren Knotenpunkte die Inseln durch Muscheln anzeigen. Über die Kartographie bei den Naturvölkern berichtet *Dröber* 1964.

Für die *Griechen* war die Kartographie weitgehend gleichbedeutend mit der Frage nach der Gestalt der Erde. Die ersten Erdkarten, über die berichtet wird, stellen die Erde als eine rings von Meeren umflossene Scheibe dar. Die Auffassungen von der Kugelgestalt der Erde breiteten sich aus mit den Lehren der *Pythagoräer* (etwa 500 v. Zw.) und durch den Beweis des *Aristoteles* (etwa 350 v. Zw.), wonach der stets kreisförmige Erdschatten bei Mondfinsternissen nur von einer Kugel stammen könne.

Als Folge davon kam es zur Entwicklung von Kartennetzen. *Dikäarchos* (350–290 v. Zw.) stellte zunächst nur eine West-Ost-Orientierungslinie dar, während *Eratosthenes* (276–195 v. Zw.), der als erster auch die Größe der Erde bestimmte (Bd. I, 2.2.1.1), bereits ein Netz von Parallelscharen verwandte. *Hipparch* (190–125 v. Zw.) teilte den Äquator in 360° und entwarf die stereographische und die orthographische Projektion. *Marinus von Tyros* (um 100 n. Zw.) entwickelte das rechtwinklige Netz der mittabstandstreuen Zylinderentwürfe (Plattkarten), *Ptolemäus* (87–150 n. Zw.) den ersten Kegelentwurf.

Eine Vorstufe der Karte ist der im Altertum benutzte *Periplus*, der eine Beschreibung von Küsten, Inseln, Ländern mit nautisch-technischen Angaben darstellt. Dieser geht später in die mittelalterlichen Portolane über.

Von den Arbeiten des *Ptolemäus* in Alexandria ging der nachhaltigste Einfluß aus. Seine „Geographie“, eine Anleitung zur Kartenanfertigung mit einem Verzeichnis von Orten, Ländern usw., wirkte bis ins 15. Jahrhundert. Die Originalmanuskripte gingen zwar beim Brand der alexandrinischen Bibliothek 391 n. Zw. verloren; später aufgefundene Manuskripte und Karten wurden aber als Kopien seiner Arbeit gedeutet. Unter diesen befindet sich auch die bekannte Weltkarte.

Unter den *Römern* machte die Kartographie keine Fortschritte. Ihre Karten galten nicht geographischen Erkenntnissen wie bei den Griechen, sondern Darstellungen ihres Besitzes und der Verkehrsverbindungen in ihrem Reich. Die sehr unmaßstäblichen *Itinerarien* dienten als Wegekarten für militärische Zwecke, später wohl auch zur Wiedergabe von Handelswegen und -plätzen.

Die bekannte „Tabula Peutingeriana", die der Augsburger Humanist, Kaufmann und Stadtschreiber *K. Peutinger* (1465–1547) als Sammler erwarb, soll eine im 13. Jahrhundert gefertigte Kopie von Unterlagen sein, die aus römischen Straßenkarten abgeleitet und vermutlich bis zum 6. Jahrhundert laufend ergänzt wurden. Die Tafel besteht aus 12 Blättern, die aneinandergelegt rund 7 m lang sind. Die Darstellung ist in Ost-West-Richtung gedehnt, in Nord-Süd-Richtung stark verkürzt und daher völlig unmaßstäblich. Einzelheiten beschreibt *Miller* 1962.

7.3 Die Kartographie im Mittelalter

Während die islamischen Kulturen das geographische Wissen der Griechen übernahmen und weiter entwickelten, verharrte die Kartographie des europäischen Mittelalters zunächst ganz in den religiösen Vorstellungen ihrer Zeit. Die *Mönchs*- oder *Klosterkarten* sind als Erdkarten nicht allein Darstellungen realer geographischer Gegenstände, sondern dienen auch der Illustration biblischen Geschehens. Die Erde erscheint als kreisförmige Scheibe (Radkarte) mit obenliegender Ostrichtung und einer meist T-förmigen Gliederung: Asien liegt oberhalb des T-Balkens, Europa links unten, Afrika rechts unten.

Eines der bekanntesten Beispiele ist die um 1235 entstandene *Ebstorfer Weltkarte* (Kloster Ebstorf bei Uelzen), die im 2. Weltkrieg zerstört, inzwischen aber neu gezeichnet wurde. Die kreisrunde Karte hat einen Durchmesser von 3,5 m und setzt sich aus 30 Pergamentblättern zusammen. In der Mitte liegt Jerusalem. Neben der Wiedergabe von Städten, Flüssen, Bergen und Meeren enthält die Karte auch die Lage des Paradieses, zahlreiche mythologische und biblische Figuren sowie Kopf, Hände und Füße des gekreuzigten Christus.

Über die bei solchen Karten übliche Gebirgsdarstellung in Form der sog. Maulwurfshügelmanier siehe Bd. I, Abb. 124.

Etwa um 1300 kamen in Italien und Katalonien die ersten *Seekarten* auf. Sie entwickelten sich aus den schon im Altertum gebräuchlichen Segelanweisungen über die später als Portolane bezeichneten Navigationsbeschreibungen zu den sog. *Portolan-*

karten. Diese meist auf Tierfellen gezeichneten Karten enthalten neben den Ländern, Inseln, Häfen usw. auch ein Netz von Windstrahlen (Rumben), das irrtümlich auch zu der Bezeichnung als Kompaßkarten geführt hat.

Erst im späten Mittelalter löste der zunehmende geographische Informationsstand die kirchliche Kartographie aus ihren starken religiösen Bindungen und führte zu Fortschritten in der Herstellung von Erdkarten. Bemerkenswerte Zeugnisse dieser Art sind die ovale Genuesische Weltkarte (unbekannter Verfasser, 1457) und die kreisförmige (2 m Durchmesser) „mappa mundi" (1459) des Camaldulensermönches *Fra Mauro*.

7.4 Die Kartographie im Zeitalter der Entdeckungen

Zwei bedeutende Ereignisse beeinflußten die Entwicklung der Kartographie im 15. und 16. Jahrhundert: Die geographischen Entdeckungen und das Aufkommen der Druckverfahren. Die Entdeckungen brachten eine Fülle neuer Kenntnisse, steigerten aber auch andererseits den Bedarf an Karten. Die Vervielfältigung nach Holzschnitten oder Kupferstichen ersetzte das teure und fehlerhafte manuelle Kopieren und verhalf den Karten damit zu einer wachsenden Verbreitung (siehe 7.7).

Ein großer Anstoß zu geographischen Arbeiten ging auch von der „Geographie" des Ptolemäus aus, deren Kopien durch Flüchtlinge aus dem von den Türken bedrohten Byzanz rasch bekannt wurden. Aus der Übersetzung in das Lateinische (ab 1409) entstanden zahlreiche weitere Handschriften und Kartenkopien, denen später auch neue Karten hinzugefügt wurden. 1477 erschien die erste gedruckte Ausgabe als Atlas in Bologna. Schließlich verlor aber die „Geographie" an Bedeutung, als mit der in vielen Ausgaben herausgekommenen „Cosmographia" des *Sebastian Münster* (1488–1552) immer mehr neue und bessere Karten entstanden.

Das umfangreiche Sammeln und Verarbeiten geographischer Informationen führte zu einem gewaltigen Aufschwung der Kartographie. Es bildeten sich kartographische Zentren, zunächst in Italien, Spanien und Portugal, dann in Deutschland und später auch in den Niederlanden. Dabei galt das

Hauptinteresse den Erd- und Seekarten; daneben entstanden aber auch die ersten Erdgloben und größere Regionalkarten. Die Forderung nach einer geometrisch richtigen Darstellung, die vor allem von der Seefahrt erhoben wurde, führte zur ersten intensiven Anwendung von Kartennetzen und zur Entwicklung weiterer Kartennetzentwürfe.

Bedeutende italienische Kartographen dieser Zeit waren u. a. *Fra Mauro* († 1460, siehe auch 7.3), *Paolo Toscanelli* (1397–1482), der in einer verlorengegangenen Karte den Seeweg nach Indien in westlicher Richtung beschreibt, ferner auch *Leornardo da Vinci* (1452–1519), der auch Karten kleinerer Gebiete herstellte. Der spanische Kartograph *Juan de la Cosa* († 1509), der mit Kolumbus und Vespucci nach Amerika segelte, fertigte 1500 eine Weltkarte, die als erste den amerikanischen Kontinent enthält.

In Deutschland schuf *Martin Behaim* (1459–1507) den ersten Erdglobus („Erdapfel" 1492) sowie eine Seekarte für Magelhaes. Von *Erhard Etzlaub* (1460–1532) stammt die Romweg-Karte für Pilger mit einer Wegeteilung in Meilenintervalle, ferner der erste Versuch einer Weltkarte in Mercatorprojektion auf einem Kompaßdeckel. *Martin Waldseemüller* gen. *Ilacomilus* (1470–1518) brachte die erste Weltkarte heraus, auf der sich der Name „Amerika" befindet, ferner eine See- und Europakarte; von ihm stammt auch eine Ausgabe der Ptolemäus-Geographie sowie ein Globus. Weitere Globen sind aus der Hand von *Johannes Schöner* (1477–1547).

Einen kartographischen Höhepunkt stellen die Werke des in Duisburg tätig gewesenen *Gerhard Kremer* gen. *Mercator* (1512–1594) dar. Nach zahlreichen Regionalkarten und Globen kam 1569 die berühmte, für die Seefahrt bestimmte Weltkarte in der nach ihm benannten Projektion heraus, die bis auf den heutigen Tag das Kartennetz der meisten Seekarten bestimmt. Seine drei Söhne setzten seine Arbeiten, vor allem am begonnenen Atlas, fort.

In den Niederlanden schuf *Abraham Ortelius* (1527–1596) eine achtblättrige Weltkarte, einzelne Gebietskarten sowie die in vielen Ausgaben erschienene Kartensammlung „Theatrum orbis terrarum". Weitere Weltkarten stammen von *Jodocus Hondius* (1563–1611), der neben *Gemma Frisius* (1508–1555) auch Globen herstellte.

Kennzeichnend für viele Karten dieser Zeit und bis etwa in das 18. Jahrhundert hinein ist die oft sehr ausgeprägte Titel- und Randgestaltung: *Kartuschen* als medaillonförmige Ornamentmotive enthalten

Erläuterungen und wortreiche Widmungen; der Rand ist durch ornamentale Verzierungen (*Vignetten*) geprägt, und daneben trifft man häufig auf Wappen, mythologische Gestalten und allegorische Darstellungen.

In Seekarten findet man vielfach die sog. *Vertoonungen*, das sind Ansichtsbilder der Küste von See her, die dem Seemann die Sichtnavigation erleichtern sollen.

7.5 Von der Regionalkartographie zur topographischen Landesaufnahme

So wie die Entwicklung von Geographie und Verkehr den Bedarf an Erd- und Seekarten weiter ansteigen ließ, so ließ sie auch das Interesse an Regionalkarten wachsen. Die dazu erforderlichen topographischen Arbeiten waren allerdings noch weit entfernt von den Techniken der späteren Landesaufnahmen. Die ersten Darstellungen beruhten auf groben geographischen Orientierungen, Auswertungen von Reisezeiten und skizzenartigen Einschneideverfahren. Später verwendete man auch Kompaß, Meßschnur und Schrittmaß; eine übergeordnete Festpunktbestimmung – von spärlichen astronomischen Ortsbestimmungen abgesehen – gab es noch nicht. Die Messungen führten meist an den Wegen entlang und erfaßten das Gelände links und rechts mehr oder weniger skizzenhaft. Die kartographische Wiedergabe erstreckte sich auf die wichtigsten Gewässer und Siedlungen, letztere vielfach in individuellen Aufrißbildern, ferner auf die Geländedarstellung in Form der üblichen Seitenansicht mit oft stark künstlerisch-bildhafter Bearbeitung. Die Namen erschienen in Fraktur-, später immer mehr in Antiquaschrift. Die Vervielfältigung beruhte zunächst auf dem Hochdruck nach Holzschnitten, später auf dem Tiefdruck nach Kupferstichen.

Erste Beispiele dieser Art waren die Karte der Schweiz (1497) von *Konrad Türst* (1450–1503) und die Karte von Toscana (1503) von *Leonardo da Vinci*. Unter späteren Werken sind vor allem die 24 Blätter der „Bayerischen Landtafeln" (1568) von *Philipp Apian* (1531 bis 1589, siehe Bd. I, Abb. 125) und die „Preußischen Landtafeln" (1584) des *Kaspar Hennenberger* (1529–1600) bekannt.

Die weitere Entwicklung der topographischen Kartographie ist gekennzeichnet durch die Verbesserung der topographischen Aufnahmemethoden und durch den allmählichen Übergang von der noch sehr bildhaften zur mehr abstrakt-geometrischen Darstellungsweise. Dabei werden die topographischen Arbeiten – zunächst allerdings nur sehr langsam – durch zwei Neuerungen entscheidend beeinflußt: Die erste Dreiecksmessung (Triangulation) von 1617 des Niederländers *Willibrord Snellius* und die Erfindung des Meßtisches (Bd. I, 2.1.3.4) (vermutlich durch *Johannes Prätorius* oder durch die sog. *Züricher Schule* um 1600).

Erste, wenn auch nur graphische Anwendungen der Triangulation finden sich bei den 56 Blättern 1 : 32 000 der kartographisch hervorragenden Karte des Kantons Zürich von *Hans Konrad Gyger* (1599 bis 1674) und den 13 (heute nur im Entwurf vorhandenen) Blättern 1 : 140 000 der „Württembergischen Landtafeln" von *Wilhelm Schickhart* (1592–1635). Letzterer benutzte auch bereits die Meßtischmethode.

Durch die genauere Einzelvermessung war es auch möglich, die topographischen Gegenstände mehr und mehr nach ihrer exakten Grundrißprojektion darzustellen. So wurde z. B. die vogelschauartige Siedlungsdarstellung, deren Höhepunkt die „Topographien" (ab 1640) von *Matthäus Merian* (Vater und Sohn) bildeten, durch den geometrisch-nüchternen Straßengrundriß abgelöst; für kleinere Objekte kamen die ersten Kartenzeichen (Signaturen) auf. Über Beiträge zur Geschichte der topographischen Kartographie siehe *Imhof* 1964.

Bei der Bestimmung von Wassertiefen an der Mündung schiffbarer Flüsse ergaben sich erste Anwendungen von Isolinien aus der Lotung gegen die Wasseroberfläche und der damit verbundenen Lagemessung. Die erste Karte mit Tiefenlinien (Isobathen) wird dem Feldmesser *P. Bruinss* zugeschrieben (7-Fuß-Tiefenlinie des Sparneflusses in Haarlem 1584). Der Rotterdamer Landmesser *P. Ancelin* schuf 1697 eine Karte der Maas einschließlich des alten Hafens mit Tiefenlinien von 5 zu 5 Fuß (Abb. 119).

Die allgemeine Anwendung der Triangulation in der Landesvermessung setzte ein, nachdem die Franzosen sich dieses Verfahrens in ihren zahlreichen Erdmessungen (Gradmessungen) zwischen 1669 und 1741 mit Erfolg bedient hatten (Bd. I,

2.2.1.2). *César François Cassini* (1714–1784), in dritter Generation an diesen Arbeiten beteiligt, überzog ab 1750 Frankreich mit einem Netz aus über 2000 Dreiecken und leitete auf dieser Grundlage die Herstellung des Kartenwerkes 1 : 86400 ein, das 1815 unter seinem Sohn *Jean Dominique Cassini* vollendet wurde.

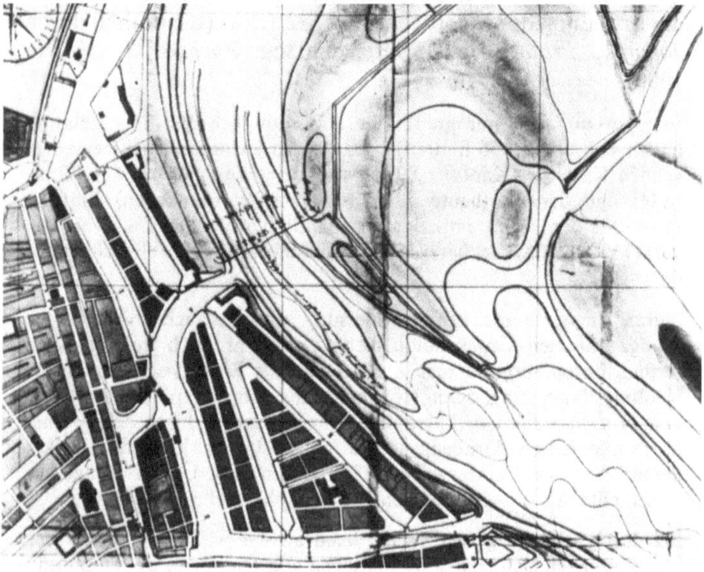

Abb. 119. P. Ancelin, Tiefenlinienkarte der Maas in Rotterdam, 1697; Originalmaßstab 1 : 2500

Die Cassinische Karte stellte das Gelände in einer Schraffenmanier dar; ihr Kartennetz stammte aus einer mittabstandstreuen zylindrischen Abbildung in transversaler Lage. Sie war der Auftakt zur systematischen und exakten topographischen Landesaufnahme in zahlreichen Staaten. Diese Entwicklung wurde noch dadurch beschleunigt, daß vor allem militärische Zwecke ein geschlossenes topographisches Kartenwerk mit geeigneter Geländewiedergabe erforderten.

Zur deutschen Kartographie im 18. Jahrh. äußert sich *Satzinger* 1977, zur Darstellung Ostpreußens *Jäger* 1983, zur Kartographie Brandenburgs *Scharfe* 1972, zu den dortigen Problemen der Kartenproduktion *Jäger* 1982, zur Kartographie des deutschen Südwestens *Oehme* 1961.

Zu Beginn des 19. Jahrhunderts war die Herstellung topographischer Karten mittlerer Maßstäbe wie folgt gekennzeichnet: 1. Die Arbeiten lagen in den Händen staatlicher, vielfach militärischer Institutionen. 2. Es entstanden einheitliche Triangulationsnetze. 3. Die topographische Aufnahme war das Ergebnis einer Vermessung, gewöhnlich der Meßtischmethode. 4. Das Geländerelief wurde grundrißartig durch Schraffen dargestellt.

Über die historische Entwicklung der Geländedarstellung siehe (Bd. I, 5.3.2). In die amtlichen topographischen Kartenwerke ging ab 1799 zunächst die Böschungsschraffenmanier von *Johann Georg Lehmann* (1765 – 1811) ein. Die dazu erforderlichen örtlichen Arbeiten bestanden im Aufsuchen von Formlinien und im Ermitteln von Böschungswinkeln.

Eine Höhenliniendarstellung mit absoluten Höhenzahlen war noch nicht zu verwirklichen, da es an geeigneten Instrumenten und Grundlagen fehlte; auch wurden die Höhenlinien noch als zu unanschaulich empfunden. Die für Schraffendarstellungen und einzelne Punktangaben benötigten Höhenunterschiede wurden meist barometrisch oder trigonometrisch gemessen. Erst in der Mitte des 19. Jahrhunderts kamen Tachymeter und Nivelliergeräte in Gebrauch, und es wurden Nivellementsnetze mit eindeutig definierter Höhenbezugsfläche gemessen. Im Anschluß daran fanden neue topographische Aufnahmen statt, die nunmehr durch die Höhenliniendarstellung und deren Genauigkeitsgrad auch die zivilen Belange des Ingenieurbaus, der wissenschaftlichen Forschung und der Planung berücksichtigten.

In *Preußen*, wo die Landesaufnahme seit 1816 in der Hand des Generalstabs lag, entstanden bis 1846 Meßtischaufnahmen 1 : 25 000 mit einer Geländewiedergabe durch Schraffen. Die Ergebnisse dienten ausschließlich der Herstellung des Kartenwerks 1 : 100 000 (Generalstabskarte). Erst die Neuaufnahmen 1 : 25 000 ab 1875 mit Höhenliniendarstellung und Bezug auf Normal-Null führten zu einem eigenständigen Kartenwerk 1 : 25 000 (Meßtischblatt), das vor allem den zunehmenden zivilen Bedarf befriedigen sollte. Unabhängig von dieser Landesaufnahme vollzog sich der Aufbau des zunächst nur für Steuerzwecke bestimmten Katasterkartenwerks (1.7.2.2) auf der Grundlage eigener, regional begrenzter Triangulationssysteme.

In *Bayern* begann nach der Gründung des Topographischen Büros 1801 eine systematische Landesvermessung, bei der auf einheitlicher Netzgrundlage Flurkarten 1 : 5000 (in geringem Umfang auch 1 : 2500) durch Meßtischaufnahme entstanden. Bereits ab 1817 dienten Verkleinerungen dieser Flurkarten als Ausgangsmaterial für den Grundriß der sog. Positionsblätter 1 : 25 000, während die Geländedarstellung durch Schraffen unmittelbar im Maßstab der Positionsblätter gewonnen wurde. Ab 1840 fanden jedoch Höhenaufnahmen nur noch unmittelbar auf dem Grundriß der Flurkarte 1 : 5000 statt. Die daraus abgeleiteten Positionsblätter 1 : 25 000 waren aber nicht zur Veröffentlichung bestimmt, sondern dienten der Herstellung des Topographischen Atlasses 1 : 50 000, dessen Blätter 1867 geschlossen vorlagen. Ab 1872 wurden auch die Positionsblätter veröffentlicht, wobei später der Zeichenschlüssel mehrmals wechselte. 1866 entstanden die ersten Höhenlinienaufnahmen 1 : 5000, die wegen der unterschiedlichen Ausgangspunkte und Meßmethoden jedoch mehr Formlinien als exakte Höhenlinien erzeugten. Das änderte sich ab 1896 mit dem Bezug auf Normal-Null und ab 1920 infolge höherer Punktdichte, besserer Instrumente und einer speziellen Meßmethode (Bayerisches Verfahren, Bd. I, 2.2.2.3). Von 1910 an wurden diese Vermessungsergebnisse auch als selbständiges Kartenwerk „Höhenflurkarte 1 : 5000" im Zweifarbendruck veröffentlicht.

Die in *Württemberg* 1818 eingerichtete staatliche Landesvermessung stellte zunächst Flurkarten 1 : 2500 her, bildete dann aus Verkleinerungen dieser Karten Aufnahmeblätter 1 : 25 000, die durch eine einfache Höhenmessung mit Lehmannschen Böschungsschraffen versehen wurden, und leitete daraus die 55 Blätter des Topographischen Atlasses 1 : 50 000 ab, die zwischen 1826 und 1851 erschienen. Die systematische Landeshöhenaufnahme für die Topographische Karte 1 : 25 000 begann 1890, und zwar auf der Grundlage der Flurkarte 1 : 2500, in die das Ergebnis der tachymetrischen Vermessungen (Württembergisches Verfahren, Bd. I, 2.2.2.3) kartiert wurde. Diese Darstellung diente als sog. Topographische Flurkarte zunächst in erster Linie der Herstellung der Karte 1 : 25 000, erst allmählich entwickelte sich daraus auch als selbständiges Kartenwerk die Höhenflurkarte 1 : 2500, die ab 1914 im Zweifarbendruck erschien.

Die Entwicklung des deutschen Vermessungswesens beschreiben *Jordan/Steppes* 1882, *Kriegel/Böhm* 1961 und *Scheel/Mohr* 1978, die Reichskartenwerke *Kleffner* 1939, den Verbleib der Kartenoriginale des Deutschen Reiches *Böhme* 1978. Aus der Entwicklung in Teilbereichen des ehemaligen Preußen berichten *Pesch* (in *Meine* 1968), *Schmidt* 1973 und *Pötzschner* 1979, aus der bayerischen Kartographie *Finsterwalder* 1967, *Katzenberger* 1977 und *Thaler* 1982, aus der Württembergischen Landesvermessung *Landesvermessungsamt Baden-Württemberg* 1968, aus dem Rhein-Main-Gebiet *Bertinchamp* 1979, aus der Landesaufnahme Sachsens *Töpfer* 1981. Weitere Einzelheiten zu regionalen kartengeschichtlichen Entwicklungen enthalten auch die in den einzelnen Bundesländern erschienenen Topographischen Atlanten (2.6).

Über die gegenwärtigen amtlichen topographischen Kartenwerke in der Bundesrepublik Deutschland siehe Bd. I, 5.6.1.

In *Österreich* fand unter militärischer Leitung 1763–1787 die erste Landesaufnahme statt, der auf der Basis einer Triangulation die zweite Aufnahme 1806–1869 folgte. Die dabei entstandenen Aufnahmeblätter 1:28 800 dienten der Herausgabe der Spezialkarte 1:144 000 mit Böschungsschraffen. 1839 wurde das Militärgeographische Institut gegründet. Die später einsetzende dritte Landesaufnahme führte über Aufnahmeblätter 1:25 000 mit Höhenlinien zur Spezialkarte 1:75 000 mit Schraffen. Weitere Einzelheiten siehe *Bundesamt für Eich- und Vermessungswesen* 1970 und *Arnberger/Kretschmer* 1975. Über die heutigen Kartenwerke siehe Bd. I, 5.6.3.

In der *Schweiz* gab das 1838 gegründete „Eidgenössische Topographische Büro" 1844–1864 das erste amtliche eidgenössische Kartenwerk 1:100 000 (Dufourkarte) auf der Grundlage vorhandener und verbesserter kantonaler Karten 1:25 000 bzw. 1:50 000 heraus. Das Gelände war dabei durch Schattenschraffen wiedergegeben (Bd. I, Abb. 128). Ab 1870 erschienen die Blätter des „Topographischen Atlas der Schweiz" (Siegfriedkarte) in 1:25 000 (bzw. 1:50 000 für den alpinen Bereich) mit Höhenliniendarstellung . Weitere Einzelheiten siehe *Imhof* 1968. Über die weitere Entwicklung siehe Bd. I, 5.6.4.

7.6 Die Entwicklung der Atlaskartographie

Als erste atlasähnliche Kartensammlungen gelten die Zusammenstellungen in den verschiedenen, ab Mitte des 15. Jahrhunderts erschienenen Ausgaben der Geographie des *Ptolemäus*.

Freilich besaßen diese Sammlungen noch nicht die Einheitlichkeit in Form und Inhalt, die heute ein wesentliches Merkmal eines Atlasses ist, zumal alte und neue Karten zusammentrafen.

Einheitlichkeit nach Format und Druck zeigte dagegen schon das Kartenmaterial im „Theatrum orbis terrarum" (1570) des *Ortelius* (7.4), im „Speculum orbis terrarum" (1578) des *Gerard de Jode* (1515–1591) und im „Seespiegel" (1584) des *Lucas Jansz Waghenaer* (†1593).

Ein bedeutender Fortschritt, nämlich das Bemühen um Einheitlichkeit auch im Inhalt, zeigte sich in dem 1595 erstmalig vollständig erschienenen Atlas *Gerhard Mercators* (7.4). Dieses Werk, zunächst nur als Illustration zu einer Beschreibung der Entstehung und Beschaffenheit der Welt bestimmt, weist durch seinen Titel „Atlas sive cosmographicae meditationes de fabrica mundi et fabricati figura" zum ersten Male die Bezeichnung „Atlas" auf. Der Textteil geriet bald in Vergessenheit, der Atlas aber wurde ein großer Erfolg und bestimmte maßgebend den weiteren Weg der Atlaskartographie.

Durch die Verbreitung dieses Werkes von Mercator wurde auch der neue Name „Atlas" bekannt, doch setzte er sich zunächst nur sehr zögernd durch und ist eigentlich erst seit 200 Jahren ein allgemeingültiger Begriff. Es ist nicht sicher, ob Mercator hierbei die Gestalt des Himmelsträgers Atlas mit dem ihm nach der Mythologie zugedachten Wissen um Himmel und Erde im Sinne hatte.

Im 17. Jahrhundert waren vor allem die Niederländer in der Atlaskartographie führend. *Jodocus Hondius* (1563–1611) erwarb Mercators Platten und gab weitere Ausgaben heraus. Am umfangreichsten aber war die Produktion von *Willem Blaeu* (1571–1638) und seinem Sohne *Johan* (1596–1673); unter ihren zahlreichen Atlanten ist vor allem die 12bändige *„Geographia Blaviana"* bemerkenswert. Inhaltlich zeigen diese Werke allerdings keine Fortschritte gegenüber den Arbeiten Mercators. Von solchen Atlaswerken gibt es heute zahlreiche Nachdrucke, dazu gehört auch der Atlas des Großen Kurfürsten.

Weitere bedeutende Atlanten entstanden im 17. und 18. Jahrhundert in Frankreich u. a. durch *Nicolas Sanson d'Abbéville* (1600–1667), seine Söhne und Enkel sowie durch *Guilleaume de l'Isle* (1675–1726), in Deutschland vor allem durch *Johann Baptist Homann* (1663–1724) und seine Erben (bis 1813) in Nürnberg und durch *Matthäus Seutter*

(1678-1757) in Augsburg. Eine besondere Stellung nimmt der 1749 erschienene Preußische Seeatlas, eine Sammlung von 12 Seekarten 1 : 20 Mill., ein.

Wenn auch der Inhalt dieser Atlanten durch genauere Ortsbestimmungen und neuere Regionalkarten nach und nach verbessert werden konnte, so blieben doch noch spürbare Mängel. Diese lagen darin begründet, daß neuestes Quellenmaterial oft aus politischen oder wirtschaftlichen Gründen geheimgehalten wurde und daß man aus kommerziellen Gründen mitunter die Herstellung und Fortführung neuer Originale zurückstellte und dafür lieber die billigere Kopie älterer Vorlagen vornahm.

Im 19. Jahrhundert beginnt die Entwicklung der modernen Atlaskartographie: Der Besitz teurer und großer Atlanten ist nicht mehr das Privileg einiger Begüterter; die zunehmende Bedeutung der Geographie in Unterricht und Allgemeinbildung schafft die Grundlage für eine weite Verbreitung von Schul- und Handatlanten. Durch die Ergebnisse der topographischen Landesaufnahmen werden die Karten inhaltlich durchgreifend verbessert, und die Anwendung des Steindrucks ermöglicht hohe und zugleich preiswerte Auflagen.

Diese günstigen Umstände führen zur Entwicklung einiger neuer und namhafter privatkartographischer Anstalten wie Perthes in Gotha, Ravenstein in Frankfurt am Main und Wagner-Debes in Leipzig, die sich intensiv mit der Herstellung von Atlanten befassen. Ein weit über die Grenzen Deutschlands bekanntgewordenes Atlaswerk ist das von *Adolf Stieler* (1775–1836), das 1823 erstmalig vorlag und bis in das 20.Jahrhundert hinein in laufend verbesserten Auflagen (Hundertjahrausgabe 1925 durch *Hermann Haack*) erschien.

Während in den ersten Jahrhunderten der Atlaskartographie nur solche Werke entstanden, deren Karten ihrem Wesen nach topographisch (allgemein-geographisch) sind, traten vom 19. Jahrhundert an die ersten Atlanten mit thematischen Darstellungen auf. Um die Wende zum 20. Jahrhundert kam es schließlich zur Herausgabe der ersten Nationalatlanten.

Im Anfang dieser Entwicklung stand 1848 der durch *Alexander von Humboldt* angeregte „Physikalische Atlas“ von *Heinrich Berghaus* (1797–1884) als Weltatlas mit Themen aus dem Naturbereich. Das

Werk diente auch als Vorlage für den von *Alexander Keith Johnston* (1804–1871) in Edinburgh 1848 herausgegebenen Atlas. In der zweiten Hälfte des 19. Jahrhunderts erschienen die ersten Fachatlanten (z. B. über Klima, Landwirtschaft, Bevölkerung, Geschichte).

1899 begann mit dem Atlas von Finnland die Reihe der Nationalatlanten. Es folgten weitere Werke dieser Art, doch setzte die große Welle in der Herstellung von Nationalatlanten erst nach 1950 ein.

Zur Geschichte der Atlanten äußert sich *Horn* 1961, zum Wandel von Schulatlanten *Arnberger* 1982, zu Atlanten in der DDR *Pustkowski* 1981. Eine Bibliographie von Schulatlanten stammt von *Badziag u. a.* 1982.

7.7 Die Entwicklung der Kartentechnik

Im Altertum und Mittelalter entstanden Kartenoriginale unter anderem durch Ritzen auf Tontafeln (Babylonien) oder Metallplatten (China), als Zeichnung auf Papyrus (Ägypten), Pergament (Mönchskarten) oder Tierhäuten (Portolankarten) oder durch Meißeln in Stein (Rom). Eine Vervielfältigung war nur durch manuelle Anfertigung weiterer Exemplare, d. h. durch erneutes Ritzen, Zeichnen usw. möglich.

Die ersten Druckplatten entstanden als *Holzschnitte* etwa zu Beginn des 15. Jahrhunderts; von diesen wurden die Karten nach den Grundsätzen des Hochdrucks (4.3.1.2) mit einer Handpresse in geringer Auflage vervielfältigt. Die Wiedergabe feiner Linien war dabei naturgemäß nicht möglich.

Um die Mitte des 15. Jahrhunderts brachte der *Kupferstich* einen großen Fortschritt; er machte es möglich, Karten hoher graphischer Qualität durch sehr feine Strichwiedergabe im Wege des Tiefdrucks (4.3.1.3) herzustellen.

Die Anwendung der Druckverfahren beeinflußte auch die Originalherstellung nachhaltig. Formschneider und Graveure fanden ein großes Betätigungsfeld, und die Druckformen stellten erhebliche Wertobjekte dar. Von historischem Interesse sind heute vor allem die *Erstlings-* oder *Wiegendrucke* von Karten (*Inkunabeln*).

Der seitenverkehrte Kupferstich wurde auf einer plangeschliffenen, bis zu 4 mm starken Kupferplatte nach einer Zeichnung durchgeführt, die anfangs durch eine Gelatinepause, später photographisch auf die Platte übertragen wurde. Durch die *Handgravur* wurden dann die Linien mit verschiedenartig geschliffenen Sticheln und Nadeln eingegraben; Kartenzeichen und Zahlen ließen sich mit Stahlstempeln einschlagen. Nach dem Farbauftrag war zunächst eine Reinigung der Plattenoberfläche erforderlich, und dann fand der Druck auf angefeuchtetes Papier statt. Die *galvanische* Gravur, d. h. das mechanische Tieflegen der Zeichnung auf elektrolytischem Wege, wurde erst seit etwa 1930 angewandt. Der Druck von der Kupferplatte ließ wegen der Weichheit des Metalls nur geringe Auflagen zu. Größere Auflagen erforderten daher die Vervielfältigung mit Hilfe von Maschinendruckplatten (Stein oder Zink), die vom Kupferoriginal durch Umdruck mit besonderem Umdruckpapier abgeleitet wurden.

Zu den letzten Beispielen von Kupfer-Originalen gehörten die „Karte des Deutschen Reiches 1 : 100 000" (Bd. I, Abb. 127) und die Karten des deutschen Seekartenwerks (1.7.2.6).

Abb. 120. Originalstein

1796 erfand *A. Senefelder* die Lithographie. Damit wurde der *Steindruck* zum ersten Flachdruckverfahren (4.3.1.4) und als *Kartolithographie* ein rasch an Bedeutung gewinnendes Verfahren des Kartendrucks.

Als Ausgangsmaterial dienten Kalkschieferplatten (vorwiegend aus Solnhofen im Fränk. Jura). Der etwa 9 – 11 cm dicke Stein wird an seiner Oberfläche sehr glatt geschliffen und chemisch gegen Fett und Öl (Farbe!) widerstandsfähig gemacht. Die Zeichnung läßt sich auf die Steinplatte wie bei der Kupferplatte übertragen. Der Stein wird entweder durch Gravur mit besonderen Stahlsticheln (Tiefmanier) oder durch Federzeichnung mit einer sog. Lithographietusche (Flachmanier) bearbeitet. Wie beim Kupfertiefdruck wurde auch bei Steindruck der Auflagendruck nicht mit dem Original, d.h. dem Originalstein (Abb. 120) vorgenommen, sondern mit einem zweiten sog. Umdruckstein oder mittels kopierter Metallplatte.

Die letzten Stein-Originale gab es bei der Topographischen Karte 1:25000 (Bd. I, 5.6.1.2) und den Höhenflurkarten 1:5000 (Bayern) bzw. 1:2500 (Württemberg).

Die genannten Druckformen nahmen gewöhnlich jeweils die gesamte Kartendarstellung auf, d.h. die Karte wurde *einfarbig* gedruckt. Eine mehrfarbige Gestaltung (Flächen, Farbsäume an Grenzen usw.), wie man sie z.B. bei alten Atlaskarten trifft, war daher nur nachträglich durch Handkolorit des Einzelexemplars möglich.

Der *mehrfarbige* Kartendruck, der im 19. Jahrhundert vor allem bei den auflagenstärkeren Atlaskarten aufkam, wurde durch eine Reihe neuer Techniken ermöglicht bzw. begünstigt: Die *Photographie* erlaubte es, anstelle der manuellen Bearbeitung des Druckträgers das graphisch endgültige Original durch Zeichnung zu erstellen und dann auf den präparierten Druckträger druckfertig zu übertragen. Die autotypische Rasterung gestattete es seit 1881, auch Halbtöne zu drucken. An die Stelle von Steinen traten *Metallplatten* als Träger des Auflagen-Flachdrucks. Damit wurden auch die seit der Mitte des 19. Jahrhunderts eingesetzten Steindruckschnellpressen allmählich abgelöst durch Maschinen nach dem schnelleren Rotationsprinzip mittels Druckzylinder. Im 20. Jahrhundert setzte sich dann das 1904 erfundene Offset-Prinzip durch.

Daß der Offsetdruck zum heute dominierenden Verfahren der Kartenvervielfältigung wurde, hängt mit folgenden weiteren Verbesserungen zusammen:

– In der *Zeichentechnik* traten weitere Fortschritte ein durch bessere Zeichenträger - stabilisierter Zeichenkarton, vor allem aber seit 1937 die transparente Kunststoff-Folie – und durch methodische Qualitätssteigerung, besonders mit Hilfe der Schichtgravur (etwa ab 1950).

- In der *Reproduktionstechnik* führte der Einsatz großer und präziser Kameras, der Gebrauch von Trockenfilmen (anstelle des nassen Jod-Kollodium-Verfahrens auf Glas) und das Folien-Kopierverfahren zu einer großen Variations- und Kombinationsvielfalt auf dem Wege von der Reinzeichnung zur Druckplatte.

Zur Geschichte der Druckverfahren allgemein siehe z.B. *Gerhardt* 1974/1975, zur Geschichte des Kartendrucks *Woodward* 1975 und *Gerhardt* 1981. Die historische Entwicklung der Kartentechnik beschreibt *Leibbrand* (in *Bosse* 1979 und *Leibbrand* 1984). Die Kartentechnik der ersten Hälfte des 20. Jahrhunderts beschreiben *Ermel* 1949 und *Bosse* 1954/1955.

Literaturverzeichnis

Hand- und Lehrbücher sind mit einem * vor dem Namen des Autors gekennzeichnet.

Die daneben aufgezählten Zeitschriftenaufsätze, Monographien, Sammelwerke, Berichte, Bibliographien, Wörterbücher usw. stellen nur eine Auswahl dar. Hierbei liegt der Schwerpunkt bei der leicht erreichbaren Literatur in deutscher Sprache. Bei spezieller Thematik mit rascher Entwicklung beschränken sich die Angaben meist auf das jeweils neueste Schrifttum; erfahrungsgemäß enthält dieses dann weitere Hinweise auf älteres Schrifttum, auch solches in anderen Sprachen.

Allgemeines zum kartographischen Schrifttum siehe Bd. I, 1.7.

Abkürzungen:

AkNd Arbeitskurs Niederdollendorf
ARL Akademie für Raumforschung und Landesplanung
AVN Allgemeine Vermessungs-Nachrichten
BuL Bildmessung und Luftbildwesen
DGK Deutsche Geodätische Kommission
GTB Geographisches Taschenbuch
IJK Internationales Jahrbuch für Kartographie
KN Kartographische Nachrichten
NaKaVerm Nachrichten aus dem Karten- und Vermessungswesen
PGM Petermanns Geographische Mitteilungen
VR Vermessungswesen und Raumordnung
VT Vermessungstechnik
WAVH Wiss. Arbeiten d. Fachrichtung Vermessungswesen d. Univ. Hannover
ZfV Zeitschrift für Vermessungswesen

**Aario, L, und J. Illies:* Biogeographische Pflanzen- und Tiergeographie, 4. Aufl. Braunschweig 1970.

Agte, R.: Der richtige Fachbegriff in der Druckindustrie. Frankfurt a. M. 1981.

Ahrens, H. H. (Hrsg.): Landinformationssysteme (LIS). Bericht zum XVI. Kongreß der Fédération Internationale des Géomètres (FIG) 1981. Sonderheft 22 der ZfV 1982.

Akademie für Raumforschung und Landesplanung (Hrsg.): Untersuchungen zur thematischen Kartographie (1., 2. und 3. Teil). Forschungs- und Sitzungsberichte, Bände 51, 64 und 86. Hannover 1969, 1971 und 1973.

* *Akademie für Raumforschung und Landesplanung (Hrsg.):* Handwörterbuch der Raumforschung und Raumordnung. 2. Aufl. Hannover 1970.

Akademie für Raumforschung und Landesplanung (Hrsg.): Thematische Kartographie und elektronische Datenverarbeitung. Forschungs- und Sitzungsberichte, Band 115. Hannover 1977.

* *Akademie für Raumforschung und Landesplanung (Hrsg.):* Daten zur Raumplanung. Zahlen – Richtwerte – Übersichten. Teil A, Allgemeine Grundlagen und Gegebenheiten. Hannover 1981 (a).

Akademie für Raumforschung und Landesplanung (Hrsg.): Ergebnisse einer Fragebogenaktion des Arbeitskreises „Verwendung der Fernerkundung für die Planung". Arbeitsmaterial Nr. 47. Hannover 1981 (b).

* *Akademie für Raumforschung und Landesplanung (Hrsg.):* Grundriß der Raumordnung. Hannover 1982.

Albertz, J. und G. Schultz: Zeichnen von Stereobildern durch optische Projektion. BuL 29 (1961), S. 12–15.

Albinus, H.-J.: Bildschirmtext-Kartographie. KN 32 (1982), S. 167–179.

Alexander, G. L.: Guide to Atlases. An international listing of atlases published since 1950 (mit Ergänzungen bis 1975). Metuchen, N.J. 1971/1977.

Arbeitsgemeinschaft der Vermessungsverwaltungen ... (Hrsg.): Katalog zur Verschlüsselung der Grundrißobjekte (Objektschlüsselkatalog). Hannover 1976.

* *Arnberger, E.:* Handbuch der thematischen Kartographie. Wien 1966.

Arnberger, E.: Die Kartographie im Alpenverein. München – Innsbruck 1970.

Arnberger, E.: Literatur zur Methode der kartographischen Darstellung des Bevölkerungswesens. Wien 1973.

Arnberger, E.: Problems of an International Standardization of a Means of Communication through Cartographic Symbols. IJK XIV (1974). S. 19–35.

* *Arnberger, E.:* Thematische Kartographie (Das geographische Seminar). Braunschweig 1977.

Arnberger, E.: Der Wandel der Schulgeographie in der Bundesrepublik Deutschland und in Österreich. Band 10/10a der Beiträge aus dem Seminarbetrieb d. Inst. f. Geographie d. Univ. Wien. 2. Aufl. Wien 1982.

Arnberger, E.: Thematische Kartographie – Revolution oder Evolution? KN 33 (1983), S. 209–214.

Arnberger, E., Breu, J. und J. Fink: Kritische Betrachtungen zu den Österreichischen Unterstufen-Schulatlanten. Mitt. d. Österr. Geograph. Gesellschaft, Band 123. Wien 1981.

**Arnberger, E. und I. Kretschmer:* Wesen und Aufgaben der Kartographie – Topographische Karten. Band I der Enzyklopädie der Kartographie. Wien 1975.

Assmus, E. und K. Kraus: Die Interpolation nach kleinsten Quadraten. DGK Reihe A, Heft 76. München 1974.

Aurada, F.: „Overhead-Kartographie" im Medienverbund. KN 29 (1979), S. 128–134.

Aurada, F.: Fünfundzwanzig Jahre Schulatlas-Entwicklung im deutschsprachigen Raum. KN 31 (1981), S. 85–100.

Aurada, F.: Kartographische Darstellungsmöglichkeiten eines alpinen Nationalparks. KN 33 (1983), S. 94–98.

Bader, F. u. a. (Hrsg.): Festschrift für Georg Jensch. Abhandlungen des 1. Geographischen Instituts der Freien Universität Berlin, Band 20. Berlin 1974.

Badziag, A. u. a. (Bearb.): Schulatlanten in Deutschland und benachbarten Ländern vom 18. Jahrhundert bis 1950. Sonderheft 1 der Bibliographia Cartographica. München 1982.

Bär, W.-F.: Zur Methodik der Darstellung dynamischer Phänomene in thematischen Karten. Diss. Univ. Frankfurt. Frankfurter Geographische Hefte, Nr. 51. Frankfurt a. M. 1976.

**Bagrow, L. und R. Skelton:* Meister der Kartographie. Berlin 1973.

Barsch, D. und G. Richter (Hrsg.): Geowissenschaftliche Kartenwerke als Grundlage einer Erfassung des Naturraumpotentials. Bd. 220 d. Forschungen z. dt. Landeskunde. Trier 1983.

Bausch, U. u. a.: Teilautomatische Objektextraktion aus Luftbildern und Landkarten. NaKaVerm I/81, S. 7–22. Frankfurt a. M. 1980.

**Beck, W.:* Wandern mit der Karte. Stuttgart 1977.

Beckmann, B.: Erstellung und Fortführung von Stadtgrundkarten durch „Interaktive graphische Datenverarbeitung". ZfV 108 (1983), S. 479–484.

Berger, A.: Ein Generalisierungsmodell zur Siedlungsdarstellung von Häuserreihen in topographischen Karten. NaKaVerm I/65, S. 7-17. Frankfurt a. M. 1974.

Bergmann, H.: Der Stand des Liegenschaftsnachweises in der DDR. ZfV 103 (1978), S. 393–397.

**Bertin, J.:* Graphische Semiologie (übers. nach d. 2. franz. Aufl.). Berlin–New York 1974.

*Bertin, J.: Graphische Darstellungen und die graphische Weiterverarbeitung der Information (übers. a. d. Franz.). Berlin–New York 1982.

Bertinchamp, H.-P.: Historische Entwicklung der Landesaufnahmen im Rhein-Main-Gebiet. KN 29 (1979), S. 165–172.

Bickmore, D. P. (Hrsg.): Perspectives in the Alternative Cartography. Cartographica, Vol. 19, Nr. 2, 1982, Monograph 28. University of Toronto Press 1982.

*Biederbick, K.: Kunststoffe. 4. Aufl. Würzburg 1977.

Blakemore, M. J. and J. B. Harley: Concepts in the History of Cartography: A Review and Perspective. Cartographica, Vol. 17, Nr. 4 (1980) (Monograph 26).

Böhme, R.: Der Verbleib der Originale der amtlichen Kartenwerke des Deutschen Reiches. DGK Reihe E, Heft 16. Frankfurt a. M. 1978.

Böhme, R.: Geographisches Namenbuch Bundesrepublik Deutschland. KN 30 (1980), S. 92–102.

Boesch, H. H.: The World Land Use Survey. IJK VIII (1968), S. 136–143.

Boesch, H.: Das Entwerfen von Bandkarten des internationalen Handels. Geographica Helvetica 33 (1978), S. 29–32.

Bollmann, J.: Erzeugung von Druckvorlagen für den Mehrfarbendruck mit Hilfe elektrostatisch arbeitendem Rasterplotter. NaKaVerm I/89, S. 11–18. Frankfurt a. M. 1982.

Bonacker, W.: Das Schrifttum zur Globenkunde. Leiden 1960.

Bonacker, W.: Kartenmacher aller Länder und Zeiten. Stuttgart 1966.

Bonacker, W.: Bibliographie der Straßenkarte (aus dem Nachlaß herausgegeben v. W. Kinauer). Bonn-Bad Godesberg 1973.

Bormann, W.: Erdatlanten. AVN 79 (1972). S. 133–146.

Bormann, W.: Die gewerbliche Kartographie in der Bundesrepublik Deutschland und in Berlin (West) 1945–1975. Kartographische Miniaturen Nr. 5. Berlin 1976.

Born, E.: Lexikon für die graphische Industrie, 2. Aufl. Frankfurt a. M. 1972.

*Bosse, H.: Kartentechnik I/II. Lahr/Schwarzwald 1954/1955.

Bosse, H. (Hrsg.): Kartengestaltung und Kartenentwurf. 4. AkNd 1962. Mannheim 1962.

Bosse, H. (Hrsg.): Schichtgravur. 5. AkNd 1964. Mannheim 1965.

Bosse, H. (Hrsg.): Kartographische Generalisierung. 6. AkNd 1966. Mannheim 1967.

Bosse, H. (Hrsg.): Thematische Kartographie. 7. AkNd 1968. Mannheim 1970 (a).

*Bosse, H. (Hrsg.): Deutsche Kartographie der Gegenwart. Bielefeld 1970 (b).

Bosse, H. (Hrsg.): Kartographische Originalherstellung. 8. AkNd 1970. Bielefeld 1973.

Bosse, H. (Hrsg.): Stadtkartographie. 9. AkNd 1972. Bielefeld 1976.

Bosse, H. (Hrsg.): Probleme der Geländedarstellung. 11. AkNd 1976. Bielefeld 1978.

Bosse, H. (Hrsg.): Kartographische Aspekte in der Zukunft. 12. AkNd 1978. Bielefeld 1979.

Boyle, A. R.: Automated Cartography. World Cartography XV, S. 63–70. New York 1979.

Brassel, K: Modelle und Versuche zur automatischen Schräglichtschattierung. Diss. Univ. Zürich 1973.

Brassel, K.: Grundkonzepte und technische Aspekte von Geographischen Informationssystemen. IJK XXIII (1983), S. 31–52.

*Brunner, H., Götz, H. und Böhlig, K.: Lehrbuch für Kartographiefacharbeiter, 3 Teile. Gotha–Leipzig 1978.

Brunner, K.: Zur heutigen Bedeutung von Orthophotokarten. BuL 48 (1980), S. 151–157.

Brunner, M.: The Production and Update of Road Maps. IJK XXI (1981), S. 23–29.

Brunner, M.: Von digitalen graphischen Daten zum Film auf dem SCITEX Response-250 System. KN 33 (1983), S. 205–208.

Buhtz, R.: Das Graphische Kernsystem – Konzepte und ihre Realisierung in CGM. NaKaVerm I/89, S. 19–26. Frankfurt a. M. 1982.

Bundesamt für Eich- und Vermessungswesen (Hrsg.): Die amtliche Kartographie Österreichs. Wien 1970.

*Bundesforschungsanstalt für Landeskunde und Raumordnung (Hrsg.): Handbuch der naturräumlichen Gliederung Deutschlands. Bonn-Bad Godesberg 1953–1962.

Bundesforschungsanstalt für Naturschutz und Landschaftspflege (Hrsg.): Planzeichen für die Landschaftsplanung. Bonn-Bad Godesberg 1979.

Carlberg, B.: Der Weltseuchenatlas in kartographischer Betrachtung. KN 5 (1955), S. 6–12.

Christ, F.: Vollautomatische und halbautomatische Generalisierung, Symbolisierung und Lichtzeichnung einer topographischen Karte kleinen Maßstabs. NaKaVerm I/71, S. 27–46. Frankfurt a. M. 1977.

Christ, F.: Ein Programm zur vollautomatischen Verdrängung von Punkt- und Linienobjekten bei der kartographischen Generalisierung. IJK XIX (1979), S. 41–64.

Christ, F. und H. Uhrig: Untersuchungen zur Inhaltsdichte der Topographischen Karte 1 : 50 000. NaKaVerm I/52, S. 7–28. Frankfurt a. M. 1971.

**Crone, G. R.:* Maps and their Makers. 4. Aufl. London 1968.

**Cuénin, R.:* Cartographie générale, 2 Vol. Paris 1972/1973.

**Cuff, D. J and Mattson, M. T.:* Thematic Maps – Their Design and Production. New York – London 1982.

**Demek, J., C. Embleton, J. F. Gellert und H. Th. Verstappen (Hrsg.):* Handbuch der geomorphologischen Detailkartierung. Wien 1976.

Denk, W. und W. Röllig: Der „Tübinger Atlas des Vorderen Orients (TAVO)". IJK XX (1980), S. 54–77.

Dornbusch, J.: Analyseergebnisse ausgewählter Schulatlanten. PGM 122 (1978), S. 63–69.

Dröber, W.: Kartographie bei den Naturvölkern 1903. Nachdruck. Amsterdam 1964.

Dubut, C.: L'analyse de 150 atlas scolaires contemporains. Comité Français de Cartographie, Nr. 94 (Heft 4/1982), S. 33–46.

Dudycha, D. J.: The Impact of Computer Cartography. Cartographica 18, Nr. 2 (1981), S. 117–150.

Dumitrescu, V.: Kosmographische Perspektiv-Projektionen. AVN 81 (1974), S. 142–151.

**Duus, W. und J. Gulbins:* CAD-Systeme. Berlin – Heidelberg – New York 1983.

Ebner, H. u. a.: HIFI – Ein Minicomputer-Programmsystem für Höhenlinieninterpolation mit finiten Elementen. ZfV 105 (1980), S. 215–225.

**Eckert, M.:* Die Kartenwissenschaft, Band I und II. Berlin und Leipzig 1921 und 1925.

**Ehlers, K. F.:* Siebdruck. 3. Aufl. München 1980.

Eichhorn, G.: Auf- und Ausbau von Landinformationssystemen in Industrie- und Entwicklungsländern. ZfV 105 (1980), S. 541–550.

Eichwald, P.: Das hydrogeologische Blockbild. KN 27 (1977), S. 93–102.

Eilhardt, P. u. P. Geisler: Über das Einfügen von Schrift und Höhenlinien in einfarbigen Luftbildkarten. BuL 50 (1982), S. 143–146.

**Encarnaçao, J. L.:* Computer-Graphics, Programmierung und Anwendung von graphischen Systemen. München 1975.

**Encarnaçao, J. und W. Straßer:* Geräteunabhängige graphische Systeme. Drittes Darmstädter Kolloquium. München 1981.

**Ermel, H.:* Die Reproduktionstechnik im Vermessungswesen und in der Kartographie. Berlin 1949.

Ermel, H.: Auf dem Wege zur internationalen Seekarte. Dt. Hydrographische Zeitschrift 29 (1976), S. 51–57.

Fauser, A.: Die Welt in Händen. Stuttgart 1967.

Ferschke, H.: Militärperspektive – Kavalierperspektive. AVN 60 (1953), S. 295–301.

**Fezer, F.:* Karteninterpretation (Das Geographische Seminar). Braunschweig 1974.

Fink, M. H.: Vergleichende Übersicht der für Höhlenpläne vorgeschlagenen und verwendeten Signaturen. Dritter Internationaler Kongreß für Speläologie, Band 5, S. 127–146. Wien 1966.

Finsterwalder, R.: Zur Entwicklung der bayerischen Kartographie von ihren Anfängen bis zum Beginn der amtlichen Landesaufnahme. DGK Reihe C, Heft 108. München 1967.

Fischer, E.-U.: Zur Transformation digitaler kartographischer Daten mit Potenzreihen. NaKaVerm I/79, S. 23–42. Frankfurt a. M. 1979.

Fischer, E.-U.: Digitale Signalverarbeitung in der rechnergestützten Kartographie. DGK Reihe C, Heft 278. Frankfurt a. M. 1982 (a).

Fischer, E.-U.: PLATEX – Ein Versuch zur batchorientierten Anordnung von Kartennamen. NaKaVerm I/88, S. 5–40. Frankfurt a. M. 1982 (b).

Fischer, E.-U.: Spektralanalytische Betrachtungen über Digitalisierungen im Vektorformat. NaKaVerm I/88, S. 41–59 Frankfurt a. M. 1982 (c).

Fischer, E.-U.: Optimalfilterung zur Vereinfachung stückweiser glatter Linien. AVN 89 (1982), S. 394–405. 1982 (d).

Franz, G. und H. Jäger: Historische Kartographie – Forschung und Bibliographie – Band 46 d. Beiträge d. ARL. 3., erg. Aufl. Hannover 1980.

**Frebold, G.:* Profil und Blockbild. Braunschweig 1951.

Freitag, U.: Verkehrskarten. Diss. Univ. Gießen 1966.

Freitag, U.: Die Zeitalter und Epochen der Kartengeschichte. KN 22 (1972), S. 184–191.

Gaebler, V.: Zum Gebrauchswert kartographischer Darstellungen. PGM 123 (1979), S. 127–134.

Gaebler, V.: Rezeptionshilfen erhöhen die Effektivität der Kartennutzung. VT 28 (1980), S. 259–261 u. 306–308.

Gallaway, R. I.: Das automatische Digitalisierungssystem FASTRAK. NaKaVerm I/85, S. 49–52. Frankfurt a. M. 1981.

Gellert, F.: Das System der komplex-geomorphologischen Karten. PGM 112 (1968), S. 185–190.

**Gerhardt, C. W.:* Geschichte der Druckverfahren I/II. Stuttgart 1974/1975.

Gerhardt, C. W.: Der Landkartendruck im 19. und 20. Jahrhundert. IJK XXI (1981), S. 82–96.

Gerigk, H.-U.: Herstellung und Fortführung des Flurkartenwerkes im Hinblick auf neue technische Entwicklungen. ZfV 102 (1977), S. 149–151.

Gersmehl, P. J.: Maps in Landscape Interpretation. Cartographica 18 Nr. 2 (1981), S. 79–115.

Giebels, M. und W. Weber: Höhenliniendigitalisierung nach Verfahren der Raster-Datenverarbeitung. NaKaVerm I/88, S. 61–75. Frankfurt a. M. 1982.

Gintzel, H. und U. Lang : Die Scannertechnik als neues Verfahren zur Vervielfältigung mehrfarbiger Karten und Pläne. KN 33 (1983), S. 91–93.

**Golpon, R.:* Lehrbuch der Druckindustrie – Reproduktionsfotografie. 5. Aufl. Frankfurt a. M. 1983.

Gorki, H. F.: Glanz und Elend der Schulkartographie – Gedanken anläßlich der neuen Gesamtausgabe des Alexander-Weltatlas. KN 33 (1983), S. 137–141.

Gorny, P. und A. Viereck: Interaktive grafische Datenverarbeitung, Stuttgart 1984.

Gottschalk, H.-J.: Versuche zur Definition des Informationsgehaltes gekrümmter kartographischer Linienelemente und zur Generalisierung. DGK Reihe B, Heft 189. Frankfurt a. M. 1971 (a).

Gottschalk, H.-J.: Versuche zur Glättung und Komprimierung der Daten digitalisierter Linienelemente. NaKaVerm I/50, S. 5–13. Frankfurt a. M. 1971 (b).

Gottschalk, H.-J.: Eine einfache Methode der Zuordnung von Flächenkennzeichen und Flächenbegrenzungslinien bei der Digitalisierung. NaKaVerm I/58, S. 27–30. Frankfurt a. M. 1972.

Gottschalk, H.-J.: Die automatische Ableitung einer Siedlungsdarstellung im Maßstab 1 : 200 000 aus im Maßstab 1 : 50 000 digitalisierten Flächen und Einzelhäusern. NaKaVerm I/71, S. 19–29. Frankfurt a. M. 1973.

Gottschalk, H.-J.: Automatische Generalisierung von Siedlungen, Verkehrswegen, Höhenlinien, Wasserläufen und Vegetationsgrenzen für eine kleinmaßstäbige topographische Karte. ZfV 99 (1974), S. 338–342.

Gottschalk, H.-J.: Einige Probleme der Schräglichtschattierung. NaKaVerm I/82, S. 27–34. Frankfurt a. M. 1981.

Grams, P.: Integrierte graphische Verarbeitung bei der Führung des Flurkartenwerks. ZfV 108 (1983), S. 545–547.

Grewe, K.: Bibliographie zur Geschichte des Vermessungswesens. Stuttgart 1983.

Groch, W.-D.: Automatisierung bei der Digitalisierung großmaßstäbiger Karten. NaKaVerm I/89, S. 41–48. Frankfurt a. M. 1982.

**Grosjean, G.:* Geschichte der Kartographie. Bern 1980.

**Grosjean, G. und R. Kinauer:* Kartenkunst und Kartentechnik vom Altertum bis zum Barock. Bern–Stuttgart 1970.

Größchen, H.-W.: Neue Wege zur „Automation" in der Kartographie. IJK XXI (1981), S. 97–120.

Großmann, W. und H. Kahmen: Vermessungskunde, Bd. I, 16. Aufl., Berlin–New York 1985.

Grothenn, D.: Zur Gestaltung von Richtwertübersichtskarten. ZfV 93 (1968). S. 269–276.

Grothenn, D.: Topographische Atlanten in der Bundesrepublik Deutschland. IJK XVII (1977), S. 90–103.

Grothenn, D. und W. Staufenbiel: Das Standarddatenformat zum Austausch kartographischer Daten. NaKaVerm I/69, S. 25–47. Frankfurt a. M. 1976.

Grünreich, D.: Zur Anwendung der COM-Technik bei der rechnergestützten Kartenherstellung. NaKaVerm I/85, S. 53–66. Frankfurt a. M. 1981.

Grünreich, D.: Untersuchungen zu den Datenquellen und der rechnergestützten Herstellung des Grundrisses großmaßstäbiger topographischer Karten. Diss. Univ. Hannover. WAVH Nr. 132. Hannover 1984.

Guggenberger, K.: Herstellung und Erneuerung von Katasterkarten durch Digitalisierung und automatische Zeichnung am Bayerischen Landesvermessungsamt München. NaKaVerm I/79, S. 43–62. Frankfurt a. M. 1979.

Gulley, J. L. M. und K. A. Sinnhuber: Isokartographie. KN 11 (1961), S. 89–99.

**Haack, W.:* Darstellende Geometrie, Band III. Sammlung Göschen Nr. 2132, 5. Aufl. Berlin–New York 1980.

Haag, K.: Automationsunterstützte Fortführung und Erneuerung der Flurkarten in Hessen. AVN 87 (1980), S. 336–345.

Haase, G.: Der Inhalt mittelmaßstäbiger Bodenkarten und seine Darstellungsmöglichkeiten. PGM 115 (1971), S. 225–235.

Haase, H.-S. und G. Mittelstraß: Gleichzeitige teilautomatische Ableitung von Stadtkarte und Topographischer Karte 1 : 25 000. AVN 80 (1973), S. 281–293.

Habel, R.: Ihr Atlas – Entstehung und Inhalt. Leipzig 1968.

Haeupler, H.: Die Kartierung der Flora Mitteleuropas. Decheniana 122 (1970), S. 323–336.

*Haftmann, H.: 1 × 1 der Meßtechnik für die Druckpraxis – Erläuterungen zur Densitometrie. 2. Aufl. Frankfurt a. M. 1979.

Haibach, O.: Neuere Entwicklung der Kartographie zur Lösung von Aufgaben in Geologie und Lagerstättenkunde in der Rohstoffgewinnung. Geologische Rundschau 69 (1980), S. 473–487.

Hake, G.: Die Karte zwischen Anspruch und Gebrauch. KN 27 (1977), S. 121–131.

Hake, G., D. Heidorn und B. Wegener: Wattkarten als Luftbildkarten – Gestaltung und Herstellung – WAVH Nr. 110, Hannover 1982.

Hake, G. und E.-D. Hoffmeister: Computerunterstützte Gebäudegeneralisierung. KN 28 (1978), S. 47–55.

Hampel, G.: Orthoprojektion und Grundkartenwerk unter besonderer Berücksichtigung der Höhendarstellung. BuL 35 (1967), S. 61–69.

Harbeck, R.: Über einen Versuch zur automatischen Zeichnung der Topographischen Karte 1:25000. NaKaVerm I/55, S. 11–26. Frankfurt a. M. 1972.

Harbour, J.: Geological Mapping of the Moon. AVN 76 (1969), S. 211–219.

Harvalik, V.: Einige Gedanken zur Konstruktion von Geländemodellen. IJK XV (1975), S. 27–38.

Haubner, K.: Raumordnung und Kartographie. KN 32 (1982), S. 86–91.

Hein, G. W. und K. Lenze: Zur Genauigkeit und Wirtschaftlichkeit verschiedener Interpolations- und Prädiktionsmethoden. ZfV 104 (1979), S. 492–505.

Henning, I. (Bearb.): Bibliographie hydrologischer Karten von Deutschland. Bad Godesberg 1969.

Hentschel, W.: Zur automatischen Höhenliniengeneralisierung in topographischen Karten. Diss. Univ. Hannover. WAVH Nr. 90. Hannover 1979.

Herzfeld, G.: Zur Errichtung der Grundstücksdatenbank in der Bundesrepublik Deutschland – Stand und besondere Probleme. ZfV 107 (1982), S. 571–577.

Hess, P.: Einführung in die Wetterkarte. GTB 1970/72, S. 357–364. Wiesbaden 1972.

Hinkel, H.: Die Einzelobjektdarstellung in der Geschichtskartographie – sachlich und methodisch betrachtet. IJK XIV (1974), S. 95–108.

Hölzel, F.: Perspektivische Karten. IJK III (1963), S. 100–118.

Hoffmann, F.: Experimentelle Untersuchung der Leistungsparameter von Zeichenautomaten. VT 28 (1980), S. 40–44.

Hofmann, O.: KARTOSCAN – Ein neues MBB-Datenerfassungssystem für die Kartographie. AVN 84 (1977), S. 62–65.

Hoinkes, Ch.: Wesentliche Aspekte der Konzeption und Anwendung der digitalen kartographischen Zeichenanlage der ETH Zürich. NaKaVerm I/72, S. 15–37. Frankfurt a. M. 1977.

Hoisl, R.: Automatisierte Kartographie in der bayerischen Agrarleitplanung. NaKaVerm I/72, S. 39–51. Frankfurt a. M. 1977.

Hollstein, W.: Bodenkarten und ihre besonderen Darstellungsprobleme. KN 13 (1963), S. 106–110.

Horn, W.: Die Geschichte der Isarithmenkarte. PGM 103 (1959), S. 225–232.

Horn, W.: Zur Geschichte der Atlanten. KN 11 (1961), S. 1–8.

**Hoschek, J.:* Mathematische Grundlagen der Kartographie. 2. Aufl. Mannheim 1983.

**Hüttermann, A.:* Karteninterpretation in Stichworten, Teil I: Geograph. Interpretation topograph. Karten, Teil II: Geograph. Interpretation themat. Karten. Kiel 1975/1979.

Hüttermann, A. (Hrsg.): Probleme der geographischen Kartenauswertung. (Nachdr. von 24 Fachaufsätzen). Darmstadt 1981.

Hupfeld, W.: Fortschritte beim automatischen Zeichnen durch bedienungslose Arbeitsweise. Geodät. Schriftenreihe d. Techn. Univ. Braunschweig Nr. 1 (Festschrift Gerke), S. 141–153. Braunschweig 1979.

Imhof, E.: Beiträge zur Geschichte der topographischen Kartographie. IJK IV (1964), S. 129–152.

**Imhof, E.:* Gelände und Karte. 3. Aufl. Erlenbach–Zürich 1968.

**Imhof, E.:* Thematische Kartographie. Band X des Lehrbuchs der Allgemeinen Geographie. Berlin–New York 1972.

Institut für Angewandte Geodäsie (Hrsg.): Fachwörterbuch – Benennungen und Definitionen im deutschen Vermessungswesen. 18 Bände, darunter Heft 6: Topographie, Heft 7: Photogrammetrie, Heft 8: Kartographie, Kartenvervielfältigung, Heft 16: Datenverarbeitung, Automation. Frankfurt a. M. 1971.

Institut für graphische Technik. Leipzig (Hrsg.): Lexikon der graphischen Technik, 5. Aufl. München–Berlin 1979.

**Institut für Kartographie der Österreichischen Akademie der Wissenschaften ... (Hrsg.):* Kartographie der Gegenwart in Österreich. Wien 1984.

International Cartographic Association, Commission III (Hrsg.): Automation in Cartography. Enschede 1975.

International Cartographic Association (Hrsg.): Computer-assisted Cartography. Enschede 1979.

Internationale Kartographische Vereinigung (Hrsg.): Mehrsprachiges Wörterbuch kartographischer Fachbegriffe. Wiesbaden 1973.

Jäger, E.: Bibliographie zur Kartengeschichte von Deutschland und Osteuropa. Lüneburg 1978.

Jäger, E.: Probleme der Landkartenproduktion in Brandenburg-Preußen. NaKaVerm I/87, S. 5–45. Frankfurt a. M. 1982.

Jäger, E.: Prussia-Karten 1542–1810, Geschichte der kartographischen Darstellung Ostpreußens vom 16. bis 19. Jahrhundert. Weißenhorn 1983.

**Jeschor, A.:* Gelände – Karte und Luftbild, 2. Aufl. Regensburg 1978.

Johannsen, T.: Software-Konzeption für eine kartographische Automationsanlage. NaKaVerm I/65, S. 89–101. Frankfurt a. M. 1974.

Johannsen, T.: Verfahren zur Liniengeneralisierung. NaKaVerm-Sonderheft (Festschrift Knorr), S. 73–86. Frankfurt a. M. 1975.

Johannsen, T.: Der Scanner – ein Gerät zum schnellen Digitalisieren inhaltsreicher Vorlagen. NaKaVerm I/70, S. 13–31. Frankfurt a. M. 1975.

Johannsen, T.: Automatische Verfahren mit interaktivem Editing, Randanpassung, Kreuzungsbereinigung und Schriftplazierung für eine kleinmaßstäbige topographische Karte. NaKaVerm I/71, S. 47–60. Frankfurt a. M. 1977.

Johannsen, T.: Genauigkeitstests an kartographischen Geräten – erste Ergebnisse. IJK XIX (1979), S. 65–76.

Johannsen, T.: Automatische Spracherkennung in der rechnergestützten Kartographie. NaKaVerm I/80, S. 13–26. Frankfurt a. M. 1980.

Johannsen, T. und M. Giebels: Manuelle und subjektive Einflüsse beim Digitalisieren von Linien. AVN 85 (1978), S. 89–100.

Johannsen, T. und M. Giebels: Interaktive Schriftplazierung unter Einsatz eines Photosatzgerätes. NaKaVerm I/79, S. 63–78. Frankfurt a. M. 1979.

Johannsen, T. und H. Uhrig: Digitalisieren – Umwandlung graphischer Vorlagen in computergerechter Form. AVN 84 (1977), S. 37–57.

**Joly, F.:* La Cartographie. Paris 1976.

Jonasson, F. and L. Ottoson: The Economic Map of Sweden – A Land Use Map with an Aerial Photo Background. BuL 42 (1974), S. 81–86.

Jordan, W. und K. Steppes: Das deutsche Vermessungswesen. Stuttgart 1882.

Junius, H.: Eine digitale topographische Karte für die Flächennutzungsplanung – Vorschlag für ein photogrammetrisches und datentechnisches Verfahren zu ihrer Herstellung. Diss. Univ. Dortmund. Frankfurt a. M. 1981.

Jusatz, H. J. und H. K. Hecklau: Entwurf von geomedizinischen Karten. KN 28 (1978), S. 8–11.

Kanngieser, E.: Automationsgerechte Neugestaltung der topographischen Kartenwerke. AVN 84 (1977), S. 18–22.

Kaster, T.: Neue Entwicklungstrends in der automatisierten thematischen Kartographie. KN 29 (1979), S. 4–8.

Kaster, T.: Automation in der Planungs- und Pressekartographie. NaKaVerm I/85, S. 73–81. Frankfurt a. M. 1981.

Katzenberger, L.: Ein neuzeitliches Verfahren bei der Nachführung topographischer Karten. KN 23 (1973), S. 96–98.

Katzenberger, L.: 175 Jahre Bayerische Landesvermessung in kartographischer Sicht. IJK XVII (1977), S. 104–112.

Kelnhofer, F.: Themakartenentwurf und Datenbindung. KN 34 (1984), S. 1–15.

**Keates, J. S.:* Cartographic Design and Production. London 1973.

**Keates, J. S.:* Understanding maps. New York 1982.

Kern, H.: Digitalisieren von Blockgrenzen- und Gemeindegrenzenkarten. NaKaVerm I/89, S. 49–62. Frankfurt a. M. 1982.

Kerr, A. J. (Hrsg.): The Dynamics of Oceanic Cartography. Cartographica Vol. 17, Nr. 2 (1980), Monograph 25.

Kessler, O.: „Cut and leave“ – eine spezielle Anwendung der Folienschneidetechnik bei der Kartenherstellung – KN 30 (1980), S. 216–229.

Kishimoto, H.: Cartometric Measurements. Diss. Univ. Zürich 1968.

Kishimoto, H.: Ein Beitrag zur Klassenbildung in statistischer Kartographie unter besonderer Berücksichtigung der maschinellen Herstellung von Choroplethenkarten. KN 22 (1972), S. 224–239.

Kleffner, W.: Die Reichskartenwerke. Berlin 1939.

Klein, J.: Methoden raumbildlicher Darstellungen und ihr Verhältnis zur Karte. DGK Reihe C Heft 43, Frankfurt a. M. 1961.

**Kloppenburg, W.:* Die kartographische Reproduktion. Bonn 1972.

Knoop, H.: Auswirkungen der automatisierten Datenverarbeitung auf die Arbeitsabläufe des Katasteramtes. ZfV 108 (1983), S. 547–550.

Koch, K. R.: Digitales Geländemodell und automatische Höhenlinienzeichnung. ZfV 98 (1973), S. 346–352.

Köthe, K.: Karten, Luftbilder, Pläne – Vielseitige Informations-, Planungs- und Entscheidungsinstrumente. Die Bundesbahn 60 (1984), S. 583–590.

Koláčný, A.: The Importance of Cartographic Information for the Comprehending of Messages Spread by the Mass Communication Media. IJK XI (1971), S. 216–223.

Kophstahl, E.: Automationsgestütztes Erfassen, Verarbeiten und Darstellen topographischer Daten für die Herstellung der Deutschen Grundkarte 1 : 5000-Höhe in Niedersachsen. NaKaVerm I/92, S. 55–59. Frankfurt a. M. 1983.

Kosack, H.-P.: Bibliographie von Landnutzungskarten Deutschlands und seiner Teile. Bad Godesberg 1968.

Kost, W.: National- und Naturparke im Kartenbild. KN 20 (1970), S. 178–184.

Krallert, W.: Methodische Probleme der Völker- und Sprachenkarten. IJK I (1961), S. 99–120.

Kranz, F.: Die Gestaltung der ICAO-Luftfahrtkarten für die Sichtnavigation in der Bundesrepublik Deutschland. AVN 75 (1968), S. 46–55.

Kraus, K.: Die Geländehöhendatenbank, Basis eines topographischen Informationssystems. ZfV 108 (1983), S. 27–33.

Kraus, K und E. Vozikis: Die Verebnung von Globen mit Hilfe der Differentialumbildung. Der Globusfreund, Nr. 25–27, S. 55–61. Wien 1978.

Kraus, K. und E. Vozikis: Stereoskopie thematischer Informationen. KN 33 (1983), S. 45–51.

Kretschmer, I.: Die thematische Karte als wissenschaftliche Aussageform der Volkskunde. Diss. Univ. Wien 1963 (Zugl. Bd. 153d. Forschungen zur Deutschen Landeskunde, Bad Godesberg 1965).

Kretschmer, I.: Methoden und Signaturen bei der Herstellung historischer Karten. Veröffentlichungen des Verbandes Österreichischer Geschichtsvereine 17 (1968), S. 162–170.

Kretschmer, I.: Die Redaktion von Fachatlanten. IJK XII (1972), S. 45–62.

Kretschmer, I. (Hrsg.): Beiträge zur theoretischen Kartographie. Festschrift für Erik Arnberger. Wien 1977.

Kretschmer, I.: Zum Entwurf qualitativer Karten in mittleren Maßstäben. IJK XVIII (1978), S. 127–142.

Kretschmer, I.: Von der „Wiener Methode" der Bildstatistik zur Internationalen Bildersprache. KN 32 (1982), S. 218–227.

Kriegel, O. und M. Böhm: Das öffentliche Vermessungs- und Landkartenwesen in der Bundesrepublik Deutschland. Hamburg 1961.

**Kriegel, O. und G. Herzfeld:* Katasterkunde in Einzeldarstellungen (mit Ergänzungslieferungen). Karlsruhe 1973–1983.

Kröll, F. S.: Analyse der Grundlagen für die Entwicklung interaktiver Systeme in der Photogrammetrie. DGK Reihe C, Heft 270. München 1981.

Kruse, I.: TASH – Ein System zur EDV-unterstützten Herstellung topographischer Grundkarten. NaKaVerm I/79, S. 95–107. Frankfurt a. M. 1979.

Küchler, A. W.: Vegetation mapping. Bognor Regis, Sussex 1977.

Landesvermessungsamt Baden-Württemberg (Hrsg.): 150 Jahre Württembergische Landesvermessung. Stuttgart 1968.

Lange, R.: Das Raster-Lichtzeichen-Verfahren die Zeichentechnik der Zukunft? AVN 84 (1977), S. 283–288.

Langer, E.: Die Anwendung von Kontrollstreifen bei der Landkartenherstellung. KN 28 (1978), S. 20–25.

**Lawrence, G. R. P.*: Cartographic Methods, 2. Aufl. London–New York 1979.

Leberl, F. u. a.: Herstellung sehr dichter Höhenraster aus digitalisierten Schichtlinien. ZfV 109 (1984), S. 27–34.

Lehmann, E.: Zur Problematik der Nationalatlanten. PGM 103 (1959), S. 300–310.

Lehmann, H.: Originalherstellung durch Kombination von Negativgravur und Positivmontage auf einer Folie. KN 32 (1982), S. 1–5.

Lehmbrock, H. und M. Oster: Die automationsgestützte Fortführung der Topographischen Karte 1 : 25 000 in Nordrhein-Westfalen. KN 31 (1981), S. 52–59.

Leibbrand, W.: Entwicklung, Stand und Aussichten der Kartentechnik. KN 22 (1972), S. 62–72.

Leibbrand, W.: Die Landschaftskarte als Teil der Landschaftspflegemaßnahmen im Umweltschutz. KN 27 (1977), S. 1–10.

Leibbrand, W.: Die Herstellung von Kartenmontageteilen mit Hilfe des DTR-Verfahrens. KN 29 (1979), S. 52–56.

Leibbrand, W. (Hrsg.): Planung, Steuerung und Kontrolle in der Kartographie. 13. AkNd 1980, Bielefeld 1981.

**Leibbrand, W. (Hrsg.)*: Kartographie der Gegenwart in der Bundesrepublik Deutschland '84. Bielefeld 1984.

Leontjew, N. F.: Zu einigen Problemen der Konzeption und kartographischen Gestaltung von Nationalatlanten der Entwicklungsländer. PGM 124 (1980), S. 293–296.

Leser, H.: Inhalt und Form als Problem groß- und kleinmaßstäbiger geomorphologischer Karten. KN 22 (1972), S. 156–165.

Leser, H.: Thematische und angewandte Karten in Landschaftsökologie und Umweltschutz. 39. Dt. Geographentag, Tag. Ber. u. wiss. Abhandl., S. 466–480. Kassel 1973.

Leser, H.: Das GMK-Projekt. Bericht über die Arbeiten an Geomorphologischen Karten der BRD. KN 26 (1976), S. 169–177.

**Leser, H.*: Feld- und Labormethoden der Geomorphologie. Berlin–New York 1977.

Lichtner, W.: EDV-unterstützte Durchführung von Verdrängungsprozessen bei der kartographischen Generalisierung in topographischen Karten. NaKaVerm I/72, S. 65–76. Frankfurt a. M. 1977.

Lichtner, W.: Kartennetztransformation bei der Herstellung thematischer Karten. NaKaVerm I/79, S. 109–119. Frankfurt a. M. 1979.

Lichtner, W.: Anwendungsmöglichkeiten der Rasterdatenverarbeitung in der Kartographie. WAHV Nr. 105. Hannover 1981.

Lichtner, W.: Computer-unterstützte Verzerrung von Kartenbildern bei der Herstellung thematischer Karten. IJK XXIII (1983), S. 83–96. 1983 (a).

Lichtner, W. (Hrsg.): Funktion und Gestaltung der Deutschen Grundkarte 1 : 5000 (DGK 5). Inst. f. Photogrammetrie u. Kartographie d. TH Darmstadt, Nr. 2. Darmstadt 1983 (b).

Lichtner, W. und E.-D. Hoffmeister: EDV-unterstützte Herstellung von Flächendichtekarten. VR 41 (1979), S. 356–363.

**Linke, W.:* Orientierung mit Karte und Kompaß. Herford 1982.

Löbel, G./Müller, P. und H. Schmid: Lexikon der Datenverarbeitung, 8. Aufl. Landsberg 1982.

Lorenz, G.: Beiträge zur Untersuchung rezenter Bewegungen der Erdkruste. VT 31 (1983), S. 194–196.

Louis, H.: Die thematische Karte und ihre Beziehungsgrundlage. PGM 104 (1960), S. 54–62.

Louis, H.: Bemerkungen über Kartenauswertung. KN 31 (1981), S. 223–227.

Lüttig, G.: Die Rolle der geowissenschaftlichen Kartographie in der vorausschauenden Umweltforschung. KN 27 (1977), S. 81–89.

Lüttig, G.: Geoscientific Maps for Land Use Planning. IJK XVIII (1978), S. 95–101.

Lutz, W.: Der Einsatz eines graphischen Datenverarbeitungssystems zum Nachweis unterirdischer Leitungen in der Elektrizitätswirtschaft. NaKaVerm I/81, S. 65–76. Frankfurt a. M. 1980.

Marckwardt, W.: Die Bewertung von Leistungsangaben für Zeichenautomaten. VT 31 (1983), S. 291–293.

Maurer, H.: Automatische Landnutzungskartierung aus Texturparametern. VR 43 (1981). S. 257–268.

**Maurer, H.:* Überblicke Informationsverarbeitung 1983. Mannheim–Wien–Zürich 1983.

Meine, K.-H.: Darstellung verkehrsgeographischer Sachverhalte – Ein Beitrag zur thematischen Verkehrsgeographie. Bd. 136 d. Forschungen z. deutschen Landeskunde. Bad Godesberg 1967.

Meine, K.-H. (Hrsg.): Kartengeschichte und Kartenbearbeitung. Bad Godesberg 1968.

Meine, K.-H.: Bibliographie zur Automation in der Kartographie. Institut für Kartographie und Topographie d. Univ. Bonn, Bonn 1969.

Meinicke, G.: Entwicklung eines Rasterplotters von der Prakla-Seismos GmbH. NaKaVerm I/61, S. 51–63. Frankfurt a. M.1973.

Menke, K.: Entwicklung digitaler Höhenmodelle aus Höhenliniendarstellungen. NaKaVerm I/81, S. 77–94. Frankfurt a. M.1980.

Menke, K. : Bemerkungen zu Prinzipien der Klasseneinteilung in der thematischen Kartographie und Vorstellung eines EDV-gestützten Verfahrens. KN 31 (1981), S. 139–149.

Menke, K.: Zur rechnergestützten Generalisierung des Verkehrswege- und Gewässernetzes, insbesondere für den Maßstab 1 : 25 000. Diss. Univ. Hannover. WAVH Nr. 119. Hannover 1982.

Menke, K.: Ein Beispiel rechnergestützter Generalisierung für die TK 25. NaKaVerm I/92, S. 95–108. Frankfurt a. M. 1983.

Mensching, H.: Das Afrika-Kartenwerk 1 : 1 000 000 der Deutschen Forschungsgemeinschaft. KN 19 (1969), S. 17–23.

Meurisch, H. und W. Weber: Erfahrungen bei der Reproduktion der Topographischen Übersichtskarte 1 : 200 000 in verkürzter Skala mit einem digitalen Rasterdatenverarbeitungssystem. NaKaVerm I/92, S. 109–141. Frankfurt a. M. 1983.

Meynen, E.: Die kartographischen Strukturformen und Grundtypen der thematischen Karte. GTB 1970/1972, S. 305–318. Wiesbaden 1972.

**Mikolasch, W.:* Schwarzweißreproduktion. Frankfurt a. M. 1983 (a).

**Mikolasch, W.:* Farbreproduktion. Frankfurt a. M. 1983 (b).

Miller, K.: Die Peutingersche Tafel. Neudruck. Stuttgart 1962.

Mittelstraß, G.: Generalisieren von Gemeindegrenzen in thematischen Karten. AVN 81 (1974), S. 223–225.

Mittelstraß, G.: Die automatisierte Liegenschaftskarte als Weg zur Karte. KN 31 (1981), S. 165–172.

**Monkhouse, F.J. and H.R. Wilkinson:* Maps and Diagrams, 3. Aufl. London 1971.

Monmonier, M.S.: Trends in Atlas Development. Cartographica 18 Nr. 2 (1981), S. 187–213.

**Monmonier, M.S.:* Computer-assisted Cartography. Englewood Cliffs, N.J. 1982.

Morgenstern, D.: Zur optimalen Auswahl einer physiologisch gleichabständigen Tonwertskala für die Kartographie. KN 24 (1974), S. 45–53.

Morgenstern, D.: Die Rasterverfahren und ihre Bedeutung für die kartografische Reproduktionstechnik. Habil.-Schrift Univ. Bonn 1977.

**Morgenstern, D.:* 1 × 1 der Rasterungstechnik. Frankfurt a. M. 1978.

Moser, J.: Salzburg – erste Stadt Österreichs mit Stadt- und Leitungskataster 1:200. Österr. Zeitschr. f. Verm.wesen 70 (1982), S. 115–121.

Mucke, H.: Anaglyphen – Raumzeichnungen. Leipzig 1970.

Mühle, H.: Die Vakuumverformung von Kunststoff-Folien zu Kartenreliefs. NaKaVerm I/34, S. 25–45. Frankfurt a. M. 1967.

Mühle, H.: Über die Möglichkeit der Herstellung von Landkarten im 3D-Verfahren mit Stereoeffekt bei freiäugiger Betrachtung. NaKaVerm I/40, S. 53–69. Frankfurt a. M. 1969.

Mühle, H.: Nachdruck von Landkarten-Auflagedrucken mittels Farbauszugsverfahren. NaKaVerm I/80, S. 27–74. Frankfurt a. M. 1980.

**Muehrcke, P. C.:* Map Use – Reading, Analysis and Interpretation. Madison, WI 1978.

Muris, O. und G. Saarmann: Der Globus im Wandel der Zeiten. Berlin 1961.

Nackunstz, I.: Ein neues System zur automatischen Digitalisierung kartographischer Strichzeichnungen. NaKaVerm I/92, S. 143–155. Frankfurt a. M. 1983.

Neubauer, H.G.: Photogrammetrische Methode zur Schaffung digitaler Situationsmodelle. NaKaVerm I/72, S. 83–89. Frankfurt a. M. 1977.

Neugebauer, G.: Entwurf einer Geomorphologischen Übersichtskarte des westlichen Mitteleuropas 1:1 000 000. DGK Reihe C Heft 148. Frankfurt a. M. 1970.

Niemeier, G.: Braunschweig. Soziale Schichtung und sozialräumliche Gliederung einer Großstadt. Raumforschung und Raumordnung 27 (1969), S. 193–209.

Oehme, R.: Geschichte der Kartographie des deutschen Südwestens. Konstanz – Stuttgart 1961.

Oelkers, K.-H. und W. Laukart: Die automationsgestützte Verarbeitung von Bodenschätzungsdaten zur Herstellung der Bodenkarte auf der Grundlage der Bodenschätzung im Maßstab 1:5000 (DGK 5 Bo). NaKaVerm I/89, S. 63–81. Frankfurt a. M. 1982.

Oest, K. und P. Knobloch: Untersuchungen zu Arbeiten aus der Thematischen Kartographie mit Hilfe der EDV. Veröffentlichungen d. ARL Abhandlgn. Bd. 72, Hannover 1974 (1. Teil). Abhandlgn. Bd. 74, Hannover 1976 (2. Teil).

Österreichische Geographische Gesellschaft (Hrsg.): Grundsatzfragen der Kartographie. Wien 1970

Ogrissek, R.: Dekodierung des Karteninhalts und Gedächtnis. IJK XIX (1979), S. 96–103.

**Ogrissek, R. (Hrsg.):* Brockhaus ABC Kartenkunde. Leipzig 1983.

Ormeling, F. J.: Einige Aspekte und Tendenzen der modernen Kartographie. KN 28 (1978), S. 90–95.

**Osterloh, H.:* Erdmassenberechnung. 3. Aufl. Wiesbaden 1980.

**Otremba, E.:* Der Wirtschaftsraum – seine geographischen Grundlagen und Probleme. 2. Aufl. Stuttgart 1969.

Otremba, E.: Gedanken zur kartographischen Synthese. IJK VIII (1971), S. 90–112.

Pape, E.: Die Deutsche Grundkarte 1 : 5000 als Luftbildkarte. BuL 39 (1971), S. 194–198.

Pape, H.: Kleinmaßstäbliche Luftbildkarten. KN 21 (1971), S. 41–50.

Pape, H.: Karten über Luftverschmutzung und Umweltbelastung. KN 27 (1977), S. 50–53.

Pape, H.: Stadtpläne. KN 29 (1979), S. 228–250.

Pereira, R.: Entwicklung eines Signatursystems für die Planungskartographie, insbesondere im Bereich der Raumordnung und Landesplanung. KN 21 (1971), S. 133–148.

Peterson, M.P.: An Evaluation of Unclassed Crossed-Line Choropleth Mapping. The American Cartographer, Vol. 6 Nr. 1 (1979), S. 21–37.

Peucker, T. K.: A Theory of the Cartographic Line. IJK XVI (1976), S. 134–143.

Pillewizer, W.: Ein System der thematischen Karten. PGM 108 (1964), S. 231–238 und 309–317.

Podschadli, E.: 2. Baugrundkarte Hannover. KN 21 (1971), S. 94–98.

Podschadli, E.: Kartographie in der Werbung. KN 31 (1981), S. 59–66. 1981 (a).

Podschadli, E.: Die Blindenkarte von Hannover. KN 31 (1981), S. 206–212. 1981 (b).

Podschadli, E. und R. Schweißthal (Hrsg.): Gravurseminar '81. Kartographentag Dortmund 1981.

Pöhlmann, G.: Kopierraster in der Landkartentechnik. KN 15 (1965), S. 9–15.

Pötzschner, W.: 150 Jahre Landesvermessung in Niedersachsen 1828–1978. ZfV 104 (1979), S. 26–37.

Pomaska, G.: Entwicklung perspektivischer Zeichnungen mit dem interaktiven Bildschirm des Tischcomputersystems HP 9845. AVN 87 (1980), S. 86–92.

Poynter, A.: Computer-assisted Cartography – The Dilemma facing British Producers of derived mapping in the 1980s. The Cartographic Journal Vol. 20, Nr. 1 (1983), S. 31–34.

**Preobraženskij, A.I.:* Ökonomische Kartographie (Übers. a. d. Russ.). Gotha 1956.

Proß, E. und M. Weise: Digitale Bearbeitung graphischer und photographischer Vorlagen und deren Anwendung in Kartographie und Photogrammetrie. VT 29 (1981), S. 156–158.

Pustkowski, R.: Die Verlagskartographie in der Deutschen Demokratischen Republik. Gotha – Leipzig 1981.

Ramsayer, K.: Großmaßstäbige Flugkarten. AVN 83 (1976), S. 37–47.

Rase, W.-D.: Kartographische Darstellung dynamischer Vorgänge in computergenerierten Filmen. KN 24 (1974), S. 210–215.

Rase, W.-D. Computerunterstützte Zeichnung thematischer Karten für die Bundesraumordnung. KN 28 (1978), S. 201–209.

Ratajski, L.: The Methodical Basis of the Standardization of Signs on Economic Maps. IJK XI (1971), S. 137–159.

Rennau, G.: Register von Karten und Atlanten. Gotha – Leipzig 1976.

Riemer, H.-G.: Ein Programmsystem zur automationsgestützten Erfassung und Auswertung von Bewertungskarten in der Flurbereinigung. NaKaVerm I/89, S. 83–93. Frankfurt a. M. 1982.

**Rittweger, H.:* Offsettechnik. 4. Aufl. Stuttgart 1983.

**Robinson, A.H., R.D.Sale and J.L.Morrison:* Elements of Cartography, 4. Aufl. New York 1978.

**Rösner, H.:* Druckvorlagen. Frankfurt a. M.1983.

Rüdenauer, H.: Zur photogrammetrischen Erfassung von Geländedaten und deren digitaler Verarbeitung unter Berücksichtigung straßenbaulicher Forderungen. Diss. Univ. Hannover. WAVH Nr. 101. Hannover 1980.

Sališčev, K.A.: Nationalatlanten. Vorschläge zu ihrer Vervollkommnung. PGM 104 (1960), S. 77–88.

**Sališčev, K.A.:* Einführung in die Kartographie (Übers. a. d. Russ.), 2 Bde, Gotha 1967.

**Sališčev, K.A.:* Projektirovanie i sostavlenie kart (Entwurf und Zusammenstellung von Karten). Moskau 1978.

**Sališčev, K.A.:* Kartovedenie (Kartenkunde). 2. Aufl. Moskau 1982 (a).

**Sališčev, K.A.:* Kartographija (Kartographie). Moskau 1982 (b).

Sandner, E.: Grundlagenkarten der naturräumlichen Rayonierung. VT 29 (1981), S. 367–371.

Sandner, E. und J. Bieler: Zur Konzeption geoökologischer Karten für die Landschaftsdiagnose und die Landschaftsplanung. PGM 125 (1981), S. 63–68.

Satzinger, W.: Die Ableitung thematischer Karten aus amtlichen kleinmaßstäbigen Karten. NaKaVerm-Sonderheft (Festschrift Knorr), S. 117–128. Frankfurt a. M. 1975.

Satzinger, W.: Impulse zur Kartographie in Deutschland im 18. Jahrhundert. NaKaVerm I/71, S. 61–68. Frankfurt a. M. 1977.

Schamp, H.: Ein Jahrhundert amtliche geologische Karten. Sonderheft 4 der Berichte zur deutschen Landeskunde. Bad Godesberg 1961.

Scharfe, W.: Abriß der Kartographie Brandenburgs 1771–1821, Bd. 35 d. Veröffentl. d. Hist. Kommission zu Berlin. Berlin 1972.

Scharfe, W.: Die Geschichte der Kartographie im Wandel. IJK XXI (1981), S. 168–176.

Scheel, G. und G. Mohr: Die Entwicklung der Deutschen Landesvermessung. Wiesbaden 1978.

Schittenhelm, R.: Ein Programm zur EDV-unterstützten Entflechtung der Überlappungsstellen verbreiterter linienhafter Kartenelemente. NaKaVerm I/80, S. 75–82. Frankfurt a. M. 1980.

Schlehuber, J.: Die Grundstücksdatenbank. ZfV 102 (1977), S. 532–540.

Schlez, G.: Planzeichenverordnung 1981 mit Erläuterungen. Wiesbaden – Berlin 1982.

Schmelz, W. G.: Bodenrichtwertkarte für landwirtschaftliche Grundstücke. AVN 87 (1980), S. 368–370.

Schmid, D.: Struktur- und Raumnutzungskarten der Regionalpläne auf der Grundlage der amtlichen Karten in Baden-Württemberg. KN 33 (1983), S. 85–91.

Schmidt, H.: Ein Beitrag zur mehrfarbigen Rasterreproduktion unter besonderer Berücksichtigung großformatiger Kopierraster und einer optimalen Kombination zwischen Rasterwinklung und Rasterweiten. Diss. Univ. Bonn 1975.

Schmidt, R.: Die Kartenaufnahme der Rheinlande durch Tranchot und von Müffling 1801–1828. Köln – Bonn 1973.

Schmidt – Falkenberg, H.: Topographische Karte 1 : 25 000 (Luftbildkarte). BuL 42 (1974), S. 74–80.

Schmithüsen, J.: Der wissenschaftliche Inhalt von Vegetationskarten verschiedener Maßstäbe. Bericht über das Internationale Symposium für Vegetationskartierung 1959, S. 321–329. Weinheim 1963.

**Schmithüsen, J.:* Allgemeine Vegetationsgeographie, 3. Aufl., Bd. IV d. Lehrbuchs d. Allgem. Geographie. Berlin – New York 1968.

Schneider, H.-J. (Hrsg.): Lexikon der Informatik und Datenverarbeitung. München 1983.

**Schneider, S.:* Luftbild und Luftbildinterpretation. Band XI des Lehrbuchs der Allgemeinen Geographie. Berlin – New York 1974.

**Scholz, E., G. Tanner und R. Jänckel:* Einführung in die Kartographie und Luftbildinterpretation. Gotha – Leipzig 1980.

Schoppmeyer, J.: Die Wahrnehmung von Rastern und die Abstufung von Tonwertskalen in der Kartographie. Diss. Univ. Bonn 1978.

Schoppmeyer, J.: Untersuchung reprographischer Materialien für die Sammelkopie bei der Kartenherstellung. KN 30 (1980), S. 41–48.

Schoppmeyer, J.: Das OPTI-Rastersystem. Polygraph 36 (H.8–1983), S. 496–502.

**Schrack, G.:* Grafische Datenverarbeitung. Mannheim–Wien–Zürich 1978.

Schrick, K.-W.: Die ersten im Deutschen Hydrographischen Institut mit ADV-Unterstützung erstellten Seekarten. NaKaVerm I/81, S. 95–99. Frankfurt a. M. 1980.

Schroth, R.: Rechnergestützte kartographische Entzerrung mit Reproduktionskameras. KN 32 (1982), S. 81–86.

Schulz, B.-S.: Untersuchungen und Ergebnisse zur automatischen und interaktiven Linienverfolgung. NaKaVerm I/87, S. 47–62. Frankfurt a. M. 1982.

Schulze, H. H.: Das rororo Computer Lexikon der Datenverarbeitung. Reinbek bei Hamburg 1984.

Schweinfurth, G.: Höhenliniengeneralisierung mit Methoden der digitalen Bildverarbeitung. Diss. Univ. Karlsruhe. DGK Reihe C, Heft 291. München 1984.

Schweißthal, R.: Methoden der thematischen Kartographie. KN 17 (1967), S. 6–17.

Schweizerische Gesellschaft für Kartographie (Hrsg.): Thematische Kartographie – Graphik, Konzeption, Technik –. Kartographische Schriftenreihe, Nr. 3. Bern 1978.

**Schweizerische Gesellschaft für Kartographie (Hrsg.):* Kartographie der Gegenwart in der Schweiz, Kartographische Schriftenreihe, Nr. 6. Zürich 1984.

Schwenk, W.: Begriff und Problematik der Interaktion in graphischen Systemen. ZfV 103 (1978), S. 399–409.

**Schwieger, H. G.:* Papier-Praktikum. 2. Aufl. Wiesbaden 1975.

Seifert, H.: Softwarekonzeption für ein interaktives graphisches System zum Einsatz in der großmaßstäbigen topographischen Kartographie. NaKaVerm I/89, S. 113–119. Frankfurt a. M. 1982.

Seifert, T. (Bearb.): Die Karte als Kunstwerk. Bayer. Staatsbibliothek (Hrsg.). Unterschneidheim 1979.

Solar, G.: Das Panorama. Zürich 1979.

Soltau, G.: Möglichkeiten zur kartographischen Darstellung des Schwerefeldes. DGK Reihe B Heft 79, Frankfurt a. M. 1970.

Sperling, W.: Kartographische Didaktik und Kommunikation. KN 32 (1982), S. 5–15.

Spiess, E.: Wirksame Basiskarten für thematische Karten. IJK XI (1971), S. 224–238.

Springstein, K.-A.: Elektronische Bildverarbeitung von A–Z. Itzehoe 1982.

Stams, W.: Zur Gestaltung von Ortsdurchfahrtplänen auf Straßenkarten und in Straßenatlanten. KN 15 (1965), S. 179–186.

Stams, W.: Die Stadtkarte von Dresden; Inhalt und Gestaltung komplexer thematischer Stadtkarten. PGM 111 (1967), S. 61–75.

Stams, W.: Entwicklungstendenzen in der Atlaskartographie. PGM 121 (1977), S. 61–70.

Staufenbiel, W.: Zur Automation der Siedlungsgeneralisierung unter besonderer Berücksichtigung der Formenvereinfachung. NaKaVerm I/65, S. 145–156. Frankfurt a. M. 1974.

Staufenbiel, W.: Automatische Datenverarbeitung in der topographischen Kartographie. KN 26 (1976), S. 81–93, 123–128, 161–169, 217–220.

Staufenbiel, W.: Das topographische Datenbanksystem TOPSY. NaKaVerm I/81, S. 101–110. Frankfurt a. M. 1980.

Staufenbiel, W.: Die automatisierte Liegenschaftskarte (ALK), eine Quelle für die topographischen Landeskartenwerke? NaKaVerm I/92, S. 167–175. Frankfurt a. M. 1983 (a).

Staufenbiel, W.: Topographische Datenbank. ZfV 108 (1983), S. 550–552. 1983 (b).

Stegena, L.: Geoscientific world mapping: facts and representations. World Cartography XV, S. 77–89. New York 1979.

**Stiebner, E. (Hrsg.):* Bruckmann's Handbuch der Drucktechnik. 3. Aufl. München 1981.

Stollt, O.: Die Geländedarstellung im Vogelschaubild. KN 8 (1958), S. 123–129.

Stüve, P.: Computergestützte Herstellung hydrogeographischer Karten. KN 33 (1983), S. 98–103.

Stumpp, A.: Das Baugrundkartenwerk in Stuttgart. AVN 75 (1968), S. 505–509.

Stupp, W.: Reprografische Entwicklungsanlage für Großformate. AVN 86 (1979), S. 339–344.

Thaler, E.: Zur Entwicklung der Geländeaufnahme und der Geländedarstellung in den amtlichen topographischen Karten in Bayern von 1801 bis 1919. Diss. TU München. Schriftenreihe d. Mil. Geograph. Dienstes d. Bundeswehr, Heft 20/1982.

Thauer, W.: Atlasredaktion im Zusammenspiel von Kartographie, Geographie und Regionalstatistik. IJK XX (1980), S. 180–204.

Thieme, K.: Gedanken zur Namenschreibung in Karten und Atlanten. KN 18 (1968), S. 52–61.

Thieme, K.: Kartographische Aspekte bei der Vergabe von Lizenzen von Weltatlanten. KN 30 (1980), S. 122–130.

Töpfer, F.: Die Kartennutzung. VT 20 (1973), S. 376–379 u. 435–437.

Töpfer, F.: Auswahlgesetz und automatische Objektauswahl. VT 25 (1977), S. 55–58. 1977 (a).

Töpfer, F.: Ausbaustufen der automatisierten Plazierung von Kartennamen. VT 25 (1977), S. 408–411. 1977 (b).

Töpfer, F.: 200 Jahre topographische Landesaufnahme in Sachsen. VT 29 (1981), S. 122–125.

Tost, R.: Mathematische Methoden zur Datenreduktion digitalisierter Linien. NaKaVerm I/56, S. 49–61. Frankfurt a. M. 1972.

Trachsler, H.: Orthophotos als Grundlage für Landnutzungsaufnahmen mit Hilfe von Stichprobenerhebungen und Computer. KN 22 (1972), S. 149–156.

Tuexen, R. und R. Straub: Bibliographie der Vegetationskarten. Excerpta botanica 1966, S. 116–177.

Uhrig, H.: Vorlagenbearbeitung und Digitalisierung mit Menüunterstützung für eine kleinmaßstäbige topographische Karte. NaKaVerm I/71, S. 69–80. Frankfurt a. M. 1970.

Uhrig, H.: Aufbau einer Datenbank für Verwaltungsgrenzenkarten im Maßstab 1 : 500 000 bis 1 : 1 000 000. NaKaVerm I/75, S. 93–105. Frankfurt a. M. 1978.

Uhrig, H.: Erste praktische Versuche mit verschiedenen Programmen zur Liniengeneralisierung. NaKaVerm I/79, S. 131–165. Frankfurt a. M. 1975.

Vent-Schmidt, V.: Analytische und synthetische Klimakarten KN 30 (1980), S. 137–143.

Verein deutscher Maschinenbau-Anstalten (Hrsg.): Mikrofilm im Zeichnungswesen. Frankfurt a. M. 1975.

Vinken, R.: Neue Kommunikationswege in den Geowissenschaften mit Hilfe der Automatischen Datenverarbeitung. NaKaVerm I/81, S. 111–124. Frankfurt a. M. 1980.

* *Vossmerbäumer, H.:* Geologische Karten. Stuttgart 1983.

Weber, W.: Ein kartographisches Datenbanksystem. DGK Reihe B, Heft 208. Frankfurt a. M. 1975 (a).

Weber, W.: Datenstrukturen für topographische Datenbanken. NaKaVerm-Sonderheft (Festschrift Knorr), S. 141–156. Frankfurt a. M. 1975 (b).

Weber, W.: Geographische Informationssysteme – ein Überblick und Gedanken zur weiteren Entwicklung. NaKaVerm I/75, S. 159–186. Frankfurt a. M. 1978.

Weber, W.: Rechnergestützte Landkartenherstellung. ZfV 104 (1979), S. 1–13.
Weber, W.: Automation mit Rasterdaten in der topographischen Kartographie. KN 30 (1980), S. 161–176.
Weber, W.: Raster-Datenverarbeitung in der Kartographie. NaKaVerm I/88, S. 111–190. Frankfurt a. M. 1982 (a).
Weber, W.: Automationsgestützte Generalisierung. NaKaVerm I/88, S. 77–109. Frankfurt a. M. 1982 (b).
Weber, W.: Konzept zur automationsgestützten Fortführung der Topographischen Übersichtskarte 1 : 200 000 im Rastermodus. NaKaVerm I/91, S. 55–75. Frankfurt a. M. 1983 (a).
Weber, W.: Ein Datenverwaltungssystem für digitale Rasterkarten. NaKaVerm I/91, S. 77–95. Frankfurt a. M. 1983 (b).
Weber, W.: Vorschlag für ein System zur kartographischen Mustererkennung nach Methoden der digitalen Rasterdatenverarbeitung. NaKaVerm I/92, S. 177–189. Frankfurt a. M. 1983 (c).
* *Wenck, H.:* Fotosatztechniken. Itzehoe 1983.
Wenderlein, W.: Die Anwendung von elektronisch gesteuerten Zeichenanlagen. ZfV 102 (1977), S. 461–466.
Wenzel, A.: Vorschläge zur kartographischen Darstellung der Industrie in großen, mittleren und kleinen Maßstäben. Erdkunde XXV (1971), S. 1–12.
* *Westfälische Berggewerkschaftskasse (Hrsg.):* Bergmännisches und rißliches Zeichnen. 2. Aufl. Bochum 1980.
Weygandt, H.: Zur Präparation exotischer Nomenklaturen in der Atlaskartographie. KN 11 (1961), S. 156–177.
* *Wilhelmy, H.:* Kartographie in Stichworten, 4. Aufl. Kiel 1981.
William-Olsson, W.: Die Bevölkerungsweltkarte 1 : 1 000 000. GTB 1962/63, S. 320–322.
Wilski, I.: Ein Programm zum Entwerfen und Zeichnen geographischer Netze. NaKaVerm I/75, S. 187–199. Frankfurt a. M. 1978.
Wilski, I.: Änderung kartographischer Abbildungen. IJK XIX (1979), S. 139–149.
Winch, K. L.: International Maps and Atlases in Print. 2. Aufl. London–New York 1976.
Witt, W.: Thematische Kartometrie? Schweiz. Fachblatt f. Vermessung, Photogrammetrie u. Kulturtechnik 73 (1975), S. 59–62.
* *Witt, W.:* Lexikon der Kartographie. Band B der Enzyklopädie der Kartographie. Wien 1979.
* *Witt, W.:* Thematische Kartographie, 2. Aufl. Hannover 1970.
Witt, W.: Bevölkerungskartographie. Veröffentl. d. ARL, Band 63. Hannover 1971.

Witt, W.: Themakartographie: Technischer Fortschritt und theoretische Problematik. ZfV 107 (1982), S. 7–15.

Wonka, E.: Methoden der Wertstufenbildung und ihre Eignung für die thematische Kartographie. Inst. f. Geographie d. Univ. Wien 1979.

* *Woodward, D. (Hrsg.):* Five Centuries of Map Printing. Chicago 1975.

Würtzler, H.: Einsatz eines modernen automatischen Zeichensystems für Aufgaben der Geodäsie. ZfV 102 (1977), S. 467–474.

Yoéli, P.: Shadowed Contours with Computer and Plotter. The American Cartographer 10 Nr. 2 (1983), S. 101–110.

Zach, W.-D.: Zum Problem synthetischer und komplexer Karten. Abhandlungen des 1. Geographischen Instituts der Freien Universität Berlin, Band 22. Berlin 1976.

Zögner, L. (Bearb.): Bibliographie zur Geschichte der deutschen Kartographie. Hrsg.: Staatsbibliothek Preußischer Kulturbesitz. Bibliographia Cartographica, Sonderheft 2. München 1984.

Namen- und Sachverzeichnis

Ausschnitt aus der Karte „Britische Inseln, Bodennutzung und Fischerei" 1:7 000 000 des „Atlas International"

Kartographisches Institut Bertelsmann, Gütersloh

Anlage 2

Ausschnitt aus „Diercke Weltatlas"

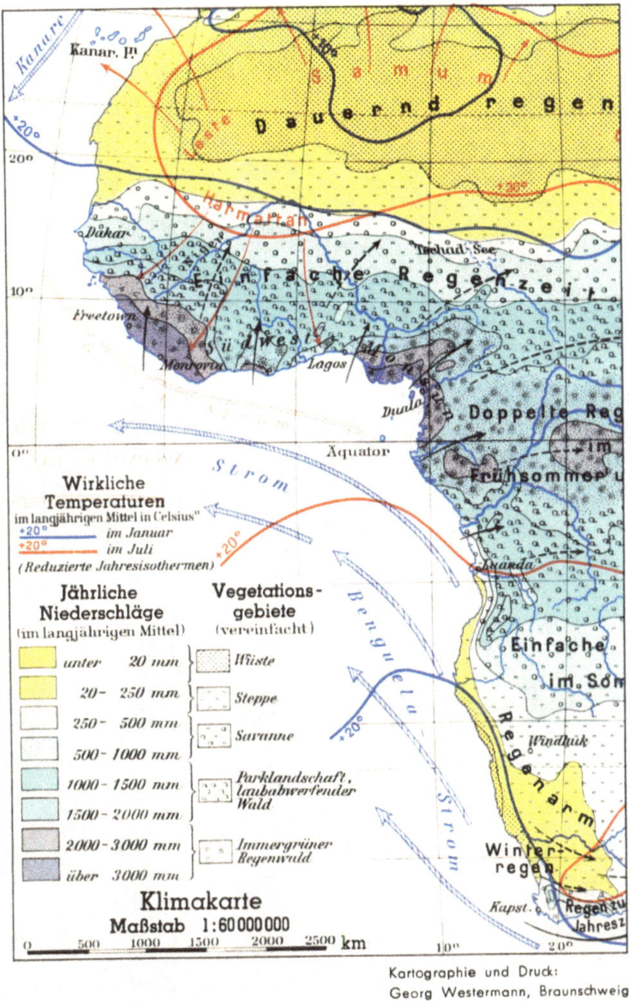

Kartographie und Druck:
Georg Westermann, Braunschweig

Anlage 3

Ausschnitt aus
„Westermanns Großer Atlas zur Weltgeschichte"

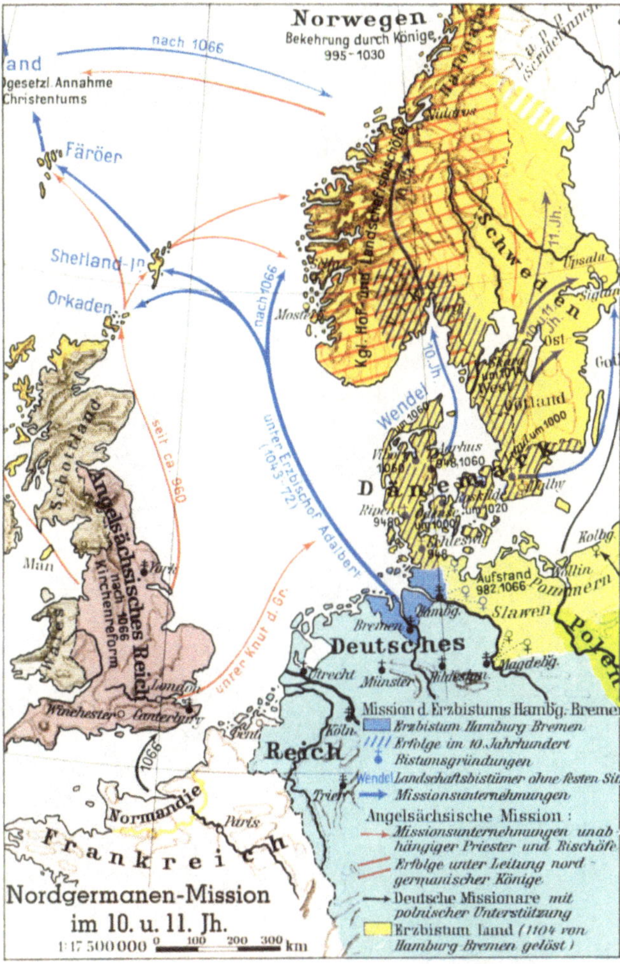

Kartographie und Druck
Georg Westermann, Braunschweig

Ausschnitt aus der Karte „Erde, Religionen"
1:100 000 000 des „Atlas International"

Kartographisches Institut Bertelsmann, Gütersloh

Anlage 5

Ausschnitt aus „Westermann Schulatlas“

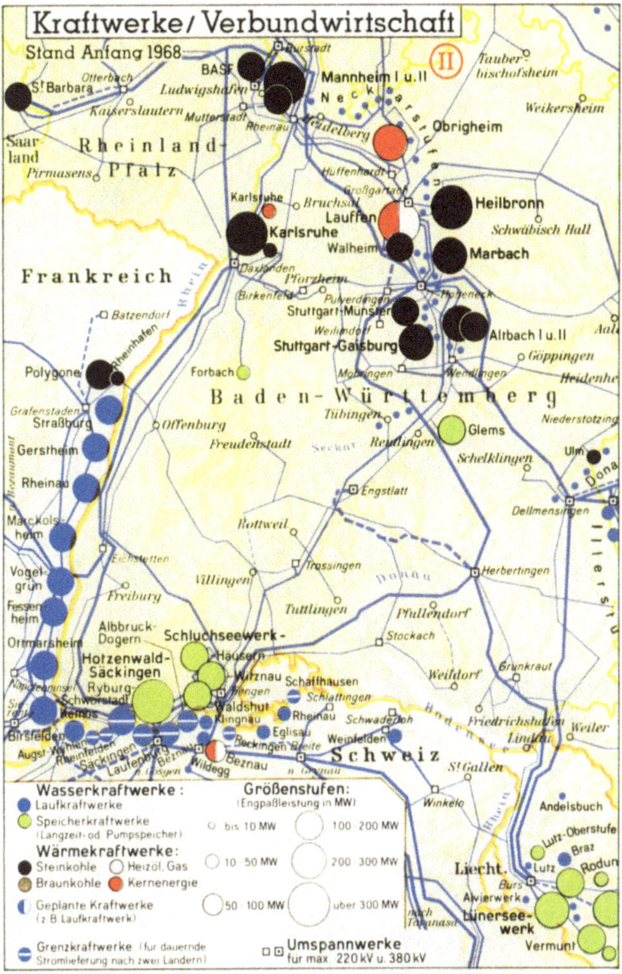

Kartographie und Druck:
Georg Westermann, Braunschweig

Ausschnitt aus der deutschen Seekarte Nr. 49 Anlage 6
„Mündungen der Jade, Weser und Elbe" mit Decca-Hyperbeln
1 : 100 000

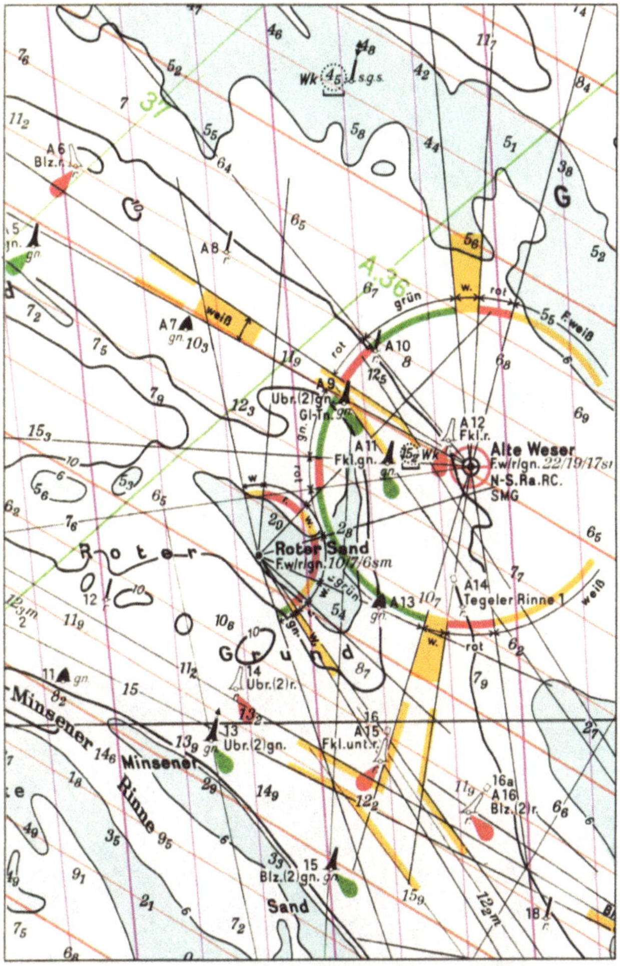

Mit Genehmigung des Deutschen Hydrographischen Instituts Hamburg
Druck: Deutsches Hydrographisches Institut Hamburg

Ausschnitt aus der Luftfahrtkarte **Anlage 7**

Aeronautical Chart ICAO 1:500 000, Blatt Hannover (NO 51/6)

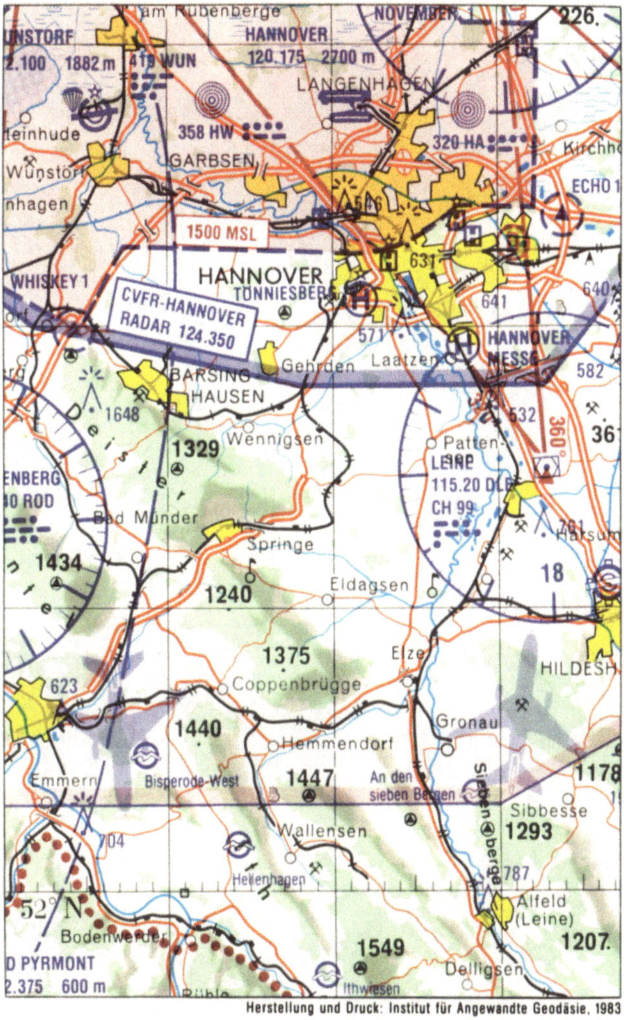

Herstellung und Druck: Institut für Angewandte Geodäsie, 1983

Herausgeber: Bundesanstalt für Flugsicherung

Anlage 8

Ausschnitt aus der Bevölkerungskarte der Stadt Hannover, 1:5000 (1 Punkt ≙ 10 Personen)

Druck: Stadtvermessungsamt Hannover

Ausschnitt aus der Arbeitskarte
Öffentliche Wasserversorgung 1:200 000,
Blatt CC 7918 Stuttgart-Süd.

Anlage 9

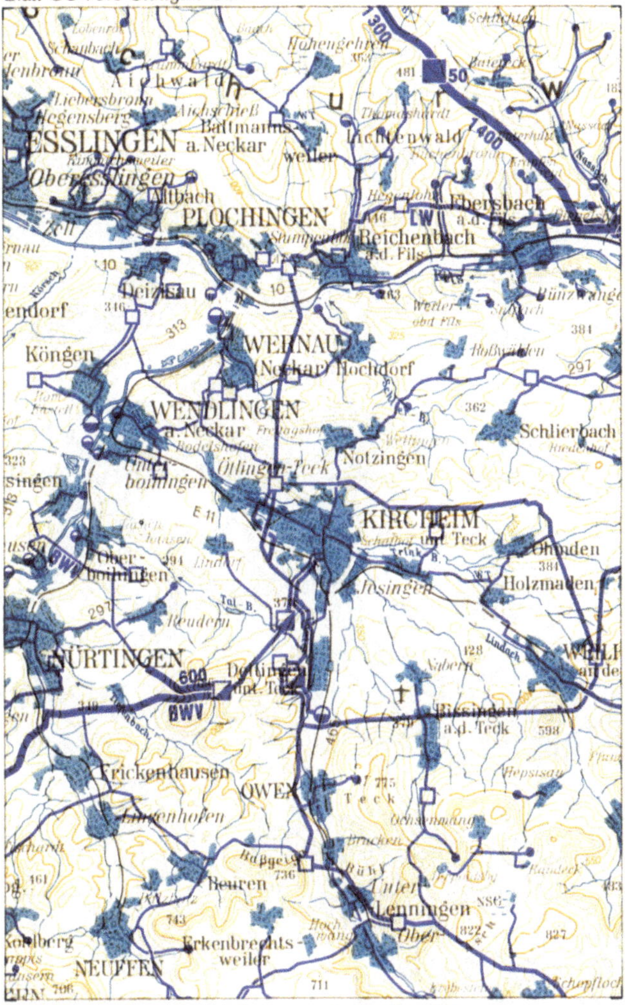

Herstellung und Druck: Institut für Angewandte Geodäsie, 1983

Ausschnitt aus einem Bebauungsplan 1:1000

Anlage 10

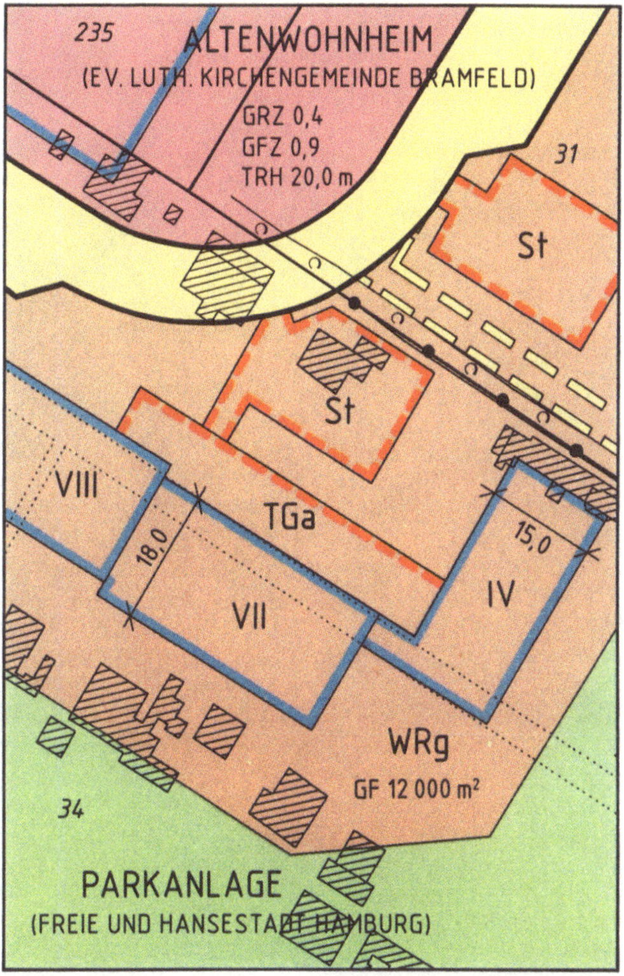

Herstellung und Druck:

Freie und Hansestadt Hamburg · Baubehörde · Vermessungsamt

Anlage 11

Ausschnitt aus „Vulkanismus" 1 : 400 000 DIERCKE Weltraumbild-Atlas: Satellitenbild (Grünversion) und thematische Karte

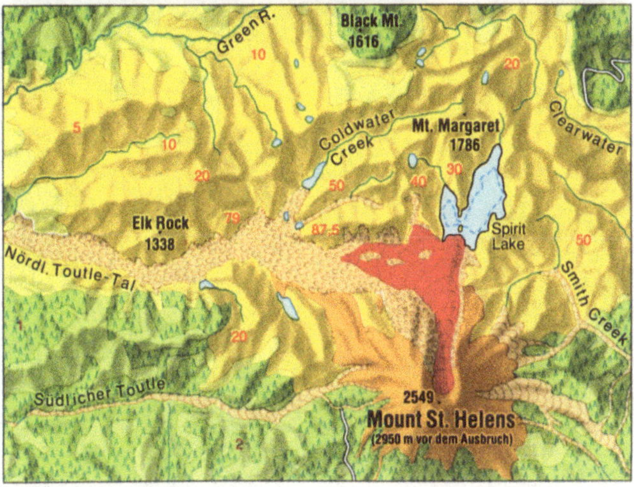

Kartographie und Druck:
Westermann Kartographie, Braunschweig

FSC
www.fsc.org
MIX
Papier | Fördert
gute Waldnutzung
FSC® C083411

Zeitfracht Medien GmbH
Ferdinand-Jühlke-Straße 7
99095 Erfurt, Deutschland
produktsicherheit@kolibri360.de